性能优化实战

突破性能瓶颈，遨游数据重洋

谢雪葵◎著

清华大学出版社

北京

内 容 简 介

本书全面、系统、深入地介绍 Apache Spark 性能优化的相关技术和策略，涵盖从 Spark 性能优化的基础知识到核心技术，再到应用实践的方方面面。本书不但系统地介绍各种监控工具的使用，而且还结合实战案例，详细介绍 Spark 性能优化的各种经验和技巧，提升读者的实际应用技能。

本书共 8 章。第 1 章从性能优化的基本概念出发，介绍 Spark 的基础知识，并介绍如何进行性能优化；第 2 章介绍 Spark 性能优化的几个方面，包括程序设计优化、资源优化、网络通信优化和数据读写优化等；第 3 章深入介绍 Spark 任务执行过程优化；第 4 章介绍 Spark SQL 性能优化；第 5 章结合实战案例全面解析 Spark 性能优化的核心技术与应用；第 6 章详细介绍不同应用场景的性能优化策略；第 7 章介绍 Spark 集成 Hadoop、Kafka 和 Elasticsearch 使用时的性能优化，从而提供更实用的 Spark 性能提升方案；第 8 章介绍 Spark 应用程序开发与优化，以及集群管理实践。

本书内容丰富，讲解深入浅出，适合 Apache Spark 开发人员、数据工程师和数据科学家阅读，也适合需要处理大规模数据集和对 Spark 性能优化感兴趣的技术人员阅读，还可作为高等院校大数据专业的教材和相关培训机构的教学用书。

图书在版编目（CIP）数据

Spark 性能优化实战：突破性能瓶颈，遨游数据重洋/谢雪葵著. —北京：清华大学出版社，2023.11
ISBN 978-7-302-64770-6

Ⅰ. ①S… Ⅱ. ①谢… Ⅲ. ①数据处理软件 Ⅳ. ①TP274

中国国家版本馆 CIP 数据核字（2023）第 194685 号

责任编辑：王中英
封面设计：欧振旭
责任校对：胡伟民
责任印制：曹婉颖

出版发行：清华大学出版社
    网 址：https://www.tup.com.cn，https://www.wqxuetang.com
    地 址：北京清华大学学研大厦 A 座   邮 编：100084
    社 总 机：010-83470000   邮 购：010-62786544
    投稿与读者服务：010-62776969，c-service@tup.tsinghua.edu.cn
    质量反馈：010-62772015，zhiliang@tup.tsinghua.edu.cn
印 装 者：河北鹏润印刷有限公司
经 销：全国新华书店
开 本：185mm×260mm   印 张：23   字 数：580 千字
版 次：2023 年 11 月第 1 版   印 次：2023 年 11 月第 1 次印刷
定 价：99.80 元

产品编号：103297-01

前　言

随着大数据处理需求的日益增长，Apache Spark 在大数据处理领域中的地位也在不断提升。Apache Spark 因其高效的分布式计算能力、对大规模数据的处理能力和对各种数据处理任务（如批处理、流处理和机器学习等）的广泛支持而得到了广泛使用。

为了进一步挖掘和利用 Spark 的潜力，对其进行性能优化是至关重要的。对 Spark 进行性能优化，不但可以大大提高应用程序的运行效率，提高系统的稳定性和可靠性，而且还可以减少资源的使用，从而降低运行成本。

虽然 Spark 社区提供了许多性能优化的建议和技巧，但是对于许多开发人员和数据工程师而言，如何在实际项目中应用这些建议和技巧，尤其是如何根据特定的应用场景和需求进行性能优化，依然是一大挑战。

基于此背景，笔者编写了本书。本书旨在全面、系统、深入地介绍 Spark 性能优化的核心技术，并结合实战案例，帮助读者理解并掌握 Spark 性能优化的各种技术和策略，从而更好地应对实际项目中性能优化的需求。

本书特色

- ❑ **内容全面**：全面涵盖从 Spark 性能优化的基础知识到核心技术，再到应用实践的方方面面，对 Spark 性能优化进行全面、系统的探讨。
- ❑ **实用性强**：不但介绍理论知识，而且结合实战案例全面解析 Spark 性能优化的核心技术与应用，帮助读者提高实际动手能力，从而在实际工作中能更好地实施优化策略。
- ❑ **适用面广**：无论是初学 Spark 性能优化的人员，还是 Spark 开发人员、数据工程师和数据科学家等，都可以从本书中获得需要的知识和技能。
- ❑ **前瞻性强**：基于 Spark 的新版本写作，不但介绍其新特性，而且介绍其集成 Hadoop、Kafka 和 Elasticsearch 使用时的性能优化方法，便于读者了解新技术的发展趋势。
- ❑ **讲解深入**：对 Spark 性能优化的核心技术与工作原理进行深入讲解，以便让读者能够理解 Spark 的内部结构和运行机制，从而更有效地对其性能进行优化。

本书内容

第 1 章性能优化基础，详细介绍 Spark 的基本概念、性能优化的意义，以及如何使用各种工具监控和优化 Spark 的性能。

第 2 章 Spark 应用程序性能优化，详细介绍 Spark 性能优化的几个方面，包括程序设计优化、资源优化、网络通信优化和数据读写优化等。

第 3 章 Spark 任务执行过程优化，详细介绍如何对 Spark 的任务调度和执行过程进行优化，以提高任务执行的效率。

第 4 章 Spark SQL 性能优化，详细介绍如何针对 Spark SQL 进行性能优化，包括常用的查询优化、Spark 3.0 的新特性、数据倾斜优化和特定场景优化。

第 5 章 Spark 性能优化案例分析，通过短视频推荐系统和航空数据分析系统的性能优化两个应用案例，详细介绍如何在实际项目中对 Spark 进行性能优化。

第 6 章 不同场景的 Spark 性能优化，详细介绍基于批处理、流式处理和机器学习场景的 Spark 性能优化策略。

第 7 章 Spark 集成其他技术的性能优化，详细介绍 Spark 与 Hadoop、Kafka 和 Elasticsearch 整合使用时的性能优化方法，从而提供更实用的 Spark 性能提升方案。

第 8 章 Spark 性能优化实践，详细介绍 Spark 应用程序开发和优化，以及 Spark 集群管理方面的实践，从而提高读者的实际动手能力。

读者对象

- ❑ Spark 开发人员；
- ❑ 数据工程师和科学家；
- ❑ 大数据架构师；
- ❑ 对 Spark 性能优化感兴趣的人员；
- ❑ 高等院校的学生；
- ❑ 相关培训机构的学员。

配书资料获取

本书涉及的源代码需要读者自行下载。请在清华大学出版社网站（www.tup.com.cn）上搜索到本书，然后在本书页面上找到"资源下载"模块，单击"网络资源"按钮即可进行下载；也可关注微信公众号"方大卓越"，回复"8"，即可获取下载链接。

致谢

感谢在本书写作期间提供帮助的解莹和刘博老师！感谢清华大学出版社参与本书出版的所有人员！没有你们的精益求精，就没有本书的高质量出版！

售后支持

  由于笔者水平所限，加之写作时间仓促，书中可能会有一些疏漏和不足之处，敬请读者批评与指正。阅读本书时若有疑问，请发送电子邮件到 bookservice2008@163.com，会有人定期解答。

谢雪葵

2023 年 10 月

目　　录

第 1 章　性能优化基础

Spark 是一个基于内存计算的大数据处理框架，被广泛应用于数据分析和机器学习等领域。在处理大规模数据时，Spark 的性能优化是至关重要的，可以显著提升作业的执行效率和稳定性。本章介绍 Spark 性能优化的基础知识，包括 Spark 自带的分析工具、Spark 日志和监控工具等内容，帮助读者更好地理解和掌握 Spark 性能优化技巧。

1.1　Spark 简介

Spark 是一个开源的大数据处理框架，最初由加州大学伯克利分校的 AMPLab 团队开发，并于 2010 年开源发布。它的目标是提供一个通用和高性能的数据处理引擎，能够处理大规模的数据集并支持复杂的数据分析任务。

Spark 的设计理念是将数据加载到内存中进行处理，这使得它在处理大规模数据时具有出色的性能优势。与传统的基于磁盘的批处理系统相比，Spark 利用内存计算能力进行迭代式计算，极大地提高了数据处理的速度。

Spark 的核心组件是 Spark Core，它提供分布式任务调度、内存管理和错误恢复等功能。除此之外，Spark 还提供一系列高级库，如 Spark SQL 用于结构化数据处理，Spark Streaming 用于实时数据流处理，MLlib 用于机器学习，GraphX 用于图计算等。

Spark 支持多种编程语言，包括 Scala、Java、Python 和 R，这使得开发人员可以使用自己熟悉的编程语言进行开发。此外，Spark 还提供交互式的 Shell 界面，称为 Spark Shell，可以方便用户进行实时的数据探索和开发测试。

Spark 的应用场景非常广泛，如大数据处理、机器学习和实时数据分析等。由于 Spark 具有高性能和易用性等特点，因此它成为大数据处理和分析的首选工具之一，得到了众多企业和组织的广泛采用。

总之，Spark 是一个功能强大、易用、高效、灵活的大数据处理框架。它通过将数据加载到内存中进行处理，为开发人员提供了处理大规模数据的利器。

1.2　什么是 Spark 性能优化

Spark 性能优化是指通过一系列技术和策略来提高 Spark 应用程序的性能，包括加速计算、减少资源占用、降低延迟等。Spark 性能优化是一个复杂的过程，需要综合考虑多方面的因素，才能获得较佳的性能表现。后续章节会从使用 Spark 的各个环节逐步剖析其性能优化的方法。

1.3 Spark 应用程序性能指标

Spark 应用程序性能指标用于评估 Spark 应用程序性能表现。这些指标可以帮助开发人员和运维人员了解并优化 Spark 应用程序的性能。

常见的 Spark 应用程序性能指标包括以下几项。

1. 延迟

延迟（Latency）是衡量 Spark 应用程序性能的一个重要指标。它表示完成一个特定操作或任务所需的时间，通常以毫秒（ms）为单位。延迟反映了 Spark 应用程序对单个操作的响应速度，即从提交操作到完成操作需要的时间。

延迟是衡量 Spark 应用程序实时性和交互性的重要指标。较低的延迟意味着操作能够更快地完成，用户能够更快地获得结果或得到响应。对于实时数据处理或交互式分析等需要快速响应的场景，低延迟是至关重要的。

延迟受多种因素影响，包括数据规模、集群资源、网络传输、数据分区和任务调度等，下面具体介绍。

- ❑ 数据规模：处理大规模数据通常需要较长的时间，因为数据的读取、传输和计算量增加了。
- ❑ 集群资源：如果集群资源不足或负载过重，则会导致任务等待执行，使延迟时间变长。
- ❑ 网络传输：数据传输在分布式环境中通常需要一定的时间，特别是在跨节点或跨网络的情况下，网络延迟会对总延迟产生影响。
- ❑ 数据分区和任务调度：数据分区和任务调度会影响并行度与任务执行的效率，从而影响延迟。合理的数据分区和任务调度策略可以减少延迟。

通过关注和优化延迟，可以提升 Spark 应用程序的实时性、交互性和用户体验。

2. 吞吐量

吞吐量（Throughput）是衡量 Spark 应用程序性能的另一个重要指标。它表示在单位时间内完成的操作数量和数据处理量。通常以每秒处理的记录数、每秒处理的数据量或每秒完成的任务数来衡量吞吐量。

吞吐量反映了 Spark 应用程序的处理能力和效率。较高的吞吐量意味着应用程序能够处理更多的数据或完成更多的任务，具有更高的处理效率和性能。

吞吐量受多种因素影响，包括数据规模、集群资源、数据分区和并行度、算法复杂度等，下面具体介绍。

- ❑ 数据规模：处理更大规模的数据通常需要更多的时间和资源，较大的数据集需要更多的并行执行和更高的计算能力来保持较高的吞吐量。
- ❑ 集群资源：合理分配和管理集群资源对于实现高吞吐量非常重要，充足的 CPU 运行速度、内存容量和网络带宽可以确保任务能够充分利用集群资源并行执行。

❑ 数据分区和并行度：合理的数据分区和并行度可以充分利用集群资源并提高任务的并行性和效率，从而提高吞吐量。

❑ 算法复杂度：直接影响任务的执行时间和资源消耗。选择更高效的算法和技术可以提高吞吐量。

3．CPU利用率

CPU 利用率（CPU Utilization）是衡量系统或应用程序对 CPU 资源的利用程度的指标。它表示在一段时间内，CPU 处于繁忙状态的时间与总时间的比例，通常以百分比表示，取值范围为 0~100%。

CPU 利用率是衡量系统性能和资源利用的重要指标之一。较高的 CPU 利用率表示系统或应用程序对 CPU 资源的需求较高，CPU 处于较忙的状态，系统或应用程序能够充分利用 CPU 的计算能力。

CPU 利用率受多种因素影响，包括应用程序的计算复杂度、并发请求数量、数据规模和任务调度等，下面具体介绍。

❑ 计算复杂度：复杂的计算任务需要更多的 CPU 资源来执行，这可能会导致较高的 CPU 利用率。

❑ 并发请求数量：大量并发的请求和任务可能会导致 CPU 资源的竞争，使得 CPU 利用率增加。

❑ 数据规模：处理大规模数据集通常需要更多的计算资源，这可能会导致较高的 CPU 利用率。

❑ 任务调度：任务调度策略的合理性和执行效率会直接影响 CPU 利用率。合理的任务调度可以充分利用 CPU 资源，避免资源浪费。

高 CPU 利用率可能是一个积极的信号，表明系统或应用程序在充分利用 CPU 资源来处理大量的计算任务。然而，过高的 CPU 利用率也会导致资源瓶颈和性能下降，如系统响应变慢、任务阻塞或资源饱和等。

4．内存利用率

内存利用率（Memory Utilization）是衡量系统或应用程序对内存资源的利用程度的指标。它表示在一段时间内，系统或应用程序使用的内存量与总内存容量的比例，通常以百分比表示，取值范围为 0~100%。

内存利用率是衡量系统内存使用情况和资源利用的重要指标之一。较高的内存利用率表示系统或应用程序对内存资源的需求较高，内存处于较满的状态，系统或应用程序能够充分利用内存来存储数据和执行相应的操作。

内存利用率受多种因素的影响，包括应用程序对内存的需求、数据规模、并发请求数量和内存泄漏等，下面具体介绍。

❑ 应用程序对内存的需求：应用程序对内存资源的需求直接影响内存利用率。较大规模的数据处理和复杂的计算任务通常需要更多的内存来存储数据和执行操作。

❑ 数据规模：当处理大规模的数据集时，可能需要占用较多的内存来存储数据和中间结果，这会导致较高的内存利用率。

❑ 并发请求数量：大量并发的请求或任务可能需要更多的内存资源，会导致较高的内存利用率。

❑ 内存泄漏：在存在内存泄漏的情况下，内存的有效利用率降低，会导致内存利用率升高。

高内存利用率可能是一个积极的信号，表明系统或应用程序充分利用了内存资源。然而，过高的内存利用率可能导致内存资源不足，引发系统的性能问题，如频繁的内存交换、系统响应变慢等。

5. 磁盘利用率

磁盘利用率（Disk Utilization）是衡量系统或应用程序对磁盘资源的利用程度的指标。它表示在一段时间内，磁盘使用的容量与总磁盘容量的比例，通常以百分比表示，取值范围为 0～100%。

磁盘利用率是衡量系统存储使用情况和资源利用的重要指标之一。较高的磁盘利用率表示系统或应用程序对磁盘资源的需求较高，磁盘处于较满的状态，系统或应用程序能够充分利用磁盘来存储数据和文件。

磁盘利用率受多种因素影响，包括数据规模、文件大小、数据写入和读取速度、磁盘 I/O 性能等，下面具体介绍。

❑ 数据规模：处理更大规模的数据通常需要更多的磁盘存储空间，这会导致较高的磁盘利用率。

❑ 文件大小：大型文件占用更多的磁盘空间，这可能会导致较高的磁盘利用率。

❑ 数据写入和读取速度：高速的数据写入和读取操作可能会导致较高的磁盘利用率。

❑ 磁盘 I/O 性能：磁盘的读取和写入性能限制了数据的处理速度和磁盘利用率。

较高的磁盘利用率表明系统或应用程序在充分利用磁盘资源存储大量的数据。然而，过高的磁盘利用率也会导致磁盘空间不足、I/O 性能下降及系统响应变慢等问题。

6. 网络传输速率

网络传输速率（Network Throughput）是衡量网络传输性能的指标，它表示在单位时间内通过网络传输的数据量或速率，通常以比特率（Bits Per Second）或字节率（Bytes Per Second）表示。

网络传输速率是衡量网络性能的重要指标之一。较高的网络传输速率表示网络能够快速传输数据，具有较高的传输效率和性能。

网络传输速率受多种因素影响，包括网络带宽、网络拓扑结构、网络拥塞、网络设备性能等，下面具体介绍。

❑ 网络带宽：决定网络传输的上限，较高的网络带宽可以支持更快的传输速率。

❑ 网络拓扑结构：网络的物理和逻辑结构会影响数据传输的路径和效率，合理设计和优化网络拓扑可以提高数据的传输速率。

❑ 网络拥塞：当网络中存在大量的数据流量时，可能会导致网络拥塞，从而降低数据的传输速率。

❑ 网络设备性能：路由器和交换机等网络设备的性能和配置会影响数据的传输速率。高性能的网络设备可以提高数据的传输速率。

7. 数据倾斜

数据倾斜（Data Skew）是指在数据分布中存在不均衡的情况，其中，某些数据分区或键值具有显著高于或低于平均水平的数据量。数据倾斜可能会对计算任务、存储和查询操作等产生性能问题。

数据倾斜可能发生在分布式系统的各个层面，包括数据集倾斜、数据分区倾斜和键值倾斜，下面具体介绍。

❑ 数据集倾斜：数据集中的某些数据或数据类型的分布不均匀。例如，某个特定的数据值或数据类型在数据集中出现频率非常高或非常低。

❑ 数据分区倾斜：数据分区中的数据量不均衡。在分布式计算中，数据通常被划分为多个分区，如果某些分区中的数据量远远大于其他分区，就会导致数据倾斜。

❑ 键值倾斜：基于某个键值进行数据操作（如聚合、连接、分组等）时，某些键值的数据量远远超过其他键值。这可能会导致计算任务在某些节点上集中进行，造成负载不平衡。

综合考虑以上指标可以全面评估 Spark 应用程序的性能表现，并根据需要进行优化。每个指标都提供了相应的性能信息，以帮助用户了解系统或应用程序的瓶颈和优化空间。

1.4　自带的 Spark Web UI

Spark Web UI 是 Spark 提供的一款基于 Web 的用户界面应用，它可通过浏览器访问并监视正在运行的 Spark 应用程序的状态和进度。Spark Web UI 提供了多个面板和图表，用于显示 Spark 应用程序的各种统计数据、日志信息和执行计划，对开发人员和管理员深入了解 Spark 应用程序非常有帮助。

用户通过 Spark Web UI 可以查看以下信息：

❑ 概览信息：提供有关 Spark 应用程序的概览，包括应用程序的名称、状态和运行时间等。

❑ 任务和作业信息：显示 Spark 应用程序的任务和作业的执行情况，可以查看任务的状态、执行时间、输入和输出信息，以及作业的依赖关系和执行进度等。

❑ 阶段信息：展示 Spark 应用程序的阶段执行情况。用户可以查看每个阶段的任务数量、运行时间、输入和输出数据量等指标，并通过可视化图表分析阶段的执行情况。

❑ DAG（有向无环图）信息：展示 Spark 应用程序的执行计划，以 DAG 的形式展现任务之间的依赖关系和执行顺序。

❑ RDD（弹性分布式数据集）信息：提供有关 RDD 的统计信息，包括 RDD 的大小、分区数量和缓存情况等。

❑ 网络和存储信息：显示 Spark 应用程序的网络传输速率和存储容量等信息，帮助用户了解网络和存储的利用情况。

Spark Web UI 页面共包括 6 个主要模块，分别是 Jobs、Stages、Storage、Environment、Executors 和 SQL。这些模块提供了对 Spark 应用程序的不同方面进行监视和分析的功能，如图 1-1 所示。

图 1-1　Spark Web UI 主界面

❑ Jobs 模块：显示 Spark 应用程序的作业信息，供用户查看作业的状态、运行时间和任务数量等关键指标，并且可以通过图表和表格查看作业的执行进度和性能统计。

❑ Stages 模块：展示 Spark 应用程序的阶段信息。用户可以查看每个阶段的任务数量、运行时间和数据量等指标，并且可以通过可视化图表分析阶段的执行情况和程序的性能。

❑ Storage 模块：提供 Spark 应用程序的存储信息。用户可以查看缓存的 RDD 数量、大小和存储级别，以及存储的 Block 和 Disk 数据等相关信息。

❑ Environment 模块：显示 Spark 应用程序的环境信息。用户可以查看 Spark 的配置参数、依赖项和系统属性等详细信息，以及 Spark 应用程序运行时的 JVM 参数和环境变量。

❑ Executors 模块：展示 Spark 应用程序的执行器信息。用户可以查看执行器的数量、状态和内存使用情况等指标，并且可以通过可视化图表分析执行器的工作负载和资源利用情况。

❑ SQL 模块：提供对 Spark 应用程序的 SQL 查询进行监视和分析的功能。用户可以查看 SQL 查询的执行计划、输入和输出数据量、执行时间等信息，并且可以通过图表和表格分析 SQL 查询的性能和优化潜力。

通过这些模块，用户可以全面了解和监视 Spark 应用程序的各个方面，并进行优化和优化，以提高 Spark 应用程序的执行效率和吞吐量。

下面逐个模块进行讲解。

1.4.1　Jobs 模块

单击主界面的 Jobs 模块，可以看到页面下方显示的相关信息，默认显示的也是这个页面。下面对页面左边从上到下依次显示的信息进行介绍。

1. User

User 显示的是 Spark 应用程序提交者的用户名。当多个用户同时使用 Spark 集群时，这对于清楚地了解每个用户提交的应用程序的运行状况非常有用。此外，如果一个应用程序存在问题或需要进行优化，通过查看用户列可以确定是哪个用户提交的应用程序，从而更好地进行故障排查和性能优化。

通过查看用户列，可以轻松区分和识别不同用户提交的应用程序。这在多用户环境中非常重要，特别是在共享资源的情况下。通过了解每个用户提交的应用程序的运行状态及其性能表现，管理员可以更好地管理资源分配，调整优先级，处理潜在的冲突等。

此外，User 还可以用于审计和追踪。对于安全性和合规性要求较高的环境，了解每个用户提交的应用程序是非常重要的。通过记录和跟踪应用程序的提交者，可以对系统使用情况进行审计，并进行必要的控制和监管。

因此，显示 Spark 应用程序提交者的用户名对于多用户环境下的 Spark 集群管理和性能优化非常有用，可以帮助管理员和开发者更好地了解和跟踪应用程序的运行状况，提高集群资源的利用率及其性能。

2．Total Uptime

Total Uptime 用于显示 Spark 应用程序的总运行时间，它可以用来评估应用程序的稳定性和可靠性。通过观察应用程序的 Total Uptime，用户可以确定应用程序的运行时间长短，从而判断应用程序可能存在的问题或需要进行的优化。

如果应用程序的 Total Uptime 较短，例如只运行了几十秒甚至几秒，则可能说明应用程序存在一些问题。短暂的运行时间可能意味着应用程序遇到了错误、异常或其他运行时问题，导致应用程序无法正常运行或提前终止。在这种情况下，需要进行优化或错误修复，以确保应用程序能够稳定地运行从而达到预期的效果。

相反，如果应用程序的 Total Uptime 较长，即运行时间相对较长，则说明应用程序相对稳定，并且能够持续运行。运行时间长，说明应用程序没有遇到严重的错误或故障，并且能够处理大量的数据和任务。在这种情况下，可以继续使用应用程序，或者进一步进行优化，以提高系统性能和效率。

总之，通过观察 Spark 应用程序的 Total Uptime，用户可以获得关于应用程序稳定性和可靠性的信息。较短的运行时间可能需要进行优化或修复，而较长的运行时间则表示应用程序相对稳定，可以进一步优化或持续使用。

3．Scheduling Mode

Scheduling Mode 是 Spark 应用程序的调度模式。通常有两种常见的调度模式：FIFO（先进先出）和 FAIR（公平调度）。这些调度模式决定 Spark 如何分配资源和调度任务。

FIFO 是 Spark 默认的调度模式。在 FIFO 模式下，任务按照它们提交的顺序进行调度。先提交的任务先被调度执行，而后提交的任务会等待前面的任务执行完毕后才会被调度。这种调度模式简单且公平，但可能存在一些问题。如果某个任务需要较长的时间才能完成，那么后面提交的任务可能会因为等待而被阻塞，从而导致一些任务执行时间较长。

FAIR 是一种更为灵活和智能的调度模式。在 FAIR 模式下，任务的调度是根据任务的资源需求和优先级进行的。较大资源需求的任务或者优先级较高的任务会被优先调度，以避免某些任务"被饥饿"。FAIR 调度模式可以更好地平衡执行的任务，提高资源的利用率，并保证每个任务都能够得到一定的执行时间。

选择合适的调度模式取决于具体的应用场景和需求。如果应用程序的任务之间没有明显的优先级区分，并且按照先来先服务的方式进行调度即可满足要求，那么可以使用默认的 FIFO 调度模式。如果应用程序的任务具有不同的资源需求或优先级，并且需要更加公平地分配资源，避免任务饥饿的情况，那么可以选择 FAIR 调度模式。

总之，调度模式决定 Spark 应用程序任务的执行顺序和资源分配方式。FIFO 模式按照任务提交的先后顺序进行调度，而 FAIR 模式则根据任务的资源需求和优先级进行调度，以避免任务饥饿。选择合适的调度模式可以提高任务执行的效率，并保证公平性。

4．Completed Jobs

Completed Jobs 指标可以帮助用户了解应用程序已经完成的作业数量，以及作业的完成速度和频率。通过观察作业的完成速度，可以评估作业的执行效率和整体性能。

如果作业的完成速度较慢，即已完成的作业数量增长缓慢，则意味着应用程序可能存在一些问题或者性能瓶颈。原因包括资源分配不足、作业代码效率低下，或者数据倾斜等。在这种情况下，需要考虑调整资源分配，增加计算或存储资源，以提高作业执行的速度和效率。此外，还可以对作业代码进行优化，使用合适的算法或技术来减少计算或数据传输的开销。

通过监视已完成的 Spark 作业的数量和速度，可以及时发现潜在的问题，并采取相应的措施进行优化。优化作业的完成速度和频率，可以提高应用程序的整体效率，减少作业的执行时间，提高资源的利用率并满足业务需求。

总之，已完成的 Spark 作业数量是一个重要的指标，可以帮助用户评估作业执行的速度和频率。通过观察该指标，可以发现潜在的性能问题，并采取适当的优化措施，以提高应用程序的性能和效率。

5．Event Timeline

Event Timeline 以时间轴图的形式展示应用程序的每个任务的执行时间和事件，包括 Shuffle（洗牌）操作、Stage（阶段）划分和任务执行等。每个事件以不同的颜色和标记表示，使用户能够方便地追踪任务执行的时间线并了解任务之间的依赖关系。

Event Timeline 对于调试和优化应用程序非常有帮助。它可以帮助用户确定任务的执行时间和顺序，以及任务之间的数据传输和依赖关系。通过观察 Event Timeline，用户可以发现任务执行中的阻塞或延迟情况，并进一步优化应用程序的性能。

例如，通过观察 Event Timeline，用户可以发现任务提交后长时间未被调度的情况，或者任务在执行过程中被其他任务阻塞而导致执行时间过长等问题。这些情况会影响应用程序的性能和稳定性，需要及时解决。

通过 Event Timeline，用户可以很好地了解应用程序的执行过程和各个任务之间的关系，从而进行性能优化和问题排查。它提供了一个直观的视图，能帮助用户快速定位和解决潜在的问题。

总之，Event Timeline 是 Spark Web UI 提供的功能之一，用于显示应用程序的事件时间轴。通过观察 Event Timeline，用户可以获得任务执行的时间和顺序信息，并识别在任务执行过程中的阻塞或延迟情况，从而优化应用程序的性能并保持其稳定性。

Event Timeline 时间轴如图 1-2 所示。

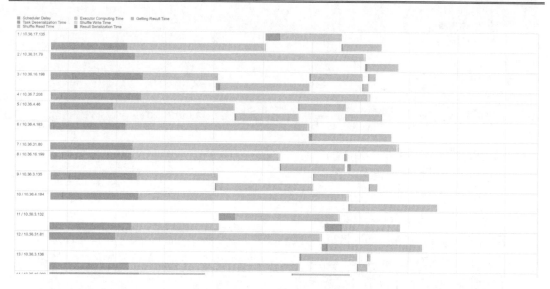

图 1-2　Event Timeline 时间轴

6. Completed Jobs (1)

这里的 Completed Jobs (1)与前面第 4 个 Completed Jobs 的含义有所不同。在这里，括号中的数字 1 表示已完成的作业数量。通过单击下方的下拉按钮，可以查看更详细的信息，下面具体介绍。

❑ Job Id（作业标识）：每个作业都有一个唯一的标识符，用于区分不同的作业。

❑ Description（描述）：描述作业的名称或用途，以方便用户快速了解作业的含义。

❑ Submitted（提交时间）：作业提交的时间戳，显示作业何时被提交给 Spark 执行。

❑ Duration（持续时间）：作业的执行时间，即作业从提交到完成的总时间。

❑ Stages：Succeeded/Total（阶段）：作业包含的阶段信息。Succeeded 代表成功执行的阶段数，Total 表示总的阶段数。

❑ Tasks (for all stages): Succeeded/Total（任务）：所有阶段的 Task 信息。其中，Succeeded 表示成功执行的 Task 数目，Total 表示任务总数。

其中，Job Id 和 Description 可以帮助用户区分不同的任务，Submitted 和 Duration 可以帮助用户了解任务的执行时间和效率，Stages 和 Tasks 可以帮助用户了解任务存在的数据倾斜和性能瓶颈情况。Completed Jobs (1)页面对 Completed Jobs 的描述信息如图 1-3 所示。

图 1-3　Completed Jobs 的描述信息

在图 1-3 中，箭头所指的位置表示触发 Action 操作的位置，单击该位置，可以查看对应 Job 的详情页面，如图 1-4 所示。

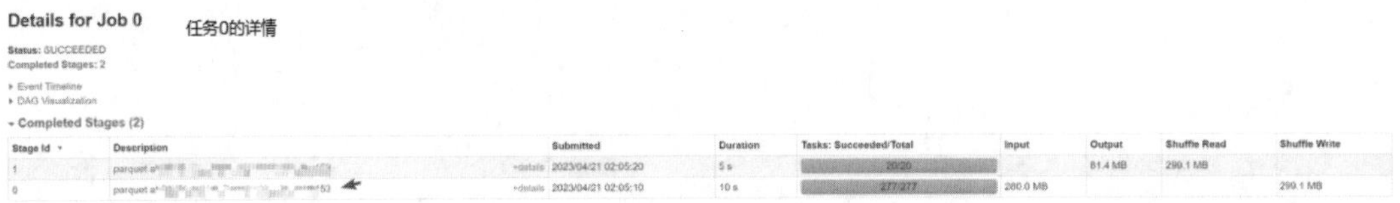

Details for Job 0 任务0的详情

图 1-4　Job 详情页

页面中的各项从上到下依次如下：

- ❑ Status：Job 的执行状态。
- ❑ Completed Stages：完成的 Stage 总数。
- ❑ Event Timeline：Job 对应的时间轴。
- ❑ DAG Visualization：展示该 Job 的 DAG（Directed Acyclic Graph）可视化图形，包含该 Job 的所有 Stages 和 Tasks，以及它们之间的依赖关系。单击左侧的下拉按钮可以看到对应的视图，如图 1-5 所示。

单击图 1-5 中的任意一个方框可以查看其详细信息。实际上，单击方框后会跳转到 Stages 模块并显示相应的详细信息。后续将会对 Stages 模块的相关内容进行详细介绍。

Stages 模块是 Spark Web UI 中的一个重要部分，用于展示作业在执行过程中的阶段信息。单击图 1-5 中的方框，可以直接跳转到 Stages 模块并查看与所选方框相关的详细信息。

- ❑ Completed Stages (2)：其 Stage Id、Description、Submitted、Duration 与 Tasks: Succeeded/Total 的含义同 Job 中对应的指标含义类似，这里描述的是 Stage 中的含义。其他指标的含义如下：
  - ➤ Input：从输入源（如文件、数据库等）读取的数据量（字节）。这个指标可以帮助用户确定数据量是否被正确加载，以及输入源中是否存在大量的小文件，从而导致读取性能下降。如果有少数几个分区比其他分区大很多，那么这些大分区的数据将会被复制到其他节点上，从而造成 Shuffle Read 的高值。可以通过观察 DAG Visualization 中的每个任务处理数据的规模，来确定是否存在数据倾斜。如果 Shuffle Read 的高值与网络带宽不足相关，则可能存在网络瓶颈。还可以观察 Spark Web UI 的 Network 标签下的各项指标，如 Remote Bytes Read，如果 Remote Bytes Read 的值很高，则说明读取数据的来源不在同一个节点或机架上，需要通过网络进行传输，这可能会引发网络带宽不足的问题；如果 Remote Blocks Fetched 的值很高，则说明网络传输速度较慢，也可能存在网络带宽不足的问题。
  - ➤ Output：写入输出源（如文件、数据库等）的数据量（字节）。这个指标可以帮助用户确定输出的数据量是否符合预期，并且可以帮助用户确定输出源是否存在大量的小文件，从而导致写入性能下降。
  - ➤ Shuffle Read：在 Shuffle 操作（数据重新分配的过程）中从其他节点读取的数据量（字节）。Shuffle 操作是 Spark 数据重分区的过程，因此 Shuffle Read 表示从其他节点读取数据的数量。这个指标可以帮助用户确定是否存在数据倾斜或者网络瓶颈。
  - ➤ Shuffle Write：在 Shuffle 操作中写入其他节点的数据量（字节）。Shuffle 操作是 Spark 数据重分区的过程，因此 Shuffle Write 表示写入其他节点的数据量。这个指标可以帮助用户确定是否存在数据倾斜或者网络瓶颈。

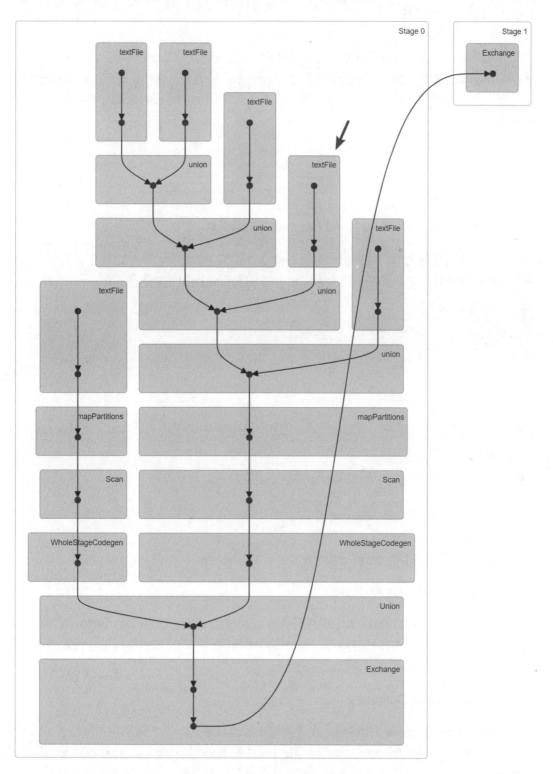

图 1-5　DAG Visualization 视图

1.4.2　Stages 模块

当单击主界面的 Stages 模块时，会显示所有阶段的摘要信息。用户可以通过单击阶段 ID 来查看该阶段的详细信息。下面是对应表格中各个指标的含义，这些含义已经在 Jobs 模块中说明过。现在来看一下单个阶段的详情页，可以单击如图 1-6 所示的 Stages 模块主页面中的箭头所指处。

图 1-6　Stages 模块主页面

单击箭头所指处之后，将弹出一个新的页面，如图 1-7 所示，在该页面中，显示更详细的阶段指标和统计数据，帮助用户全面了解阶段的执行情况和性能表现。

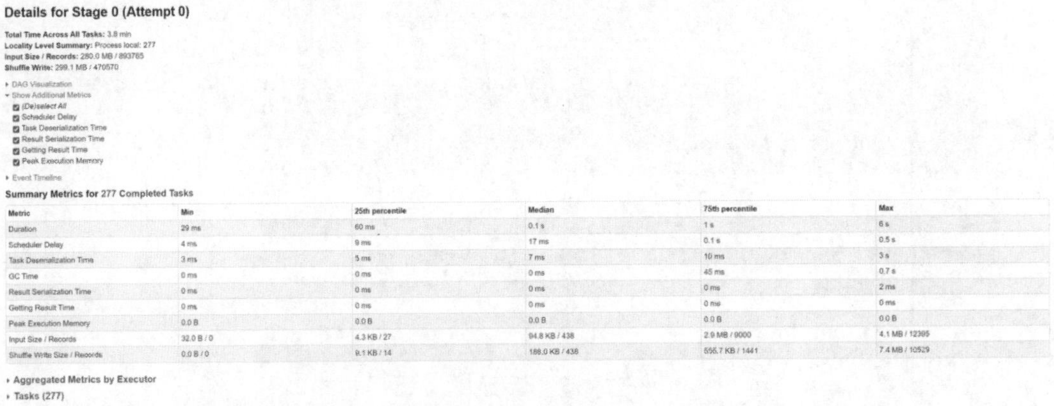

图 1-7　Stage 0 详情页

阶段 0 的详情页通常包括以下内容。

1. Total Time Across All Tasks

Total Time Across All Tasks 表示所有任务在该阶段中总共运行的时间，包括任务启动和完成所需的时间以及数据的传输时间等。该指标可以帮助用户确定阶段执行的速度和效率，以及任务在执行过程中是否存在延迟或性能问题。

2. Locality Level Summary

Locality Level Summary 指标显示在该阶段中所有任务的本地性级别和相应任务的数量。其中，本地性级别包括 Process_Local、Node_Local 和 Rack_Local。这些指标可以帮助用户确定在阶段中数据的本地性信息，进而确定任务在执行过程中是否存在网络瓶颈等问题。

3．Input Size/Records

Input Size/Records 显示该阶段所有任务输入的数据大小和记录的数量。它可以帮助用户确定阶段执行的数据量和输入数据的性质，从而确定任务在执行过程中是否存在数据倾斜或性能瓶颈等问题。

4．Shuffle Write

Shuffle Write 指标显示该阶段所有任务输出到磁盘上的数据大小。它可以帮助用户确定该阶段是否存在 Shuffle 操作，以及 Shuffle 数据的大小，进而确定是否存在 Shuffle Write 瓶颈等问题。

5．DAG Visualization

DAG Visualization 指标和 Jobs 模块的指标是一样的，只是前者显示的是详细信息，可以查看具体的执行代码、数据格式和数据地址等。

6．Show Additional Metrics

Show Additional Metrics 可以为下面的 Summary Metrics 展示更多的指标信息，以帮助用户更好地了解作业的性能和资源的利用情况。后面会在标签的相关内容中一起介绍。

7．Summary Metrics for * Completed Tasks

Summary Metrics for * Completed Tasks 显示已完成任务的总体摘要指标，如执行时间、总任务数、总运行时间和平均任务执行时间等。

其中，*号表示已完成的任务数量，而实际完成的任务数量则是对应统计的数值。该数值会随着任务的完成而不断变化。通过监视已完成的任务数量，用户可以实时了解该阶段任务的进展情况，并判断任务的完成速度和频率。这有助于评估该阶段的执行效率，并且在需要时采取相应的优化措施。

下面是 Summary Metrics for * Completed Tasks 指标所有可以统计的指标信息：

❑ Duration：任务执行的总时间，包括任务提交、运行和完成的时间。

❑ Scheduler Delay：任务从提交到开始执行的时间。如果这个时间很长，则说明任务在等待资源，可能是资源分配不合理或者集群负载高导致的。

❑ Task Deserialization Time：任务序列化时间，它将任务序列化成字节码以便执行。如果这个时间很长，则说明任务代码量很大或者是因为使用大对象，从而导致序列化的时间很长。

❑ GC Time：任务在执行过程中垃圾回收的时间。如果这个时间很长，则说明任务使用的内存资源很多，垃圾回收频繁，需要调整任务的内存配置。

❑ Result Serialization Time：任务结果序列化时间，它将任务执行结果序列化成字节码。如果这个时间很长，则说明任务返回结果数据量很大，序列化时间很长。

❑ Getting Result Time：将任务执行结果从执行节点传回 Driver 节点的时间。如果这个时间很长，则说明网络传输存在问题，可能是网络带宽不足或者节点之间的距离较远。

❑ Peak Execution Memory：任务执行期间使用的最大内存。如果这个值很大，则说明任务需要的内存资源很多，需要调整任务的内存配置。

❑ Input Size/Records：任务读取的输入数据大小和记录数。如果这个值很大，则说明数据量很大，需要调整任务的并行度或者数据压缩方式。

❑ Shuffle Write Size/Records：任务执行期间进行 Shuffle 操作时写出的数据大小或记录数。如果这个值很大，则说明 Shuffle 的数据量很大，需要调整任务的并行度或者使用更高效的 Shuffle 操作算法。

8．Aggregated Metrics by Executor

Aggregated Metrics by Executor 用于显示每个执行器节点的性能指标，以帮助用户了解不同节点的任务执行情况和性能状况，如图 1-8 所示。

下面介绍所有可以统计的指标信息。

❑ Executor ID：Executor 的唯一标识符。

❑ Address：Executor 所在的节点地址。

❑ Task Time：Executor 运行任务的总时间。

❑ Total Tasks：Executor 总共运行的任务数。

❑ Failed Tasks：Executor 失败的任务数。

❑ Killed Tasks：Executor 被杀死的任务数。

❑ Succeeded Tasks：Executor 成功的任务数。

❑ Input Size/Records：Executor 处理的输入数据大小和记录数。

❑ Shuffle Write Size/Records：在进行 Shuffle 操作时，每个 Executor（执行器）需要写入的数据量和记录数。

❑ Blacklisted：Executor 是否被列入黑名单。

Executor ID ▲	Address	Task Time	Total Tasks	Failed Tasks	Killed Tasks	Succeeded Tasks	Input Size / Records	Shuffle Write Size / Records	Blacklisted
1		8 s	11	0	0	11	10.3 MB / 32432	8.3 MB / 13266	false
2		8 s	5	0	0	5	3.3 MB / 10973	6.4 MB / 9048	false
3		8 s	12	0	0	12	8.3 MB / 27884	10.1 MB / 17392	false
4		8 s	3	0	0	3	3.0 MB / 9440	6.0 MB / 5810	false
5		8 s	12	0	0	12	14.2 MB / 44591	15.1 MB / 22972	false
6		8 s	8	0	0	8	6.8 MB / 21948	7.1 MB / 11452	false
7		8 s	2	0	0	2	3.3 MB / 11328	6.7 MB / 10604	false
8		8 s	13	0	0	13	10.3 MB / 31493	6.9 MB / 10114	false
9		8 s	11	0	0	11	7.9 MB / 20187	9.4 MB / 15736	false
10		8 s	2	0	0	2	7.1 MB / 21716	6.7 MB / 9599	false
11		8 s	9	0	0	9	7.3 MB / 22837	8.2 MB / 12336	false
12		8 s	4	0	0	4	6.3 MB / 19354	6.0 MB / 6727	false
13		8 s	10	0	0	10	7.8 MB / 27490	9.3 MB / 17369	false

图 1-8　Aggregated Metrics by Executor 指标

如果指标 Duration 和 GC Time 过长、Shuffle Write Size 过大等，则可能会导致任务执行缓慢或失败。查看每个任务的 Shuffle Read 指标，如果有极端值，则表明可能存在数据倾斜的情况。查看 Shuffle Read 指标，如果读取数据的速度非常慢，则可能存在网络带宽不足的情况。如果某个 Executor 的 Blacklisted 指标为 True，则说明该 Executor 已被列入黑名单。

此时需要确认 Executor 被列入黑名单的原因，是因为频繁崩溃还是因为任务执行缓慢等其他问题。如果 Executor 被列入黑名单是因为它频繁崩溃，则可以尝试重启 Executor，重新给它分配执行任务，看它是否能够正常工作。如果 Executor 被列入黑名单是因为它的任务执行缓慢，那么可能是分配给它的资源不足或者负载过重。如果 Executor 被列入黑名单是因为硬件故障，则需要对这个 Executor 所在的机器进行诊断，找出故障原因，有可能需要更换硬件。如果 Executor 被列入黑名单是因为算法复杂度过高，那么可能需要对任务的算法进行优化，以降低算法复杂度，从而减轻 Executor 的负载压力。

9. Tasks

Tasks 指标显示在某个阶段（Stage）中每个任务的执行信息，如任务的详细日志和具体执行时间，以及调度延迟、输入/输出数据量等，用户可以根据这些信息优化任务的调度和资源配置，从而提高 Spark 应用程序的性能和稳定性。

Tasks 指标如图 1-9 所示，下面逐一介绍。

- ❑ Index：Task 在 Stage 中的位置。
- ❑ ID：Task 的唯一标识符。
- ❑ Attempt：Task 执行的尝试次数。
- ❑ Status：Task 的执行状态，包括运行中、成功、失败和已杀死等。
- ❑ Locality Level：Task 的本地性级别，包括 PROCESS_LOCAL、NODE_LOCAL、RACK_LOCAL 和 ANY。
- ❑ Executor ID：Task 正在运行的 Executor 的唯一标识符。
- ❑ Host：Task 正在运行的主机名。
- ❑ Launch Time：Task 开始执行的时间。
- ❑ Duration：Task 执行所花费的总时间。
- ❑ Scheduler Delay：Task 在调度器队列中等待的时间。
- ❑ Task Deserialization Time：反序列化 Task 所花费的时间。
- ❑ GC Time：Task 执行期间垃圾回收所花费的时间。
- ❑ Result Serialization Time：序列化 Task 结果所花费的时间。
- ❑ Getting Result Time：Task 获取结果所花费的时间。
- ❑ Peak Execution Memory：Task 执行期间占用的最大内存。
- ❑ Input Size / Records：Task 读取的输入数据的大小和记录数。
- ❑ Write Time：将 Task 输出写入磁盘的时间。

▾ Tasks (277)

Page: 1 2 3 >　　3 Pages. Jump to 1 . Show 100 items in a page. Go

Index ▴	ID	Attempt	Status	Locality Level	Executor ID	Host	Launch Time	Duration	Scheduler Delay	Task Deserialization Time	GC Time	Result Serialization Time	Getting Result Time	Peak Execution Memory	Input Size / Records	Write Time	Shuffle Write Size / Records	Errors
0	0	0	SUCCESS	PROCESS_LOCAL	15	[illegible]	2023/04/21 02:05:10	3 s	0.1 s	1 s	0.2 s	1 ms	0 ms	0.0 B	2.8 MB / 8857	41 ms	5.5 MB / 7898	
1	1	0	SUCCESS	PROCESS_LOCAL	16	[illegible]	2023/04/21 02:05:10	3 s	74 ms	1 s	0.4 s	1 ms	0 ms	0.0 B	2.8 MB / 8933	30 ms	5.6 MB / 7938	
2	2	0	SUCCESS	PROCESS_LOCAL	12	[illegible]	2023/04/21 02:05:10	4 s	70 ms	1 s	0.2 s	1 ms	0 ms	0.0 B	2.8 MB / 8901	50 ms	5.6 MB / 7958	
3	3	0	SUCCESS	PROCESS_LOCAL	13	[illegible]	2023/04/21 02:05:10	3 s	72 ms	2 s	0.3 s	1 ms	0 ms	0.0 B	2.8 MB / 8764	26 ms	5.5 MB / 7800	
4	4	0	SUCCESS	PROCESS_LOCAL	11	[illegible]	2023/04/21 02:05:10	2 s	69 ms	2 s	76 ms	1 ms	0 ms	0.0 B	1198.0 B / 1	9 ms	1353.0 B / 1	
5	5	0	SUCCESS	PROCESS_LOCAL	6	[illegible]	2023/04/21 02:05:10	4 s	80 ms	1 s	0.2 s	2 ms	0 ms	0.0 B	2.8 MB / 8884	36 ms	5.6 MB / 8044	
6	6	0	SUCCESS	PROCESS_LOCAL	20	[illegible]	2023/04/21 02:05:10	2 s	0.2 s	1.0 s	0.2 s	0 ms	0 ms	0.0 B	2.8 MB / 8869	23 ms	5.6 MB / 8012	
7	7	0	SUCCESS	PROCESS_LOCAL	29	[illegible]	2023/04/21	5 s	0.3 s	2 s	0.5 s	1 ms	0 ms	0.0 B	2.9 MB / 9095	51 ms	5.7 MB / 8139	

图 1-9　Tasks 指标

❑ Shuffle Write Size / Records：Task 写入 Shuffle 的数据大小和记录数。

❑ Errors：Task 在执行过程中发生的错误信息。

其中，Errors 是一个很好的定位问题和进行调试的指标。如果某个任务出现异常，则其状态将被标记为 Failed，同时在该任务所属的阶段的 Tasks 指标中将会记录相应的错误信息。开发人员可以通过查看这些错误信息，进一步排查导致任务失败的原因，如数据倾斜、资源不足和程序逻辑错误等。此外，Errors 指标还可以帮助开发人员了解异常类型和异常信息，以便快速识别问题并进行处理。例如，如果任务在执行过程中发生 NullPointerException 异常，则开发人员可以立即定位到异常类型。

1.4.3 Storage 模块

Storage 模块通常在没有缓存时为空，它显示任务在运行时存储在内存和磁盘中的 RDD 及其相关信息。如果任务已经结束，该模块也会显示为空白。可以单击图 1-10 中箭头所指的位置跳转到 Storage 模块详情页，如图 1-11 所示。

RDD（Resilient Distributed Dataset，弹性分布式数据集）是 Apache Spark 中的一个重要概念。RDD 是 Spark 的基本数据结构，它可以分布在集群的所有节点上进行分布式计算。

图 1-10　Storage 模块主页面

图 1-11　Storage 模块详情页

在 Storage 模块的详情页中可以了解有关存储的详细信息，包括存储级别、存储的 RDD 数量、存储的数据大小等，还可以查看每个 RDD 的详细信息，包括 RDD ID、存储级别和存储位置等。

下面介绍 Storage 模块的主要指标及其含义。

❑ RDD ID：RDD 的唯一标识符。

❑ Cached Partitions：缓存的 RDD 分区数，即已经存储在内存中的分区数。

- ❏ Fraction Cached：已经缓存的分区在所有分区中的占比。
- ❏ Size in Memory：存储在内存中的 RDD 的大小。
- ❏ Size on Disk：存储在磁盘中的 RDD 的大小。
- ❏ On Heap Memory Usage：RDD 的内存使用量。
- ❏ Disk Use：RDD 的磁盘使用量。
- ❏ Storage Level：按存储级别统计缓存的分区数，如内存级别和磁盘级别等。例如，图 1-10 中的 Disk Memory Deserialized 1x Replicated：Disk 表示数据可以存储在磁盘上，RDD 的一部分数据可以被写入磁盘，从而释放内存；Memory 表示数据可以存储在内存中，RDD 的一部分数据可以被存储在内存中，从而加速数据访问速度；Deserialized 表示数据被存储在内存中，并且已经被反序列化为对象，这意味着访问数据时不需要再次进行序列化/反序列化操作，可以提高访问速度；1x Replicated 表示数据被复制一次，即存储在两个节点上，这样可以提高数据的容错性，并减小因节点故障而导致的数据丢失的风险。

以上指标可以帮助用户了解 RDD 的存储情况，监测缓存命中率和内存使用率等，进而优化 Spark 应用程序的性能。用户可以根据这些指标来确定哪些 RDD 需要进行缓存，哪些 RDD 需要在磁盘上存储等。

1.4.4　Environment 模块

Environment 模块展示当前 Spark 应用的各种环境配置和参数设置，包括 Spark 版本、JVM 版本、命令行参数、环境变量、系统属性和 Spark 配置参数等。这些信息对于开发人员来说非常有价值，可以帮助他们了解 Spark 应用的运行环境和配置情况，从而更好地调试和优化应用程序。

Environment 模块页面如图 1-12 所示。

图 1-12　Environment 模块页面

此外，通过 Environment 页面，开发人员还可以方便地查看和修改 Spark 应用程序的各种环境配置和参数设置。他们可以验证设置的参数是否生效，以进行实时调整和优化，从而提升 Spark 应用程序的性能和执行效率。

同时，Environment 页面还为开发人员提供了一个便捷的方式来了解 Spark 应用程序运行时所使用的各种库、插件和依赖项等信息。这些信息对于解决潜在的兼容性问题、版本冲突和依赖项管理等非常有帮助。

总之，Environment 页面在 Spark 应用程序的开发和优化过程中起着重要的作用，它提供了对环境配置、参数设置和依赖项等信息的可视化和修改功能，从而帮助开发人员更好地理解和管理 Spark 应用程序的运行环境。

1.4.5 Executors 模块

Executors 模块展示集群中所有 Executor 的详细信息，包括每个 Executor 的 ID、主机名、状态和内存使用情况等。在 Spark 中，每个应用程序都会被分成多个任务，并分配给不同的 Executor 来执行。因此，Executors 可以被视为 Spark 中的基本执行单元，负责在集群中执行具体的计算任务。

Executors 模块提供了对集群资源的实时监控功能，用户可以查看每个 Executor 的状态、内存使用情况、已执行的任务数量和已完成的任务数量等重要信息。通过这些信息，用户可以迅速地定位和解决集群中可能出现的问题，从而进一步提高 Spark 应用程序的性能和可靠性。

值得注意的是，Executors 模块中大部分指标的含义已在前面介绍过，这里的指标代表的只是 Executor 级别的统计信息。这些指标包括 Executor 的 CPU 利用率、内存占用情况和任务执行情况等。通过仔细观察和分析这些指标，用户可以了解每个 Executor 的负载情况、资源利用情况和任务执行效率，从而优化和调整 Spark 应用程序的执行策略和资源分配。

Executor 模块页面如图 1-13 所示。

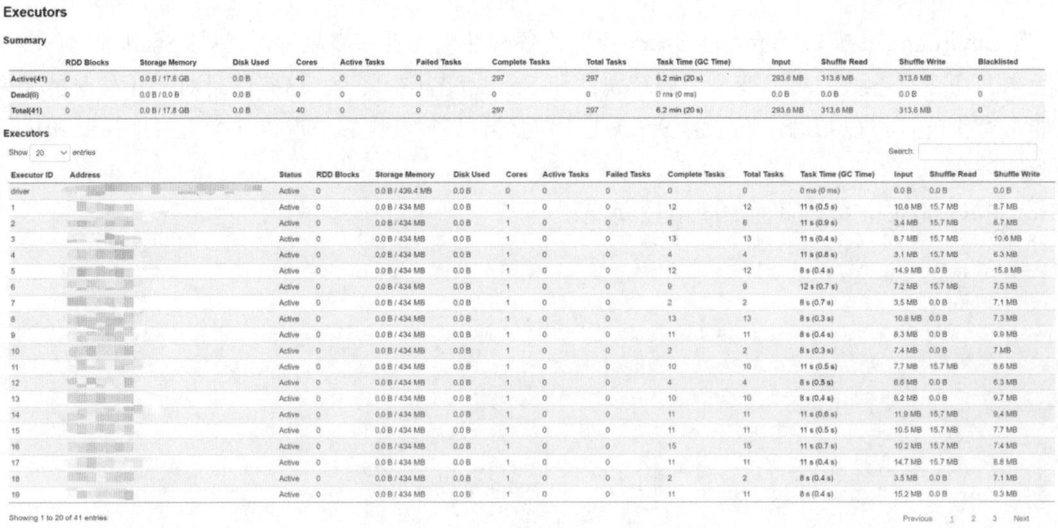
Executors

Summary

	RDD Blocks	Storage Memory	Disk Used	Cores	Active Tasks	Failed Tasks	Complete Tasks	Total Tasks	Task Time (GC Time)	Input	Shuffle Read	Shuffle Write	Blacklisted
Active(41)	0	0.0 B / 17.8 GB	0.0 B	40	0	0	297	297	6.2 min (20 s)	293.6 MB	313.6 MB	313.6 MB	0
Dead(0)	0	0.0 B / 0.0 B	0.0 B	0	0	0	0	0	0 ms (0 ms)	0.0 B	0.0 B	0.0 B	0
Total(41)	0	0.0 B / 17.8 GB	0.0 B	40	0	0	297	297	6.2 min (20 s)	293.6 MB	313.6 MB	313.6 MB	0

Executors

Show 20 entries　　Search:

Executor ID	Address	Status	RDD Blocks	Storage Memory	Disk Used	Cores	Active Tasks	Failed Tasks	Complete Tasks	Total Tasks	Task Time (GC Time)	Input	Shuffle Read	Shuffle Write
driver		Active	0	0.0 B / 439.4 MB	0.0 B	0	0	0	0	0	0 ms (0 ms)	0.0 B	0.0 B	0.0 B
1		Active	0	0.0 B / 434 MB	0.0 B	1	0	0	12	12	11 s (0.5 s)	10.6 MB	15.7 MB	8.7 MB
2		Active	0	0.0 B / 434 MB	0.0 B	1	0	0	6	6	11 s (0.9 s)	3.4 MB	15.7 MB	6.7 MB
3		Active	0	0.0 B / 434 MB	0.0 B	1	0	0	13	13	11 s (0.4 s)	8.7 MB	15.7 MB	10.6 MB
4		Active	0	0.0 B / 434 MB	0.0 B	1	0	0	4	4	11 s (0.8 s)	3.1 MB	15.7 MB	6.3 MB
5		Active	0	0.0 B / 434 MB	0.0 B	1	0	0	12	12	8 s (0.4 s)	14.9 MB	0.0 B	15.8 MB
6		Active	0	0.0 B / 434 MB	0.0 B	1	0	0	9	9	12 s (0.7 s)	7.2 MB	15.7 MB	7.5 MB
7		Active	0	0.0 B / 434 MB	0.0 B	1	0	0	2	2	8 s (0.7 s)	3.5 MB	0.0 B	7.1 MB
8		Active	0	0.0 B / 434 MB	0.0 B	1	0	0	13	13	8 s (0.3 s)	10.8 MB	0.0 B	7.3 MB
9		Active	0	0.0 B / 434 MB	0.0 B	1	0	0	11	11	8 s (0.4 s)	8.3 MB	0.0 B	9.9 MB
10		Active	0	0.0 B / 434 MB	0.0 B	1	0	0	2	2	8 s (0.3 s)	7.4 MB	0.0 B	7 MB
11		Active	0	0.0 B / 434 MB	0.0 B	1	0	0	10	10	11 s (0.5 s)	7.7 MB	15.7 MB	8.6 MB
12		Active	0	0.0 B / 434 MB	0.0 B	1	0	0	4	4	8 s (0.5 s)	6.6 MB	0.0 B	6.3 MB
13		Active	0	0.0 B / 434 MB	0.0 B	1	0	0	10	10	8 s (0.4 s)	8.2 MB	0.0 B	9.7 MB
14		Active	0	0.0 B / 434 MB	0.0 B	1	0	0	11	11	11 s (0.6 s)	11.9 MB	15.7 MB	9.4 MB
15		Active	0	0.0 B / 434 MB	0.0 B	1	0	0	11	11	11 s (0.5 s)	10.5 MB	15.7 MB	7.7 MB
16		Active	0	0.0 B / 434 MB	0.0 B	1	0	0	15	15	11 s (0.7 s)	10.2 MB	15.7 MB	7.4 MB
17		Active	0	0.0 B / 434 MB	0.0 B	1	0	0	11	11	11 s (0.4 s)	14.7 MB	15.7 MB	8.8 MB
18		Active	0	0.0 B / 434 MB	0.0 B	1	0	0	2	2	8 s (0.4 s)	3.5 MB	0.0 B	7.1 MB
19		Active	0	0.0 B / 434 MB	0.0 B	1	0	0	11	11	8 s (0.4 s)	15.2 MB	0.0 B	9.3 MB

Showing 1 to 20 of 41 entries　　Previous 1 2 3 Next

图 1-13　Executor 模块页面

当使用 Spark 时，可能在 Executor 中会遇到一些问题。以下是几个常见问题的简要说明。

- 资源不足：如果发现某个 Executor 的内存使用率很高，则说明可能存在内存不足的问题。如果发现某个 Stage 的任务在某个 Executor 上运行的时间过长，可能是因为该 Executor 的内存不足导致频繁地将数据溢写到磁盘上，从而导致任务运行缓慢。

- ❑ 数据倾斜：如果某个 Executor 上的任务处理时间明显高于其他 Executor，则很可能存在数据倾斜问题。
- ❑ 崩溃的 Executor：如果一个 Executor 在一段时间内没有运行任何任务，或者任务数量极少，则可能是因为它已经崩溃或者失去连接。如果 Executor 崩溃，则任务将被重新调度并启动，这可能会导致处理任务的时间延长，性能下降。
- ❑ 网络瓶颈：在 Executors 页面中可以查看每个 Executor 的网络传输情况，包括输入数据、输出数据和 Shuffle 数据的大小等。如果发现某个 Executor 的网络传输量过大，则可能存在网络瓶颈问题，需要考虑增加带宽或调整 Shuffle 策略等优化措施。
- ❑ 内存泄漏：如果 Executor 的内存使用量随着时间的推移而增加并且未能释放，则可能存在内存泄漏问题。
- ❑ 任务失败：如果发现某个 Executor 的任务失败率较高，则可能存在代码问题或资源不足等问题，需要及时排查和解决。

1.4.6　SQL 模块

SQL 模块用于显示 Spark SQL 应用程序的性能指标和查询计划信息。SQL 模块提供了一个可视化界面，用于监视和分析 Spark SQL 应用程序的性能和执行情况。

通过 SQL 模块，用户可以识别潜在的性能瓶颈，优化查询计划，调整资源分配，以提高 Spark SQL 应用程序的执行效率。此外，SQL 模块还可以帮助用户了解查询的执行流程、数据倾斜的原因和优化策略，以及可能存在的性能问题和优化建议。

SQL 模块页面如图 1-14 所示。

图 1-14　SQL 模块页面

从图 1-4 中可以看出，共有 3 条 SQL 查询，分别用 ID 2、1、0 表示。还有一些常见指标信息，如提交时间和运行时间等。单击图 1-14 中箭头所指的位置，可以进入 SQL 查询详情页。

在 SQL 查询详情页中将会看到一个 DAG 图（有向无环图）。DAG 图展示查询中的各个阶段和任务，并标识它们之间的依赖关系。通过观察 DAG 图，用户可以了解查询的执行流程、任务之间的依赖关系和数据传输的路径，这对于调试和优化 SQL 查询非常有帮助。

SQL 查询详情页中的 DAG 图如图 1-15 所示。

Details for Query 0

Submitted Time: 2023/04/21 02:05:06
Duration: 19 s
Succeeded Jobs: 0

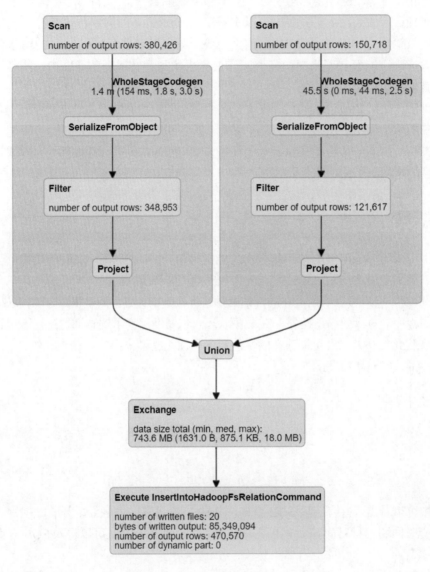

图 1-15　SQL 查询详情页中的 DAG 图

　　图 1-15 展示了 Spark SQL 执行的 DAG 图，其中包括各个阶段的依赖关系和任务数量，这有助于用户理解 Spark SQL 应用程序的执行过程。单击详情页上的 Details 按钮，可以查看完整的执行计划。

　　SQL 查询详情页中的执行计划如图 1-16 所示。

```
▼ Details
== Parsed Logical Plan ==
Relation[audit_timestamp#23L,audit_time_cst#24,audit_user#25,author#26,boost#27,categories#28,channels#29,comments#30L,countries#31,covers#32,create_timestamp#33L,create_time_cst#34,create_user#35,del
e_timestamp#36L,deleted_reason#37,deleted_user#38,delivery_info#39,delivery_tags#40,description#41,downloads#42L,duration#43L,files#44,filters#45,format#46,... 81 more fields] parquet
     +- ResolvedHint (broadcast)
        +- Project [_c0#10 AS banned_item_id#12]
== Analyzed Logical Plan ==
Relation[audit_timestamp#23L,audit_time_cst#24,audit_user#25,author#26,boost#27,categories#28,channels#29,comments#30L,countries#31,covers#32,create_timestamp#33L,create_time_cst#34,create_user#35,dele
e_timestamp#36L,deleted_reason#37,deleted_user#38,delivery_info#39,delivery_tags#40,description#41,downloads#42L,duration#43L,files#44,filters#45,format#46,... 81 more fields] parquet
     +- ResolvedHint (broadcast)
        +- Project [_c0#10 AS banned_item_id#12]
           +- Relation[_c0#10] csv
== Optimized Logical Plan ==
Relation[audit_timestamp#23L,audit_time_cst#24,audit_user#25,author#26,boost#27,categories#28,channels#29,comments#30L,countries#31,covers#32,create_timestamp#33L,create_time_cst#34,create_user#35,delet
e_timestamp#36L,deleted_reason#37,deleted_user#38,delivery_info#39,delivery_tags#40,description#41,downloads#42L,duration#43L,files#44,filters#45,format#46,... 81 more fields] parquet
     +- ResolvedHint (broadcast)
        +- Project [_c0#10 AS banned_item_id#12]
           +- Filter isnotnull(_c0#10)
              +- Relation[_c0#10] csv
== Physical Plan ==
struct<audit_timestamp:bigint,categories:array<string>,countries:array<string>,covers:array<struc...
     +- BroadcastExchange HashedRelationBroadcastMode(List(input[0, string, true]))
        +- *(1) Project [_c0#10 AS banned_item_id#12]
           +- *(1) Filter isnotnull(_c0#10)
```

图 1-16　SQL 查询详情页的执行计划

图 1-16 展示了 Spark SQL 执行的逻辑计划和物理计划，它们反映了 Spark SQL 的优化和执行过程。

逻辑计划是指 Spark SQL 在执行 SQL 查询之前生成的查询执行计划。它描述了查询的逻辑结构和操作，不涉及具体的执行细节和物理资源。在逻辑计划中，Spark SQL 的优化器会进行一系列优化操作，包括谓词下推、列剪枝和表达式合并等，以提高查询效率。

物理计划是指 Spark SQL 根据逻辑计划和当前的集群资源情况生成的最终执行计划。物理计划考虑了具体的数据分布、硬件资源和执行策略，它将逻辑计划转化为实际可执行的任务。物理计划包括具体的操作符、数据分区、并行度和数据倾斜处理等信息，以及任务之间的依赖关系和执行顺序。

通过查看 SQL 执行计划、SQL DAG 图和相关统计信息，可以发现 Spark SQL 应用程序中的潜在问题，进而优化应用程序的性能。

首先，查看 SQL 执行计划可以帮助用户了解查询的逻辑结构和操作，以及 Spark SQL 的优化器在逻辑计划中进行的优化。如果发现执行计划中存在谓词下推、列剪枝和表达式合并等优化操作，可以确认优化器的工作是否符合预期。

其次，通过查看 SQL DAG 图和 Stages 页面中的任务指标，用户可以获取关于任务持续时间、输入大小和 Shuffle 写入大小等统计信息。如果某些任务的数据量特别大，可能会出现数据倾斜问题，可以考虑进行数据重分区或使用其他优化策略来处理倾斜数据问题。另外，如果在 DAG 图中存在很长的任务链，可能是由于查询的算法复杂度过高所致，可以尝试优化 SQL 查询语句，如添加合适的索引或调整查询条件等，以减少任务链的长度和执行时间。

此外，执行计划信息不仅可以为性能优化提供参考，还可以很好地验证用户的调试和优化效果。在后续的章节中将详细介绍 Spark 的执行计划。

1.5　自带的 Spark 历史服务器

1.5.1　Spark 历史服务器简介

Spark 历史服务器是一个独立于 Spark 集群的 Web 服务器，它用于展示 Spark 应用程序的历史运行信息。在 Spark 应用程序执行完毕后，Spark 历史服务器可以将应用程序的运行日志和事件信息持久化地存储，供后续查看和分析。

Spark 历史服务器可以帮助用户更好地了解 Spark 应用程序的运行状况，包括应用程序的任务执行情况、内存使用情况和计算资源利用率等。此外，Spark 历史服务器还可以提供应用程序的可视化界面，方便用户查看应用程序的执行情况，并且支持基于时间范围和应用程序名称等条件进行筛选和搜索。

Spark 历史服务器通过从 Spark 应用程序的事件日志中读取信息，来展示应用程序的历史执行情况。用户可以通过配置 Spark 应用程序的参数来启用事件日志，并将其存储到 HDFS 或本地文件系统中。一旦启用事件日志，Spark 历史服务器就可以读取该日志文件，并将其中的信息展示在 Web 界面上。

History Server 首页是 Spark 的历史服务器的主页面，如图 1-17 所示。

图 1-17　History Server 首页

从图 1-17 中可以看到每次执行的应用程序 ID（App ID）和对应的应用程序名称（App Name）。用户可以通过查找执行的历史任务，如单击图 1-17 中箭头所指位置，跳转到该任务的详细页面，类似于运行时的 Spark Web UI。在图的最右侧还可以看到事件日志（Event Log），通过单击相应的下载链接，可以下载对应的事件日志文件。

对于分析历史服务的 Web 页面，其指标和 Spark Web UI 类似，二者共享相同的指标。历史服务的主要优点在于解决了无法访问已完成任务的痛点。用户可以通过历史服务页面轻松查看和分析已完成的任务的性能指标和执行详情，以及获取历史任务的事件日志等信息。这使得用户可以在任务完成后进行更深入的分析和调试，以便优化 Spark 应用程序的性能。

1.5.2　配置、启动和访问 Spark 历史服务器

下面是配置和启动历史服务器的步骤。

1. 配置Spark历史服务器

打开 Spark 安装目录下的 conf 文件夹，复制 spark-defaults.conf.template 并将其重命名为 spark-defaults.conf，并在 spark-defaults.conf 文件中添加以下配置：

```
1    spark.eventLog.enabled        true              #开启日志
2    #根据自己的地址进行配置
3    spark.eventLog.dir            hdfs://namenode:8021/directory
```

这些配置将启用 Spark 事件日志并将事件日志存储在 hdfs://namenode:8021/directory 目录下。如果需要将事件日志存储在其他位置，则可以替换 hdfs://namenode:8021/directory 为其他

路径。

2. 启动Spark历史服务器

在终端中输入以下命令启动 Spark 历史服务器。

```
1    $SPARK_HOME/sbin/start-history-server.sh
```

3. 访问Spark历史服务器

在 Web 浏览器中输入以下 URL 访问 Spark 历史服务器。

```
1    http://<history_server_host>:18080
```

注意：<history_server_host>是 Spark 历史服务器的主机名或 IP 地址。在启用和配置历史服务器时，需要确保 Spark 应用程序的事件日志已经启用，并且日志文件已正确存储。此外，为了能够访问历史服务器的 Web 页面，应确保网络连接和防火墙设置允许访问指定的端口（默认为 18080）。

1.6　Spark 事件日志

Spark 应用程序的事件记录包括应用程序的启动、作业和阶段的启动、完成和失败、任务的启动和完成，以及其他与应用程序执行相关的事件。这些事件记录为应用程序的监视和优化提供了重要的数据。

1.6.1　Spark 的常见事件

Spark 任务的常见事件是指在 Spark 应用程序运行过程中产生的一些关键事件或状态转换，这些事件或状态转换能够反映出 Spark 应用程序的运行情况和性能瓶颈。下面列举一些 Spark 任务的常见事件：

❑ Spark Application Start：标识 Spark 应用程序的开始。

❑ Spark Context Initialized：标识 Spark Context 的初始化。

❑ Executor Added：标识一个新的 Executor 已经被添加到 Spark 应用程序中。

当启动 Spark 应用程序时，它会向集群请求分配一定数量的 Executor 来执行任务。一旦有一个 Executor 被分配到应用程序中，就会触发 Executor Added 事件。

Executor Added 事件提供以下信息：

❑ Executor ID：新增 Executor 的唯一标识符。

❑ 主机名：执行 Executor 的主机名。

❑ 核心数：Executor 可用的 CPU 核心数量。

❑ 内存：Executor 可用的内存量。

❑ 状态：Executor 的当前状态，通常为 RUNNING，表示正在运行。

通过监视 Executor Added 事件，可以了解 Executor 的动态增加情况，以及每个 Executor

的资源配置。这对于调试和监控 Spark 应用程序的执行过程非常有用，可以帮助用户了解集群资源的分配情况，并根据需要进行调整和优化。

🔔注意：Executor Added 事件只表示 Executor 已经被添加到了 Spark 应用程序中，并不代表任务已经开始执行。任务的执行会根据调度策略和任务依赖关系进行安排。

- ❑ Block Manager Added：标识一个新的块管理器已经被添加到 Spark 应用程序中。
- ❑ Job Start：标识一个新的作业已经开始。
- ❑ Stage Submitted：标识一个新的阶段已经被提交。
- ❑ Task Start：标识一个新的任务已经开始。
- ❑ Task End：标识一个任务已经结束。
- ❑ Stage Completed：标识一个阶段已经完成。
- ❑ Job End：标识一个作业已经结束。
- ❑ Executor Removed：标识一个执行器已经从 Spark 应用程序中删除。
- ❑ Block Manager Removed：标识一个块管理器已经从 Spark 应用程序中删除。
- ❑ Spark Application End：标识 Spark 应用程序的结束。

1.6.2 事件信息

在事件中一般都会包含很多有用的信息，例如：
- ❑ Spark 应用程序的名称、ID 和版本信息；
- ❑ 应用程序启动和关闭时间戳；
- ❑ 配置参数；
- ❑ 作业和阶段的启动、完成和失败时间戳，以及其相关的任务信息；
- ❑ RDD、广播变量和累加器的创建和销毁事件；
- ❑ 驱动程序和执行器节点的系统度量数据。

1.6.3 Spark 启动事件分析案例

下面是一个 Spark 应用程序启动事件分析的案例。

```
1   {
2   "Event": "SparkListenerApplicationStart",
3   "Timestamp": 1611234567890,
4   "App Name": "My Spark App",
5   "App ID": "app-20210121163514-0001",
6   "User": "myuser",
7   "Spark Version": "3.0.1",
8   "Event Log Directory": "/mnt/logs/",
9   "Spark Properties": {
10  "spark.driver.memory": "4g",
11  "spark.executor.memory": "8g",
12  "spark.default.parallelism": "100",
13  "spark.sql.shuffle.partitions": "200",
14  "spark.sql.autoBroadcastJoinThreshold": "20971520"
15  },
```

```
16    "JVM Information": {
17    "Java Version": "1.8.0_271",
18    "Java Home": "/usr/local/jdk1.8.0_271/jre",
19    "JavaClasspath":"/opt/spark/conf/:/usr/local/jdk1.8.0_271/jre/lib/
      *:/usr/local/jdk1.8.0_271/jre/lib/ext/*",
20    "Java Library Path": "/usr/local/hadoop/lib/native"
21    }
22    }
```

代码的具体含义如下：

❑ Event: SparkListenerApplicationStart，表示 Spark 应用程序开始运行。

❑ Timestamp: 1611234567890，表示事件发生的时间戳。

❑ App Name: My Spark App，表示 Spark 应用程序的名称。

❑ App ID: app-20210121163514-0001，表示 Spark 应用程序的唯一标识符。

❑ User: myuser，表示启动 Spark 应用程序的用户。

❑ Spark Version: 3.0.1，表示 Spark 的版本。

❑ Event Log Directory: /mnt/logs/，表示事件日志的保存目录。

❑ Spark Properties，包含 Spark 应用程序的配置信息，包括 spark.driver.memory、spark. executor.memory、spark.default.parallelism、spark.sql.shuffle.partitions 和 spark.sql.auto-BroadcastJoinThreshold 等。

❑ JVM Information，包含 Java 虚拟机的相关信息，包括 Java Version、Java Home、Java Classpath 和 Java Library Path 等。

当任务启动失败时，日志信息对用户非常有帮助，它可以帮助用户快速定位问题并了解任务的配置信息。通过查看失败任务的日志，可以获得以下信息：

❑ 错误信息：日志通常包含任务启动失败的具体错误信息，可以帮助用户了解失败的原因。错误信息可能涉及配置错误、资源不足和依赖项等问题。

❑ 任务配置信息：当任务启动失败时，在日志中通常会显示任务的配置信息，如内存分配、CPU 核数和执行节点等。这些信息对于调试和优化任务非常有用，可以帮助用户检查任务的配置是否正确并进行必要的调整。

❑ 环境信息：在日志可能包含有关执行环境的信息中，如操作系统、Spark 版本和 JVM 版本等。这些信息对于排查问题和确定适当的环境设置很有帮助。

通过仔细分析任务启动失败的日志，可以让用户很好地理解出现问题的原因，并采取相应的措施进行修复。用户可以根据日志提供的信息，检查任务的配置、资源分配和依赖项，并进行必要的修改和优化，以确保任务能够成功启动和执行。

⚠注意：任务启动失败的日志信息可能因具体情况而异，因此在分析日志时，需要根据实际情况进行适当的调整和解释。

1.6.4　Spark 事件日志的用途

Spark 事件日志用于记录 Spark 应用程序执行期间的各种事件，包含任务、阶段和作业等关键事件的信息，它可以用于监视和分析 Spark 应用程序的执行过程。

Spark 事件日志可以用于多个方面：

❑ 应用程序监视：通过 Spark 事件日志提供数据源，可以在 Spark Web UI 的 Event Timeline 页面上查看应用程序的事件信息。Event Timeline 页面以时间线的形式展示应用程序执行期间的事件，包括任务、阶段和作业等。

❑ 应用程序优化：Spark 事件日志提供 Spark 应用程序的运行状态和性能情况，如启动时间、完成时间、执行时间和资源占用情况等，便于用户了解应用程序的瓶颈是 CPU 密集型还是内存密集型，并识别数据倾斜等问题。

❑ 可视化展示：事件日志可以被可视化工具解析和展示，以图表或图形的形式呈现 Spark 应用程序的执行过程，便于用户直观地了解应用程序的执行情况。

📞提示：Spark Web UI 提供了一个直观的界面，可以方便用户查看和监控 Spark 应用程序的执行情况。通过事件日志，Spark Web UI 能够获取并展示应用程序的事件信息，帮助用户了解任务、阶段和作业的执行时间和状态及其他指标。而且，事件日志本身可以提供更详细和全面的信息，适用于进一步的分析和定制化需求。

1.6.5　CPU 密集型与内存密集型分析案例

下面举一个基于 Spark 事件日志 API 的案例，分析应用程序中的瓶颈是 CPU 密集型还是内存密集型。具体可以通过计算 Task Metrics 中的 Executor CPU Time 和 Executor Run Time 的比例来实现。

（1）加载事件日志文件并创建 SparkConf 和 SparkContext 对象。

```
1    import org.apache.spark.SparkConf
2    import org.apache.spark.scheduler._
3    import org.apache.spark.sql.SparkSession
4
5    // 设置事件日志文件路径
6    val logFile = "file:/path/to/eventLogs"
7
8    // 设置 Spark 配置
9    val sparkConf = new SparkConf()
10     .setAppName("EventLogAnalysis")
11     .setMaster("local[*]")
12     .set("spark.eventLog.enabled", "true")
13     .set("spark.eventLog.dir", logFile)
14
15   // 创建 SparkSession 实例
16   val spark = SparkSession.builder().config(sparkConf).getOrCreate()
17
18   // 获取 SparkContext 实例
19   val sc = spark.sparkContext
```

（2）通过 EventLogReader 读取 Event Logs 文件并将其转换为 SparkListenerEvents 对象。

```
1    import org.apache.spark.scheduler._
2    import org.apache.spark.scheduler.TaskLocality._
3    import org.apache.spark.sql.execution._
4    import org.apache.spark.sql.execution.ui._
5    import org.apache.spark.sql.streaming.ui._
```

```
6    // 获取事件日志目录及其文件路径
7    val eventLogDir = sparkConf.get("spark.eventLog.dir")
8    val eventLogPath = EventLoggingListener.getLogPath(eventLogDir, None)
9
10   // 创建事件日志读取器并打开事件日志
11   val eventLogReader = new EventLogReader()
12   val eventLog = eventLogReader.openEventLog(eventLogPath)
13
14   // 反序列化事件并将其存储在 events 变量中
15   val events = eventLog.map(EventLogHelpers.deserializeEvent)
```

（3）使用 TaskMetrics 计算任务是 CPU 密集型还是内存密集型。

```
1    // 使用 filter 函数和 isInstanceOf 方法筛选出所有的 SparkListenerTaskEnd 类型事
     件，并将其转换成 SparkListenerTaskEnd 类型
2    valtaskEvents=events.filter(_.isInstanceOf[SparkListenerTaskEnd]).map
     (_.asInstanceOf[SparkListenerTaskEnd])
3
4    // 从每个任务的度量信息中提取出任务度量指标，并返回一个由度量信息构成的列表 taskMetrics
5    val taskMetrics = taskEvents.map(task => task.taskMetrics)
6
7    // 将所有任务的 executorCpuTime 字段相加，得到总的 CPU 时间
8    val executorCpuTime = taskMetrics.map(_.executorCpuTime).sum
9
10   // 将所有任务的 executorRunTime 字段相加，得到总的运行时间
11   val executorRunTime = taskMetrics.map(_.executorRunTime).sum
12
13   // 计算 CPU 的使用率，即总 CPU 时间占总运行时间的比例
14   val cpuRatio = executorCpuTime.toDouble / executorRunTime.toDouble
15
16   // 计算出内存使用率，即 1 减去 CPU 使用率的值
17   val memRatio = 1 - cpuRatio
18
19   // 将 CPU 和内存的使用率打印出来
20   println(s"CPU Ratio: $cpuRatio, Memory Ratio: $memRatio")
```

以上代码使用 Spark 事件日志 API 中的 TaskMetrics 计算任务的 CPU 密集型和内存密集型比例，并打印结果。CPU Ratio 代表 CPU 密集型比例，Memory Ratio 代表内存密集型比例。如果 CPU Ratio 较高，则任务是 CPU 密集型；如果 Memory Ratio 较高，则任务是内存密集型。需要注意的是，上述代码只是对单个应用程序的 Task Metrics 进行了计算。如果想要对多个应用程序的 Task Metrics 进行分析，则需要对每个应用程序进行遍历和计算，并对结果进行汇总。

1.7 Spark 驱动程序日志

在 Spark 应用程序中，驱动程序负责协调任务的执行、资源的调度及结果的收集等关键工作。因此，Spark 驱动程序生成的日志记录了 Spark 应用程序的主要活动，包括以下信息：

❑ 配置信息，如应用程序的名称和 ID，以及主机地址和端口号等。

❑ 任务调度信息，如任务分配、任务执行和任务完成时间等。

❑ 资源调度信息，如内存分配、CPU 分配和磁盘分配等。

❑ 数据处理信息，如数据读取、转换和保存等。

❑ 结果收集信息，如结果保存、输出和汇总等。

另外，Spark 驱动程序日志还会记录结果的输出日志，包括在 Spark 算子（即在执行器内部执行的代码）之外的代码生成的日志，例如，使用 println(s"Data: $data")或 logger.info("This is an info log message")等自定义的日志打印操作。这些日志信息将被收集到 Spark Driver 的日志中。

在调试和优化 Spark 应用程序时，Spark 驱动程序日志是一个非常有用的工具。通过查看驱动程序的日志，用户可以了解任务在执行过程中的详细信息，包括输入数据、中间计算结果和最终的输出结果，有助于验证应用程序的逻辑正确性，检查数据处理过程中是否存在问题，以及确定性能瓶颈所在。

Spark 驱动程序日志还可以用于分析应用程序的运行状况和性能指标。用户可以查看任务的启动时间、完成时间和任务执行的持续时间，评估任务的执行效率。同时，通过分析日志中的输出信息，可以了解任务在执行过程中的资源利用和数据倾斜情况，以及可能存在的性能问题等。

1.8　Spark Executor 日志

1.8.1　Spark Executor 日志简介

Spark Executor 日志是在 Spark 集群中执行任务的工作进程（即 Executor 进程）生成的日志。每个 Spark 任务都会在集群中的一个或多个 Executor 进程中运行，每个 Executor 进程都会生成相应的日志，用于记录任务执行期间的事件和错误情况。这些日志包括标准输出和标准错误输出，以及与任务执行相关的事件和度量信息。其中，标准输出和标准错误输出记录任务的输出内容和错误信息，而事件和度量信息记录任务执行过程中发生的事件和性能指标，如任务的开始和结束时间、任务使用的 CPU 和内存资源，以及读取和写入数据的速度等。

Executor 日志对于分析 Spark 任务的性能和调试错误非常重要，可以通过查看日志中的事件和指标信息来确定任务的瓶颈和优化空间。同时，Executor 日志也可以用于监控和管理 Spark 集群。例如，通过分析日志，检测节点故障和程序瓶颈，并进行故障排除和性能优化。

1.8.2　日志解析

在 Spark 中，Executor 日志默认存储在每个 Executor 进程的工作目录中，可以通过 Spark 配置文件中的相关参数来配置日志级别和存储位置。

下面给出一段 Spark Executor 日志。

```
1    20/05/06 16:43:59 INFO executor.CoarseGrainedExecutorBackend: Got
     assigned task 0
2    20/05/06 16:43:59 INFO executor.Executor: Running task 0.0 in stage 0.0
     (TID 0)
3    20/05/06 16:43:59 INFO executor.Executor: Fetching spark://10.0.0.1:
```

```
        62575/jars/myapp.jar with timestamp 1588763751737
4       20/05/06 16:43:59 INFO util.Utils: Fetching spark://10.0.0.1:
        62575/jars/myapp.jar to /tmp/spark-xxxxxxx-xxxx-xxxx-xxxx-xxxxxxxxxxxx/
        executor-xxxxx/myapp.jar
5       20/05/06 16:44:00 INFO executor.Executor: Adding file:/tmp/spark
        -xxxxxxx-xxxx-xxxx-xxxx-xxxxxxxxxxxx/executor-xxxxx/myapp.jar to class
        loader
6       20/05/06 16:44:00 INFO storage.BlockManager: Adding block broadcast_0 to
        memory on localhost:xxxxx
7       20/05/06 16:44:00 INFO executor.Executor: Finished task 0.0 in stage 0.0
        (TID 0). 3152 bytes result sent to driver
```

这些日志可以帮助用户了解每个 Executor 进程的运行状态，诊断 Executor 进程是否出现问题，在出现问题时进行排除。另外，用户在算子中手动打印的输出日志也会记录在这些日志中。由于这些日志是在 Executor 端生成的，所以不太方便直接查看。在通常情况下，更倾向于将在算子中打印的日志输出到驱动程序节点的日志文件中。

当需要查看 Executor 日志时，用户可以在指定的机器上查找并使用 tail 命令查看相应的日志文件。另外，用户也可以将这些日志收集到统一的位置，如 ELK（Elasticsearch、Logstash 和 Kibana）等日志分析平台，以便集中搜索和查看。这样做可以方便用户在需要时检索和分析日志信息。

1.8.3　配置 Executor 打印日志到 Driver 节点

下面基于 log4j 配置的方法来记录 Spark 应用程序的日志。

（1）创建 log4j.properties。在 Driver 节点的 conf 目录下创建 log4j.properties 文件，如果该文件已经存在，则可以直接编辑。

（2）配置 log4j.properties。在 log4j.properties 文件中添加以下配置：

```
1       // 设置日志级别为 DEBUG，输出到文件
2       log4j.logger.org.apache.spark.examples=DEBUG, FILE
3
4       // 定义输出到文件的 appender
5       log4j.appender.FILE=org.apache.log4j.FileAppender
6
7       // 定义日志文件路径
8       log4j.appender.FILE.File=<log_file_path>
9
10      // 定义日志输出格式
11      log4j.appender.FILE.layout=org.apache.log4j.PatternLayout
12      log4j.appender.FILE.layout.ConversionPattern=%d{yy/MM/dd HH:mm:ss} %p
        %c{1}: %m%n
```

其中，<log_file_path>为输出日志文件的路径。

（3）在算子代码中使用 log4j 打印日志。

```
1       import org.apache.log4j.Logger

2       val logger = Logger.getLogger(getClass.getName)
3       logger.debug("Debug message")
```

这样就可以将在算子代码中打印的日志输出到 Driver 节点的指定日志文件中。

1.8.4　使用 Executor 完成时间异常分析案例

下面的案例展示如何使用 Spark 事件日志 API 分析 Spark Executor 日志。

首先，需要加载 Spark 事件日志数据。

```
1   import org.apache.spark.sql.SparkSession

2   // 创建一个 SparkSession 对象
3   val spark = SparkSession.builder()
4   .appName("Spark Event Logs Analysis")
5   .config("spark.eventLog.enabled", "true")
6   .config("spark.eventLog.dir", "/path/to/event/logs")
7   .getOrCreate()
8
9   // 从事件日志中读取数据
10  val eventLogs = spark.read.format("org.apache.spark.sql.execution.
    streaming.sources.EventLogSourceProvider")
11  .option("startingPosition", "earliest")      // 从最早的位置开始读取
12  .option("mode", "PERMISSIVE")                 // 读取模式为宽松模式
13  .option("path", "/path/to/event/logs")        // 事件日志的路径
14  .load()
```

接下来使用 Spark SQL 语句从事件日志中筛选出 Executor 的日志数据，并根据关心的指标进行分析。以下代码展示如何使用 Spark SQL 计算每个 Executor 任务完成时间的平均值和标准差。

```
1   import org.apache.spark.sql.functions._
2   import org.apache.spark.sql.types._
3
4   // 选择需要的列
5   val executorLogs = eventLogs
6     .select("Event", "ExecutorID", "TaskEndReason", "TaskInfo")
7     .where("Event = 'SparkListenerTaskEnd' and TaskEndReason = 'Success'")
8
9   // 定义一个 UDF 来解析任务持续时间
10  val parseTaskDuration = udf { taskInfo: String =>
11    val duration = taskInfo.split("::")(1).toLong - taskInfo.split("::")
      (0).toLong
12    duration
13  }
14
15  // 根据执行器分组，计算任务平均执行时间和标准差
16  val executorDurations = executorLogs
17    .withColumn("Duration", parseTaskDuration(col("TaskInfo")))
18    .groupBy("ExecutorID")
19    .agg(avg("Duration").as("AvgDuration"), stddev("Duration").
      as("StdDevDuration"))
20
21  // 显示结果
22  executorDurations.show()
```

通过以上分析，可以判断某个 Executor 任务完成的时间是否异常，以便进行故障排查。此外，使用其他 Spark SQL 函数还可以对 Executor 的日志数据进行更深入的分析，以获取更多有价值的信息。

例如，可以使用聚合函数 MIN、MAX 和 COUNT 计算任务完成时间的最小值、最大值和任务数量，以了解 Executor 任务的执行情况。另外，还可以使用条件表达式（如 CASE WHEN），根据特定的条件进行任务分类和统计；使用 ORDER BY 对任务完成时间进行排序，以查看任务执行时间的分布情况。

除了 Spark SQL，还可以结合其他工具和技术对 Executor 的日志数据进行进一步的分析。例如，可以使用可视化工具（如 Apache Superset、Grafana 或 Tableau）创建仪表板和图表，以直观地展示 Executor 的日志数据；可以使用机器学习和数据挖掘技术进行异常检测、模式发现和预测分析，以深入了解 Executor 的行为和性能。

1.9　Linux 系统监控工具

Linux 系统自带的命令可以在 Spark 性能优化的过程中提供有关系统资源利用和性能瓶颈分析等方面的信息，从而帮助用户进行性能优化和故障排查。本节对 Spark 性能优化有帮助的常用 Linux 命令进行介绍。

1.9.1　top 命令

top 是 Linux 系统一个常用的监控命令，它可以实时、动态地查看系统的资源使用情况。在 Spark 性能优化中，top 命令可以帮助用户实时查看如 CPU、内存和 I/O 等系统资源的使用情况，从而找出系统瓶颈，定位故障并进行优化。

执行 top 命令的输出结果如图 1-18 所示。

```
top - 02:10:47 up 544 days, 17:13,  1 user,  load average: 0.00, 0.00, 0.00
Tasks: 230 total,   1 running, 115 sleeping,   0 stopped,   0 zombie
%Cpu(s):  0.0 us,  0.0 sy,  0.0 ni,100.0 id,  0.0 wa,  0.0 hi,  0.0 si,  0.0 st
KiB Mem : 13202809+total, 48712488 free,  5900208 used, 77415400 buff/cache
KiB Swap:        0 total,        0 free,        0 used. 12155704+avail Mem

  PID USER      PR  NI    VIRT    RES    SHR S  %CPU %MEM     TIME+ COMMAND
 8705 clickho+  20   0   37.7g   1.3g 110628 S   0.7  1.1  5541:48 clickhouse-serv
21286 root      20   0  171228   4692   3816 R   0.3  0.0   0:00.13 top
    1 root      20   0   43756   4512   2904 S   0.0  0.0   4:31.10 systemd
    2 root      20   0       0      0      0 S   0.0  0.0   0:15.62 kthreadd
    4 root       0 -20       0      0      0 I   0.0  0.0   0:00.00 kworker/0:0H
    6 root       0 -20       0      0      0 I   0.0  0.0   0:00.00 mm_percpu_wq
    7 root      20   0       0      0      0 S   0.0  0.0   0:09.85 ksoftirqd/0
```

图 1-18　执行 top 命令的输出结果

下面对执行 top 命令的输出结果进行简要的说明。

❏ 第 1 行（Header）：显示系统的运行时间、当前时间、登录用户数和系统负载情况等信息。

❏ 第 2 行（Tasks）：显示进程数、运行中、休眠中和停止的进程数等信息。

❏ 第 3 行（Cpu）：显示 CPU 的使用情况，包括总使用率、用户态、内核态和等待 I/O 等情况。

❏ 第 4 行（Mem）：显示内存的使用情况，包括总内存、使用内存、空闲内存和缓存等。

❏ 第 5 行（Swap）：显示 Swap 的使用情况，包括总 Swap、使用 Swap 和空闲 Swap 等。

❏ 进程列表（Processes）：按照 CPU 占用率从高到低显示当前系统所有进程的情况，
包括进程 ID、CPU 占用率、内存占用率和进程状态等信息。

在 Spark 性能优化中，用户可以利用 top 命令实时查看 Spark 运行时的 CPU 占用率和内
存占用率等信息，通过观察这些指标的变化情况，发现系统瓶颈并进行相应的调整。

1.9.2　htop 命令

htop 是 Linux 系统中的一个命令行工具，可以用来监控系统进程的运行情况。它与 top
命令类似，只是可以更加直观地展示进程信息，并支持鼠标交互操作和颜色显示等功能。

和 top 命令不同的是，htop 命令不是系统自带的命令。在大多数 Linux 系统中，已经预
安装 htop 命令了，如果没有安装，则可以使用以下命令在 Ubuntu 或 Debian 系统上进行安装。

```
1    sudo apt-get update
2    sudo apt-get install htop
```

在 CentOS 或 RHEL 系统上可以使用以下命令安装 htop 工具。

```
1    sudo yum install epel-release
2    sudo yum update
3    sudo yum install htop
```

执行 htop 命令的输出结果如图 1-19 所示。

图 1-19　执行 htop 命令的结果

htop 命令的主要特点如下：

❏ 支持鼠标交互和键盘快捷键操作，例如可以使用鼠标单击进程来选择操作，也可以
使用键盘快捷键进行排序和过滤等操作。
❏ 显示更加直观，可以通过颜色区分进程状态、CPU 使用率和内存占用等情况，方便
快速定位问题。
❏ 提供更多的进程信息展示，如进程的线程数、打开的文件描述符数和进程树等。
❏ 支持批量操作，例如可以选择多个进程进行暂停、恢复或结束等操作。

在 Spark 性能优化中，htop 命令可以用来监控各个进程的 CPU、内存和 I/O 等资源的占
用情况，从而及时发现异常进程和资源瓶颈，一并定位性能问题。同时，htop 命令也可以用
来监控系统的负载情况，从而帮助用户了解系统的瓶颈和优化方向。

1.9.3　iostat 命令

iostat 命令用于查看 Linux 系统上的磁盘 I/O 情况，包括磁盘的读写速度、使用率和队列

长度等。

在 Spark 任务中,磁盘 I/O 是一个常见的性能瓶颈。iostat 命令可以帮助用户监控磁盘 I/O 的情况,从而及时发现磁盘 I/O 的性能问题。

iostat 命令格式及常见的参数如下:

```
1    iostat [-cdhikmstx] [-g <X>] [<interval>] [<count>]
```

iostat 命令的参数说明如下:

- ❑ -c:显示 CPU 的使用情况。
- ❑ -d:显示磁盘的使用情况。
- ❑ -h:以易读的格式输出。
- ❑ -i:显示 IOPS 信息。
- ❑ -k:以 KB 为单位输出。
- ❑ -m:以 MB 为单位输出。
- ❑ -s <interval>:指定间隔时间,默认是 1s。
- ❑ -t:在输出结果中加入时间戳。
- ❑ -x:显示详细信息。
- ❑ -g <X>:指定磁盘组名。

```
1    iostat -x 1 5
```

上面的命令表示每隔 1s 就输出一次磁盘的使用情况,共输出 5 次。输出内容包括每个磁盘的读写速度、IOPS 和队列长度等。

执行 iostat 命令的输出结果如图 1-20 所示。

```
avg-cpu:  %user   %nice %system %iowait  %steal   %idle
           0.05    0.00    0.04    0.00    0.00   99.91

Device:         rrqm/s   wrqm/s     r/s     w/s    rkB/s    wkB/s avgrq-sz avgqu-sz   await r_await w_await  svctm  %util
vda               0.00     0.03    0.01    0.57     0.32     4.28    15.93     0.00    0.73   11.72    0.54   0.15   0.01
nvme0n1           0.00     2.00    0.00    2.07     0.05    52.65    50.78     0.00    0.12    0.15    0.12   0.00   0.00
nvme1n1           0.00     0.01    0.00    0.00     0.01     0.42   157.08     0.00    0.31    0.10    0.35   0.03   0.00

avg-cpu:  %user   %nice %system %iowait  %steal   %idle
           0.06    0.00    0.00    0.00    0.00   99.94

Device:         rrqm/s   wrqm/s     r/s     w/s    rkB/s    wkB/s avgrq-sz avgqu-sz   await r_await w_await  svctm  %util
vda               0.00     0.00    0.00    0.00     0.00     0.00     0.00     0.00    0.00    0.00    0.00   0.00   0.00
nvme0n1           0.00     0.00    0.00    0.00     0.00     0.00     0.00     0.00    0.00    0.00    0.00   0.00   0.00
nvme1n1           0.00     0.00    0.00    0.00     0.00     0.00     0.00     0.00    0.00    0.00    0.00   0.00   0.00

avg-cpu:  %user   %nice %system %iowait  %steal   %idle
           0.00    0.00    0.00    0.00    0.00  100.00

Device:         rrqm/s   wrqm/s     r/s     w/s    rkB/s    wkB/s avgrq-sz avgqu-sz   await r_await w_await  svctm  %util
vda               0.00     0.00    0.00    0.00     0.00     0.00     0.00     0.00    0.00    0.00    0.00   0.00   0.00
nvme0n1           0.00     0.00    0.00    0.00     0.00     0.00     0.00     0.00    0.00    0.00    0.00   0.00   0.00
nvme1n1           0.00     0.00    0.00    0.00     0.00     0.00     0.00     0.00    0.00    0.00    0.00   0.00   0.00

avg-cpu:  %user   %nice %system %iowait  %steal   %idle
           0.00    0.00    0.06    0.00    0.00   99.94

Device:         rrqm/s   wrqm/s     r/s     w/s    rkB/s    wkB/s avgrq-sz avgqu-sz   await r_await w_await  svctm  %util
vda               0.00     0.00    0.00    0.00     0.00     0.00     0.00     0.00    0.00    0.00    0.00   0.00   0.00
nvme0n1           0.00     0.00    0.00    0.00     0.00     0.00     0.00     0.00    0.00    0.00    0.00   0.00   0.00
nvme1n1           0.00     0.00    0.00    0.00     0.00     0.00     0.00     0.00    0.00    0.00    0.00   0.00   0.00

avg-cpu:  %user   %nice %system %iowait  %steal   %idle
           0.00    0.00    0.00    0.00    0.00  100.00

Device:         rrqm/s   wrqm/s     r/s     w/s    rkB/s    wkB/s avgrq-sz avgqu-sz   await r_await w_await  svctm  %util
vda               0.00     0.00    0.00    0.00     0.00     0.00     0.00     0.00    0.00    0.00    0.00   0.00   0.00
nvme0n1           0.00     0.00    0.00    2.00     0.00    48.00    48.00     0.00    0.00    0.00    0.00   0.00   0.00
nvme1n1           0.00     0.00    0.00    0.00     0.00     0.00     0.00     0.00    0.00    0.00    0.00   0.00   0.00
```

图 1-20 执行 iostat 命令的输出结果

接下来对执行 iostat 命令的输出结果进行简要说明。

❑ Device：磁盘的设备名。

❑ %util：设备的总使用率（包括 I/O 等待的时间）。

❑ avg-cpu：其中的 user、system、idle 和 iowait 表示 CPU 的使用情况。user 表示用户空间的 CPU 占用率；system 表示系统空间的 CPU 占用率；idle 表示空闲 CPU 占用率；iowait 表示 CPU 等待 I/O 完成时间的占用率。

❑ Device：其中的 rrqm/s、wrqm/s、r/s、w/s、rkB/s、wkB/s、avgrq-sz、avgqu-sz、await、r_await、w_await、svctm 和%util 表示磁盘 I/O 情况。rrqm/s 表示每秒合并的读请求次数；wrqm/s 表示每秒合并的写请求次数；r/s 表示每秒完成的读次数；w/s 表示每秒完成的写次数；rkB/s 表示每秒读取的数据量，单位为 KB；wkB/s 表示每秒写入的数据量，单位为 KB；avgrq-sz 表示平均每次 I/O 操作的数据量，单位为扇区；avgqu-sz 表示平均 I/O 请求的队列长度；await 表示平均每个 I/O 请求的等待时间；r_await 表示平均每个读请求的等待时间；w_await 表示平均每个写请求的等待时间；svctm 表示平均每个 I/O 请求的服务时间；%util 表示设备的总使用率，包括 I/O 等待时间。

1.9.4 vmstat 命令

vmstat 是一个 Linux 命令，用于查看系统的虚拟内存、进程、CPU 和 I/O 状态。它可以提供实时的系统性能数据，并对系统进行快速诊断和性能调整。

vmstat 的语法如下：

```
1    vmstat [options] [delay [count]]
```

其中，delay 指定输出结果的时间间隔，count 指定输出结果的次数。如果省略 count，则 vmstat 会一直输出结果，直到用户按 Ctrl+C 键结束。

例如，以下命令每秒显示一次系统状态，共显示 5 次。

```
1    vmstat 1 5
```

执行 vmstat 命令的输出结果如图 1-21 所示。

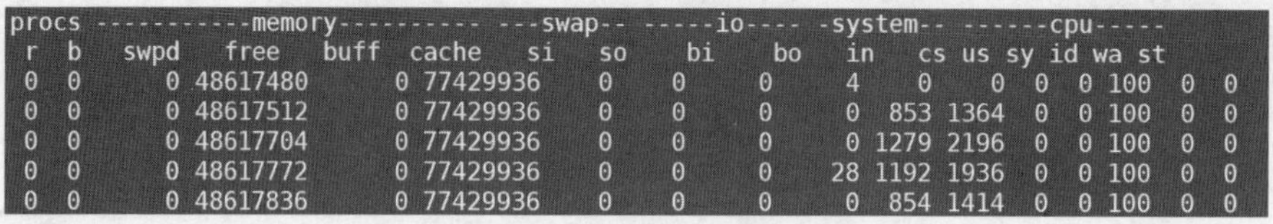

```
procs -----------memory---------- ---swap-- -----io---- -system-- ------cpu-----
 r  b   swpd   free   buff  cache   si   so    bi    bo   in   cs us sy id wa st
 0  0      0 48617480      0 77429936    0    0     0     4    0    0  0  0 100  0  0
 0  0      0 48617512      0 77429936    0    0     0     0  853 1364  0  0 100  0  0
 0  0      0 48617704      0 77429936    0    0     0     0 1279 2196  0  0 100  0  0
 0  0      0 48617772      0 77429936    0    0     0    28 1192 1936  0  0 100  0  0
 0  0      0 48617836      0 77429936    0    0     0     0  854 1414  0  0 100  0  0
```

图 1-21　执行 vmstat 命令的输出结果

下面对执行 vmstat 命令的输出结果进行简要说明。

❑ procs：列出运行中、等待和停止的进程数。

❑ memory：列出内存使用情况，包括系统中可用的内存和已使用的内存。

❑ swap：列出交换使用情况，包括系统中可用的交换空间和已使用的交换空间。

❑ io：列出磁盘输入和输出的统计信息，包括读写速率、传输速率和 I/O 请求队列的长度。

❑ system：列出系统上下文切换和中断的统计信息。

❑ cpu：列出 CPU 的使用情况，包括用户、系统和空闲时间与等待 I/O 的时间。

vmstat 还支持多个选项，如-n、-d 和-a 等，可以根据需要进行使用。

1.9.5　sar 命令

sar 命令用于收集系统的各项性能指标，可以查看 CPU、内存、网络和磁盘 I/O 等方面的性能数据，支持以不同的时间间隔和不同的格式输出数据。使用 sar 命令可以帮助用户分析系统的性能瓶颈，并进行优化。

sar 命令的格式如下：

❑ sar [选项] [时间间隔] [采样次数]

选项参数如下：

➢ -A：显示所有可用的报告选项；

➢ -b：显示磁盘 I/O 的统计信息；

➢ -c：显示系统调用和上下文切换的统计信息；

➢ -d：显示块设备的统计信息；

➢ -n：显示网络统计信息；

➢ -q：显示系统运行队列和负载信息；

➢ -r：显示内存使用情况的统计信息；

➢ -u：显示 CPU 使用情况的统计信息。

❑ 时间间隔：指定数据采样的时间间隔，单位为 s。

❑ 采样次数：指定数据采样的次数。

例如，下面的命令会每隔 1s 收集一次系统的 CPU 使用情况，并输出 5 次采样数据。

```
1    sar -u 1 5
```

sar 命令的输出结果如图 1-22 所示。

```
03:52:39 AM    CPU    %user    %nice    %system    %iowait    %steal    %idle
03:52:40 AM    all     0.00     0.00      0.00       0.00       0.00    100.00
03:52:41 AM    all     0.00     0.00      0.12       0.00       0.00     99.88
03:52:42 AM    all     0.19     0.00      0.06       0.00       0.00     99.75
03:52:43 AM    all     0.06     0.00      0.00       0.00       0.00     99.94
03:52:44 AM    all     0.00     0.00      0.00       0.00       0.00    100.00
Average:       all     0.05     0.00      0.04       0.00       0.00     99.91
```

图 1-22　sar 命令输出结果

1.9.6　Spark 进程的 CPU 和内存监控案例

1. 查看Spark Driver进程的CPU使用情况

首先，需要启动 Spark 应用程序，并记录 Spark 的 Driver 和 Executor 的进程 ID。如果已经启动 Spark 的话，就可以通过 Java 自带的 jps 命令查看系统的进程 ID。然后，使用 htop 命令查看这些进程的 CPU 和内存的使用情况。

使用以下命令查看 Spark Driver 进程的 CPU 使用情况，用同样的方式查看 Executor 进程的 CPU 使用情况。

```
1    htop -p <driver_pid>                              #替换成自己的
```

其中，<driver_pid>是 Spark Driver 进程的 ID。

可以通过查看 htop 命令输出的 CPU 列来确定 Spark Driver 进程的 CPU 使用情况。如果 CPU 列的值始终保持 100%，则说明 Spark Driver 进程正在消耗大量的 CPU 资源，需要进行优化。

2．查看Spark Executor进程的内存使用情况

同样使用上面的命令，只是这次关注的是 RES 列。

```
1    htop -p <executor_pid>                            #替换成自己的
```

其中，<executor_pid> 是 Spark Executor 进程的 ID。

RES 列表示一个进程当前使用的常驻物理内存的大小，即进程占用的实际内存的大小。这个值包括该进程本身使用的内存及其使用的库函数和共享库占用的内存。与之相对应的是 VSZ 列，它表示进程虚拟内存的大小，即所占用进程地址空间的大小，包括进程使用的内存、共享库占用的内存和映射文件占用的内存等。如果 RES 列的值超过系统内存的限制，则说明 Spark Executor 进程可能会因为内存不足而崩溃，需要进行优化。

在进行 Spark 性能优化时，可以通过监控进程 RES 列的变化情况来判断 Spark 应用的内存使用情况，从而及时发现内存泄漏等问题。

在通常情况下，不同的命令提供不同的视角查看系统的性能和资源利用情况，因此需要结合多个命令全面了解系统瓶颈和优化方向。下面进行简单的介绍。

❏ sar 命令提供系统级别的历史数据，可以通过观察 CPU、内存、磁盘和网络等各方面的数据，来了解系统的负载情况和瓶颈所在。

❏ top 命令可以查看系统当前运行的进程和资源的利用情况，这对于了解哪些进程占用 CPU 和内存资源非常有帮助。

❏ htop 命令和 top 命令类似，提供直观的进程列表和资源利用情况展示方式。

❏ iostat 命令可以监控磁盘 I/O 的性能和负载情况，这对于了解磁盘是否成为瓶颈非常有帮助。

❏ vmstat 命令提供系统级别的实时数据，可以查看 CPU、内存、磁盘和网络等方面的信息，这对于了解系统的负载情况和资源利用状况非常有帮助。

综上所述，不同的命令可以提供不同的视角和优化方向，用户需要根据具体情况进行选择和使用。

1.10　JVM 监控工具

JVM 监控工具在 Spark 性能优化中可以发挥重要的作用，它主要用于监控 Spark 应用程序在 JVM 层面的性能指标，从而帮助开发人员找出应用程序的性能瓶颈并进行优化。

通过 JVM 监控工具，可以监控 Spark 应用程序的堆内存、线程、垃圾回收、类加载和

CPU 利用率等方面的性能指标，还可监控 Spark 各个组件的运行状态和性能指标，如 Spark
Driver、Executor、Shuffle 和 Storage 等。这些指标可以帮助开发人员确定哪些组件和模块的
性能存在问题，以及可以从哪些方面进行优化。

下面介绍两个 Java 自带的 JVM 监控工具的使用方法。

1.10.1　JConsole 监控工具

JConsole 是 JDK 自带的一款基于 JMX（Java Management Extensions）协议的 Java 监控
工具，可以用来监控本地或者远程的 Java 应用程序，对于 Spark 应用的性能优化也很有帮助。
以下是使用 JConsole 的简单介绍。

1．启动JConsole

在终端输入 jconsole 命令启动 JConsole，也可以在 Windows 系统中通过"开始"菜单|
"所有程序"|"附件"|JConsole 命令启动 JConsole。

2．选择的连接应用程序

启动 JConsole 后，选择连接要监控的 Java 应用程序。JConsole 支持本地连接和远程连接
两种方式。如果是本地连接，可以直接选择"进程"选项卡，然后选择要监控的 Java 进程。
如果是远程连接，需要选择"远程进程"选项卡，并输入要连接的主机名和端口号。

连接程序以后的窗口如图 1-23 所示。

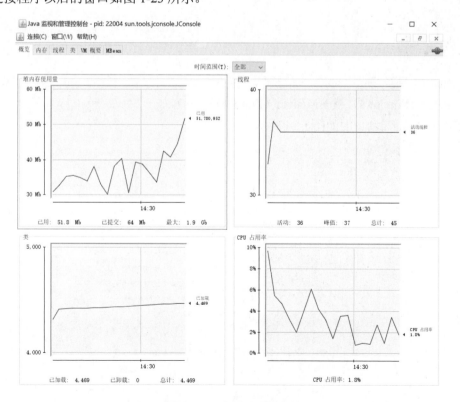

图 1-23　"概览"选项卡

3．监控应用程序

连接成功后，就可以在 JConsole 窗口中监控 Java 应用程序的性能和状态了。JConsole 窗口包括多个选项卡，如概览、内存、线程、类和 VM 概要等，每个选项卡都提供不同的信息和指标。"内存"选项卡可以查看 Java 堆内存、非堆内存、PermGen（Java 7 之前）/Metaspace（Java 8 及以上）等信息；"线程"选项卡可以查看线程的状态、数量和 CPU 时间等信息；"类"选项卡可以查看 Java 类的数量和加载情况等信息；"VM 概要"选项卡可以查看 JVM 的运行情况和各种参数。

4．分析性能瓶颈

通过 JConsole 可以查看 Java 应用程序的各种性能指标和状态，可以根据这些指标和状态分析应用程序的性能瓶颈，进行优化和调整。例如，可以查看应用程序的线程状态和 CPU 时间，找出 CPU 瓶颈；可以查看 Java 堆内存的使用情况，找出内存瓶颈；可以查看 GC（垃圾回收）时间和频率，找出 GC 瓶颈等。

1.10.2　JVisualVM 监控工具

JConsole 只能提供一些基本的监控信息和指标，而 JVisualVM 可以提供更详细的性能分析和优化，它是一种功能强大的 Java 虚拟机监控工具，可以通过图形化界面对 Java 应用程序进行分析和调试，帮助诊断和解决应用程序出现的问题。以下是使用 JVisualVM 的一些介绍。

1．安装和启动

JVisualVM 通常随着 JDK 一起提供。在 JDK 安装目录中，找到 bin 目录，然后运行 jvisualvm.exe（Windows）或 jvisualvm（Linux/Mac OS）。

JVisualVM 的启动页面如图 1-24 所示。

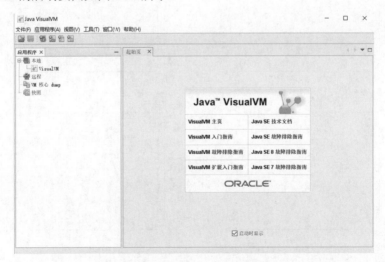

图 1-24　JVisualVM 的启动页面

2．连接应用程序

在 JVisualVM 左侧的应用程序列表框中，选择要监控的 Java 应用程序。如果应用程序没有出现在列表中，则可以手动添加。在左侧的应用程序列表框中右击，选择右键快捷命令"添加 JMX 连接"，然后输入连接信息，连接本地进程，如图 1-25 所示。

说明：刚连接到本地时默认显示的是"概述"窗口，这个窗口是切换到监视状态的窗口，可以和监控工具进行对照。

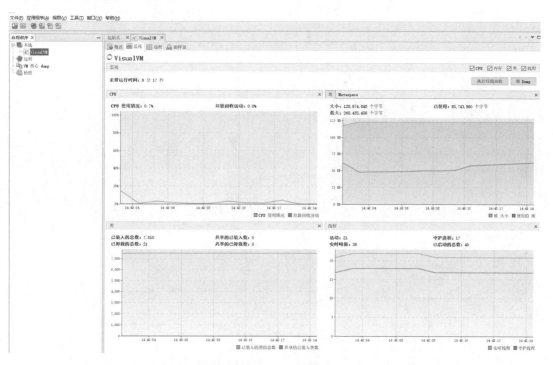

图 1-25　连接本地进程

3．监控应用程序

选择要监控的应用程序后，JVisualVM 将提供一些监控工具。例如，可以在"监视"选项卡中查看内存使用情况、线程情况和 GC 活动情况；还可以在"JConsole 插件"和 Visual GC 插件选项卡中查看更详细的 GC 信息。

添加插件信息，如图 1-26 所示。

4．分析应用程序

JVisualVM 还提供了一些分析工具，可以帮助诊断和解决性能问题。例如，在 CPU 选项卡中可以显示应用程序的 CPU 使用情况，帮助确定哪些方法是 CPU 密集型的；还可以在"线程转储"选项卡中捕获线程转储，并分析线程问题。

JVisualVM 的线程选项卡如图 1-27 所示。

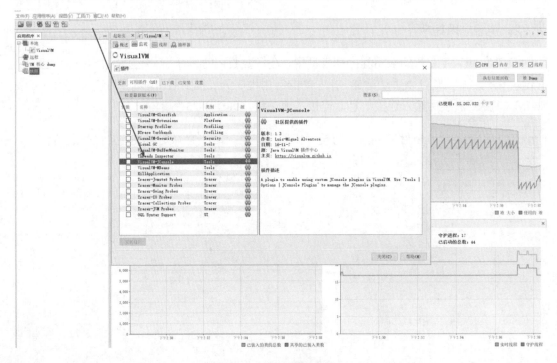

图 1-26　添加插件信息

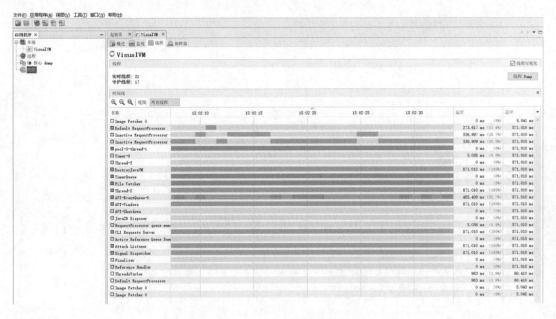

图 1-27　JVisualVM 的线程选项卡

5．插件和扩展

JVisualVM 支持许多插件和扩展，可以根据需要安装和使用它们。可以在"插件"选项卡中查看可用的插件，并通过"工具"|"插件"|"可用插件"菜单添加它们。

JVisualVM 和 JConsole 都是 JVM 监控工具，可以帮助用户监控 JVM 的运行状态和性能

指标。在进行 Spark 性能优化时，两者都可以提供对 Spark 应用程序的监控和分析。JVisualVM
更加强大和灵活，支持多种插件扩展，可以深入分析 JVM 运行时的各种指标和问题，提供
更多的分析和优化工具。JConsole 则更加简单、易用，适合快速监控和分析 JVM 的基本指标，
特别适合用于简单问题的调试和分析。在不同的场景下，可以根据具体需要选择使用不同的
工具。

1.10.3　使用 JVisualVM 定位内存泄漏案例

下面介绍如何使用 JVisualVM 定位 Spark 应用程序内存泄漏问题，步骤如下：
（1）获取应用程序的进程 ID。

```
1    $ jps -l | grep "org.apache.spark.deploy.SparkSubmit" | awk '{print $1}'
```

（2）打开 JVisualVM 并连接到 Spark 应用程序。

打开 JVisualVM，找到 Spark 应用程序的进程 ID 并双击打开。如果是远程连接，则需要
在 JVisualVM 中添加远程连接。

为了能够成功连接远程主机，需要在远程主机上配置 JMX，以允许远程连接。JMX 可
以通过设置以下系统属性来启用。

```
-Dcom.sun.management.jmxremote.port=<port_number>
-Dcom.sun.management.jmxremote.authenticate=<true_or_false>
-Dcom.sun.management.jmxremote.ssl=<true_or_false>
```

其中，port_number 是 JMX 连接端口号，authenticate 和 ssl 分别表示是否启用身份验证
和 SSL 加密。在生产环境中，用户通常会启用身份验证和 SSL 加密来保证连接的安全性。
（3）监控 Spark 应用程序的性能。

在 JVisualVM 的窗口中，可以通过选择不同的选项卡来查看性能信息。选择"内存"选
项卡，可查看堆内存和非堆内存的使用情况；选择 GC 选项卡，可查看垃圾回收的次数和
时间。
（4）根据性能信息定位问题。

如果在"内存"选项卡中显示堆内存使用不断增加，而垃圾回收时间没有明显地增加，
那么可能存在内存泄漏问题，一些对象可能无法被垃圾回收，导致堆内存占用不断增加。在
"GC"选项卡中，如果显示垃圾回收时间不断增加，而堆内存使用趋势不是很明显或者比较
平稳，那么可能存在 GC 压力过大的情况。这种情况通常是由于频繁的 Full GC 导致的，Full
GC 需要清理整个堆内存，因此相对于 Young GC 而言耗时更长，频繁的 Full GC 会导致应用
程序的性能下降。
（5）优化 Spark 应用程序的性能。

如何优化 Spark 应用程序的性能，将在后续章节中详细介绍。

Full GC 指全局垃圾回收，包括新生代、老年代和永久代（如果存在的话）。在执行 Full GC
期间，所有的用户线程都会被暂停，直到 Full GC 执行完成。

Young GC 也叫 Minor GC，表示只针对新生代进行垃圾回收。Java 堆内存被分为新生代
和老年代，新创建的对象首先放入新生代，当新生代空间不足时就会触发 Young GC。

1.11　第三方工具 Prometheus

前面介绍的诊断工具，在监控单机器方面的优势还是挺明显的，在个人开发者或者机器集群不是很多的情况下是不错的选择。下面介绍一款第三方工具 Prometheus，它可以实现对机器的各项指标的监测，在多维度监控、高度可定制化、数据存储和数据可视化方面的表现很不错。

1.11.1　Prometheus 简介

Prometheus 是一个开源的系统监控和警报工具包，由 SoundCloud 开发并于 2015 年发布。它最初是为了监控大规模微服务架构而开发的，现在已成为监控任何类型的系统和服务的流行工具之一。Prometheus 通过轮询目标上的 HTTP 端点来收集监控数据，其中包括应用程序和操作系统指标，同时提供强大的查询和警报功能。Prometheus 还可以与许多流行的云原生技术（如 Kubernetes）集成，从而为云原生应用提供可扩展的监控解决方案。

1.11.2　Prometheus 架构的工作原理

1．Prometheus架构

Prometheus 架构包括以下几个主要组件。

❑ Prometheus server：Prometheus 服务器，是整个监控系统的核心，负责从指定的目标中收集数据并存储在本地数据库中。Prometheus 支持多种数据格式和协议，包括 HTTP、HTTPS、DNS 和 TCP 等。

❑ Client libraries：Prometheus 客户端库，用于收集应用程序或系统的度量指标并将其暴露给 Prometheus 服务器。Prometheus 客户端库支持多种编程语言，包括 Go、Java 和 Python 等。

❑ Exporters：是一个中间件，用于将不支持 Prometheu 格式的指标转换为 Prometheus 格式，从而使 Prometheus 服务器能够收集和存储这些指标。

❑ Alertmanager：用于处理警报信息，当 Prometheus 服务器检测到异常时，将生成警报并将其发送给 Alertmanager，Alertmanager 再根据配置的规则处理和发送警报。

Prometheus 架构如图 1-28 所示。

2．Prometheus工作原理

首先，Prometheus 通过多种方式采集数据，如 HTTP、Pushgateway、服务发现和 SDK 等。其中，服务发现是 Prometheus 的一个重要特性，它可以自动发现并采集 Kubernetes、Consul 和 Zookeeper 等服务注册中心的服务实例信息。

其次，Prometheus 使用一种称为 TSDB（Time Series Database）的存储方式，将采集到的

数据按时间序列存储在本地磁盘上。TSDB 的设计使得 Prometheus 可以高效地存储和查询时序数据。

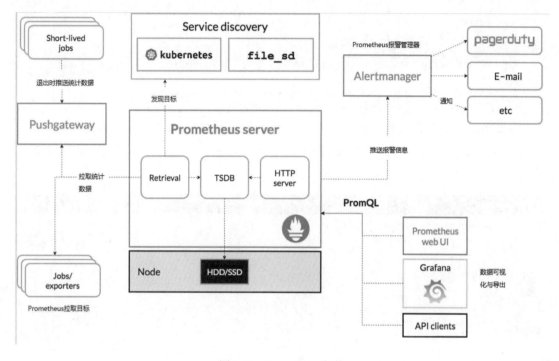

图 1-28 Prometheus 架构

再其次，为了使用户能够方便地查询这些数据，Prometheus 提供了一个基于 HTTP 的查询 API，用户可以通过这个 API，使用 PromQL（Prometheus Query Language）语言查询数据。PromQL 语言支持许多聚合函数和向量操作，可以用它灵活地进行数据查询和聚合操作。最后，Prometheus 内置了一个基于 Web 的控制台，可以展示 Prometheus 采集到的数据。

此外，Prometheus 还支持与 Grafana 等数据可视化工具集成，用户可以使用 Grafana 创建自定义的监控仪表盘。关于 Grafana 的内容会在 1.12 节进行介绍。

1.11.3 安装 Prometheus

要使用 Prometheus 进行 Spark 性能分析，一般需要安装 Prometheus Server、Exporters，建议安装 node_exporter、jmx_exporter、spark_exporter，分别收集系统指标及 Java 和 Spark 指标。

1. 安装Prometheus Server

在 Prometheus 官网（https://prometheus.io/download/）上可以找到最新的 Prometheus 版本，选择适合自己操作系统的安装包并下载到本地，然后将下载好的安装包解压到指定的目录下。在解压目录下，执行下面的命令启动 Prometheus Server。启动成功后，可以在浏览器中输入 http://localhost:9090/访问 Prometheus 的 Web 页面。Prometheus 的初始页面如图 1-29 所示。

```
1    #下载
2    wget https://github.com/prometheus/prometheus/releases/download/
     v2.37.6/prometheus-2.37.6.linux-amd64.tar.gz
3
4    #解压
5    tar xvfz prometheus-2.37.6.linux-amd64.tar.gz
6
7    cd prometheus-2.37.6.linux-amd64
8
9    #启动程序使用 prometheus.yml 配置文件
10   ./prometheus --config.file=prometheus.yml
```

下载安装包时，可以选择最新的版本进行下载，也可以下载本例使用的版本，其中，prometheus.yml 是 Prometheus 的配置文件，注意将访问链接中的 localhost 修改为服务器所在的 IP。

图 1-29　Prometheus 的初始页面

下面对 prometheus.yml 文件配置进行简单介绍。首先介绍 Prometheus 的默认配置文件，其文件结构如下：

```
1    #全局配置
2    global:
3      scrape_interval: 15s
4      evaluation_interval: 15s
5    #报警配置
6    alerting:
7      alertmanagers:
8        - static_configs:
9            - targets:
10             # - alertmanager:9093
11   #进行规则配置，可以配置多个
12   rule_files:
13     # - "first_rules.yml"
14   scrape_configs:
15     - job_name: "prometheus"
16       static_configs:
17         - targets: ["localhost:9090"]
```

global 是全局配置，设置抓取数据的时间间隔（scrape_interval）、告警的评估周期（evaluation_interval）等全局参数。alerting 是告警管理器的配置，可以指定告警的发送方式和接收人等参数。此处的告警配置是静态配置，可以指定告警管理器的地址（targets）。

　　rule_files 是规则文件的配置，指定要加载的规则文件的路径。Prometheus 会周期性地执行这些规则，根据规则产生新的时间序列并进行告警等操作。scrape_configs 是抓取配置，指定要从哪些地方获取数据。这里配置一个名为"prometheus"的 job，表示从本机的 9090 端口获取 Prometheus 自身的指标数据。在实际应用中，可以添加多个 job 配置，以获取其他应用程序的指标数据。static_configs 是指抓取目标的静态配置，包含一个 targets 列表，用于指定需要抓取的目标地址和端口号。在这个例子中，"prometheus" job 的抓取目标为本地的 9090 端口，即抓取本机上运行的 Prometheus 实例的指标数据。

　　在下面的配置文件中配置三台服务器上的 Exporter，每台服务器都安装有 node_exporter、jmx_exporter、spark_exporter，这些服务器的地址分别是 192.168.1.100、192.168.1.101、192.168.1.102。下面是完成后的配置。

```
1   #全局配置
2   global:
3     scrape_interval: 15s
4     evaluation_interval: 15s
5   #报警配置
6   alerting:
7     alertmanagers:
8       - static_configs:
9           - targets:
10            # - alertmanager:9093
11
12  rule_files:
13    # - "first_rules.yml"
14  #指定抓取什么数据和数据所在地址
15  scrape_configs:
16    - job_name: "node_exporter"
17      static_configs:
18        - targets: ['192.168.1.100:9100', '192.168.1.101:9100',
          '192.168.1.102:9100']
19
20    - job_name: "jmx_exporter"
21      static_configs:
22        - targets: ['192.168.1.100:7070', '192.168.1.101:7070',
          '192.168.1.102:7070']
23
24    - job_name: "spark_exporter"
25      static_configs:
26        - targets: ['192.168.1.100:4040', '192.168.1.101:4040',
          '192.168.1.102:4040']
```

2. 安装node_exporter

安装命令如下：

```
1   #下载程序
2   wget https://github.com/prometheus/node_exporter/releases/download/
    v1.2.2/node_exporter-1.2.2.linux-amd64.tar.gz
3
4   #解压到之前的文件夹
5   tar -xzvf node_exporter-1.2.2.linux-amd64.tar.gz
6
7   cd node_exporter-1.2.2.linux-amd64/
8
9   #后台启动程序，日志文件在同级目录的 nohup 文件中，也可以配置更详细的输出日志
```

```
10   nohup ./node_exporter &
```

3. 安装jmx_exporter、spark_exporter

jmx_exporter 和 spark_exporter 这两个工具在开发中还是比较实用的，jmx_exporter 是一个用于将 JMX（Java Management Extensions）监视数据导出为 Prometheus 可识别格式的工具，spark_exporter 是一个用于将 Spark 监控指标导出为 Prometheus 可以读取的格式的工具，如 spark_executor_memory_used 指标可以获取执行器已使用的内存量数据。安装 jmx_exporter 和 spark_exporter 的步骤和 node_exporter 类似。应该注意的是，使用 jmx_exporter 监控时，首先需要在应用程序中启用 JMX。在安装 spark_exporter 监控时，默认情况下，Spark 会使用随机生成的 JMX 端口进行通信，并且只允许本地访问。如果要远程访问集群的 Metrics，那么需要在 Spark 配置文件中进行相应的配置。

1.11.4　使用 Prometheus Web UI

1. Prometheus Web UI简介

Prometheus Web UI 是 Prometheus 提供的一个基于 Web 的用户界面，用于查看和分析 Prometheus 收集的指标数据。通过 Web 浏览器可以轻松访问 Prometheus Web UI，提供实时和历史的可视化指标数据，支持数据的筛选、查询和导出。

在 Prometheus Web UI 中，用户可以查看 Prometheus 监控的所有目标的状态信息、指标的实时值和历史变化趋势，可以使用 PromQL 查询语言进行查询和筛选数据，还可以使用内置的图表工具绘制多种类型的图表，如折线图、柱状图和散点图等。此外，Prometheus Web UI 还提供了一些有用的工具和功能，如查看规则和警报、配置文件编辑和重新加载等。

2. PromQL语言简介

PromQL 是一种用于查询和分析指标数据的查询语言，由 Prometheus 提供。它基于时间序列数据模型，支持各种操作和函数来处理时间序列数据，并提供强大的查询和聚合功能。PromQL 语言可以帮助用户快速有效地对大量指标数据进行查询和分析。

PromQL 语言的查询语法基于类似于 SQL 语法，支持从 Prometheus 中选择指标数据并对其进行操作和计算，以得到更有意义的结果。PromQL 支持许多操作，如聚合、筛选、计算、统计和预测等，可以使用这些操作来处理和分析指标数据。

下面的代码是查询 CPU 使用率的平均值（node_cpu 是 Node Exporter 中的默认指标之一，用于记录 CPU 的使用情况）。

```
1    100 - (avg by(instance) (irate(node_cpu_seconds_total{mode="idle"}[5m]))
     * 100)
```

查询语句的含义如下：

从 node_cpu_seconds_total 指标中筛选 mode="idle"的 CPU 时间,使用 irate 函数计算 CPU 时间的一阶导数，得到 CPU 空闲时间的变化速率，使用 avg by(instance)函数计算所有节点上的空闲 CPU 时间的平均值，将平均空闲 CPU 时间的比率乘以 100，得到 CPU 使用率的百分比，使用 100 减去 CPU 使用率的百分比，得到 CPU 空闲率百分比。

1.11.5　基于 PromQL 磁盘的多维度分析案例

（1）多维度指标拆解。

```
1    node_disk_io_time_seconds_total{device="nvme0n1", instance="localhost:
     9100", job="node_exporter"} 486.92
```

其中，job 表示指标来源。例如，node_exporter，instance 表示被监控的实例，localhost:9100，device 表示磁盘设备名称，如 nvme0n1。

（2）查询所有设备的磁盘 I/O 时间总和，并按照设备名称进行聚合。

```
1    sum(node_disk_io_time_seconds_total) by (device)
```

多维度查询 1 页面显示如图 1-30 所示。

图 1-30　多维度查询 1

（3）查询某个实例的磁盘 I/O 时间总和，可以添加过滤条件。

```
1    sum(node_disk_io_time_seconds_total{instance="localhost:9100"}) by (device)
```

多维度查询 2 页面显示如图 1-31 所示。

图 1-31　多维度查询 2

（4）查看不同磁盘设备在同一实例中的 I/O 时间，可以再次添加过滤条件。

```
1    sum(node_disk_io_time_seconds_total{instance="localhost:9100", device=
```

```
~"nvme.*"}) by (device)
```

多维度查询 3 页面显示如图 1-32 所示。

图 1-32　多维度查询 3

总的来说，Prometheus Web UI 是一个强大的数据可视化和分析工具，可以帮助用户更好地理解和使用 Prometheus 监控系统。

1.12　第三方工具 Grafana

Prometheus 自带的 Web UI 相对来说功能有限，展示效果不是很理想，Grafana 的表现就很不错。

1.12.1　Grafana 简介

Grafana 是一款开源的数据可视化和监控平台，支持多种数据源，包括 Prometheus、Graphite、Elasticsearch 和 InfluxDB 等，同时也支持各种云服务商的监控数据。

下面列举一些 Grafana 的主要特点。

❑ 完善的图表功能，支持多种类型的图表，如折线图、柱状图、饼图和仪表盘等，并且可以根据用户需求进行定制和优化。

❑ 可以对多种数据源进行集成和展示，包括各种常用的数据库、日志文件和 API 等。

❑ 灵活的报警功能，可以对数据进行监控，当数据出现异常时，通过多种方式（如邮件、短信、微信等）进行报警。

❑ 方便的插件系统，可以通过插件扩展 Grafana 的功能。

❑ 开源免费，并且有强大的社区支持。

1.12.2　安装 Grafana

首先访问 Grafana 的官方网站（https://grafana.com/grafana/download），选择适合的操作系统的安装包进行下载，如 Linux 版本，然后解压下载的文件。接下来启动 Grafana，输入命令 ./bin/grafana-server。等待几秒钟，Grafana 将会自动启动。然后在浏览器中输入 http://localhost:

3000（默认端口为 3000），进入 Grafana 登录界面。其中，localhost 为自己的服务器的 IP 地址。如果是本地，就可以使用 localhost。因为是第一次登录，所以需要设置管理员账户和密码（默认的初始用户名和密码都是 admin），然后可以选择添加数据源，开始创建仪表盘。

安装命令如下：

```
1    # 通过 wget 工具下载远程安装包，如果没有安装 wget 的话，需要先安装 wget
2    wget https://dl.grafana.com/enterprise/release/grafana-enterprise-
     7.5.11.linux-amd64.tar.gz
3
4    #解压下载的文件
5    tar -zxvf grafana-enterprise-7.5.11.linux-amd64.tar.gz
6
7    #启动服务，需要进入解压后的文件夹执行该命令
8    ./bin/grafana-server
```

Grafana 的启动页面如图 1-33 所示。

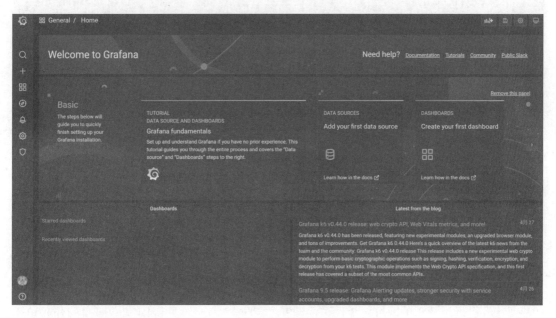

图 1-33　启动 Grafana

1.12.3　数据源和仪表盘

1. 数据源

Grafana 支持丰富的数据源，如 Prometheus、Graphite、Elasticsearch、InfluxDB、MySQL、PostgreSQL 和 Kafka。下面以 Prometheus 为例介绍添加数据源的步骤。

打开 Grafana 页面，在左侧导航栏中找到"配置(Configuration)"选项并单击，在"配置(Configuration)"下拉列表中选择"数据源(Data Sources)"选项，单击 Add data source 按钮。然后选择要添加的数据源类型，这里选择 Prometheus。根据不同类型的数据源，填写相关配置信息，一般是 Prometheus 数据源的地址和端口，因为这里是本机，所以直接写

http://localhost:9090，端口默认是 9090。单击 Save & Test 按钮，测试数据源是否配置成功。配置成功后，即可在仪表盘中使用该数据源。添加 Prometheus 配置页面如图 1-34 所示，在标注框中输入对应的地址即可。

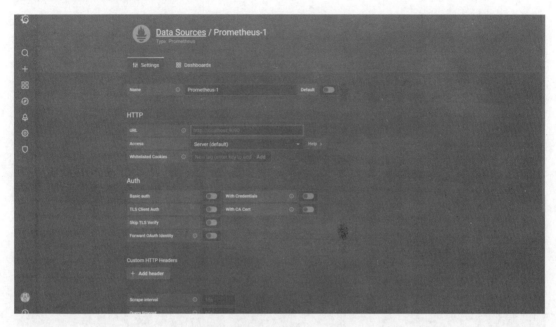

图 1-34　Prometheus 配置页面

2. 仪表盘

Grafana 仪表盘提供各种图表、表格和仪表等控件，用户可以通过这些控件快速创建自定义的仪表盘，用于监控、分析和预测各种指标。除了内置的控件外，Grafana 还支持插件机制，用户可以通过插件扩展仪表盘的功能和图表类型。

Grafana 仪表盘的一个显著特点是易用性和灵活性。用户可以通过拖放方式将控件添加到仪表盘中，并通过简单的配置对控件进行设置。同时，用户还可以自定义仪表盘的外观和风格，以适应自己的需求和喜好。Grafana 还提供了丰富的文档和社区支持，用户可以在其中找到各种使用技巧和最佳实践方法。

另外，Grafana 的 Dashboard 模板库是一个公开的仪表板库，其中包含许多不同种类的可视化仪表板，可以通过导入这些仪表板作为起点来更轻松地构建和配置自己的仪表板。下面以导入一个主机页面监控模板为例，来展示 Prometheus 监控的 node_exporter 的数据。

（1）搜索页面。

访问 Grafana 官方面板页面地址 https://grafana.com/grafana/dashboards/，单击搜索按钮，然后输入 Linux 主机。

搜索页面如图 1-35 所示。

可以看到几个符合要求的选项，在其中选择一个。

（2）复制对应页面的 ID。

这里选择第三个选项，可以看到面板的详细信息，如图 1-36 所示。选择其中"Copy ID to

clipboard"，复制页面的 ID，这个页面的 ID 是 11414。

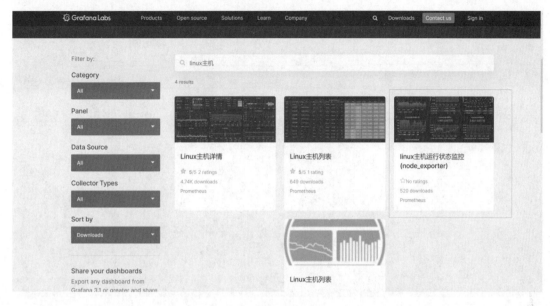

图 1-35　搜索页面

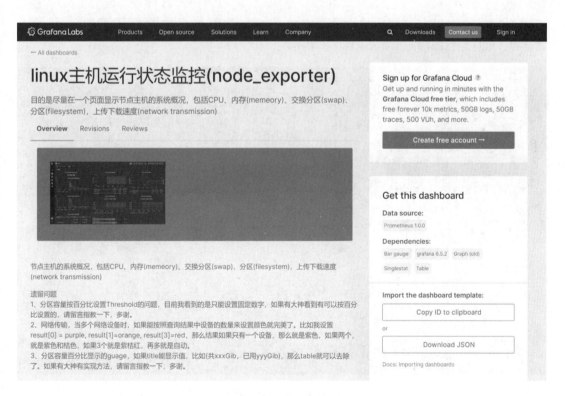

图 1-36　页面详情

（3）添加仪表盘模板。

打开 Grafana 界面，进入仪表盘页面。单击左侧导航栏中的"＋"号，选择"导入"。在"导入仪表盘"页面中可以选择导入的方式，如从文件导入或从 Grafana.com 导入。这里通过

ID 导入。导入模板页面如图 1-37 所示。

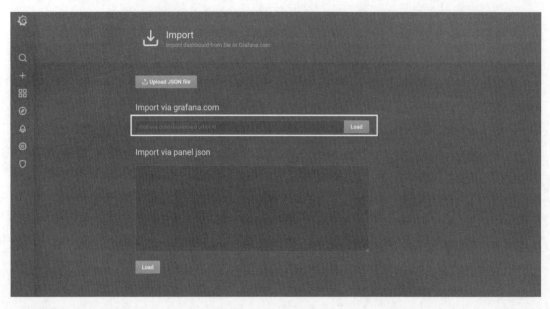

图 1-37　导入模板页面

将刚刚复制的 ID（11414）输入文本框中，单击 Load 按钮，然后选择刚刚加载的 Prometheus 数据源。最终配置成功的页面如图 1-38 所示。

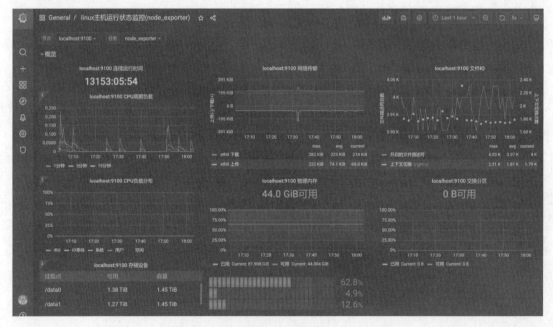

图 1-38　导入成功页面

1.12.4　在 Grafana 中创建查询和可视化

前面已经讲过如何导入一个现成的模板，下面讲讲如何自己创建一个模板并将其可视化地展现出来。

1. 创建查询

创建查询的步骤一般是：打开已有的仪表盘或创建一个新的仪表盘，这里就打开刚刚导入的仪表盘。单击"添加面板"按钮，出现一个空的面板，如图 1-39 所示。

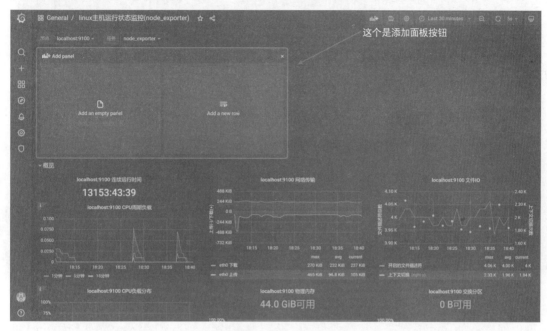

图 1-39　添加新面板

单击对应的按钮，出现配置页面，如图 1-40 所示。

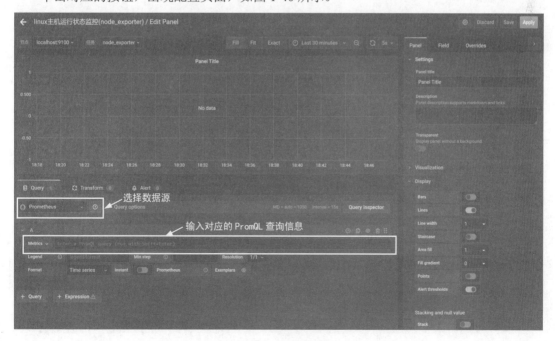

图 1-40　配置页面

在图 1-40 中，在 Metrics 文本框中输入 PromQL 查询语句。例如，查询系统的空闲内存数，单位为字节（bytes），对应的 PromQL 查询语句是 node_memory_MemFree_bytes，然后按 Shift+ Enter 键就可以查看数据，如图 1-41 所示。

图 1-41　查询页面

2. 可视化展现

可视化相对来说比较容易，执行查询命令后，就可以看到可视化后线性展示的数据，这是默认的展示方式，用户也可以根据自己的喜好进行更详细的设置。

可视化设置页面如图 1-42 所示。

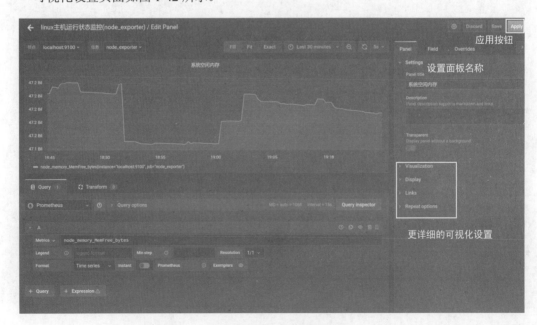

图 1-42　可视化设置页面

配置好可视化参数后，用户可以单击 Apply 按钮，然后在可视化展示面板中查看结果，如图 1-43 所示。

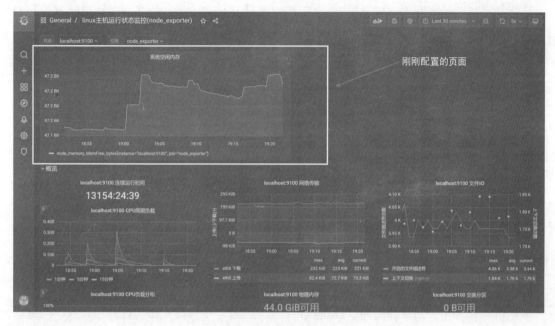

图 1-43　配置成功页面

1.12.5　监控分析 Spark 指标案例

下面是一个使用 Prometheus 和 Grafana 监控 Spark 指标的小案例，重点关注内存和执行时间这两个指标。

1．收集数据

使用 Prometheus 的 spark_exporter 插件收集 Spark 指标，详细信息可以参考 1.11.3 小节。

2．导入数据源

使用 Grafana 导入数据源，这里选择的是 Prometheus。

3．添加监控

在数据导入完成后，用户可以在 Grafana 中创建一个新的仪表盘，并添加 Prometheus 数据源。然后可以在查询中使用 PromQL 语言来查询日志数据。这里添加两个查询，第一个是查询 Spark 任务的平均执行时间，PromQL 查询命令如下：

```
1    avg(spark_application_duration_seconds) #计算所有 Spark 任务的平均执行时间
```

第二个是查询每个执行器节点的内存使用情况，PromQL 查询命令如下：

```
1    #计算每个执行器节点的内存使用情况
2    sum(spark_executor_memory_bytes) by (executor_id)
```

4．展示数据

用户可以将这些查询结果可视化为时间序列图表或表格，并根据需要添加过滤器、标签等对数据进行进一步的细化和调整。

1.13 Spark 性能测试与验证

Spark 性能测试是为了测试 Apache Spark 的性能而进行的一系列测试活动。Spark 性能测试的主要目的是评估 Spark 集群的性能和确定性能瓶颈所在。以下是 Spark 性能测试的一些方法。

1.13.1 性能测试之基准测试

1．基准测试的定义和目的

基准测试是一种系统性能测试方法，其目的是建立一个标准，用于评估和比较不同系统之间的性能差异。基准测试通常是执行一系列的测试用例，以模拟真实世界中的负载和使用情况。通过这些测试用例，可以获得系统的各项性能指标，如吞吐量、响应时间和并发用户数等。基准测试的目的如下：

- ❑ 评估系统的性能指标，了解系统在不同负载下的表现。
- ❑ 确定系统的瓶颈和性能限制，以便进行进一步的优化和改进。
- ❑ 比较不同系统之间的性能差异，帮助用户选择合适的系统。
- ❑ 建立一个标准，便于将来进行性能测试和比较。

基准测试是性能测试的重要组成部分，也是衡量系统性能的标准之一。

2．如何选择基准测试用例

如何选择基准测试用例，取决于需测试的系统或应用程序的特定方面。但是一些通用的东西可以参考。下面列举一些通用的选择标准：

- ❑ 代表性：基准测试用例应该代表应用程序实际使用的场景，以便使测试结果更加准确和可靠。
- ❑ 复杂性：基准测试用例应该包含一定程度的复杂性，以测试系统在高负载和高并发情况下的表现。
- ❑ 一致性：基准测试用例应该尽可能的一致，以保证测试结果的可重复性。
- ❑ 标准化：选择标准化的基准测试用例可以方便不同系统或应用程序之间的比较。
- ❑ 真实性：基准测试用例应该是真实的数据，以测试系统在实际使用场景中的表现。
- ❑ 可扩展性：基准测试用例应该可以方便地进行扩展，以测试系统的可扩展性。
- ❑ 敏感性：基准测试用例应该测试系统的敏感性。例如，对于数据库系统，可以测试对不同大小和类型的查询的响应时间和吞吐量。

选择适当的基准测试用例对于得出可靠和准确的性能测试结果至关重要。

3．常用的基准测试工具介绍

基准测试工具有很多，下面列举一些常用的测试工具。

- ❑ Apache JMeter：一款基于 Java 的应用程序，可用于测试静态和动态资源、Web 动态脚本、Web 服务、FTP、数据库等多种类型的服务。
- ❑ Apache Bench：简称为 ab，是 Apache HTTP 服务器自带的基准测试工具，可以测试 HTTP 和 HTTPS 服务。
- ❑ Vegeta：一款简单、易用的 HTTP 基准测试工具，可以进行定制化测试，并提供丰富的报告功能。

选择哪一种基准测试工具主要取决于具体测试场景和需求，如需要测试的协议类型、并发量和性能指标等。

4．基准测试的局限和误解

基准测试在某些方面的确可以解决一些测试问题，但是也有局限性。一般来说，确定合适的基准测试场景和测试数据是很困难的，因为实际系统场景往往非常复杂，很难完全模拟。基准测试过程中的环境、硬件、软件配置等也会影响测试结果的准确性，因此必须确保测试环境的一致性和稳定性。基准测试结果往往只是对当前测试环境下的系统性能做出的评估，并不能完全代表其他环境下的系统性能测试，因此需要在不同环境和配置中进行多次测试，并进行综合评估。如果过度关注基准测试结果，那么可能会忽视系统其他方面的问题，如可靠性、安全性等问题。因此，基准测试只是系统性能评估的一种方法，需要结合实际情况进行综合分析。

1.13.2　性能测试之压力测试

压力测试也是一种测试方法，用于评估系统在正常和超负荷工作条件下的性能、健壮性和可靠性。在压力测试中，一般是模拟大量用户或交易，以测试系统是否能够在高负载下正常工作，并确定系统的极限容量。

1．压力测试的目的和重要性

压力测试旨在测试系统在不同负载下的稳定性和性能表现，以评估其能够承受的最大负载和响应时间等指标。压力测试是在软件开发和部署过程中必不可少的一步，因为它可以发现系统的弱点和瓶颈，帮助开发人员采取相应的优化措施，从而确保系统的稳定性和可靠性。

在压力测试中，测试人员通常会模拟大量的并发用户访问系统，以验证系统在高负载下的性能表现。通过增加并发访问量，可以检测系统的承受能力和极限负载，以及系统是否能够在高压力下保持稳定。

在实际应用中，压力测试还可以帮助开发人员评估系统的容错能力、负载均衡和故障恢复能力。通过模拟不同类型的压力测试场景，可以帮助测试人员和开发人员更好地了解系统的性能和稳定性，并确定需要采取的优化措施。

在 Spark 性能优化中，压力测试可以帮助用户评估系统在高负载情况下的稳定性和可靠性，发现系统中的瓶颈和问题，从而制定更有效的优化策略。例如，在优化并发查询性能时，可以使用压力测试来模拟多个并发查询请求，以评估系统在高并发情况下的查询性能，并发现并发查询引起的数据倾斜问题和内存不足问题等。另外，压力测试还可以帮助用户确定系统的吞吐量、响应时间和并发连接数等关键的性能指标。

2．压力测试的类型

根据测试的目的和测试环境不同，可以将压力测试分为以下几种类型：

- 负载测试（Load Testing）：在不同的负载下测试系统的性能，以确定系统的瓶颈和极限容量。
- 并发测试（Concurrency Testing）：在多个用户同时访问系统的情况下测试系统的性能，以确定系统在高并发情况下的性能表现。
- 稳定性测试（Stress Testing）：在不同的负载和并发条件下测试系统的稳定性和可靠性，以确定系统的性能和可用性。
- 异常测试（Exception Testing）：通过制造异常的情况，如断网和断电等，测试系统的容错性和恢复能力。
- 容量测试（Capacity Testing）：通过模拟系统的最大容量来测试系统的性能和稳定性，以确定系统的扩展能力和极限容量。

3．压力测试的流程

压力测试的流程可以概括为以下几步。

（1）确定测试目标：确定需要测试的系统、应用或组件，并明确测试目标，如测试系统的吞吐量和并发性能等。

（2）设计测试场景：根据测试目标设计测试场景，如模拟并发请求、逐步增加负载等。

（3）配置测试环境：准备测试环境，包括硬件设备和软件环境等。

（4）执行测试：执行测试场景，记录测试数据并进行分析和整理。

（5）分析测试结果：根据测试结果评估系统性能表现，找出性能瓶颈和异常情况。

（6）提出改进建议：基于测试结果提出改进建议，如优化系统配置，优化代码实现等。

（7）重复测试：如果进行优化，需要重新进行测试，以验证系统性能是否得到预期的提升。

4．压力测试工具

压力测试工具也有很多，下面列举一些常见的压力测试工具。

- Apache JMeter：一款开源的 Java 压力测试工具，支持多种协议和测试类型。
- Gatling：一个高效的 Scala 基础的负载测试工具，可用于 Web、WebSockets 和 JMS 等测试。
- Tsung：一个开源的 Erlang 语言编写的负载测试工具，可以模拟数万用户并发访问的场景。
- Apache Bench：一个轻量级的 HTTP 负载测试工具，适用于简单的压力测试场景。

以上工具都有不同的特点和适用场景，选择工具时需要根据测试的需求和环境来选择。

5．压力测试的注意事项

用户在进行压力测试时，有很多需要注意的地方。

- 安全性，需要确保测试环境和数据不会被损坏或泄露。
- 需要使用真实的测试数据，以确保测试结果的可靠性。
- 测试环境应该与生产环境尽可能相似，包括硬件、网络、操作系统和软件等。
- 需要确定好测试参数，包括并发用户数、负载时间和测试频率等。
- 通常需要反复测试，以确保测试结果的一致性和可靠性。
- 确定测试的预算和资源，如测试人员、测试时间和测试工具等。

1.13.3　性能测试之资源测试

资源测试是性能测试的一个重要组成部分，主要用于测试系统的资源使用情况，包括CPU、内存、磁盘和网络等。通过资源测试可以确定系统在不同负载情况下的资源瓶颈，从而优化系统的配置和资源利用效率。

1．资源测试的定义和目的

资源测试是一种测试方法，主要用于评估应用程序在不同负载下的资源使用情况，包括CPU、内存、磁盘 I/O 和网络带宽等，从而确定应用程序在不同场景下的性能表现和容量规划。资源测试的目的是提前发现资源瓶颈，为系统优化和调整提供依据，同时也可以预测系统在面对更高负载时的性能表现，从而避免其在生产环境中出现故障，提高系统的可靠性和可用性。

2．如何进行资源测试

进行资源测试的一般步骤如下：

（1）选择测试环境：根据实际情况选择合适的测试环境，包括硬件配置、操作系统版本和网络环境等。

（2）选择测试工具：根据需要测试的资源类型和测试目的选择合适的测试工具，如 CPU、内存和磁盘 I/O 等。

（3）定义测试用例：根据实际情况定义测试用例，包括测试的资源类型、测试的负载类型和测试的持续时间等。

（4）进行测试：在测试环境中运行测试工具，记录测试结果。

（5）分析测试结果：根据测试结果分析系统的资源使用情况，发现系统中存在的资源瓶颈和性能问题。

（6）优化测试结果：根据测试结果进行系统优化，包括硬件配置、软件配置等方面，进一步提高系统的性能。

3. 常用的资源测试工具介绍

资源测试的主要目的是衡量系统的资源利用率和瓶颈，以便进行系统性能优化和规划。下面是一些常用的资源测试工具介绍。

- ❑ UNIX/Linux 命令：提供了很多对系统资源信息的查询命令，如 top、ps、vmstat 和 sar 等，通过这些命令可以获取系统的 CPU 使用率、内存使用情况和磁盘 I/O 等信息。
- ❑ Apache Bench：是一个基于命令行的 HTTP 压力测试工具，可以通过简单的命令行参数设置，模拟多个用户并发访问 Web 应用程序，并对系统的吞吐量和响应时间等进行评估。
- ❑ Perf：是一个 Linux 内核性能分析工具，可以用来检测系统瓶颈、优化代码性能等，提供 CPU、内存、I/O 和网络等方面的性能监控和分析功能。

4. CPU测试

CPU 测试是一种资源测试方法，用于测量计算机或服务器的 CPU 性能和稳定性。它的目的是确定 CPU 在各种工作负载情况下的表现，以便更好地评估计算机或服务器的性能。

CPU 测试通常是通过运行各种基准测试来测量 CPU 的性能。这些基准测试可以测试单线程性能、多线程性能、浮点运算性能和整数运算性能等各个方面。

在进行 CPU 测试时，需要注意以下几方面：

- ❑ 选择适当的工具：不同的 CPU 测试工具有不同的测试方法和测试参数，需要根据需要选择适合的工具。
- ❑ 均衡负载：测试时应该使用能够均衡负载的测试工具，以便更好地模拟实际使用情况。
- ❑ 监控温度：高负载下的 CPU 温度可能会升高，需要使用温度监控工具监控 CPU 的温度，避免 CPU 过热造成损坏。
- ❑ 多次测试取平均值：由于 CPU 测试可能会受到多种因素的影响，所以需要进行多次测试并取平均值，以获得更准确的结果。

5. 内存测试

内存测试是资源测试的一种，其目的是测试系统的内存性能和容量，以确定系统是否具有足够的内存来支持其运行负载。在 Spark 性能优化中，内存测试是至关重要的，因为 Spark 的计算和数据处理需要大量的内存。如果系统内存不足，将会出现数据倾斜和内存溢出等问题，从而影响 Spark 作业的性能和稳定性。

在进行内存测试时，可以使用各种工具来模拟不同的负载和内存使用情况。例如，可以使用 Memtester 工具来测试系统的内存可靠性和稳定性，同时还可以使用各种基准测试工具来测试内存的读写速度和延迟时间。此外，还可以通过监控系统的内存使用情况来识别内存瓶颈和瓶颈来源，以进一步优化系统的性能，提高其稳定性。

6. 磁盘测试

磁盘测试是资源测试的一种，它主要针对磁盘的读写性能进行测试。磁盘测试的目的是评估磁盘的读写速度、磁盘的容量和性能瓶颈。在大数据领域中，磁盘是承载数据存储和处理的重要设备之一，因此对于磁盘的性能测试尤为重要。

在进行磁盘测试时，可以通过一些工具来测试磁盘的读写速度、IOPS（每秒 I/O 操作数）和响应时间等指标。常用的磁盘测试工具如下：

- ❑ dd 命令：是 Linux 系统下的一个命令行工具，可以进行简单的磁盘测试，如读写速度测试。
- ❑ fio 工具：是一个灵活的磁盘测试工具，它可以对磁盘的顺序读写、随机读写和混合读写等多种场景进行测试，并支持多线程和多进程测试。
- ❑ iozone 工具：是一种基于文件系统的磁盘测试工具，可以测试文件系统的读写性能、缓存性能和随机访问性能等指标。

在进行磁盘测试时需要注意一些事项，如测试文件的大小、块大小和测试时间等参数的设置，以及磁盘的空间占用情况和文件系统的格式等。

7．网络测试

网络测试是资源测试的一种，旨在检查网络连接和网络吞吐量的性能。网络测试通常用于确定网络延迟、丢包率和带宽等指标。它可以帮助开发人员识别网络性能瓶颈，并找出问题的原因，从而进行相应的调整和优化。常用的网络测试工具包括 Ping、Iperf、Netperf 等。这些工具可以模拟不同的网络负载，如单点测试、多点测试和带宽测试等，帮助开发人员发现并解决网络性能问题。

8．在性能测试中的运用

资源测试在性能测试中主要是为了检测系统在承载不同负载时所需资源的变化情况，以确定系统在高负载下是否存在资源瓶颈，进而进行性能优化。在 Spark 性能优化中，资源测试可以帮助发现 Spark 应用程序所需的资源，如 Executor 的内存和 CPU 使用率等。通过资源测试，可以调整集群的资源分配和参数配置，以优化应用程序的性能表现。同时，通过对资源测试结果进行分析，可以了解系统的瓶颈在哪里，进一步进行针对性的优化。

1.13.4　性能测试之基准优化测试

基准优化测试是一种常见的性能测试方法，旨在通过对系统进行测试和基准优化，确定系统性能的最大极限和瓶颈，实现对系统性能的进一步优化。

1．基准优化测试的定义和目的

基准优化测试是对已有基准测试结果的进一步优化测试，其目的是验证并评估通过性能优化手段所做出的改进是否达到预期的效果，以此来指导下一步的性能优化工作。基准优化测试可以帮助开发人员更好地了解系统的性能瓶颈和性能优化策略的效果，以确定下一步的优化方向和策略。

2．基准优化测试的流程

基准优化测试的流程如下：

（1）确定测试目标：确定要测试的程序或模块，并明确测试的目标和要求。

（2）设计测试用例：根据测试目标设计测试用例，包括输入数据、参数和并发数等。

（3）执行基准测试：按照测试用例执行基准测试，并记录测试结果和相关数据，如响应时间、吞吐量、CPU 利用率和内存使用率等。

（4）分析测试结果：根据测试结果进行分析，找出性能瓶颈和优化空间。

（5）优化测试程序：根据测试结果进行性能优化，如调整参数，优化代码，增加并发数等。

（6）再次执行基准测试：对优化后的程序或模块再次执行基准测试，验证优化效果。

（7）持续监测：持续监测程序或模块的性能，及时发现并解决问题，提高系统的稳定性和可靠性。

在 Spark 性能优化中，基准优化测试常常用于测试各种参数、算法和框架的性能表现，以及评估不同优化方案的效果，如调整并行度、优化数据倾斜、使用不同的缓存策略、使用更高效的算法等。通过不断进行的基准优化测试，可以提高 Spark 程序的性能和可靠性，为生产环境的部署提供有力的支持。

3．基准测试的优化方案设计和实施

基准测试的优化方案设计和实施是性能测试的重要环节，主要目的是通过识别性能瓶颈并实施优化策略，进一步提高系统的性能。

以下是基准测试的优化方案设计和实施的一般步骤。

（1）分析基准测试结果：首先需要分析基准测试的结果，找出性能瓶颈，如哪些操作耗时较长、响应时间较慢等。同时也需要考虑系统的负载情况和数据量等因素。

（2）设计优化方案：基于分析结果，设计相应的优化方案。优化方案可能涉及调整硬件配置、调整软件设置、修改算法、并行化计算、采用缓存等技术手段。

（3）实施优化方案：在实际操作中，根据设计的优化方案逐步实施。此过程可能需要逐步测试和调整，以确保优化的有效性。

（4）再次进行基准测试：优化方案实施后，需要再次进行基准测试，以验证性能的提升效果。如果效果不理想，需要重新分析并调整优化方案。

（5）持续监控：基准测试的优化不是一次性的，而是需要持续监控。一旦发现性能问题，需要及时识别并实施相应的优化策略，以保证系统的性能。

需要注意的是，基准测试的优化方案设计和实施过程需要结合具体情况进行，没有一定的规则和标准。同时，优化方案的设计和实施需要专业的知识和一定的经验，建议寻求专业的性能测试工程师的帮助和指导。

1.13.5　获取测试数据

进行性能测试之前，需要获取测试数据。测试数据应该具有代表性，与生产环境中的数

据相似。如果测试数据的规模比实际生产环境的数据规模小很多，那么测试结果可能会失真。因此，需要在测试环境中模拟生产环境的数据，并使其尽可能地接近实际情况。

下面介绍几种常见场景下的数据生成方式。

1．少量单节点数据

如果要获取少量的数据，那么可以手动创建。例如，在文本编辑器中创建几行文本或者手动创建一个简单的表格。如果数据量多的话，可以考虑使用 Mockaroo 自动生成一些单节点测试数据，对应的网址是 https://www.mockaroo.com。

Mockaroo 生成数据页面如图 1-44 所示。

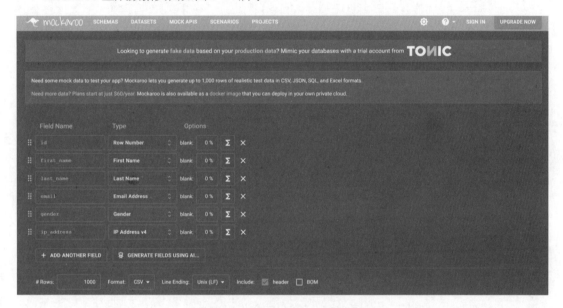

图 1-44　Mockaroo 生成数据页面

在图 1-44 所示的数据集页面中，可以设置数据集的名称、字段名称和数据类型。例如，设置名称为 users，字段名为 id、name、email、gender 和 age，数据类型分别为自增数字、随机名字、随机邮箱、随机性别和随机年龄。

2．大量分布式数据

生成分布式数据集的方式有很多，因为数据主要用于测试 Spark，所以推荐 Spark 自带的工具。Spark SQL 可以直接通过 SELECT 语句从现有数据源中提取测试数据，如从 Hive 表或外部数据库中提取数据。另外，如果用户的操作是基于 RDD 的，那么可以利用 Spark 提供的随机数据生成器，如 RandomRDDs 来生成数据集，这种方式生成的数据集非常适合进行测试操作。

3．生成抽样数据

在数据采样过程中，需要注意采样方法的选择。常见的采样方法有简单随机采样、分层采样和聚类采样等。可以根据具体的场景和需求选择合适的采样方法。

一般，随机采样可以使用 sample 算子，代码如下：

```
1   // 指定采样比例和随机数种子
2   val fraction = 0.1 // 采样比例为 10%
3   val seed = 12345L
4
5   // 使用 sample 算子进行随机采样
6   val sampledData = inputData.sample(withReplacement = false, fraction =
    fraction, seed = seed)
```

分层抽样可以使用如下代码：

```
1   // 分层抽样，按 category 分层，抽样比例为 0.1
2   val splits = data.randomSplit(Array(0.1, 0.9), seed = 12345L)
3   val sampleData = splits(0)
4
5   // 按 category 和 label 统计样本量
6   val sampleCounts = sampleData.groupBy("category", "label").count()
```

在进行数据采样时，需要注意保持数据分布的一致性。可以根据生产环境中的数据分布情况，采用合理的采样比例和采样方法，以保证采样数据的代表性和可靠性。如果数据不满足要求，通常情况下，可以使用 Spark 进行数据处理和转换，以生成符合测试要求的数据集。

总之，在获取生产抽样测试数据时，需要根据具体的测试需求和生产环境的情况，选择合适的数据来源、采样方法和数据处理方式，以获得高质量的测试数据。

1.13.6　使用 Spark MLlib 生成电商网站测试数据案例

很多分析系统分析的是电商网站数据，需要对网站上的商品进行推荐。为了提高推荐系统的准确性，需要对系统进行测试和评估。为了进行这样的测试，需要生成一些模拟的用户行为数据来评估推荐算法的性能。

假设需要测试推荐算法在处理 10 万个用户的数据时的性能。可以使用 Spark MLlib 中的 RandomRDD 对象生成一个具有 10 万个用户的 RDD，并将其作为测试数据。这个测试数据包含用户的基本信息，如 ID、年龄和性别等，还包含每个用户的交易历史、搜索历史和浏览历史等信息。使用这个测试数据，可以模拟出用户的行为模式，并测试推荐算法在处理大规模用户数据时的性能表现。

下面是一个使用 Spark MLlib 中的 RandomRDD 对象生成随机数据的案例，具体代码如下：

```
1   import org.apache.spark.sql.{Row, SparkSession}
2   import org.apache.spark.sql.types._
3   import org.apache.spark.mllib.random.RandomRDDs
4
5   // 定义 User 类
6   case class User(userId: Int, age: Int, gender: String)
7
8   object TestDataSet {
9
10    def generateUsers(spark: SparkSession, numUsers: Long): Seq[User] = {
11      // 生成用户 ID
12      val userIds = RandomRDDs.randomLongRDD(spark.sparkContext, numUsers).
        map(_.toInt)
13      // 生成年龄信息
14      val ages = RandomRDDs.normalRDD(spark.sparkContext, numUsers).map
```

```
15         (_.toInt.abs % 120)
16       // 生成性别信息
17       val genders = RandomRDDs.randomRDD(spark.sparkContext,
         UniformGenerator(0.0, 1.0))
18                     .map(x => if (x < 0.5) "M" else "F")
19       // 将三个 RDD 合并为一个 RDD 并转换为 Seq[User]类型
20       userIds.zip(ages).zip(genders).map{ case ((id, age), gender) =>
         User(id, age, gender)}
21                        .collect().toSeq
22     }
23
24     def main(args: Array[String]): Unit = {
25       // 创建 SparkSession
26       val spark = SparkSession.builder()
27                     .appName("TestDataSet")
28                     .master("local[*]")
29                     .getOrCreate()
30
31       // 生成用户数据，并转换为 DataFrame 输出
32       val users = generateUsers(spark, 100)
33       val usersDF = spark.createDataFrame(spark.sparkContext.parallelize
         (users))
34       usersDF.show()
35
36
37       spark.stop()
38     }
39   }
```

其中，使用 RandomRDDs 对象的 randomLongRDD 函数生成用户 ID，使用 randomRDD 函数生成性别，并将 UniformGenerator 对象作为参数传入，使用 normalRDD 函数生成年龄。在生成性别时，需要注意生成的随机数是[0, 1)内的，需要判断是否小于 0.5 来确定性别。最后将生成的三个 RDD 合并为一个 RDD，并使用 collect().toSeq 方法将其转换为 Seq[User]类型然后返回。在生成的数据中，用户 ID 为整数类型，年龄为 0～119 的整数，性别为字符串类型，值为 M 或 F。

最终输出的数据结果如下：

```
1    User(115271713,75,M)
2    User(561692630,38,M)
3    User(676918005,95,M)
4    User(289609652,107,F)
5    User(676167845,17,M)
6    User(409132674,85,M)
7    User(300124452,76,M)
8    User(169935524,58,F)
9    User(579089721,97,F)
10   User(212579329,75,F)
11   ...
```

1.13.7　性能测试工具 SparkPerf

1. SparkPerf简介

SparkPerf 是一款基于 Spark 框架的性能测试工具，可以用于测试 Spark SQL、DataFrame

和 Dataset 等功能的表现。它由 Apache Spark 社区开发和维护，提供一套可扩展的基准测试套件，用于测试不同数据存储格式和数据处理模式下 Spark 的性能。通过使用 SparkPerf，可以评估不同集群规模、硬件配置和 Spark 配置参数下的 Spark 性能，以确定最佳配置和调整参数。

SparkPerf 的核心是一组可扩展的性能基准测试套件，其中包括大量的基准测试用例。这些用例涵盖 Spark SQL、DataFrame 和 Dataset 等核心功能的各种测试场景，包括数据导入、数据查询、数据过滤和数据聚合等。SparkPerf 还提供灵活的参数配置和测试执行方式，用户可以自定义测试套件、测试用例和测试参数，以适应不同的测试需求。

SparkPerf 有很多优点，下面列举一些。

❑ 评估 Spark 的性能表现，包括 SQL 查询、数据导入和导出、数据过滤和聚合等核心功能。

❑ 通过比较不同数据存储格式和数据处理模式下的性能表现，确定最佳的数据存储和数据处理策略。

❑ 通过比较不同集群规模、硬件配置和 Spark 配置参数下的性能表现，确定最佳的硬件和软件配置方案。

❑ 通过自定义测试套件、测试用例和测试参数，适应不同的测试需求。

SparkPerf 支持多种测试方式，包括本地模式、集群模式和 YARN 模式，同时也支持多种数据格式和存储方式，如 CSV、Parquet 和 ORC 等。SparkPerf 还提供多种测试参数和测试结果统计方式，如执行时间、执行次数、内存使用情况、CPU 使用情况和网络使用情况等。

2．使用SparkPerf

（1）环境准备。

首先，确保已经安装 Java 和 Scala。其次，下载和安装 Spark，确保 Spark 可以在机器上运行。最后，下载和编译 SparkPerf 代码。

（2）配置文件。

SparkPerf 使用配置文件来指定要测试的组件和测试参数。配置文件是一个 JSON 格式的文件，一般包含 Spark 版本、要测试的组件和测试参数、测试数据的大小和类型。可以使用示例配置文件作为模板，然后根据需要进行修改。

下面是配置文件示例。

```
1    # 性能基准测试的通用设置
2    benchmarkSettings:
3      # 每个查询运行的总次数。增加次数可以减少方差
4      # 每个查询运行的总次数。这里的 3 表示每个查询会运行 3 次。运行多次可以平均掉偶发的性
         能波动，如操作系统的任务调度、网络延迟等因素引起的性能波动。多次测试的平均结果能更
         准确地反映性能的真实情况，从而降低方差，使测试结果更可信。这里的方差表示各个数据点
         与均值之间的偏差。当运行多次并取平均值时，可以减少这种偏差
5      iterations: 3
6      # 运行基准测试时使用的 Spark master。如果未设置，则使用 SparkConf 中的默认值
7      # master: local[*]
8      # 每个执行器进程要使用的内存量
9      executorMemory: 20g
10     # 每个 Driver 进程要使用的内存量
11     driverMemory: 20g
```

```
12    # 每个执行器进程要使用的核数
13    executorCores: 8
14    # Driver 进程要使用的核数
15    driverCores: 8
16    # 用于支持并行读取的数据源的并行连接数
17    # (e.g., Redshift, Cassandra, Elasticsearch, MongoDB, HBase, etc.)
18    numConnections: 10
19    # 要使用的 Shuffle 分区数量
20    shufflePartitions: 100
21
22  # 要执行的查询列表
23  queries:
24    - name: SQL Join
25      description: 连接两个表
26      sql: >
27        SELECT * FROM table1 JOIN table2 ON table1.key = table2.key
28      table1: "table1"
29      table2: "table2"
30
31    - name: SQL Filter
32      description: 过滤表中的行
33      sql: >
34        SELECT * FROM table1 WHERE value > 100
35      table1: "table1"
36
37    - name: Aggregation
38      description: 按列对表进行聚合
39      sql: >
40        SELECT key, COUNT(*) FROM table1 GROUP BY key
41      table1: "table1"
```

配置文件包含基准测试的一般设置和要执行的查询列表。在基准测试设置中，可以设置迭代次数、Spark 主机和内存设置、并行连接和分区等。在查询部分，每个查询包括一个名称、描述、要执行的 SQL 查询以及表名称或文件路径。

（3）运行 SparkPerf。

要运行 SparkPerf，需要指定配置文件的路径和要使用的 Spark 版本。以下是示例命令：

```
1  bin/run --config <path_to_config_file> --spark-version <spark_version>
```

可以在 SparkPerf 的 GitHub 页面中找到更多的命令行选项。

（4）查看结果。

运行完 SparkPerf 后，可以查看测试结果。SparkPerf 将结果输出到控制台，并将它们保存到文件中。SparkPerf 使用 JMH 生成的报告格式，这是一种广泛使用的 Java 性能测试框架。可以使用 JMH 的工具来分析 SparkPerf 生成的报告。

（5）注意事项。

在运行 SparkPerf 之前，请确保机器具有足够的内存和 CPU 资源，以便在测试期间不会出现资源瓶颈。此外，SparkPerf 可能会对磁盘和网络带宽造成负载，因此请确保机器可以处理这些负载。

总之，SparkPerf 是一个非常有用的工具，可以帮助开发人员测试和优化 Spark 应用程序的性能。通过上述介绍可以轻松地使用 SparkPerf 测试 Spark 应用程序，并找到问题所在。

1.13.8　性能测试工具 HiBench

1．HiBench简介

HiBench 是一个用于测试 Hadoop 和 Spark 等大数据平台的工具，它提供一系列的基准测试（Benchmarks），涵盖大数据处理的主要场景，包括数据生成、数据存储和数据处理等。HiBench 的特点在于它能够为用户提供一套完整的测试解决方案，包括数据准备、测试执行和测试结果分析等方面的支持，同时也提供一些基础的性能测试指标（如吞吐量、延迟等）。

HiBench 的性能测试场景包括：Sort、WordCount、TeraSort、PageRank、Scan、Join、Bayes、Kmeans、NutchIndexing、DFSIO 等，这些场景涵盖 Hadoop 和 Spark 平台的常见的数据处理任务，可以用于衡量集群的计算能力、存储能力和 I/O 能力等指标。此外，HiBench 还提供一些与 Spark Streaming 和 GraphX 等相关的场景测试。

HiBench 是一个开源的测试框架，可以在 Github 上找到其源代码，代码地址是 https://github.com/Intel-bigdata/HiBench，可以方便地进行扩展和定制，根据具体的测试需求增加或修改测试场景。

2．使用HiBench

（1）下载 HiBench。

在官网上下载最新的 HiBench 代码，然后解压缩到本地。

（2）配置 HiBench。

进入 HiBench 目录，编辑 conf/hadoop.conf 文件，设置 Hadoop 的安装路径和 HDFS 的地址：

```
1    # Hadoop 安装地址
2    hibench.hadoop.home.dir = /path/to/hadoop
3
4    # 用于访问 HDFS 的主机名
5    hibench.hdfs.master = hdfs://localhost:9000
```

测试 Spark、Hive 和 HBase，需要分别编辑相应的配置文件。

（3）准备数据。

使用 HiBench 自带的数据生成工具生成测试数据。例如，使用 TeraSort 测试可以生成 1TB 数据：

```
1    bin/workloads/micro/terasort/hadoop/run.sh
```

（4）运行测试程序。

在 HiBench 目录下使用以下命令运行测试程序：

```
1    bin/run-all.sh
```

这个命令会运行 HiBench 自带的所有测试程序。

如果只需要运行指定的测试程序，可以使用以下命令：

```
1    bin/run-all.sh -t testname
```

其中，testname 为测试名称。例如，运行 TeraSort 测试：

```
1    bin/run-all.sh -t terasort
```

（5）查看测试结果。

测试结果存储在 results 目录下以测试名称命名的子目录中。在子目录中，可以看到测试的详细结果和图表。

HiBench 还提供了可视化工具，可以使用以下命令启动：

```
1    bin/webui.sh
```

可视化工具启动后，在浏览器中输入 http://localhost:19888/，可以查看可视化的测试结果。

（6）自定义测试。

可以根据自己的需求自定义测试。HiBench 提供模板，可以根据模板修改，或者新建一个测试，具体可以参考 HiBench 的官方文档。HiBench 提供的模板如下：

```
1    # HiBench 根目录
2    hibench.home.dir = /path/to/HiBench
3
4    # Hadoop 的安装目录
5    hibench.hadoop.home.dir = /path/to/hadoop
6
7    # 访问 HDFS 的 master 主机名
8    hibench.hdfs.master = hdfs://localhost:9000
9
10   # 生成数据的副本数量，默认值为 3
11   hibench.scale.profile = tiny
12
13   # 输入/输出路径
14   hibench.input.dir = HiBench/Wordcount/Input
15   hibench.output.dir = HiBench/Wordcount/Output
16
17   # 执行的负载类型，可选值有：Hadoop/Hive/Mahout/Spark/Flink/HBase/Terasort/
     Pig/Graph/Streaming/ML/Microbenchmark/All
18   hibench.workload.name = Microbenchmarks
19
20   # 总任务数量
21   hibench.default.map.parallelism = 2
22   hibench.default.shuffle.parallelism = 2
23
24   # 压缩编解码类
25   hibench.io.compression.codec = org.apache.hadoop.io.compress.GzipCodec
26
27   # Reduce 任务数量
28   hibench.scale.factor = 1
29   hibench.workload.executes.setup = true
30   hibench.workload.executes.cleanup = true
31   hibench.workload.executes.validation = true
32
33   # 测试结果存放的位置
34   hibench.report.dir = /path/to/report
35
36   # 指定 Spark executor 和 driver 的内存大小
37   hibench.spark.executor.memory = 2g
38   hibench.spark.driver.memory = 2g
```

1.13.9 ScalaCheck 检查属性案例

下面通过一个例子来演示如何使用 ScalaCheck 检查某个属性。

（1）在项目中添加 ScalaCheck 库的依赖。可以在 build.sbt 中添加以下行：

```
1   libraryDependencies += "org.scalacheck" %% "scalacheck" % "1.15.4" % Test
```

maven 引入如下：

```
1   <dependency>
2   <groupId>org.scalacheck</groupId>
3   <artifactId>scalacheck_${scala.binary.version}</artifactId>
4   <version>1.15.4</version>
5   <scope>test</scope>
6   </dependency>
```

（2）创建要测试的类，确保它包含属性（property）方法。该属性方法返回一个 Boolean 值，表明属性是否成立。

```
1   // 导入 ScalaCheck 的 Properties 和 forAll 方法
2   import org.scalacheck.Properties
3   import org.scalacheck.Prop.forAll
4
5   // 定义一个名为 StringSpec 的属性测试，针对的是 String 类型
6   object StringSpec extends Properties("String") {
7     // 定义一个属性，对于任意两个字符串 a 和 b，它们的连接长度等于它们的长度之和
8     property("concatenation length") = forAll { (a: String, b: String) =>
9       (a + b).length == a.length + b.length
10    }
11  }
```

在上面的例子定义了一个名为 StringSpec 的属性测试，它是一个针对 Scala 中的 String 类型的测试。在这个测试中定义了一个属性，设置对于任意两个字符串 a 和 b，它们的连接长度等于它们的长度之和。

property 方法是 ScalaCheck 提供的用于定义属性的方法，它接受一个名称和一个 Prop 类型的对象。在本例中给这个属性命名为"concatenation length"，并使用 forAll 方法定义了一个检查该属性的函数。该函数接受两个字符串参数 a 和 b，并测试(a + b).length 是否等于 a.length + b.length。在 forAll 方法中，ScalaCheck 会自动生成许多不同的 a 和 b 的值，然后分别对这些值进行测试，从而判断该属性是否成立。如果该属性对于所有自动生成的测试数据都成立，那么该属性即测试通过；否则，ScalaCheck 会将第一个失败的测试用例输出到控制台，并返回测试失败的信息。

（3）运行测试用例。

可以使用 ScalaTest 或 JUnit 等测试框架来运行 ScalaCheck 测试用例。在 ScalaTest 中，可以使用 org.scalatestplus.scalacheck.ScalaCheckDrivenPropertyChecks 特质来运行 ScalaCheck 测试用例（在 Scala 编程语言中，特质是一种代码复用的单元，包含字段和方法的定义。特质可以被混入(mixin)类或者对象中，从而提供更丰富的功能）。代码如下：

```
1   // 导入 ScalaTest 中的 AnyFunSuite 和 ScalaCheckDrivenPropertyChecks
2   import org.scalatest.funsuite.AnyFunSuite
3   import org.scalatestplus.scalacheck.ScalaCheckDrivenPropertyChecks
```

```
4     import StringSpec._
5
6     // 定义一个名为 StringSuite 的测试类，它继承了 AnyFunSuite 和 ScalaCheck
      DrivenPropertyChecks
7     class StringSuite extends AnyFunSuite with ScalaCheckDrivenProperty
      Checks {
8       // 定义一个名为 "concatenation length" 的测试用例，使用 ScalaCheck 进行参数
        化测试
9       test("concatenation length") {
10        forAll { (a: String, b: String) =>
11          // 调用 StringSpec 中的属性测试，并使用 assert 断言测试结果
12          assert((a + b).length == a.length + b.length)
13        }
14      }
15    }
```

上面的代码定义了一个 StringSuite 测试类，该类使用 ScalaTest 的 forAll 方法运行
ScalaCheck 测试用例，确保每个随机生成的输入对都返回 true。如果测试失败，ScalaCheck
会输出那些导致测试失败的输入数据。

1.13.10　准确性验证之单元测试

1. 单元测试的定义

单元测试是一种软件测试方法，用于验证软件系统中最小可测试单元的功能是否正常。
最小可测试单元通常是指软件中的一个函数、方法或模块，通常是软件开发过程中的基本构
建块。在单元测试中，测试人员编写代码来执行针对单元的测试，以确保其结果符合预期。
单元测试通常在应用程序的构建和集成过程中自动运行，以检测潜在的问题，防止其进入生
产环境中。

2. 为什么需要进行单元测试

单元测试是软件开发中的一项关键实践，它能够确保代码的正确性、可读性和可维护性。
以下是进行单元测试的几个重要原因。

❑ 确保代码的正确性：单元测试可以在代码编写之初就发现潜在的错误或缺陷，避免
它们进入后续阶段，从而缩减调试时间，降低调试成本。

❑ 提高代码质量：单元测试可以鼓励开发人员编写易于测试的代码，从而提高软件设
计质量。

❑ 方便重构：单元测试可以验证代码在重构之后是否仍然正确，让开发人员可以放心
地进行重构和设计。

❑ 支持持续集成和持续交付：单元测试是持续集成和持续交付的关键环节，它可以帮
助团队快速发现和解决代码问题，并确保新功能的快速交付。

❑ 增强信心：单元测试可以让开发人员和团队对代码的正确性和质量有更大的信心，
从而减少重构和修改代码时的风险和压力。

单元测试是提高代码质量和可维护性的关键实践，它可以减少错误和缺陷，并增强团队

的信心，提高开发效率。

3. 如何编写有效的单元测试

通常，编写有效的单元测试需要遵循以下原则：

❏ 测试覆盖率：确保每个测试用例都覆盖了被测试代码的所有分支和边界条件，以保证代码的正确性。

❏ 可重复性：测试用例是可重复的，即多次运行同一测试用例应该得到相同的结果。

❏ 独立性：测试用例之间是独立的，即在运行一个测试用例时，不会影响其他测试用例的结果。

❏ 可读性：测试用例是可读的，易于理解和维护，以便在代码发生变化时快速定位和修复问题。

❏ 及时运行：测试应该在每次代码变更后及时运行，以便尽早发现问题并修复。

❏ 边界条件：测试用例应该覆盖边界条件，即输入的最小值和最大值，以确保代码在各种输入情况下都能正确运行。

❏ 错误处理：测试用例应该覆盖错误处理，即测试代码如何处理异常情况。

编写有效的单元测试还需要注意以下几点：

❏ 优先编写针对关键业务逻辑的测试用例。

❏ 避免测试代码与被测试代码之间的耦合，应该使用模拟对象或测试替身等技术。

❏ 避免测试代码重复，应该使用测试框架提供的参数化测试等技术。

❏ 编写测试用例时应该考虑代码可能出现的各种情况，并对其进行测试。

4. 单元测试示例

假设有一个简单的 Spark 应用程序，它从 HDFS 中读取一个文件并按行进行分割，可以编写一个单元测试用例来验证该应用程序是否按预期进行拆分。

首先，需要为单元测试创建一个 SparkSession 库，以便可以在本地运行 Spark 作业。代码如下：

```
1   // 导入 SparkSession 库
2   import org.apache.spark.sql.SparkSession
3
4   // 创建一个新的 SparkSession
5   val spark = SparkSession.builder()
6     .appName("Test")      // 设置应用程序名称
7     .master("local[*]")   // 设置 master URL 为 local
8     .getOrCreate()        // 如果 SparkSession 不存在则创建新的，否则使用已有的
```

接下来，需要创建一个测试数据集并将其写入 HDFS。代码如下：

```
1   // 定义数据集合
2   val data = Seq("a b", "c d e", "f g h i")
3
4   // 通过 SparkSession 获取 SparkContext，并使用 parallelize 方法创建 RDD
5   val rdd = spark.sparkContext.parallelize(data)
6
7   // 将 RDD 内容保存到指定的 HDFS 文件中
8   rdd.saveAsTextFile("hdfs://localhost:9000/test-data")
```

然后，编写一个测试用例来读取测试数据集并验证数据是否正确拆分。代码如下：

```
1    // 定义输入路径
2    val inputPath = "hdfs://localhost:9000/test-data"
3
4    // 定义期望的输出结果
5    val expectedOutput = Seq(Seq("a", "b"), Seq("c", "d", "e"), Seq("f", "g",
     "h", "i"))
6
7    // 读取指定路径下的文本文件，使用 map 方法将每行文本按空格拆分为 Seq，并使用 collect
     方法获取 RDD 内容
8    val result = spark.read.textFile(inputPath).map(_.split("")).toSeq).
     collect()
9
10   // 使用 assert 方法比较 result 和 expectedOutput 是否相等
11   assert(result === expectedOutput)
```

以上演示了如何使用 SparkSession 和 Spark RDD API 编写单元测试用例。在实际的应用程序中，可能需要测试更多复杂的逻辑，这里只是为了说明如何编写 Spark 单元测试用例。

1.13.11　准确性验证之集成测试

除了单元测试以外，集成测试也是软件开发过程中必不可少的一步，尤其对于分布式系统，集成测试更是必不可少的一环。集成测试可以确保分布式系统中的不同组件能够协同工作，达到预期的结果。

1．集成测试的定义

集成测试是一种软件测试方法，用于验证各个组件或模块在一起协同工作时是否按照预期的方式运行。在集成测试中，将两个或多个独立的模块集成到一起，然后测试它们的接口和交互，以确保它们能够正常地协同工作。集成测试可以帮助开发人员发现组件之间的互操作问题、接口问题、资源共享问题和其他集成方面的问题。集成测试通常是软件测试的最后一个阶段，在系统测试之前进行。

2．为什么需要集成测试

集成测试是为了验证在多个组件或模块之间进行协调时是否可以正常工作。它可以捕捉在单元测试阶段无法发现的问题，如组件之间的交互问题，数据流程问题，环境差异引起的问题等。通过集成测试，可以提高整个系统的可靠性和稳定性，降低在生产环节中出现问题的可能性，提升用户体验和满意度。因此，集成测试是软件开发过程中不可或缺的一环。

3．如何编写有效的集成测试

编写有效的集成测试用例需要考虑以下几点：
❑ 定义测试范围：确定需要集成测试的组件，包括依赖的第三方组件和自己开发的组件，明确测试覆盖的范围。
❑ 模拟真实环境：在集成测试环节中，需要模拟真实的环境，包括使用真实的数据库和消息队列等依赖组件，以确保测试的真实性和可靠性。

- ❑ 设计测试用例：为每个需要测试的场景设计测试用例，测试用例包括测试输入、预期输出和实际输出。
- ❑ 编写测试代码：编写测试代码，包括调用组件接口，验证输出结果是否符合预期。
- ❑ 整合测试：在完成每个组件的集成测试之后，需要进行整体的集成测试，确保各组件之间的交互和协作正常。
- ❑ 持续集成：在开发过程中，持续集成可以保证每次代码提交都可以通过集成测试，并在测试不通过时及时发现和修复问题。

综上所述，编写有效的集成测试需要仔细规划测试范围、设计测试用例，模拟真实的环境，编写测试代码并持续集成。

4．集成测试示例

以下是一个简单的 Spark 集成测试的示例，它对一个 Spark 程序的结果进行验证。

```
1   import org.apache.spark.sql.{DataFrame, SparkSession}
2   import org.scalatest.BeforeAndAfter
3   import org.scalatest.funsuite.AnyFunSuite
4
5   class SparkIntegrationTest extends AnyFunSuite with BeforeAndAfter {
6
7     private var spark: SparkSession = _
8     private var input: DataFrame = _
9
10    before {
11      // 初始化 SparkSession 对象和输入的 DataFrame（类似于数据表的结构化数据集）
12      spark = SparkSession.builder().appName("SparkIntegrationTest").
        master("local[*]").getOrCreate()
13      input = spark.read.csv("input.csv")
14    }
15
16    after {
17      // 关闭 SparkSession
18      spark.stop()
19    }
20
21    test("integration test for Spark program") {
22      // 调用 Spark 程序进行计算
23      val output = MySparkProgram.run(input)
24
25      // 验证结果是否正确
26      assert(output.count() == 10)              // 确认输出 DataFrame 行数为 10
27      // 确认输出 DataFrame 包含 "column1" 列
28      assert(output.columns.contains("column1"))
29      // 确认输出 DataFrame 包含 "column2" 列
30      assert(output.columns.contains("column2"))
31    }
32
33  }
```

在这个示例中，首先初始化 SparkSession 对象和输入的 DataFrame，然后运行一个 Spark 程序并得到输出 DataFrame，最后使用 assert 函数验证输出 DataFrame 的结果是否正确。

注意，在集成测试时，通常需要连接外部系统（如 HDFS、Kafka、HBase 等）进行测试，因此测试的时间可能比单元测试长。因此，应该避免在集成测试中执行过多的测试用例，以便尽可能地缩短测试时间。

1.13.12　准确性验证之作业验证

作业验证用于验证整个 Spark 作业的正确性及其性能以确保作业在整个 Spark 集群上执行时表现良好，并且可以发现潜在的系统瓶颈和问题。

1．作业验证的定义

作业验证通过对完整的数据处理流程进行验证，可以确保 Spark 作业按照预期的方式进行计算并输出正确的结果。作业验证通常是在生产环境中进行的，以确保 Spark 作业在实际环境中的正确性和稳定性。作业验证的目的是检测和解决潜在的问题和错误，以便在实际环境中保证作业的正确性和可靠性。

2．作业验证的一般步骤

（1）编写作业代码。
（2）构建和打包作业。
（3）将作业提交到 Spark 集群。
（4）监控作业运行情况，检查是否出现任何异常或错误。
（5）分析作业运行情况，查看其性能和资源利用情况。
（6）根据结果进行优化和改进。

作业验证需要充分地进行性能基准测试，以确保作业能够在生产环境中高效地运行。在进行作业验证之前，还需要定义作业验证的要求和目标，如运行时间和资源利用率等。这些指标可以用来评估作业的性能和可靠性，并提供改进作业的线索。

3．作业验证的重要性

作业验证对于保证数据处理的正确性和可靠性至关重要。一个作业的输出结果可能会被用于后续的流程或决策，如果作业本身有误或者输入的数据存在问题，那么可能会导致错误的结果和决策。通过作业验证，用户可以在生产环境运行作业之前，先在测试环境或者开发环境中进行一些预先检查，以确保输出的结果正确无误，减少在生产环境中出现错误的概率。同时，作业验证也可以帮助用户及时发现作业中的问题，便于及时调整和修复，提高数据处理的效率。

4．一个简单的Spark作业验证示例

假设有一个需求是对一些文本文件中的单词进行计数，可以编写一个简单的 Spark 作业来实现该需求。示例代码如下：

```
1    import org.apache.spark.{SparkConf, SparkContext}
2
3    // 定义一个 WordCount 对象
4    object WordCount {
5
```

```
6     // 程序的入口点
7     def main(args: Array[String]): Unit = {
8
9       // 创建 SparkConf 对象
10      val conf = new SparkConf().setAppName("Word Count")
11
12      // 创建 SparkContext 对象
13      val sc = new SparkContext(conf)
14
15      // 从命令行参数中获取输入路径和输出路径
16      val inputFile = args(0)
17      val outputFile = args(1)
18
19      // 读取输入文件
20      val textFile = sc.textFile(inputFile)
21
22      // 对每一行进行分词，并映射成 (word, 1) 的形式
23      val counts = textFile.flatMap(line => line.split(""))
24        .map(word => (word, 1))
25
26      // 根据单词进行累加计数
27      val wordCounts = counts.reduceByKey(_ + _)
28
29      // 将结果保存到输出路径中
30      wordCounts.saveAsTextFile(outputFile)
31
32      // 停止 SparkContext
33      sc.stop()
34    }
35  }
36
37
```

在这个例子中，首先创建了一个 SparkConf 对象和一个 SparkContext 对象，并设置了应用程序名称，从命令行参数中获取输入文件和输出文件的路径，然后使用 SparkContext 的 textFile 方法来读取输入文件，使用 flatMap 和 map 方法对单词进行计数，最后将结果保存到输出文件中。

在完成作业编写之后，需要使用 SBT 或 Maven 将作业打包成 JAR 文件，并将其上传到 Spark 集群中。接着，可以使用 Spark-submit 命令提交作业，并设置适当的作业配置选项，如并行度和内存分配等。例如：

```
1    $ spark-submit --class WordCount --master yarn --deploy-mode cluster \
2      --num-executors 2 --executor-memory 2g --executor-cores 2 \
3      wordcount.jar input.txt output
```

提交位置需要根据自己的集群来确定，如 K8s、Yarn 和 Mesos 等，它们的提交方式都不一样。提交 Spark 任务到 K8s 的代码如下：

```
1    ./bin/spark-submit
2    # Kubernetes 集群 API server 的地址
3    --master k8s://https://<k8s-apiserver-host>:<k8s-apiserver-port> \
4    --deploy-mode cluster \                  # 集群部署模式
5    --name <app-name> \                      # 应用名称
6    --class <main-class> \                   # 应用的入口类名
7    --conf spark.executor.instances=<num-executors> \ # 指定 Executor 的数量
```

```
8    # 指定容器镜像地址
9    --conf spark.kubernetes.container.image=<container-image> \
10   --conf spark.kubernetes.authenticate.driver.serviceAccountName=
<service-account-name> \                    # 指定 Service Account 的名称
11   # 指定 Kubernetes 命名空间
12   --conf spark.kubernetes.namespace=<namespace> \
13   # 指定每个 Executor 的内存大小
14   --conf spark.executor.memory=<executor-memory> \
15   --conf spark.driver.memory=<driver-memory> \      # 指定 Driver 的内存大小
16   # 指定每个 Executor 的 CPU 核心数
17   --conf spark.executor.cores=<executor-cores> \
18   --conf spark.driver.cores=<driver-cores> \ # 指定 Driver 的 CPU 核心数
19   --conf spark.kubernetes.executor.volumes.persistentVolumeClaim.
<pvc-name>.claimName=<pvc-claim-name> \              # 指定使用的持久化卷名称
20   --conf spark.kubernetes.executor.volumes.persistentVolumeClaim.
<pvc-name>.readOnly=<true/false> \                   # 指定持久化卷是否为只读
21   <application-jar><application-arguments>    # 应用所在的 jar 包路径和参数
```

在作业运行期间，可以监控作业的运行情况，检查日志文件和错误消息，以查找任何问题或异常。还可以使用 Spark Web UI 查看作业的性能和资源利用情况，如执行时间、CPU 使用率和内存使用率等。

如果作业出现性能问题或资源利用不足，可以根据结果进行优化和改进，如增加并行度、调整内存分配等。最后还需要在多个环境中进行作业验证，如开发环境、测试环境和生产环境，以确保作业在不同环境中表现一致。

1.14　Spark 执行计划

1.14.1　Spark 执行计划简介

Spark 执行计划（Execution Plan）是指 Spark 作业在执行过程中被分解成一系列任务（Tasks）的过程，也就是说它描述了 Spark 作业的执行流程。在执行计划中，每个 RDD 都会被分解成一系列的阶段（Stages），阶段之间有依赖关系，而每个阶段又被分解成一系列的任务，每个任务负责处理一部分数据，得到最终的结果。

Spark 执行计划分为两种类型：逻辑执行计划和物理执行计划。

❑ 逻辑执行计划（Logical Plan）：Spark 作业在执行之前被转换为一系列逻辑操作符（如 map、reduce 和 filter 等）所组成的计划，这些操作符代表作业的逻辑流程。逻辑执行计划是针对 Spark 的高层次抽象，通常使用 DAG 图表示。

❑ 物理执行计划（Physical Plan）：将逻辑执行计划转换为 Spark 可以直接执行的物理计划。物理执行计划由一系列阶段组成，每个阶段由一组任务组成，用于实际执行计算任务。物理执行计划通常使用 Spark 的物理计划优化器（Physical Plan Optimizer）来生成。

通过分析 Spark 执行计划，可以了解作业的执行流程、每个任务的执行时间、资源利用率等信息，从而对作业进行优化和优化。

1.14.2 Spark 执行计划的生成过程

1. 生成过程概述

Spark 执行计划的生成可以分为逻辑计划生成和物理计划生成两个阶段。

在逻辑计划生成阶段，Spark 将 DataFrame 或 SQL 查询转换为逻辑计划（Logical Plan），即一组无关的逻辑操作符，如 Project（选择特定的列）和 Filter（筛选特定的行）等。这个阶段的主要目的是进行语法和语义分析，检查查询是否正确，并将查询转换为一组逻辑操作符的序列。关于逻辑计划的详细内容，会在后面的章节中进行介绍。

在物理计划生成阶段，Spark 将逻辑计划转换为物理计划（Physical Plan），即一组关联的物理操作符，如 Scan（读取数据源中的数据）和 Shuffle（对数据进行重分区）等。这个阶段的主要目的是将逻辑计划转换为可以在集群上执行的物理计划，并选择最优的执行计划。Spark 会根据数据大小、数据分布、可用资源等因素来选择最佳的执行计划，最大程度地提高执行效率和资源利用率。关于物理计划的详细内容将会在后面的章节中进行介绍。

生成物理计划后，Spark 会将其转换为执行计划（Execution Plan），即一组任务（Task）的序列，每个任务对应一个物理计划操作符的实例，如读取一个数据块、进行数据处理、写入一个数据块等。执行计划根据需要对任务进行分区、调度和执行，并将结果返回给客户端。

在生成物理计划和执行计划的过程中，Spark 还会进行一系列的优化和转换，如谓词下推、投影消除和 join 优化等，以最大程度地提高执行效率和资源利用率。

2. 如何查看执行计划

❑ 使用 explain 函数：可以在 DataFrame 或 Dataset 上调用 explain 函数来打印执行计划。该函数接受一个布尔类型的参数，用于指定是否打印详细的执行计划，如 df.explain(true)。

❑ 使用 SQL 的 EXPLAIN 语句：如果使用 Spark SQL 执行 SQL 查询，可以在查询语句前加上 EXPLAIN 关键字来获取执行计划，如 EXPLAIN SELECT * FROM table。

❑ 使用 Web 界面：Spark 提供了一个 Web 界面（通常是通过 http://<driver-node>:4040 访问），其中包含许多有用的信息，包括执行计划。在 Web 界面的 SQL 选项卡中，可以查看每个 SQL 查询的执行计划和详细的统计信息。

❑ 使用 Spark UI：通过 Spark 的 Web 界面，可以访问 Stages 和 Jobs 选项卡，其中包含每个阶段的作业执行计划和统计信息。这些信息有助于理解 Spark 作业的执行流程和数据流动情况。

3. 如何阅读Spark执行计划

首先，查找日志中的 Physical Plan 或 Physical Plan Description 部分。这部分提供查询的物理执行计划，包括执行步骤、操作符和数据流动。从根节点开始，逐级阅读每个节点的操作和属性，了解查询的执行流程。

查看 Spark Plan 部分，该部分展示了 Spark 执行计划的转换和优化过程。注意观察执行计划中的阶段和操作符的顺序，以及应用的优化规则。这有助于了解 Spark 如何重写查询、重组操作，以及如何利用并行计算来优化查询性能。

观察物理 RDD 的部分，了解查询中使用的 RDD 类型、分区数和大小估计。这有助于理解数据的分布和处理方式，并对数据读写量有所了解。

查看指标部分，了解查询执行的性能指标。包括任务的执行时间、数据的读写量、资源的使用情况等。这些指标对于评估查询性能和进行性能优化至关重要。

注意优化部分，了解应用的优化规则和策略。这有助于了解查询中哪些优化规则被应用，以及它们对查询性能的影响。

在阅读 Spark 执行计划日志时，建议结合查询的需求和目标进行分析。关注执行计划中的关键步骤、操作符和数据流动，以及与性能相关的指标和优化规则，这样可以更好地理解查询的执行过程和性能特征，并帮助用户进行性能优化和调试。

执行计划通常以树状结构的形式展示，每个节点代表一个具体的操作。常见的执行计划节点如表 1-1 所示。

表 1-1　常见的执行计划节点

执行计划节点	说　明
Scan	扫描操作，读取输入数据源的数据
Filter	数据过滤操作，根据指定的条件筛选数据
Project	数据投影操作，选择指定的列或字段
Aggregate	数据聚合操作，如求和、平均值等
Join	数据连接操作，将多个数据集按照指定的条件进行关联
Sort	数据排序操作，按照指定的字段对数据进行排序
Shuffle	数据重分区操作，通常用于聚合或连接等需要重新分布数据的操作
Broadcast	广播操作，将小数据集广播到所有的执行器节点上
Exchange	数据交换操作，用于在不同节点之间传输数据
HashAggregate	哈希聚合操作，使用哈希算法进行数据聚合
HashJoin	哈希连接操作，使用哈希算法进行数据连接
SortMergeJoin	排序合并连接操作，使用排序和合并算法进行数据连接
CartesianProduct	笛卡尔积操作，对两个数据集进行全连接
Limit	数据限制操作，限制结果集的数量

4．示例

下面举一个实际的执行计划输出的日志示例。

给定 SQL 查询语句：

```
1    SELECT id, name FROM users WHERE age > 30 ORDER BY id DESC
```

Spark 在执行查询语句时会生成相应的执行计划并输出执行的日志。

```
1    == Parsed Logical Plan ==
2    'Project ['id, 'name]
3    +- 'Filter ('age > 30)
4       +- 'UnresolvedRelation `users`
5
6    == Analyzed Logical Plan ==
```

```
7    id: int, name: string
8    Project [id#1, name#2]
9    +- Filter (age#3 > 30)
10     +- SubqueryAlias users
11       +- Relation[id#1, name#2, age#3] jdbcTable(tableName=[users])
12
13   == Optimized Logical Plan ==
14   Project [id#1, name#2]
15   +- Filter (age#3 > 30)
16     +- Relation[id#1, name#2, age#3] jdbcTable(tableName=[users])
17
18   == Physical Plan ==
19   *(2) Sort [id#1 DESC NULLS LAST], true, 0
20   +- *(1) Project [id#1, name#2]
21     +- *(1) Filter (isnotnull(age#3) AND (age#3 > 30))
22       +- *(1) Scan JDBCRelation(users) [numPartitions=1][id#1,name#2,
         age#3] PushedFilters: [IsNotNull(age), GreaterThan(age,30)]
```

下面从上到下简述日志：

❑ Parsed Logical Plan 部分显示了解析后的逻辑计划，其中，列名被转换为相应的表达式。'Project ['id, 'name]表示选择'id'和'name'列，'Filter ('age > 30) 表示年龄大于 30 的筛选条件。'UnresolvedRelation users 表示对关系'users'的引用。

❑ Analyzed Logical Plan 部分显示了经过分析后的逻辑计划，其中，列名和数据类型已被确定。id: int, name: string 表示'id'列是整型，'name'列是字符串型。SubqueryAlias 用于标识关系'users'，并包含列'id'、'name'和'age'。

❑ Optimized Logical Plan 部分显示了优化后的逻辑计划，它与解析后的逻辑计划相同，因为在这个示例中没有进行额外的优化转换。

❑ Physical Plan 部分显示了物理执行计划，其中包含实际的物理操作。

1.14.3   执行计划中的逻辑计划

逻辑计划是 Spark 对 SQL 查询进行解析、优化和转换后得到的抽象语法树，它独立于执行引擎和物理硬件。逻辑计划通常由多个逻辑操作符组成，如选择（Select）、投影（Project）、过滤（Filter）和连接（Join）等。

逻辑计划生成的过程如下：

（1）解析。Spark 将 SQL 查询字符串解析为一个语法树。

Spark 使用 ANTLR 工具将 SQL 查询字符串解析为语法树。ANTLR 是一个流行的语法分析器生成器，可以根据输入的语法规则生成解析器。

📖说明：语法树（Syntax Tree）也称为抽象语法树（Abstract Syntax Tree，AST），是编译器和解释器用于表示程序代码的一种数据结构。在 Spark 中，SQL 查询字符串首先被解析器解析为抽象语法树（AST），然后被转换为逻辑计划（Logical Plan）和物理计划（Physical Plan），最终由 Spark 执行器执行。

下面提供一个简单语法树示例。

SQL 查询如下：

```
1    SELECT id, name FROM users WHERE age > 30 ORDER BY id DESC
```

对应的语法树可能如下：

```
1          SELECT
2            |
3          PROJECT
4        ||
5          id  name
6            |
7           FILTER
8            |
9          age > 30
10           |
11          SCAN
12           |
13          users
```

其中，最上层的 SELECT 节点代表整个查询语句，它的子节点 PROJECT 表示投影操作，FILTER 表示过滤操作，SCAN 表示扫描操作。每个节点下面都可以有更多的子节点，这样就形成了一棵树状结构。在这个示例中，PROJECT 节点下面有两个子节点，即 id 和 name，表示要选择的字段；FILTER 节点下面有一个子节点 age>30，表示过滤条件；SCAN 节点下面有一个子节点 users，表示要扫描的表。

（2）预处理。Spark 进行语义分析和类型检查，确保查询语句符合 Spark SQL 语法规范和类型约束。

在语义分析和类型检查过程中，Spark SQL 会检查以下内容：

❑ 检查表和列是否存在。Spark SQL 会在表格的元数据中查找表和列，判断它们是否存在于目标数据库或数据源中。

❑ 检查列和表达式的数据类型。Spark SQL 会检查列和表达式的数据类型是否与查询要求的数据类型一致。如果存在不一致的情况，Spark SQL 会尝试将它们进行隐式类型转换，或者报错提示。

❑ 检查查询的语义是否正确。Spark SQL 会检查查询中使用的语法是否符合 SQL 标准，如对 GROUP BY 和 HAVING 子句的使用。

❑ 检查查询语句是否合法。Spark SQL 会检查查询语句是否合法，例如，检查是否存在语法错误或者数据类型错误。

（3）逻辑优化。对 SQL 查询语句的语法树进行优化，使其能够更高效地运行。

逻辑优化包括以下几个方面：

❑ 列剪枝：从查询中删除不必要的列，减少数据的传输和处理成本。

❑ 谓词下推：将谓词条件尽可能地下推到数据源中，减少传输和处理的数据量。

假设用户有一个包含 1000 条记录的数据集，其中有一个日期列，用户希望查询这个数据集中所有 2022 年 5 月的记录，可以编写以下 SQL 查询语句：

```
1    SELECT * FROM dataset WHERE YEAR(date) = 2022 AND MONTH(date) = 5
```

Spark 可以将这个查询优化为：

```
1    SELECT * FROM dataset WHERE date >= '2022-05-01' AND date < '2022-06-01'
```

在这个例子中，当数据源是 Parquet 文件时，Spark 会尝试将谓词下推到 Parquet 文件的元数据中，并利用这些元数据过滤出不满足谓词条件的数据块，从而减少需要读取和处理的数据量。

❑ 常量折叠：将表达式中的常量折叠，以便在执行计划生成之前减少计算成本。

📋说明：常量折叠（Constant Folding）是一种优化技术，它通过在编译时对代码进行求值，将能够预先计算的表达式替换为计算结果，从而减少程序运行时的计算量。

❑ 子查询优化：将子查询优化为更高效的操作，如半连接、全连接和子查询展开。

❑ 合并等价操作：将等价的操作合并为单个操作，减少计算成本。

在 Spark 的逻辑优化过程中，将等价的操作合并为单个操作也是一种常见的优化方法，可以减少不必要的数据读取、传输和处理的开销，从而提高 Spark 应用程序的性能。

假设有以下代码：

```
1    val rdd = sc.parallelize(Seq(1, 2, 3, 4, 5, 6))
2    val filteredRDD = rdd.filter(_ % 2 == 0)
3    val mappedRDD = filteredRDD.map(_ * 2)
4    val result = mappedRDD.collect()
```

在上述代码中，filteredRDD 和 mappedRDD 分别对 rdd 进行了过滤和映射操作。这两个操作实际上可以合并为一个操作，即在 map 操作中直接应用过滤条件，代码如下：

```
1    val rdd = sc.parallelize(Seq(1, 2, 3, 4, 5, 6))
2    val result = rdd.filter(_ % 2 == 0).map(_ * 2).collect()
```

这样可以避免创建多余的 RDD，减少数据传输和处理的开销，提高程序的性能。Spark 会在逻辑优化过程中自动将等价的操作合并为单个操作，用户可以不必手动合并。

❑ 表达式重写：通过对查询中的表达式进行重写，优化查询的执行计划。

在 Spark 中，可以使用规则（Rule）来重写表达式。规则是一种转换函数，它接收查询计划作为输入，并返回修改后的查询计划。这些规则可以应用于查询计划中的各个节点，以检测和修改特定的表达式模式。

举个例子，假设有以下查询：

```
1    val df = spark.read.parquet("data.parquet")
2    val filteredDF = df.filter($"age"> 30).select($"name")
3    val result = filteredDF.collect()
```

在上述查询语句中，filter 操作后跟着 select 操作。可以使用一条规则将这两个操作合并为一个操作，从而避免中间结果的生成，减少数据传输的开销：

```
1    val df = spark.read.parquet("data.parquet")
2    val optimizedDF = df.select($"name").filter($"age"> 30)
3    val result = optimizedDF.collect()
```

通过重写表达式，将 filter 和 select 操作重新排序，使得 select 操作在 filter 之前进行。这样可以避免生成中间结果，并减少数据传输和处理的开销。

❑ 隐式类型转换：将不同数据类型的操作进行隐式类型转换，以便这些操作在数据类型上能够匹配或相容。

举个例子，假设有一个 DataFrame 包含整数列和浮点数列：

```
1    val df = spark.createDataFrame(Seq((1, 2.5), (3, 4.7), (5, 6.2))).toDF
     ("col1", "col2")
```

对这两列进行加法操作：

```
1    import org.apache.spark.sql.functions._
2
```

```
3    val result = df.select(col("col1") + col("col2"))
```

在上述代码中，没有显式地指定类型转换，但是 Spark 会自动将整数列转换为浮点数列，然后执行加法操作，这是因为 Spark 内置了将整数转换为浮点数的隐式类型转换规则。

❑ Cache Manager（缓存管理器）：用于管理 RDD（弹性分布式数据集）和数据帧（DataFrame）的缓存的组件，它提供了一些优化策略和功能，可以最大限度地利用内存，提高数据访问的性能。

Cache Manager 的主要功能如下：

➤ 缓存策略：Cache Manager 提供多种缓存策略，用于决定哪些 RDD 或数据帧应该被缓存以及缓存的存储级别。默认情况下，Spark 会将频繁使用的 RDD 或数据帧自动缓存到内存中，以便重复使用而无须重新计算。

➤ 缓存管理：Cache Manager 负责跟踪和管理缓存的 RDD 和数据帧。它会记录缓存的数据块的位置信息，以及缓存的命名和标识符。这样，当需要使用缓存的数据时，Spark 可以快速定位并提供数据，无须重新计算或从磁盘中读取。

➤ 缓存更新和失效：当缓存的 RDD 或数据帧发生变化时，Cache Manager 会负责更新和失效相应的缓存数据，以确保缓存的数据始终是最新的。当数据被修改或删除时，缓存的数据会自动失效，并在需要时重新计算或加载。

➤ 缓存清理：为最大限度地利用可用的内存，Cache Manager 会根据内存使用情况和缓存的使用模式自动清理不再使用的缓存数据。它采用一些清理策略，如基于最近最少使用（LRU）的算法，以确保内存资源被有效地利用。

举个例子如下：

```
1    val spark = SparkSession.builder()
2      .appName("CacheExample")
3      .master("local[*]")
4      .getOrCreate()
5
6    // 读取数据集
7    val data = spark.read.csv("data.csv")
8
9    // 执行一系列转换操作
10   val filteredData = data.filter($"age"> 30)
11   val transformedData = filteredData.withColumn("newColumn", $"age" * 2)
12   val groupedData = transformedData.groupBy("gender").avg("newColumn")
13
14   // 缓存数据集
15   groupedData.cache()
16
17   // 执行查询操作
18   val result1 = groupedData.count()
19   val result2 = groupedData.collect()
20
21   // 关闭 SparkSession
22   spark.stop()
```

在上述代码中，首先通过 spark.read.csv 方法读取一个数据集。然后对数据集执行了一系列转换操作，包括过滤、添加新列和分组计算。最后，通过调用 groupedData.cache 函数将转换后的数据集 groupedData 缓存到内存中。这样，后续对该数据集的操作将会从缓存中获取数据，而不是重新计算。在查询阶段调用 groupedData.count 和 groupedData.collect 函数执行两个操作。由于数据集已经被缓存，Spark 会直接从缓存中读取数据，无须重新执行转换操作。

（4）生成逻辑计划。Spark 将 SQL 查询转换为逻辑计划，其中包含多个逻辑操作符，如选择（Select）、投影（Project）、过滤（Filter）和连接（Join）等。

生成的逻辑计划通常是一棵树形结构，其中，每个节点代表一个逻辑操作符，每个叶子节点代表一个数据源。逻辑计划不包含物理执行细节，只描述数据源之间的逻辑关系。逻辑计划的生成通常是自动完成的，用户不需要干预。

1.14.4　执行计划中的物理计划

物理计划与具体的执行引擎和硬件相关，它描述了如何在集群上执行逻辑计划中的操作，包括数据的分区、分发、排序、聚合和连接等。物理计划考虑了数据的位置、大小、可用资源以及执行策略，以便有效地执行查询并使性能达到最优状态。

Spark 在物理优化阶段做了哪些事情呢？下面列举一些常见的优化行为。

1. 筛选下推

Spark 中的筛选下推（Filter Pushdown）是一种物理优化技术，它通过将筛选操作尽可能地下推到数据源上来减少数据传输和处理过程中产生的开销。下推筛选操作可以减少所需的数据量，从而提高查询性能。

假设有一个名为 employees 的表，包含以下列：

❑ id：员工 ID（整数）。

❑ name：员工姓名（字符串）。

❑ age：员工年龄（整数）。

❑ salary：员工工资（浮点数）。

用户希望查询年龄大于 30 岁的员工并按照工资降序排序。代码如下：

```
1    import org.apache.spark.sql.SparkSession
2
3    val spark = SparkSession.builder()
4      .appName("FilterPushdownExample")
5      .master("local[*]")
6      .getOrCreate()
7
8    // 读取员工表
9    val employeesDF = spark.read.format("csv")
10     .option("header", "true")
11     .load("employees.csv")
12
13   // 执行筛选和排序操作
14   val filteredDF = employeesDF.filter("age > 30").orderBy($"salary".desc)
15
16   // 显示查询结果
17   filteredDF.show()
```

在执行这个查询时，Spark 会尝试将筛选和排序操作下推到数据源（CSV 文件）中，以减少数据读取和处理所产生的开销。

执行计划日志中会显示下推筛选和排序的信息，类似于以下内容：

```
1    == Physical Plan ==
2    *(2) Sort [salary#3 DESC NULLS LAST], true, 0
3    +- *(1) Filter (isnotnull(age#2) && (age#2 > 30))
4      +- *(1) FileScan csv [id#1,name#2,age#3,salary#4] Batched: false,
       Format: CSV, Location: InMemoryFileIndex[file:/path/to/employees.csv],
       PartitionFilters: [], PushedFilters: [IsNotNull(age), GreaterThan
       (age,30)], ReadSchema: struct<id:int,name:string,age:int,salary:double>
```

在这个执行计划中，可以看到筛选条件(age > 30)被下推到了数据源的文件扫描操作中，这样在读取数据时就只会选择年龄大于 30 岁的员工数据。同时，排序操作也被下推到了数据源之后进行，减少了传输到 Spark 节点的数据量。

2. 投影下推

投影下推（Projection Pushdown）是 Spark 中的一种物理优化技术，它可以减少数据处理的工作量和数据传输的成本。该优化技术的目标是将查询计划中的投影操作（Projection）下推到数据源中进行处理，减少不必要的数据读取和处理操作。

通常，当执行查询时，查询计划会包含一个投影操作，用于选择需要的列或表达式，并生成结果集。而在传统的执行方式中，首先会从数据源读取所有的列数据，然后在 Spark 中进行投影操作，最后返回结果。这样会增加不必要的数据传输和处理操作，浪费了计算资源和时间。

假设有一个表 employees 包含列：name、age、department 和 salary。用户想要执行一个查询，选择姓名（name）和薪水（salary）两列，并按照薪水降序排序。代码如下：

```
1    val employeesDF = spark.read.table("employees")
2    val projectedDF = employeesDF.select("name", "salary").orderBy
     ($"salary".desc)
```

在这个例子中，使用 select 方法选择"name"和"salary"两列，并使用 orderBy 方法按照"salary".desc 的降序进行排序。

Spark 在执行查询计划时，会尝试进行投影下推优化。具体来说，它会尝试将选择的列和排序操作下推到数据源中，以减少不必要的数据传输和处理操作。

在执行计划日志中，用户可以查看相关的优化信息。以下是简化的代码：

```
1    == Physical Plan ==
2    *(1) Sort [salary#3 DESC NULLS LAST], true, 0
3    +- Exchange rangepartitioning(salary#3 DESC NULLS LAST, 200)
4      +- *(2) Project [name#1, salary#3]
5        +- *(2) Filter (age#2 > 30)
6          +- *(2) Scan HiveTableRelation [name#1, age#2, department#3,
           salary#4]
```

从执行计划日志中可以看到以下信息：

❑ Project [name#1, salary#3]：投影操作，选择 name 和 salary 两列。

❑ Filter (age#2 > 30)：过滤操作，筛选出年龄大于 30 的记录。

❑ Sort [salary#3 DESC NULLS LAST], true, 0：排序操作，按照 "salary".desc 的降序进行排序。

在这个示例中，Spark 将投影操作下推到了数据源中，以减少从数据源读取的列数。这样在数据读取和处理阶段，只会处理包含 name 和 salary 两列的数据，不会读取和处理其他不需要的列，提高了查询效率。

3．Join优化

Join 优化是在 Spark 中常见的物理优化技术之一，用于改善连接操作的性能和效率。下面简要介绍 Join 优化的一些策略和方法。

1）Join 策略选择

在 Spark 中，选择合适的 Join 策略是根据数据大小、数据分布、可用内存等因素进行权衡的过程。

❑ 数据大小：根据表的大小来确定是否可以使用 Broadcast Join。如果一个表非常小，可以适应内存，则可以考虑使用 Broadcast Join。如果表比较大，可能需要使用 Shuffle Hash Join 或 Shuffle Sort Merge Join。

❑ 数据分布：查看连接键的数据分布情况，如果连接键的分布比较均匀，则可以考虑使用 Shuffle Hash Join。如果连接键的分布不均匀，可能需要使用 Shuffle Sort Merge Join 或其他适应数据分布的 Join 策略。

❑ 可用内存：内存的大小限制了能够进行 Broadcast Join 的表的大小。如果内存较小，不能容纳整个小表，则 Broadcast Join 不适用。内存的可用空间也影响着 Shuffle Hash Join 和 Shuffle Sort Merge Join 的性能，较大的可用内存可以提高其性能。

在权衡这些因素时，可以通过数据统计分析、数据采样和性能测试等方法进行评估。这里简单介绍一下 Spark 中常见的 Join 策略，如表 1-2 所示。

表1-2　Spark中常见的Join策略

策略名称	描述
Broadcast Join	当一个小表和一个大表进行连接时，将小表的数据复制到每个Executor上，以减少数据传输和网络开销。该策略适用于小表可以适应内存的情况
Shuffle Hash Join	当两个表的数据量较大且无法进行Broadcast Join时，根据连接键的哈希值对两个表的数据进行分区，并将具有相同哈希值的数据发送到同一分区上，然后进行连接操作。该策略适用于连接键分布较为均匀的情况
Shuffle Sort Merge Join	如果两个表的数据已经按连接键进行了排序，对两个表的数据进行分区和排序，并进行合并操作。该策略适用于连接键已经排序的情况，可以减少数据传输和排序的开销
Cartesian Join	对两个表的所有行进行两两组合，生成笛卡儿积。通常情况下，应避免使用笛卡儿积操作，因为它会产生非常大的中间数据量。但在某些特殊情况下，可能需要使用笛卡儿积操作
Sort Merge Bucketed Join	与Shuffle Sort Merge Join类似，但对已经执行过bucketing操作的表进行连接。bucketing是一种数据分桶技术，可以将数据按照连接键进行分桶存储，提高连接操作的效率。该策略适用于对已经执行过bucketing操作的表进行连接
Broadcast Hash Join	类似于Broadcast Join，但在进行连接之前，首先对一个或两个表进行哈希分区，并将分区后的数据广播到所有Executor上。该策略适用于连接键分布较为均匀，并且连接操作的数据量相对较小的情况
Broadcast Nested Loop Join	使用嵌套循环的方式进行连接操作，其中的一个表被广播到所有Executor上，并与另一个表进行逐行比较。该策略适用于其中的一个表的数据量较小，并且连接操作的数据量也较小的情况

策　略　名　称	描　　述
Shuffled Hash Join	与Shuffle Hash Join类似，但在连接操作之前已经进行了数据洗牌（Shuffle）操作，将具有相同连接键的数据发送到同一分区中。该策略适用于连接键分布不均匀的情况，可以通过洗牌操作将数据重新分布，提高连接操作的效率
Shuffled Merge Join	与Shuffle Sort Merge Join类似，但在连接操作之前已经进行了数据洗牌（Shuffle）操作，将具有相同连接键的数据发送到同一分区上，并进行排序。该策略适用于连接键未排序的情况

2）Join 去重

Join 去重的基本思想是通过对 Join（连接）操作的输入数据进行去重处理，以避免重复数据的重复计算。当表之间存在多对一的关系时，即一个表中的多条记录与另一个表中的一条记录进行连接，可能会导致连接的结果中包含重复的数据。在这种情况下，可以通过对输入表进行去重操作，只保留其中的一条记录，然后执行 Join 操作，避免重复数据的产生。

Spark 在执行 Join 操作时，会根据表之间的关联关系和优化规则，尝试进行 Join 操作去重优化。它通过分析 Join 操作的输入数据来识别其中的重复数据，然后在执行 Join 操作之前进行去重处理。去重可以通过内部的哈希表或排序算法等方法来实现。下面举例说明。

有两个表：orders 和 customers，它们之间的关联是多对一的关系，即多个订单对应一个客户。

orders 表如表 1-3 所示。

表 1-3　orders表

order_id（订单ID）	customer_id（客户ID）	order_date（订单日期）	total_amount（总金额）
1	101	2022-01-01	100
2	101	2022-02-01	200
3	102	2022-03-01	150
4	103	2022-04-01	120

customers 表如表 1-4 所示。

表 1-4　customers表

customer_id（客户ID）	customer_name（客户名称）	age（客户年龄）
101	John	30
102	Alice	35
103	Bob	40

现在用户要执行一个 Join 操作，将 orders 表和 customers 表关联起来，并筛选出客户年龄大于 30 岁的订单。

没有使用 Join 操作去重优化的 SQL 代码如下：

```
1    SELECT o.order_id, c.customer_name, o.order_date, o.total_amount
2    FROM orders o
3    JOIN customers c ON o.customer_id = c.customer_id
4    WHERE c.age > 30
```

在这种情况下，首先针对 orders 表和 customers 表进行全表扫描，然后根据客户 ID 进行 Join 操作，并根据年龄进行筛选。由于存在多个订单对应同一个客户的情况，Join 操作可能会产生重复的数据，需要后续的去重操作来消除重复数据。

使用 Join 操作去重优化的 SQL 代码如下：

```
1   SELECT o.order_id, c.customer_name, o.order_date, o.total_amount
2   FROM (
3       SELECT DISTINCT customer_id
4       FROM orders
5   ) o
6   JOIN customers c ON o.customer_id = c.customer_id
7   WHERE c.age > 30
```

在这种情况下，先对 orders 表进行了去重操作，只保留不重复的客户 ID。然后执行 Join 操作，并根据年龄进行筛选。由于进行了去重操作，在 Join 操作的输入数据中不会出现重复的数据，避免了后续的去重操作，提高了查询效率。

4．聚合优化

聚合优化是指在查询执行计划生成的过程中，Spark 对聚合操作进行优化的技术和策略。聚合操作是数据处理中常见且重要的操作，如对数据进行求和、计数、平均值等统计计算。通过对聚合操作进行优化，可以提高查询效率，减少资源消耗，加快数据处理的速度。

Spark 根据查询计划和数据的特点，应用一系列的聚合优化技术，如预聚合、滚动聚合、部分聚合、基于哈希的聚合、基于采样的聚合等。通过应用这些聚合优化技术，Spark 可以在物理执行计划中生成更高效的聚合操作，提高查询的效率。

5．排序优化

排序优化是物理优化阶段的一项关键技术，旨在提高排序操作的效率。排序是一种常见的数据处理操作，用于按照指定的字段对数据进行排序。Spark 在执行计划生成过程中会考虑多种排序优化策略，以提升排序操作的执行速度和资源利用率。常见的排序优化技术有局部排序、归并排序、基于采样的排序、外部排序和部分排序等。通过这些排序优化技术，Spark 可以根据查询计划和数据特性生成更高效的排序操作。优化策略的选择取决于查询的需求、数据的分布及可用的资源。排序优化可以显著提高排序操作的效率，减少执行时间和资源消耗。

6．分区优化

分区优化是物理优化阶段的一项关键技术，它旨在提高数据分区的质量和效率。数据分区是将数据划分为多个分片，以便并行处理和并发执行。Spark 在执行计划生成过程中会考虑多种分区优化策略，以提高数据处理效率和资源利用率。

常见的分区优化技术有自适应分区、分区剪枝、分区推断、分区合并和数据本地性。通过这些分区优化技术，Spark 可以根据数据特性和查询需求生成更优化的分区方案，提高数据处理效率。分区优化的选择取决于数据的分布、查询计划和可用的资源。合理地分区优化可以显著提升数据处理的速度，减少资源消耗。

7．数据倾斜处理

物理优化阶段的数据倾斜处理旨在解决数据倾斜对任务执行效率和资源利用的影响。在数据倾斜处理的物理优化阶段，通常采用预聚合、数据重分区、动态调整资源等策略和技术。

8．索引选择优化

物理优化阶段的索引选择优化旨在根据查询需求和数据分布选择适当的索引结构，以提高查询效率，减少资源消耗。索引是一种用于加速数据访问和查询的数据结构，可以通过减少数据扫描的量来加快查询速度。

1.14.5　Spark 钨丝计划 Tungsten

1．什么是Tungsten

Tungsten 是 Apache Spark 项目中的一个组件，它是为了提高 Spark 的计算性能而引入的一项技术。具体而言，Tungsten 主要关注于内存管理和执行引擎的优化，其设计目标是通过优化内存布局、内存管理和代码生成等方面来提高 Spark 作业的执行效率和可扩展性。

Tungsten 可以提高 Spark 作业的执行速度和资源利用率。它可以有效地减少数据的序列化和反序列化开销，降低内存占用，它充分利用了现代处理器的向量化指令集和多核并行计算能力，能够更好地处理大规模数据和复杂的计算任务。

2．Tungsten在数据结构上的优化

Tungsten 在数据结构上进行了多方面优化，旨在提高 Spark 的计算性能和内存利用率。以下是 Tungsten 在数据结构上做的主要优化：

- ❑ 列式存储（Columnar Storage）：Tungsten 引入了列式存储的数据结构，将数据按列组织存储，而不是传统的行式存储。列式存储在处理大规模数据时具有较高的压缩率和读取效率，可以提高数据的访问速度和处理性能。
- ❑ 内存布局：Tungsten 使用基于列存储的内存布局方式，将数据存储为连续的内存块，以提高内存访问的连续性和缓存命中率。这种内存布局方式减少了内存分配的开销，并且可以更好地利用现代处理器的向量化指令集。
- ❑ 内存管理：Tungsten 引入了基于操作的内存管理模式，减少了内存开销和垃圾回收的开销。它跟踪数据的生命周期，按需分配和释放内存，并且利用内存回收策略来避免频繁的垃圾回收操作，提高了内存利用率。
- ❑ 内存序列化格式：Tungsten 使用一种高效的内存序列化格式，称为 Unsafe 格式，可以在内存中直接操作数据，避免对象序列化和反序列化的开销。这种格式在数据的复制、过滤和聚合等操作中具有更高的性能，并且减少了内存开销。
- ❑ 内存布隆过滤器（Memory Bloom Filters）：Tungsten 使用布隆过滤器数据结构来加速数据的过滤操作。布隆过滤器可以高效地判断一个元素是否属于某个集合，从而减少不必要的数据读取和处理操作，提高查询性能。

通过以上几方面的数据结构优化，Tungsten 在 Spark 中能够更高效地处理和操作数据，减少了数据的序列化和反序列化开销，提高了数据的访问速度和处理性能。这些优化措施使得 Spark 能够更好地适应大规模数据处理和复杂计算任务的需求，并且提供更高效的计

算能力。

3．Tungsten在全阶段代码生成的优化

Tungsten 的全阶段代码生成（Whole Stage Codegen）是指将整个查询计划阶段的逻辑操作合并为一个大的代码块，并将其编译为本地机器码。这种优化技术可以显著提高查询的执行性能，减少数据的序列化和反序列化开销，以及函数调用的开销。

当 Spark 物理计划生成完成之后，下一步优化就是全阶段代码生成。在全阶段代码生成阶段，Spark 将物理执行计划中的一系列操作合并为一个代码块，并生成相应的本地机器码。

Tungsten 使用全阶段代码生成技术，将查询计划中的一系列操作合并为一个大的代码块，并生成本地机器码。这样可以避免函数调用的开销，将计算逻辑紧密集成在一起。

全阶段代码生成还允许执行诸如常量传播、循环展开等优化，进一步减少函数调用和控制流的开销。

此外，Tungsten 还提供了基于表达式的计算引擎，即使用代码生成来生成计算表达式的字节码，而不是使用通用的函数调用。这种基于表达式的计算引擎在执行计算时能够更高效地处理数据，减少了函数调用的开销。

1.14.6　Spark 阶段划分和任务划分

1．阶段划分

Spark 的执行过程通常划分为多个阶段（Stage），每个阶段代表一组并行计算的任务。阶段划分是根据 Spark 的转换操作（如 Map、Filter 和 Join 等）来划分的，转换操作之间存在依赖关系，需要在不同的阶段进行划分以实现并行计算。

阶段划分的基本原则是尽可能将具有相同依赖关系的任务划分到同一个阶段中。Spark 使用 DAG（有向无环图）来表示计算任务之间的依赖关系，并根据 DAG 的拓扑排序来划分阶段。每个阶段包含一组可以并行执行的任务，每个任务处理一部分数据。

2．任务划分

在每个阶段内部，Spark 根据数据的分区方式（如数据的分片、数据的键等）和可用计算资源（如集群的节点数、核数等），将数据划分为多个分区，并为每个分区创建一个任务（Task），每个任务处理一个或多个数据分区。任务划分是为了将数据并行处理，让每个任务在不同的计算节点上执行。

任务的划分可以是静态的，即在作业启动时预先划分好；也可以是动态的，即根据计算节点的可用性和负载情况进行动态划分。

现在有一个 Spark 作业，包含以下操作：

```
1    // 从文件中读取数据，生成一个 RDD
2    val inputRDD = sparkContext.textFile("input.txt")
3
4    // 过滤包含特定关键字的行，生成一个新的 RDD
5    val filteredRDD = inputRDD.filter(line => line.contains("keyword"))
```

```
6
7    // 将每行文本按空格拆分成单词，并映射为(Key, Value)的形式，生成一个新的 RDD
8    val wordCountRDD = filteredRDD.flatMap(line => line.split("")).map(word
     => (word, 1))
9
10   // 根据单词进行分组并对每组的值进行累加，生成一个新的 RDD
11   val finalRDD = wordCountRDD.reduceByKey(_ + _)
```

1）阶段划分（Stage Partitioning）

根据依赖关系，可以将 Spark 作业划分为两个阶段：

❑ 第一个阶段包括 textFile 和 filter 操作，它们之间存在依赖关系，需要按顺序执行。

❑ 第二个阶段包括 flatMap、map 和 reduceByKey 操作，它们可以并行执行。

2）任务划分（Task Partitioning）

❑ 第一个阶段（textFile 和 filter）的任务划分：由于 textFile 操作将输入文件划分为多个分片，每个分片对应一个任务，而 filter 操作在每个分片上都进行，因此每个分片都有一个任务。

❑ 第二个阶段（flatMap、map 和 reduceByKey）的任务划分：flatMap 和 map 操作在每个分片上都进行，因此每个分片都有一个任务。而 reduceByKey 操作会合并相同键的数据，因此可以根据数据的键进行划分，每个任务处理一个或多个键的数据。

假设输入文件被划分为 4 个分片，那么总共会有 7 个任务，其中：

❑ 阶段 1：4 个任务（每个分片一个任务）；

❑ 阶段 2：3 个任务（根据数据的键划分）。

这样的任务划分可以实现数据的并行处理，每个任务处理不同的数据分片或键，以提高作业的执行效率。同时，任务的划分也可以根据集群的计算资源情况进行动态调整，以实现负载均衡。

1.14.7　Spark 执行计划的优化和调试

使用执行计划调试有助于分析和解决 Spark 作业的性能问题。下面是执行计划调试的步骤：

❑ 查看执行计划：首先获取作业的执行计划，可以通过 Spark 的 Web 界面、命令行工具或编程接口来获取。执行计划将显示作业的各个阶段和任务，以及操作的顺序和依赖关系。

❑ 理解执行计划：仔细阅读执行计划，了解作业的数据流和转换操作。注意每个操作的输入和输出，以及操作之间的依赖关系，这有利于理解作业的整体结构和数据流动方式。

❑ 定位性能瓶颈：根据执行计划，确定作业的性能瓶颈所在的节点或操作步骤。查找计算开销较大的操作、数据倾斜的情况和数据传输开销较大的操作等。

❑ 分析数据倾斜：如果存在数据倾斜问题，可以在执行计划中查找倾斜的阶段或操作。查看倾斜数据的分布情况、倾斜键的统计信息等。尝试使用数据重分区、添加随机前缀、使用聚合操作等方式来解决数据倾斜问题。

❑ 调整分区策略：检查执行计划中的分区情况，查看每个操作的分区数和分区方式。

根据数据大小和可用资源进行权衡，调整分区策略，避免过多的分区或不均匀的分区导致性能下降。

❏ 检查数据本地化：查看执行计划中的数据本地化情况，确保计算任务和数据尽可能在同一节点上运行，减少数据传输开销。可以使用 Spark 的本地化机制来提高性能。

❏ 查看操作的物理执行计划：对于每个操作，查看其物理执行计划，了解具体的计算和传输过程。注意操作的输入和输出，以及执行计划中的优化规则和策略。

❏ 使用调试工具和技术：Spark 提供了一些调试工具和技术，如事件日志、任务监视器、内存和 CPU 使用情况等。利用这些工具和技术来收集和分析作业的性能数据，定位问题所在。

❏ 实验和比较不同的优化策略：根据执行计划的分析结果，尝试实施不同的优化策略，并比较它们的性能效果。可以尝试调整分区数和内存分配比例、使用广播变量、更改算子等。

1.14.8　Spark 执行计划的可视化

1. 什么是执行计划可视化

执行计划可视化是指将 Spark 执行计划以图形化的方式展示出来，以便更直观地理解和分析执行计划中的各个阶段、任务和数据流动等关键信息。通过可视化执行计划，可以帮助开发人员和优化专家更好地理解 Spark 作业的执行过程，识别潜在的性能瓶颈和优化机会，并进行更精确的优化和优化操作。可视化执行计划通常使用图表、图形和节点连接等方式，展示作业的逻辑结构、数据流动路径和节点之间的依赖关系等。这样，用户可以更直观地了解 Spark 作业的执行流程和数据处理过程。

2. DAG可视化工具

DAG 可视化工具是指用于可视化展示 Spark 作业的有向无环图（DAG）的工具。这些工具能够将 Spark 作业的执行计划以图形化的方式呈现，帮助用户更清晰地理解作业的结构、依赖关系和数据流动情况。

Spark 自带的 DAG 可视化工具有 Spark UI，它提供了一个交互式的可视化界面，用于展示 Spark 作业的执行情况、任务进度和数据倾斜情况等。在 Spark UI 中可以查看作业的 DAG 图，了解作业的任务依赖关系和数据流动情况。

Apache Airflow 是一个开源的工作流调度和监控平台，支持多种数据处理工具，包括 Spark。Airflow 提供了可视化的界面，用于创建、调度和监控 Spark 作业，并显示作业的执行计划和任务依赖关系。

3. 可视化库和框架

可视化库和框架是用于创建、呈现和展示数据可视化的工具集合。它提供了各种组件，可以图表、图形和图像等形式将数据转化为可视化形式，使用户能够更直观地理解数据。

可视化库通常是针对特定编程语言或环境开发的软件包，它提供了 API 和函数，使用户能够使用编程语言来创建各种类型的图表和图形。常见的可视化库包括 Matplotlib 和 Seaborn（Python）、Ggplot（R 语言）、Plotly（Python 和 JavaScript）等。

可视化库和框架使用户能够以直观和易于理解的方式呈现数据，帮助用户发现数据中的模式、趋势和关系，支持数据驱动的决策和分析。它们提供了丰富的图表类型、样式配置和交互性控制等功能，使用户能够根据需求创建定制化的可视化形式，并在不同的平台和设备上展示和共享可视化结果。例如，Matplotlib 是一个流行的 Python 绘图库，用于创建静态、动态和交互式图表，支持各种图表类型和自定义配置。

1.14.9　Shuffle 性能瓶颈识别案例

1．识别Shuffle性能瓶颈的指标

在执行计划中，可以关注以下指标来识别 Shuffle 性能瓶颈。

❑ Shuffle 操作的触发：查看哪些操作触发了 Shuffle，如 Exchange 或 SortMergeJoin。

❑ Shuffle 操作的数据分区数：分析 Shuffle 操作的数据分区数，确保它们的合理性，避免数据倾斜。

❑ Shuffle 操作的数据大小：了解 Shuffle 操作涉及的数据大小，特别是中间结果的大小。如果数据过大，那么可能需要调整资源配置或改进算法。

❑ Shuffle 操作的执行时间：通过执行计划中的估计时间或实际执行时间，评估 Shuffle 操作的性能状况。如果 Shuffle 操作的执行时间过长，那么可能需要考虑优化策略，如调整分区数、增加资源等。

2．简单示例

以下代码展示了如何使用 Spark 任务执行计划来识别 Shuffle 性能瓶颈。

```
1   import org.apache.spark.sql.SparkSession
2
3   val spark = SparkSession.builder()
4     .appName("Shuffle Performance Analysis")
5     .master("local[*]")
6     .getOrCreate()
7
8   import spark.implicits._
9
10  // 读取数据
11  val inputRDD = spark.sparkContext.textFile("input.txt")
12  val dataDF = inputRDD.toDF("line")
13
14  // 过滤数据
15  val filteredDF = dataDF.filter($"line".contains("keyword"))
16
17  // 切分单词并计数
18  val wordCountDF = filteredDF
19    .flatMap(row => row.getString(0).split(""))
20    .map(word => (word, 1))
21    .groupBy("_1")
22    .sum("_2")
```

```
23      .toDF("word", "count")
24
25   // 展示结果
26   wordCountDF.show()
```

在这个示例中，假设 input.txt 是一个包含文本行的文件，从中过滤出包含特定关键字的行，并对单词进行计数。以下是执行这个任务的步骤与方法：

```
1   == Physical Plan ==
2   * HashAggregate(keys=[word#8], functions=[sum(cast(count#9 as bigint))])
3   +- Exchange hashpartitioning(word#8, 200)
4      +- * HashAggregate(keys=[word#8], functions=[partial_sum(cast(1 as
        bigint))])
5         +- * Project [_1#6 AS word#8, _2#7 AS count#9]
6            +- * Filter isnotnull(_1#6)
7               +- * LocalTableScan [_1#6, _2#7]
```

根据上述执行计划，可以进行以下分析，定位 Shuffle 的性能瓶颈。

❑ 查看执行计划中的 Shuffle 操作：在这个示例中，可以看到一个 Exchange 操作，它使用 hashpartitioning 进行数据重分区，这是一个涉及 Shuffle 的操作。

❑ 分析数据分区数：观察 Exchange 操作中的 hashpartitioning 参数，可以确定数据分区数，这对 Shuffle 的性能影响很大。根据实际数据大小和集群配置，调整分区数可以改善 Spark 查询的执行性能。

❑ 数据倾斜分析：在这个示例中没有明显的数据倾斜情况。如果数据倾斜存在，可以观察执行计划中的数据分布情况，尝试调整数据分区策略或使用一些技术手段来处理数据倾斜。

❑ 执行时间评估：根据实际执行计划中的执行时间，可以评估 Shuffle 操作的性能状况。如果发现 Shuffle 操作的执行时间过长，可能需要优化 Shuffle 操作的参数、调整资源配置或采取其他优化策略。

1.15 Spark 任务性能瓶颈的定位

性能瓶颈是指在计算系统中存在的制约其性能的最薄弱环节或者限制条件，其导致计算系统无法更快地执行任务或者更高效地使用资源。在 Spark 任务中，性能瓶颈的产生可能与数据倾斜、资源不足、任务调度等多种因素有关。因此，通过定位性能瓶颈，可以针对性地优化 Spark 任务的性能，提高计算系统的整体效率。

常见的性能瓶颈包括但不限于以下几种：

❑ 数据倾斜：在 Spark 任务中，某些 key 值出现的次数远远超过其他 key 值，导致 Spark 任务在处理该 key 值时出现任务执行时间不均衡或者内存不足的情况。

❑ 磁盘 I/O：在任务执行过程中，磁盘 I/O 的速度过慢，导致任务执行时间增加。

❑ 网络 I/O：在任务执行过程中，网络 I/O 的速度过慢，导致任务执行时间增加。

❑ 资源不足：在任务执行过程中，计算节点的 CPU、内存等资源不足，导致任务执行时间增加。

❑ 任务调度：在任务执行过程中，Spark 任务的调度策略不合理，导致任务执行时间增加。

对于以上性能瓶颈，可以通过不同的优化方式进行解决，如数据重分区、使用高效的数据存储格式和增加节点资源等。

1.15.1　性能瓶颈的定义和识别性能瓶颈的意义

1. 性能瓶颈的定义

性能瓶颈是指在系统或应用程序中存在的限制因素，导致系统无法以期望的速度或效率执行任务。性能瓶颈可能是各种因素导致的，包括硬件限制、资源限制、设计缺陷和算法复杂度等。

在计算领域中，性能瓶颈通常指的是限制计算资源的因素，如处理器速度、内存大小和磁盘带宽等。这些瓶颈会导致系统无法处理更多的数据或执行更复杂的任务。

在软件开发中，性能瓶颈可能涉及算法的选择、数据结构的设计和代码的执行效率等方面。某些代码片段可能会消耗大量的计算资源或时间，从而成为整个系统性能的瓶颈。

准确定义和识别性能瓶颈对于优化系统性能至关重要。找到并解决性能瓶颈，可以改善系统的响应时间、吞吐量和资源利用率，提升系统的整体性能。

在 Spark 中，性能瓶颈通常是导致 Spark 应用程序运行缓慢或资源使用不充分的因素。这些因素可能涉及多个方面，如代码实现、数据访问、内存使用、网络延迟、磁盘 I/O 等。通常，识别并解决性能瓶颈是优化 Spark 应用程序性能的关键步骤之一。

2. 性能瓶颈识别简介

性能瓶颈的识别是通过分析系统运行过程中的关键指标和监控数据，确定系统的性能瓶颈所在。这包括对作业执行时间、资源利用率、数据传输速度等进行监测和分析，以发现系统运行过程中的瓶颈点。通过识别性能瓶颈，可以对系统有针对性地进行优化和改进，提升系统的整体性能和效率。识别性能瓶颈是优化和优化的基础，可以帮助用户定位和解决系统中的瓶颈问题，提高作业的执行效率和响应速度。关于识别的详细内容会在后面的章节进行逐步介绍。

3. 识别性能瓶颈的意义

识别性能瓶颈的意义在于帮助用户理解系统的弱点和瓶颈，从而针对性地进行优化和改进。识别性能瓶颈的意义有以下几点：

❑ 改善用户体验：性能瓶颈直接影响系统的响应时间和吞吐量。通过识别性能瓶颈，可以定位并解决导致系统响应变慢或处理能力下降的问题，从而提高用户体验和满意度。

❑ 资源优化：性能瓶颈通常与资源利用不均衡或资源浪费密切相关。通过识别性能瓶颈，可以了解系统资源的利用情况，避免过度使用某些资源而浪费其他资源。这有助于优化资源分配，提高系统的整体效率。

❑ 规划容量和扩展性：通过识别性能瓶颈，可以了解系统当前的处理能力和容量限制。这有助于规划系统的容量和扩展性，确保系统能够满足未来的需求，并根据需要进行相应的扩展和优化。

❑ 提高系统稳定性和可靠性：性能瓶颈可能会导致系统崩溃、故障或不可用。通过识别性能瓶颈并采取相应措施，可以提高系统的稳定性和可靠性，降低故障的风险，确保系统能够稳定运行。

❑ 降低成本：性能瓶颈可能会导致系统资源浪费或低效使用，从而增加运行成本。通过识别性能瓶颈并进行优化，可以降低资源消耗，提高资源利用率，降低系统的运行成本。

总之，识别性能瓶颈是优化系统性能、提高用户体验、优化资源利用和降低成本的关键步骤。它可以帮助用户了解系统的运行情况，并采取适当的措施来改进系统的性能和效率。

在 Spark 中，识别性能瓶颈的重要性体现在优化作业执行效率、提高资源利用、避免数据倾斜和性能不平衡、优化系统参数和配置，以及规划集群扩展和容量规划等方面。通过识别瓶颈，用户可以针对性地优化和改进系统，提升系统的性能和效率。

1.15.2　数据倾斜引发的性能问题

1．数据倾斜的定义

数据倾斜是指在数据处理过程中，数据分布不均匀或不平衡的情况。具体而言，当数据集中的某些数据量远大于其他数据，或者某些数据分布不均匀地集中在某几个分区或节点上时，就会出现数据倾斜的情况。数据倾斜可能会导致作业的执行时间延长、资源利用不均衡，甚至引发任务失败或系统崩溃等问题。因此，解决数据倾斜问题对于保证作业的稳定性和性能至关重要。

2．数据倾斜对性能的影响

数据倾斜对性能的影响主要体现在以下几个方面：

❑ 不均衡的任务执行时间：在数据倾斜的情况下，部分任务需要处理大量数据，而其他任务则相对较少。这导致一部分任务的执行时间明显延长，而其他任务则很快完成，这种不均衡的任务执行时间会导致整体作业的执行时间延长。

❑ 资源利用不平衡：数据倾斜会导致部分节点或分区负载过重，而其他节点或分区则负载较轻。负载过重的节点或分区可能会消耗更多的资源，如 CPU、内存和网络带宽，而其他节点或分区的资源则被闲置。这样就造成了资源利用的不平衡，降低了整体的资源利用效率。

❑ 任务失败或系统崩溃：当数据倾斜严重时，负载过重的节点可能无法处理大量数据，导致任务失败或系统崩溃。在这种情况下，作业的执行会受到严重影响，可能需要重新启动作业或进行其他故障恢复操作。

3．数据倾斜的原因

数据倾斜的原因有多种，以下是一些常见的原因。

❑ 数据分布不均衡：数据集中的某些键具有明显更高的出现频率，导致这些键所对应的数据量远远超过其他键。例如，在某个键值对集合中，某个键的出现次数远远多于其他键，导致数据倾斜。

❑ 数据倾斜的关联：在进行关联操作时，如果参与关联的两个数据集中某些键的分布不均衡，即一个键对应的记录数远多于其他键，就会导致数据倾斜。这种关联操作可能是 Join 操作和 Group By 操作等。

❑ 数据倾斜的处理逻辑：出现数据倾斜问题也可能是由于处理逻辑导致的。例如，某些处理逻辑可能会导致特定数据倾斜的现象出现（使用特定的函数或操作符处理数据时可能引发数据倾斜）。

❑ 数据不均匀的采样：在进行采样操作时，如果采样方法不合适或采样规模不恰当，就可能导致采样后的数据集中某些部分的数据量远远大于其他部分，从而引发数据倾斜。

❑ 数据倾斜的数据源：出现数据倾斜问题也可能是由于数据源本身存在数据分布不均匀的情况。例如在一些数据源中，特定数据部分具有更高的频率或更大的数量。

需要注意的是，数据倾斜的原因是多样的，可以是数据分布、处理逻辑、采样方法等多个因素的综合结果。因此，在解决数据倾斜问题时，需要综合考虑这些因素，并针对具体情况采取相应的优化措施。

4．如何识别数据倾斜问题

可以通过以下方法识别数据倾斜问题：

1）观察任务运行时间

❑ 划分任务：首先将 Spark 作业划分为多个任务，任务可以是并行执行的最小单元，可以是 Stage 中的一个或多个任务。每个任务负责处理数据的一个子集或一个分区。

❑ 记录任务运行时间：在作业运行期间记录每个任务的运行时间。可以使用 Spark 监控工具、日志记录工具或自定义的性能监控机制来获取任务的开始时间和结束时间。

❑ 比较任务运行时间：对比各个任务的运行时间。观察是否有个别任务的运行时间明显长于其他任务。通常情况下，任务的运行时间应该相对均匀，除非存在数据倾斜问题。

❑ 寻找异常任务：根据任务的运行时间进行排序，寻找运行时间较长的任务。可以通过设置一个阈值，如平均运行时间的两倍来标识运行时间异常的任务。

❑ 定位数据倾斜源：对于运行时间异常的任务，进一步分析其处理的数据集，查看任务涉及的键值对、数据分布情况和数据倾斜的程度等。这可以通过检查任务的输入数据、输出结果、任务日志或使用诊断工具进行分析。

2）监控任务资源使用情况

❑ 监控任务的资源使用情况：在 Spark 作业运行期间，可以监控每个任务使用的资源，如 CPU 使用率、内存使用量和磁盘 I/O 等。可以使用 Spark 监控工具、集群管理工具或自定义的资源监控机制来获取任务的资源使用情况。

❑ 对比任务的资源使用情况：比较各个任务的资源使用情况，观察是否有个别任务使用的资源明显高于其他任务。通常情况下，任务应该相对均匀地使用资源，除非存在数据倾斜问题。

❑ 寻找资源异常的任务：根据任务的资源使用情况进行排序，寻找资源使用异常的任务。可以根据 CPU 使用率、内存使用量等指标来判断任务的资源异常情况。

❑ 定位数据倾斜源：对于资源异常的任务，进一步分析其处理的数据集和数据倾斜情况。检查任务的输入数据、输出结果、任务日志或使用诊断工具来确定数据倾斜的源头。

3）查看任务日志

❑ 定位任务 ID：首先需要获取任务的 ID。任务 ID 可以在 Spark 作业提交时获得，也可以通过 Spark 监控工具或集群管理工具获取。

❑ 访问日志目录：使用集群管理工具或登录到 Spark 集群的主节点上，找到保存任务日志的目录。通常情况下，任务日志会存储在集群的特定目录中，具体位置取决于集群的配置。

❑ 查找任务日志文件：在日志目录中查找与任务 ID 相关的日志文件。任务日志文件通常以任务 ID 作为名称，并具有特定的后缀，如.log 或.out。

❑ 打开日志文件：使用文本编辑器或日志查看工具打开任务日志文件。可以根据需要查看整个日志文件或特定部分的日志信息。

❑ 分析日志信息：在任务日志中可以找到有关任务的详细信息、任务执行过程中的事件和错误消息。通过分析日志信息，可以识别任务的执行情况、系统性能瓶颈、任务异常情况或数据倾斜问题。

4）分析数据分布情况

❑ 数据采样：从数据集中抽取一小部分数据进行采样。采样可以是随机的，也可以根据特定的采样策略选择数据。

❑ 数据统计：对采样的数据进行统计分析，了解数据的基本特征。可以计算数据的平均值、标准差、最大值和最小值等指标，或者绘制数据的直方图和箱线图等可视化图表。

❑ 数据分布检查：通过检查数据的频率分布图和密度估计图等，观察数据的分布情况，判断数据是否均匀分布或是否存在倾斜现象。

5）使用可视化工具

使用可视化工具绘制数据分布的图表，以便更直观地观察数据的分布情况。例如，绘制柱状图或饼图，显示键的分布情况，以便发现数据倾斜问题。

6）运行诊断工具

使用 Spark 提供的诊断工具，如 Spark-DataSkewDetector 等，可以自动检测和识别数据倾斜问题。这些工具会分析任务的执行过程和数据分布情况，给出数据倾斜的警告或建议。

1.15.3 数据本地性问题

1. 数据本地性的定义

数据本地性是指在分布式计算环境中，数据存储位置与计算节点的物理位置相近或在同一节点上的情况。数据本地性可以分为以下几个级别：

- ❑ 数据本地性最佳（Data Locality: HIGHEST）：计算节点上存在数据的完整副本，计算任务可以直接在该节点上执行，无须进行数据传输。
- ❑ 数据本地性较佳（Data Locality: LOCAL）：计算节点上存在数据的部分副本，计算任务可以在该节点上执行，但需要进行少量的数据传输。
- ❑ 数据本地性一般（Data Locality: RACK_LOCAL）：计算节点和数据存储节点在同一机架上，但数据副本不在同一节点上。计算任务可以在该机架上执行，但需要进行较多的数据传输。
- ❑ 数据本地性较差（Data Locality: NODE_LOCAL）：计算节点和数据存储节点不在同一机架上，但在同一集群中。计算任务可以在该集群中的任意节点上执行，但需要进行大量的数据传输。
- ❑ 数据本地性最差（Data Locality: ANY）：计算节点和数据存储节点在不同的集群中，或者无法确定数据存储位置。计算任务可以在任意节点上执行，但需要进行大量的数据传输。

📓说明：机架（Rack）通常是指一种用于存放和管理服务器和网络设备的架子。在一个数据中心里，服务器和其他硬件设备通常是放在一个个机架上，每个机架里有多个服务器。这些服务器通常称为机架服务器（Rack Servers）。

数据本地性的级别决定了计算任务执行时需要进行的数据传输量。数据本地性越高，需要传输的数据量越少，计算效率就越高。因此，通过合理规划数据存储和计算节点的位置，以及调整作业的调度策略，可以提高数据本地性，减少数据传输的开销，从而提高作业的性能和效率。

2. 数据本地性对性能的影响

当数据和计算节点不在同一地点时，即计算节点和数据存储节点不在同一个节点或机架上，则会对性能产生一定的影响，主要体现在以下方面：

- ❑ 数据传输开销：当计算节点需要访问远程节点上的数据时，需要通过网络进行数据传输。这会引入网络延迟和带宽消耗，增加作业执行的时间和资源消耗。
- ❑ 网络拥塞：大量的数据传输可能会导致网络拥塞，降低整个集群的网络性能。当多个任务同时请求远程数据时，可能会导致网络瓶颈，影响作业的并发执行能力。
- ❑ 资源竞争：在数据没有本地性的情况下，计算节点需要同时处理计算任务和数据传输，这可能会引发资源竞争。例如，计算节点的 CPU、内存和磁盘等资源同时用于计算和数据传输，从而导致资源利用率下降。
- ❑ 不均衡的负载：数据没有本地性时，计算节点可能会频繁地访问远程节点上的数据，而其他节点上的数据却较少被访问。这会导致计算节点的负载不均衡，一些节点可能会承担更多的计算和数据传输任务，而其他节点相对空闲。

综上所述，数据和计算节点不在同一地点会增加数据传输开销、引入网络拥塞、导致资源竞争和不均衡的负载，进而影响作业的执行效率和性能。因此，优化数据本地性，减少数据传输的需求，是提高作业性能的重要措施之一。

3. 数据无法实现本地性处理的原因

数据不能本地性的原因主要包括以下几点：

❑ 数据分布不均匀：当数据在集群中的存储位置分布不均匀时，计算节点无法直接访问所需的数据，导致数据无法实现本地性处理。出现这个问题，可能是由于数据采集、数据导入或数据处理过程中的数据不均衡导致的。

❑ 数据倾斜：指数据分布不均匀，其中部分数据的数量远远超过其他数据。当存在数据倾斜情况时，计算节点需要访问倾斜数据的存储节点而不是本地节点，导致数据无法实现本地性处理。

❑ 数据移动：在集群运行过程中，可能会发生数据重分区、数据缓存失效、数据合并等操作，导致数据在节点之间进行移动。当计算节点需要访问已经移动的数据时，数据可能不在本地节点上，从而导致数据无法实现本地性处理。

❑ 集群资源调度：在共享资源的分布式集群中，资源调度器可能会将计算任务分配到与数据存储节点不同的节点上。这是为了更好地利用集群资源或满足其他调度策略的需要，但也会导致数据无法实现本地性处理。

了解以上原因有助于识别和解决数据不能本地性的问题，从而提高作业的执行效率和性能。

4. 如何识别数据本地性问题

要识别数据本地性问题，可以采取以下方法：

❑ 查看任务的日志和监控信息：观察任务执行过程中的日志和监控信息，特别是与数据本地性相关的信息。例如，查看任务的数据本地性级别，即任务在执行过程中能够直接访问的本地数据的比例。如果数据本地性级别较低，可能存在数据本地性问题。

❑ 检查任务的执行时间和资源使用情况：观察任务的执行时间和资源使用情况。如果任务的执行时间较长，同时，资源利用率较低，可能是由于数据本地性不佳导致的。在任务执行期间，监控计算节点的 CPU 使用率、内存使用率和网络流量等指标，如果某些节点的资源利用率较低，可能意味着数据无法进行本地访问。

❑ 分析数据分布情况：通过统计和分析数据的分布情况，了解数据在集群中的存储位置和分布情况。可以使用工具或代码来获取数据的分布统计信息，如数据块位置、数据倾斜程度等。如果发现数据分布不均匀或存在数据倾斜，可能会影响数据的本地性。

1.15.4 网络瓶颈问题

1. 网络瓶颈的定义

网络瓶颈指的是在计算集群中，由于网络带宽、延迟或拥塞等问题而导致数据传输速度受限，从而影响作业的性能。网络瓶颈可能发生在节点之间的数据传输、分布式文件系统的读写操作、不同计算节点之间的数据交换等场景中。当网络瓶颈发生时，作业的执行时间会延长，数据传输效率降低，进而影响系统的整体计算速度和性能。

2. 网络瓶颈对性能的影响

网络瓶颈对性能的影响主要体现在以下几个方面。

❏ 数据传输速度变慢：当网络带宽受限或网络延迟较高时，数据传输的速度会受到限制，导致作业的执行时间延长。数据的读取、写入和传输等操作都需要经过网络，如果存在网络瓶颈，则这些操作的完成时间会延长，进而影响作业的整体性能。

❏ 作业调度延迟：在分布式计算中，作业调度器需要将任务分配给不同的计算节点来执行。如果网络瓶颈导致调度信息传输速度变慢，那么会增加作业调度的延迟，影响作业的启动时间和任务的执行顺序，进而影响整体的计算性能。

❏ 数据丢失和重传：在网络瓶颈严重的情况下，可能会出现数据包丢失或损坏的情况，需要进行数据重传，从而增加数据传输的时间和开销。这种情况下，作业的执行时间会受到更大的影响。

❏ 并发度受限：网络瓶颈可能导致计算节点之间的通信受阻，从而限制作业的并发度。作业需要等待网络传输完成后才能进行下一步操作，这样会增加计算资源的闲置，降低系统执行效率。

综上所述，网络瓶颈对作业的性能会产生负面影响，延长了作业的执行时间、降低了并发度，并可能导致数据丢失和重传。因此，识别并解决网络瓶颈问题是优化作业性能的重要一步。

3. 网络瓶颈的原因

网络瓶颈可能由多种原因引起，其中一些常见的原因包括：

❏ 带宽限制。网络带宽是指在单位时间内传输数据的能力。当网络带宽受限时，数据的传输速度会变慢，从而导致网络出现瓶颈。带宽限制可能是由网络设备、网络连接或网络服务提供商限制造成的。

❏ 网络拓扑设计不合理。网络拓扑设计不合理可能会导致数据传输路径较长或者存在瓶颈节点，从而影响数据的传输速度和效率。例如，数据需要经过多个网络设备或跨越多个子网才能到达目标节点，这会增加传输延迟，降低带宽利用率。

❏ 高网络延迟。网络延迟是指数据从发送端到接收端所需的时间。高网络延迟会增加数据传输的等待时间，导致任务执行时间延长。网络延迟可能由多个因素引起，包括物理距离、网络拥塞和网络设备负载等。

❏ 网络设备故障。网络设备故障可能会导致数据传输中断、丢失或重传，从而影响数据的传输速度和可靠性。例如，路由器、交换机或网关等网络设备的故障会导致数据包丢失或传输失败。

❏ 网络安全策略限制：某些网络安全策略可能会对数据传输进行限制，例如防火墙规则、数据加密和身份验证等。这些安全策略可能增加数据传输的复杂性和延迟，导致网络瓶颈。

综上所述，网络瓶颈的原因可能包括带宽限制、网络拓扑设计不合理、高网络延迟、网络设备故障和网络安全策略限制等。识别网络瓶颈的原因对于解决性能问题和优化网络传输非常重要。

4．如何识别网络瓶颈问题

要识别网络瓶颈问题，可以采取以下方法：

1）监控网络带宽利用率

用户可以选择专业的网络监控工具，例如 Zabbix、Nagios、PRTG 等，这些工具可以提供实时的网络带宽利用率监测。它们可以通过监控网络设备或服务器的流量数据来计算带宽利用率，并生成相应的报表和图表。

也可以利用现代操作系统通常都提供系统资源监控工具，例如 Windows 的任务管理器、Linux 的 top 命令等。这些工具可以显示系统当前的网络带宽利用率，以及每个进程或应用程序的网络流量信息。

2）测量网络延迟

ping 命令是一个常用的网络工具，可用于测量主机之间的往返时间（Round Trip Time，RTT）。在命令行中执行 ping 命令，并指定目标主机的 IP 地址或域名，系统会发送 ICMP 回显请求并等待回复，然后显示往返时间和丢包情况。

3）监视任务执行时间

Spark 提供了一些内置的监控工具，可以用于监视任务的执行时间。其中包括 Spark Web UI 和 Spark History Server。通过这些工具，可以查看任务的开始时间、结束时间和执行持续时间，以及其他相关的统计信息。

4）分析任务日志和错误消息

Spark 提供了一些内置的监控工具，可以帮助用户分析任务的执行日志和错误消息。其中包括 Spark Web UI 和 Spark History Server。通过这些工具，可以查看任务的日志和错误消息，并进行相应的分析和排查。

通过以上方法，可以识别潜在的网络瓶颈问题，确定网络性能瓶颈的原因，并采取相应的优化措施来改善网络传输性能。

1.15.5 内存管理问题

1．内存管理的定义

内存管理是指在计算机系统中有效管理和分配内存资源的过程。它涉及操作系统或应用程序运行时环境对内存的分配、回收和优化，目的是确保系统的稳定性，提高性能和资源利用效率。

在 Spark 中，内存管理是指对 Spark 应用程序运行过程中所使用的内存资源进行有效管理和优化的过程。Spark 使用内存来存储数据、执行计算和进行中间结果的缓存，因此合理的内存管理对于 Spark 应用程序的性能至关重要。

2．内存管理对性能的影响

内存管理对性能有重要的影响。有效的内存管理可以提升 Spark 应用程序的性能和吞吐量，而不恰当的内存管理则会导致性能下降或者内存溢出等。

内存管理对性能的影响表现在以下几方面：

- ❑ 内存分配效率：合理的内存管理可以减少内存碎片和内存分配的开销，提高内存分配的效率。有效地利用内存空间，减少频繁的内存分配操作，可以减少不必要的开销，提高任务的执行效率。
- ❑ 数据存取速度：内存中的数据访问速度比磁盘或网络访问速度快得多。通过将数据存储在内存中，可以减少磁盘读取或网络传输的开销，从而加快数据的处理速度和响应时间。
- ❑ 垃圾回收开销：Spark 使用 JVM 来执行任务，JVM 会自动进行垃圾回收。如果内存管理不当，可能会导致频繁地进行垃圾回收操作，增加了任务开销。合理的内存管理可以减少垃圾回收的频率，提高任务的执行效率。
- ❑ 数据缓存效果：Spark 提供了数据缓存的功能，可以将中间结果或常用数据存储在内存中，以避免重复计算或频繁的数据读取操作。良好的内存管理可以提供足够的内存空间来存储缓存数据，从而提高数据的访问速度和计算效率。

综上所述，合理的内存管理对于提高 Spark 应用程序的性能至关重要。通过优化内存分配、减少垃圾回收开销、合理使用数据缓存等方式，可以最大程度地利用内存资源，提高任务的执行效率和整体性能。

3．内存管理问题的表现

内存管理问题主要表现为内存分配不足、内存泄漏、垃圾回收开销过大、数据倾斜和数据缓存管理不当等几个方面。这些问题可能会导致任务执行失败、效率降低、内存耗尽或影响其他任务的执行。

4．如何识别内存管理问题

要识别内存管理问题，可以采取以下几个方法：

- ❑ 监控内存使用：通过监控 Spark 作业的内存使用情况，包括堆内存、堆外内存和执行内存等，可以观察内存的分配和释放情况，检测是否存在内存占用过高或内存泄漏的情况。
- ❑ 分析垃圾回收日志：垃圾回收是内存管理的重要环节，通过分析垃圾回收日志可以了解垃圾回收的频率、持续时间和开销，判断是否存在过多的垃圾回收导致性能下降。
- ❑ 检测内存溢出错误：当 Spark 作业发生内存溢出错误时，可以根据错误日志定位溢出的位置，并分析溢出的原因，如内存分配不足或数据倾斜等。
- ❑ 监视任务执行时间和资源利用率：内存管理问题可能会导致任务执行时间过长或资源利用率低下，通过监视任务的执行时间和资源利用率，可以发现是否存在内存相关的性能瓶颈。

1.15.6　垃圾回收问题

1．垃圾回收的定义

垃圾回收（Garbage Collection，简称 GC）是指自动管理程序运行时使用的内存的过程。在编程语言中，特别是在 Java 这样的面向对象语言中，程序通过动态分配内存来创建对象和数据结构。当这些对象和数据结构不再被程序使用时，垃圾回收器会自动检测并回收这些不再使用的内存，使其可以重新分配给其他需要的对象。

垃圾回收的目的是解决内存管理的问题，避免内存泄漏和内存溢出。它通过识别和释放不再被程序引用的对象，回收这些对象所占用的内存空间。垃圾回收器会自动进行内存回收，不需要程序员手动释放内存。

2．垃圾回收对性能的影响

垃圾回收对性能的影响主要体现在两个方面：内存使用效率和程序执行效率。

首先，垃圾回收会占用一定的系统资源，如 CPU 时间和内存空间。当垃圾回收器执行回收操作时，它需要扫描和标记对象，检测并回收不再使用的内存。这些操作会占用 CPU 时间，导致应用程序的执行速度变慢。此外，垃圾回收还需要额外的内存空间来存储标记信息，进行对象的移动和整理。如果垃圾回收过于频繁或占用过多的系统资源，则会导致系统的整体性能下降。

其次，垃圾回收的执行会导致程序的中断和暂停。在垃圾回收期间，应用程序的执行会暂停，等待垃圾回收器完成回收操作。这些暂停时间被称为垃圾回收的停顿时间。如果垃圾回收的停顿时间过长或发生过于频繁，则会影响程序的实时性和响应性能。特别是对于需要快速响应用户请求或处理大量数据的应用程序，长时间的停顿时间会降低用户的体验。

3．进行垃圾回收的原因

进行垃圾回收的原因主要包括垃圾回收频率过高、垃圾回收停顿时间过长、内存占用和回收效率低下，以及并发和吞吐量的限制。这些原因可能会导致程序执行速度变慢。响应时间延迟，以及内存资源的浪费和碎片化。解决垃圾回收问题需要合理配置垃圾回收器的参数、优化垃圾回收算法和策略，以及进行性能优化和内存管理的优化。

4．如何识别垃圾回收问题

要识别垃圾回收问题，可以采取以下几个步骤：

（1）监控应用程序的垃圾回收行为：通过监控工具或应用程序日志记录垃圾回收的频率、停顿时间、内存占用等指标。异常的垃圾回收行为可能是垃圾回收问题的指示。

（2）分析垃圾回收日志：详细分析垃圾回收日志，查看垃圾回收的模式、持续时间、频率及内存回收的效果。垃圾回收日志中可能会提供有关垃圾回收导致的停顿和性能影响的线索。

（3）使用垃圾回收器相关工具：使用垃圾回收器提供的诊断和分析工具，如 JVM 自带的 jstat、jmap、jconsole、VisualVM 等工具，获取更详细的垃圾回收信息和分析数据。

（4）性能测试和负载测试：通过模拟真实负载、增加并发用户数或数据量，进行性能测试和负载测试，观察垃圾回收行为在高负载情况下的表现。如果应用程序在负载期间出现明显的性能下降或停顿，很可能与垃圾回收有关。

1.15.7　Spark 长时任务性能瓶颈定位案例

1．业务场景

Spark 任务是针对一个电子商务平台的用户行为日志进行分析。该平台每天会生成大量的日志数据，记录用户的浏览、购买和评论等操作。通过对这些日志数据进行分析，可以获取用户行为模式、热门商品、用户留存率等关键指标，为业务决策提供支持。

Spark 任务负责处理大规模的用户行为日志数据。该任务会进行数据清洗、过滤、转换和聚合等操作，提取出需要的信息并计算相关指标。例如，根据用户的购买行为统计热门商品，或者根据用户的浏览行为预测用户喜好等。

2．问题表现

通过监控任务运行时间、资源利用情况和任务日志，可以发现任务的性能下降现象。

3．问题定位步骤

（1）监控任务运行时间。

记录任务的开始时间和结束时间，发现任务开始时是正常的，但随着时间推移，任务的执行时长逐渐增加，超出了预期的执行时间。

（2）监控资源利用情况。

观察任务运行期间的资源利用情况，包括 CPU 利用率、内存利用率和磁盘 I/O 等，发现任务刚开始时资源利用率表现正常，但随着时间的推移，资源利用率逐渐增加并接近极限，而 CPU 利用率相对稳定。

（3）检查任务日志和错误消息。

仔细检查任务的日志文件和错误消息，查找是否有异常情况或错误提示，发现在任务日志中没有明显的错误信息或异常情况。

（4）分析任务执行计划。

查看 Spark 任务的执行计划，了解任务的逻辑和物理执行计划，以及任务中涉及的转换和操作，发现任务涉及大量的数据转换和聚合操作，其中包括 Group By 和 Join 操作。

（5）检查数据倾斜。

观察任务执行期间数据分布的情况，查找是否存在数据倾斜现象，发现在某些关键字段上存在数据倾斜现象，即部分字段的数据分布非常不均匀。

（6）调整任务配置参数。

根据分析结果，尝试调整 Spark 任务的配置参数。针对数据倾斜问题，尝试增加 Shuffle

分区数，以提高数据的均衡性。同时，调整内存分配参数，增加堆内存的大小，以避免可能会出现的内存溢出问题。

（7）进行性能测试和负载测试。

在模拟真实负载的环境中运行任务，增加并发用户数或数据量，观察任务在高负载情况下的性能表现，发现在高负载情况下，任务的性能下降更明显，执行时间更长。

最终定位：通过以上分析，发现在 Spark 任务中出现性能下降的原因是数据倾斜。部分字段的数据分布不均匀，导致某些任务或分区所处理的数据量过大，执行时间明显延长。

第 2 章　Spark 应用程序性能优化

Spark 应用程序性能优化是指通过对 Spark 应用程序的代码和数据等方面的优化，提高 Spark 应用程序的运行效率，减少资源消耗，以实现更高的性能和可扩展性。

2.1　程序设计优化

程序设计优化是指对软件程序进行结构、算法和代码的优化，以提高程序的执行效率、性能和可维护性。通过合理的程序设计和优化技巧，可以减少资源消耗，缩短任务执行时间，提升系统的响应速度和用户体验。程序设计优化包括但不限于选择合适的数据结构和算法、优化代码逻辑和流程、并行化和异步化处理、减少资源浪费和冗余操作等。优化的程序可以提升软件系统的性能、可扩展性和可维护性，提高用户满意度和企业竞争力。

2.1.1　数据模型策略优化

1. 数据模型策略的定义

Spark 数据模型策略是指在 Spark 应用程序中选择合适的数据模型和数据结构来组织和处理数据的一系列决策和策略。它涉及如何表示和操作数据，以最大程度地提高系统性能，降低资源消耗并满足应用程序的需求。

2. 常见的数据模型策略

Spark 中常见的编程模型策略包括 RDD（Resilient Distributed Datasets）编程模型、DataFrame 和 SQL 编程模型、Dataset 编程模型及 Streaming 编程模型。RDD 编程模型提供了一种基于转换和操作的数据处理方式，适用于通用的批处理和交互式查询场景。DataFrame 和 SQL 编程模型提供了类似于关系型数据库的查询和操作接口，适用于结构化数据处理和数据分析场景。Dataset 编程模型融合了 RDD 和 DataFrame 的优点，提供了类型安全和更高级的 API。Streaming 编程模型用于实时数据处理和流式分析场景。根据具体需求和技术栈，选择合适的编程模型可以更高效地开发 Spark 应用程序。

3. 如何进行数据模型策略优化

下面简单介绍一下几种编程模型的特点：

❑ RDD 编程模型：是 Spark 的核心数据结构，它提供了一种不可变、分布式的数据集抽象。通过使用 RDD 编程模型，可以实现基于转换和操作的数据处理，如映射、过滤、聚合等。RDD 编程模型适用于通用的批处理和交互式查询场景。

❑ DataFrame 和 SQL 编程模型：DataFrame 和 SQL 是基于 RDD 的高级抽象，提供了类似于关系型数据库的查询和操作接口。通过使用 DataFrame 和 SQL 编程模型，可以使用 SQL 语法进行数据查询和转换，而无须显式编写 RDD 转换操作。DataFrame 和 SQL 编程模型适用于结构化数据处理和数据分析场景。

❑ Dataset 编程模型：Dataset 是 Spark 1.6 版本引入的新型抽象，它融合了 RDD 和 DataFrame 的优点，提供了类型安全和更高级的 API。通过使用 Dataset 编程模型，可以获得更好的性能和编译时类型检查。Dataset 编程模型适用于需要结合强类型和关系型查询的应用场景。

❑ Streaming 编程模型：是 Spark 提供的流式处理模块，可以实时处理和分析数据流。通过使用 Streaming 编程模型，可以将实时数据流分成小批次进行处理，并使用类似于 RDD 的转换和操作来处理数据。Streaming 编程模型适用于实时数据处理和流式分析场景。

可以看出，每种编程模型都有自己的优势和使用场景，至于选择哪一个编程模型，可以根据业务需要来决定。在满足业务需求的情况下，一般建议使用 DataFrame 和 SQL 编程模型。在性能方面，DataFrame 和 SQL 编程模型通过优化查询计划和使用 Catalyst 优化器提供了较高的性能。RDD 编程模型可以提供更细粒度的控制和更低层级的操作，适用于对性能要求较高的场景。在扩展性和生态系统支持方面，DataFrame 和 SQL 编程模型具有丰富的生态系统支持，包括各种内置函数、优化器和连接器。

2.1.2　缓存策略优化

1. 缓存策略的定义

缓存策略是指在 Spark 中使用缓存机制来提高数据访问性能和降低计算成本的一种策略。通过将数据集或计算结果缓存到内存中，可以避免重复计算和频繁的磁盘访问，从而加快作业的执行速度。

2. 常见的缓存策略

在 Spark 中，常见的缓存策略包括以下几种。

❑ 全量数据缓存：将整个数据集缓存到内存中。这种策略适用于数据集较小且内存资源充足的情况，可以避免重复计算和频繁的磁盘访问。

❑ 部分数据缓存：即仅缓存部分数据集或计算结果，而不是全部数据。根据数据访问模式和频率选择需要缓存的数据，可以提高对这部分数据的访问性能。

❑ 数据分区缓存：将数据集按照分区进行缓存，只缓存需要使用的分区数据。这种策略适用于数据集很大但只需要部分数据进行计算的情况，可以减少内存占用和缓存数据的存储开销。

❑ 懒加载缓存：延迟加载数据集的缓存，即在需要使用数据时才进行缓存。这样可以避免在作业开始时全部缓存数据，而是根据实际需要进行缓存，节省了内存资源。

❑ 缓存过期策略：设置缓存数据的过期时间，当数据在一段时间内未被访问时自动释放缓存。这样可以防止数据过期或不再需要的数据占用内存资源。

3. 如何进行缓存策略优化

通常来说全量数据缓存是最优的策略，但是往往数据的数据量很大，没有办法实现，大部分时候用户做的都是部分数据缓存。其实最佳的策略是多种策略共同使用。下面简单介绍一下如何选择合适的策略。

1）分析数据访问模式

了解作业中对数据的访问模式，包括哪些数据被频繁访问、哪些数据被多次使用等。根据数据的访问模式，可以选择合适的缓存策略。

在 Spark 中，可以使用 persist 或 cache 函数来缓存数据，以便在后续的操作中重复使用。使用 cache 函数只是对数据进行内存缓存，默认情况下数据会被缓存在内存中，当内存不足时，部分数据可能会溢出到磁盘上。如果需要将数据完全存储在内存中，可以使用 persist(StorageLevel.MEMORY_ONLY)方法。

2）缓存过期策略

为缓存的数据设置合理的过期时间。如果数据在一段时间内没有被访问，可以自动释放缓存，从而避免占用内存资源。可以根据数据的访问模式和频率来调整过期时间。

3）预热缓存数据

如果在作业开始之前已经确定哪些数据会被频繁访问，可以在作业执行之前预先加载并缓存这些数据，以减少作业执行时的延迟时间。

4）懒加载策略

对于大型数据集，可以考虑使用懒加载策略。即在需要使用数据时才进行缓存，而不是在作业开始时全部缓存数据。这样可以节省内存资源并避免不必要的缓存开销。

2.1.3　广播变量策略优化

1. 广播变量策略

广播变量策略是一种优化技术，用于在分布式计算中有效共享大型只读数据集。广播变量允许将一个大的只读变量缓存到每个计算节点上，而不是在每个任务中重复传输该变量。这样可以减少数据传输量和计算时间，提高作业的执行效率。

在 Spark 中，广播变量是一种分布式只读变量，可以在集群中的所有节点上共享。广播变量的值会被序列化后发送到各个节点上，然后缓存在内存中供任务使用。这样，每个任务都可以直接访问广播变量，无须从驱动程序或其他节点上获取数据。

2. 常见的广播变量策略

常见的广播变量策略如下：

❑ 广播小型静态数据集：对于小型且不经常变动的静态数据集，可以将其广播到集群的每个节点上。这样，每个任务可以直接在本地访问数据集，省去了数据传输的开销。

❑ 广播机器学习模型参数：在机器学习任务中，模型参数通常是只读的且较小的数据集。通过将模型参数广播到集群的每个节点上，可以使每个任务直接访问参数，而无须从驱动程序或其他节点中获取，这样可以提高训练速度和任务的性能。

❑ 广播共享的配置信息：对于需要在任务中共享的配置信息，可以将其广播到所有节点上。这样，每个任务可以直接获取配置信息，而无须从集中的配置中心或其他节点上获取，提高了任务的执行效率。

❑ 广播字典或映射表：在某些计算任务中，可能需要频繁地查找某个值对应的映射关系。通过将字典或映射表广播到所有节点上，可以在任务中直接使用本地的映射表，省去了网络传输和远程查询的开销。

3. 如何进行广播变量优化

1）选择合适的数据进行广播

通过调用 SparkContext 的 broadcast 方法来创建广播变量并传入要广播的数据，代码如下：

```
1    val data = Seq(1, 2, 3, 4, 5)
2    val broadcastVar = sparkContext.broadcast(data)
```

在需要使用广播变量的任务中，可以通过 value 方法获取广播变量的值，代码如下：

```
1    val result = rdd.map { num =>
2      val broadcastValue = broadcastVar.value
3      // 使用广播变量进行计算
4      num * broadcastValue.sum
5    }
```

📖说明：广播变量的值是只读的，不能在任务中修改广播变量的值。

在 Spark 中，广播变量的生命周期是与 Spark 应用程序的生命周期相同，它会在应用程序执行完成后自动释放。如果想在执行过程中显式地释放广播变量，可以通过调用 unpersist 函数来实现。

2）使用广播变量替代网络传输

如果任务需要频繁地访问某个数据集，而该数据集可以通过广播变量传递，就应该优先选择广播变量。这样可以省去网络传输的开销，提高任务的执行效率。

3）避免重复广播

如果多个任务需要访问相同的数据集，可以在驱动程序中进行一次广播操作，然后将广播变量传递给所有任务。这样可以避免多次广播相同的数据集，减少开销。

在 Spark 中，可以使用 BroadcastWrapper 类避免重复广播相同的数据。BroadcastWrapper 是一个自定义的包装器类，它封装了广播变量并提供了延迟初始化的功能。使用 BroadcastWrapper，可以确保只在需要时才广播数据，并在多次使用时避免重复广播。

2.1.4　累加器策略优化

1．累加器策略的定义

累加器（Accumulator）是一种在分布式计算中用于收集和聚合结果的变量。它们提供了一种并行操作机制，允许在分布式环境中对变量进行更新和访问，无须显式地进行通信和同步。累加器常用于收集计数器、求和、求最大值和最小值等聚合操作。

在 Spark 中，累加器是一种只写变量，只能通过添加操作（如累加）来更新其值，而无法直接修改。每个任务只能访问和更新自己的局部累加器值，而驱动程序可以访问所有任务的累加器值，并根据需要进行合并。

通过使用累加器，可以在分布式计算过程中收集和汇总信息，如统计错误数、计数满足特定条件的记录数等。累加器在大规模数据处理和分布式计算中具有重要的作用，可以帮助用户了解整个作业的状态和结果。

2．常见的累加器策略

以下是一些常见的累加器策略。

- ❑ 计数器（Counter）累加器：用于计数某个事件的发生次数。该累加器可以用于统计错误数，记录数量等。
- ❑ 求和（Sum）累加器：用于对数值进行求和操作。该累加器常用于计算总和、平均值等。
- ❑ 最大值（Max）和最小值（Min）累加器：用于求取数据集中的最大值和最小值。
- ❑ 列表（List）累加器：用于收集和聚合数据集合。可以将满足特定条件的元素添加到列表中，然后进行进一步处理。
- ❑ 分布式计数器（Distributed Counter）累加器：用于在分布式环境中进行计数操作，以获得全局计数结果。
- ❑ 自定义累加器：Spark 允许用户自定义累加器类型，以满足特定的需求。用户可以自定义累加器的逻辑和行为，以适应不同的计算任务。

3．如何利用累加器进行优化

使用累加器进行性能优化的关键在于减少数据的传输和计算开销。以下是利用累加器进行性能优化的方法。

1）局部聚合

在分布式计算中，可以先在各个节点上进行局部聚合操作，然后使用累加器将各个节点上的局部结果累加到全局结果中。这样可以减少数据传输量和网络开销。下面介绍如何在分布式计算中使用累加器进行局部聚合和全局累加操作，代码如下：

```
1    import org.apache.spark.{SparkConf, SparkContext}
2
3    // 创建 Spark 上下文
4    val conf = new SparkConf().setAppName("Local App").setMaster("local")
```

```
5    val sc = new SparkContext(conf)
6
7    // 创建一个累加器进行全局结果的累加
8    val globalAccumulator = sc.longAccumulator("global_accumulator")
9
10   // 并行化创建一个数据集合
11   val data = sc.parallelize(Seq(1, 2, 3, 4, 5))
12
13   // 在各个节点上进行局部聚合操作，并将结果累加到全局累加器中
14   def localAggregation(value: Int): Unit = {
15     // 在各个节点上进行局部聚合操作
16     val localResult = value * 2
17     // 将局部结果累加到全局累加器中
18     globalAccumulator.add(localResult)
19   }
20
21   // 对数据集合中的每个元素应用局部聚合操作
22   data.foreach(localAggregation)
23
24   // 输出全局累加器的结果
25   println("Global result: " + globalAccumulator.value)
```

2）过滤数据

通过累加器统计满足特定条件的数据个数，可以避免将不符合条件的数据传输到计算节点上，从而减少计算量和网络开销。

3）统计计数

利用累加器进行计数操作时，可以避免显式地收集和汇总数据集合。比如，可以使用计数器累加器直接在计算过程中对特定事件进行计数，而不需要将数据收集到驱动程序中再进行计数操作。

4）避免重复计算

通过累加器在计算过程中记录中间结果，可以避免重复计算相同的数据，节省计算资源和时间。

5）分布式计数器

使用分布式计数器累加器可以在分布式环境中进行计数操作，获得全局计数结果，省去了数据传输和计算的开销。

下面是一个使用分布式计数器累加器的代码示例。

```
1    import org.apache.spark.{SparkConf, SparkContext}
2
3    // 创建 Spark 上下文
4    val conf = new SparkConf().setAppName("Distributed Counter App").
     setMaster("local")
5    val sc = new SparkContext(conf)
6
7    // 创建一个分布式计数器累加器
8    val counter = sc.longAccumulator("distributed_counter")
9
10   // 并行化创建一个数据集合
11   val data = sc.parallelize(Seq(1, 2, 3, 4, 5))
12
13   // 在每个节点上对数据进行计数操作，并将结果累加到分布式计数器中
14   data.foreach { value =>
```

```
15    // 在每个节点上进行计数操作
16    val count = 1
17    // 将计数结果累加到分布式计数器中
18    counter.add(count)
19  }
20
21  // 输出分布式计数器的结果
22  println("Global count: " + counter.value)
```

2.1.5　函数式编程策略优化

1．函数式编程定义

函数式编程（Functional Programming）是一种编程范式，强调将计算过程看作一系列函数的应用，避免使用可变状态和可变数据。函数式编程的主要思想是将程序设计建立在数学函数的基础上，通过函数的组合和变换来构建复杂的计算过程。

2．常见的函数式编程策略

下面是一些常见的函数式编程策略。

❑ 不可变数据：函数式编程强调使用不可变数据结构，即数据在创建后不能被修改。这样可以避免共享数据的并发修改问题，简化并发编程，并提高代码的可读性和可维护性。

❑ 高阶函数：函数式编程支持高阶函数的使用，即函数可以作为参数传递给其他函数或作为返回值返回。高阶函数可以帮助实现代码的抽象和复用，使得代码更加灵活和可扩展。

❑ 纯函数：函数式编程鼓励编写纯函数，即函数的输出仅由输入决定，没有副作用。纯函数不会修改传入的参数或函数作用域外的任务状态，使代码更加可测试、可维护和可理解。

❑ 函数组合：函数式编程推崇函数的组合，通过将多个小的函数组合成一个更大的函数来实现复杂的逻辑。函数组合可以提高代码的可读性和可维护性，并支持代码重用。

❑ 惰性求值：函数式编程支持惰性求值，即延迟计算，只在需要的时候才进行实际的计算。这种特性可以提高性能和资源利用率，避免不必要的计算。

❑ 递归：函数式编程通常使用递归来解决问题，而不是循环。递归可以简化代码的实现，但需要注意处理递归终止条件和递归深度等问题。

❑ 不可变状态：函数式编程强调避免使用可变状态，尽量使用不可变数据和函数的组合来实现状态的变化。这有助于减少错误和提高代码的可测试性。

3．如何利用函数式编程进行优化

函数式编程可以通过以下方式进行性能优化。

1）避免可变状态

函数式编程鼓励使用不可变数据结构和不可变变量，避免了并发访问和修改共享状态的问题，提高了程序的并发性能。

2）高效的数据转换和操作

函数式编程提供了丰富的高阶函数和操作符，如 map、filter 和 reduce 等，可以使用这些函数对数据进行快速、简洁的转换和操作，避免了烦琐的循环和条件判断。在 Spark 中同样高效的数据转换和操作，但是不同算子针对不同的场景，在性能方面有很大差异。

以下是在一些情况下使用 mapPartitions 优于 map 的场景。

❑ 减少函数调用开销：mapPartitions 将一个函数应用于每个分区的所有元素，而不是单独处理每个元素。这样可以减少函数调用的次数，从而降低函数调用的开销。

❑ 批量处理数据：由于 mapPartitions 是对每个分区中的所有元素进行处理，所以可以以批量的方式操作数据。这在某些计算密集型任务中可以带来显著的性能优势。

❑ 减少序列化开销：在 map 操作中，每个元素都需要进行序列化和反序列化操作，这可能会在处理大量数据时产生显著的开销。而 mapPartitions 只需要进行一次序列化和反序列化操作，减少了这部分开销。

下面是使用 mapPartitions 替换 map 的代码：

```
1    val rdd = sparkContext.parallelize(List(1, 2, 3, 4, 5, 6, 7, 8, 9, 10), 2)
2
3    // 使用 map 算子
4    val result1 = rdd.map(x => x * 2).collect()
5
6    // 使用 mapPartitions 算子
7    val result2 = rdd.mapPartitions(iter => iter.map(x => x * 2)).collect()
```

类似的算子还有：

❑ flatMapPartitions：与 mapPartitions 类似，但是每个输入元素可以生成零个或多个输出元素。它是在每个分区中批量处理数据，并产生扁平化的结果。

❑ mapPartitionsWithIndex：类似于 mapPartitions，但额外提供了分区索引的参数，可以根据分区索引进行个性化的处理。

❑ foreachPartition：对每个分区中的数据执行副作用操作，如写入外部存储系统或进行网络调用等，适用于不需要返回结果的场景。

❑ reduceByKey：对具有相同键的元素进行归约操作。与 mapPartitions 不同，reduceByKey 操作是按键进行分组并在每个分区内进行本地归约，然后再将结果合并。

3）惰性求值和延迟计算

函数式编程支持惰性求值和延迟计算，即只在需要的时候进行计算，避免了不必要的计算开销，提高了程序的性能和效率。

4）并行和并发计算

函数式编程天生适合并行和并发计算，函数之间的独立性和无副作用的特性使得并行执行变得更加容易。可以利用多核处理器和分布式系统来提高计算性能。

5）使用递归和尾递归优化

函数式编程鼓励使用递归来解决问题，而尾递归优化可以避免递归调用造成的栈溢出问题，提高了程序的性能和效率。

尾递归是一种特殊的递归形式，它的递归调用是函数的最后一步操作，并且没有其他计算操作依赖于递归调用的结果。这使得编译器能够优化尾递归函数，将其转换为循环，避免了栈溢出的风险。

下面是一个使用递归和尾递归优化的代码示例：

```
1    // 递归实现阶乘
2    def factorialRecursive(n: Int): Int = {
3      if (n == 0) 1
4      else n * factorialRecursive(n - 1)
5    }
6
7    // 尾递归优化的阶乘实现
8    def factorialTailRecursive(n: Int): Int = {
9      def factorialHelper(n: Int, acc: Int): Int = {
10       if (n == 0) acc
11       else factorialHelper(n - 1, acc * n)
12     }
13     factorialHelper(n, 1)
14   }
15
16   // 调用递归阶乘函数
17   val result1 = factorialRecursive(5)
18
19   // 调用尾递归优化的阶乘函数
20   val result2 = factorialTailRecursive(5)
```

在上述示例中定义了两个阶乘函数，一个使用递归实现，另一个使用尾递归优化实现。递归实现的函数在每次递归调用时都会创建一个新的栈帧，因此在处理大数值时可能会导致栈溢出。而尾递归优化的函数则避免了栈帧的创建，将递归调用转换为循环，提高了系统性能并降低了内存消耗。

6）使用惰性数据结构

函数式编程中常用的惰性数据结构有流（Stream）和迭代器（Iterator），它们可以延迟加载和处理数据，减少内存占用和计算开销。

2.1.6　全局变量策略优化

1. 全局变量策略定义

全局变量策略是指在分布式计算环境中管理和使用全局变量的一种策略。全局变量是指可以在整个计算任务或作业中共享和访问的变量。在分布式计算中，全局变量的使用可以提供一些便利性和性能优势。

2. 常用的全局变量策略

常用的全局变量策略包括广播变量、累加器和分布式缓存。广播变量用于共享只读数据，累加器用于分布式计数和聚合操作，而分布式缓存用于缓存常用的数据集。这些策略能够减少数据传输和复制的开销，提高任务执行的效率。

3. 如何利用全局变量进行优化

利用全局变量进行优化可以通过广播变量、累加器和分布式缓存来完成，广播变量和累加器这两个在前面章节中已经讲过，下面重点介绍分布式缓存。分布式缓存是一种策略，主要用于将常用的数据集缓存在分布式系统的各个节点上，这样可以避免数据的重复加载和计算，提高任务执行的效率。

以下代码展示了如何在 Spark 中使用分布式缓存来提高性能。

```
1   import org.apache.spark.SparkContext
2
3   object DistributedCacheExample {
4     def main(args: Array[String]): Unit = {
5       val sc = new SparkContext("local", "DistributedCacheExample")
6
7       // 将需要缓存的数据加载到 RDD
8       val dataRDD = sc.textFile("data.txt")
9
10      // 创建一个需要缓存的广播变量
11      val broadcastVar = sc.broadcast(Seq("keyword1", "keyword2",
        "keyword3"))
12
13      // 在每个分区上对数据进行处理，使用广播变量进行关键词匹配
14      val resultRDD = dataRDD.mapPartitions { partition =>
15        val keywords = broadcastVar.value
16        partition.filter { line =>
17          keywords.exists(line.contains)
18        }
19      }
20
21      // 缓存结果数据
22      resultRDD.cache()
23
24      // 对缓存数据进行操作，如计数或保存到文件中
25      val count = resultRDD.count()
26      println("Count: " + count)
27
28      // 使用完缓存数据后，手动释放缓存
29      resultRDD.unpersist()
30
31      sc.stop()
32    }
33  }
```

在上述示例中，首先通过 sc.textFile 加载需要缓存的数据集，然后使用 sc.broadcast 方法创建一个广播变量，将关键词序列广播到每个节点上。接下来，使用 mapPartitions 算子在每个分区上对数据进行处理，利用广播变量进行关键词匹配，并返回匹配结果的 RDD。最后，通过 cache 方法将结果数据缓存起来，可以在后续的操作中重用。在使用完缓存数据后，通过 unpersist 手动释放缓存。

2.1.7 程序设计优化综合案例

首先看一个简单的例子：计算给定数组中所有偶数的平方和。以下是初始版本的代码：

```
1    val numbers = Array(1, 2, 3, 4, 5, 6, 7, 8, 9, 10)
2    var sum = 0
3
4    for (num <- numbers) {
5     if (num % 2 == 0) {
6       sum += num * num
7      }
8    }
9
10   println("Sum of squares of even numbers: " + sum)
```

这段代码的问题是使用了一个简单的迭代循环遍历整个数组，并逐个判断每个元素是否为偶数，然后对偶数进行平方并求和。从代码中可以发现，循环遍历需要较长的执行时间，特别是当数组很大时。还有一个问题就是，对每个元素进行取模操作会增加计算开销。

下面，一步步对代码进行优化。

（1）使用高阶函数 filter 和 map。

可以使用高阶函数 filter 和 map 来代替循环遍历和条件判断。filter 函数用于筛选出偶数，map 函数用于对偶数进行平方计算，这样可以减少循环次数和条件判断。

优化代码如下：

```
1    val numbers = Array(1, 2, 3, 4, 5, 6, 7, 8, 9, 10).par
2    val evenNumbers = numbers.filter(_ % 2 == 0)
3    val squaredNumbers = evenNumbers.map(num => num * num)
4    val sum = squaredNumbers.sum
5
6    println("Sum of squares of even numbers: " + sum)
```

上面的代码使用高阶函数 filter 和 map 减少了循环次数和条件判断，代码更简洁、易读。

（2）并行计算。

可以使用并行计算来进一步提高程序的性能。通过将数组转换为并行集合，可以在多个线程上并行处理元素。

```
1    val numbers = Array(1, 2, 3, 4, 5, 6, 7, 8, 9, 10).par
2    val evenNumbers = numbers.filter(_ % 2 == 0)
3    val squaredNumbers = evenNumbers.map(num => num * num)
4    val sum = squaredNumbers.sum
5
6    println("Sum of squares of even numbers: " + sum)
```

上面的代码通过并行计算，可以利用多个线程并发处理数组的元素，加快程序的计算速度。

（3）使用 reduce 代替 sum。

可以使用 reduce 函数代替 sum 函数来计算平方和。reduce 函数将数组的元素进行累积操作，省去了创建临时集合的开销。

```
1    val numbers = Array(1, 2, 3, 4, 5, 6, 7, 8, 9, 10).par
2    val evenNumbers = numbers.filter(_ % 2 == 0)
3    val squaredNumbers = evenNumbers.map(num => num * num)
4    val sum = squaredNumbers.reduce(_ + _)
5
6    println("Sum of squares of even numbers: " + sum)
```

上面的代码使用 reduce 函数省去了创建临时集合的开销，减少了内存使用和计算的时间。

（4）使用 foldLeft 代替 reduce。

可以使用 foldLeft 函数来替代 reduce 函数。foldLeft 函数允许用户指定一个初始值，并将操作应用于每个元素，从而得到最终的结果。

```
1    val numbers = Array(1, 2, 3, 4, 5, 6, 7, 8, 9, 10).par
2    val evenNumbers = numbers.filter(_ % 2 == 0)
3    val sum = evenNumbers.foldLeft(0)(_ + _ * _)
4
5    println("Sum of squares of even numbers: " + sum)
```

最终，通过四次优化得到了一个高效的代码，使用函数式编程的技巧和 Spark 的并行计算功能，减少了循环次数、条件判断和临时集合的开销，从而优化了程序的性能。

2.2 资 源 优 化

Spark 资源优化旨在最大程度提高 Spark 应用程序的性能和效率。它涉及对计算资源（如内存、CPU）和存储资源（如磁盘、网络）的合理管理和配置。通过优化资源分配和数据处理方式，可以减少资源的浪费，降低程序运行时间，并提高任务的并行度和整体吞吐量，从而提升 Spark 应用程序的响应速度，减少运行成本，实现更高效的大数据处理和分析。

2.2.1 Spark 资源管理的重要性

1. 什么是Spark资源管理

Spark 资源管理是指对 Spark 应用程序中所需的计算资源、内存资源和存储资源进行有效管理和分配的过程。在 Spark 集群中，资源管理负责协调和分配可用的资源，以确保应用程序能够充分利用集群的计算能力高效地运行。

2. 为什么进行Spark资源管理

1）提升应用程序性能

有效的资源管理可以确保应用程序充分利用集群的计算资源，并避免资源的浪费或冲突。通过合理分配和调度资源，可以优化任务的执行顺序和并行度，减少任务之间的等待时间，从而提高应用程序的整体性能和响应速度。资源管理还可以根据任务的优先级和重要性进行调整，确保关键任务能够优先得到满足，进一步提升应用程序的性能和效率。

2）提高资源利用率

Spark 集群通常是由多个计算节点组成的，每个节点都具有一定的计算资源、内存和存储空间。通过合理的资源管理，可以最大程度地利用集群中的资源，避免资源的浪费和闲置。可以根据任务需求和集群的可用资源对资源进行动态分配和调整，确保每个任务都能够获得所需的资源，并在任务执行完成后及时释放资源，以提高资源的利用率和整体集群的效率。

3）确保集群稳定和可靠运行

Spark 应用程序在集群中运行时需要依赖一定的资源支持，如计算资源、内存和存储资源。资源管理可以避免不同任务之间的资源冲突和争用，确保任务能够按照预期的方式运行，减少运行时的错误和故障。通过监控和管理资源的分配和使用情况，可以及时发现和解决资源不足或过载的问题，确保集群的稳定性和可靠性，提高应用程序的可用性和可靠性。

在工作中，虽然很多优化的技巧用户可能没有接触过，但是大部分用户应该都接触过资源设置，资源设置是否合理将直接影响程序的性能。通过以上三点描述可以看出，合理的资源设置不仅可以提升应用程序性能，提高资源利用率，确保集群的稳定运行，还可以进行高效的数据处理和分析，满足大数据应用的需求，并为企业的决策和创新提供强大的支持。

2.2.2　Spark 内存管理的优化技巧

1．Spark自身的内存管理机制

1）堆内内存

Spark 的堆内内存主要用于存储 Spark 应用程序的数据和执行过程中的中间结果，包括 RDD 对象、数据分片、任务状态和执行计划等。堆内内存的大小可以通过 Spark 的配置参数进行设置，如 spark.executor.memory 和 spark.driver.memory。

合理配置堆内内存对于 Spark 应用程序的性能至关重要。如果分配的堆内内存过小，可能导致频繁的垃圾回收和内存溢出错误；如果分配的堆内内存过大，可能导致资源浪费和运行时延迟增加。

2）堆外内存

在 Spark 中，堆外内存指的是分配给 Java 虚拟机（JVM）之外的内存空间，也称为直接内存或非堆内存。与堆内内存不同，堆外内存不受 JVM 堆大小的限制，可以提供更大的内存空间供应用程序使用。

在 Spark 中使用堆外内存的一个主要场景是通过使用 Off-Heap 存储模式来管理 RDD 数据。传统的存储模式是将 RDD 数据存储在 JVM 堆内存中，而 Off-Heap 存储模式将 RDD 数据存储在堆外内存中，通过使用堆外内存，Spark 能够更有效地管理大规模数据集，减少垃圾回收的开销，并提高内存利用率。

3）统一内存管理

在 Spark 1.6 及之后的版本中引入了一种新的内存管理模型，称为统一内存管理（Unified Memory Management）。这种新的内存管理模型的目标是更有效地管理和使用 Spark 应用程序中的内存，从而提高 Spark 应用程序的执行速度和内存利用率。

在传统的内存管理模型中，Spark 将内存分为堆内内存和堆外内存，分别用于存储不同类型的数据。然而，这种分离的内存管理方式存在一些问题，如内存碎片化和数据复制等。

说明：内存碎片化是指在内存管理过程中出现的内存块分布不连续、不规整的情况。当程序分配和释放内存时，可能会使内存空间被分成多个不连续的小块，形成碎片，这种碎片化导致内存利用率和内存分配效率降低。

数据复制是指在分布式系统中将数据从一个节点复制到另一个节点的过程。这种复制通常是为了实现数据的冗余存储、容错性和高可用性。在 Spark 中，数据复制是

将数据从一个内存区域复制到另一个内存区域或从一个数据结构中复制到另一个数据结构中。

Spark 的统一内存管理是将所有类型的数据存储在堆内内存中，以提高内存利用率和执行性能的一种内存管理机制。

Spark 堆内的统一内存管理机制如图 2-1 所示。

执行内存参数包括：

❑ spark.executor.memory：指定每个 Executor 进程可用的总内存量。默认值为 1GB。

❑ spark.executor.memoryOverhead：指定 Executor 进程额外的内存开销，用于执行过程中的临时数据和内部结构。默认值为 max(384m, 10% of executor memory)。

❑ spark.driver.memory：指定 Driver 进程可用的总内存量。默认值为 1GB。

存储内存参数包括：

❑ spark.memory.storageFraction：指定存储内存占可用堆内存的比例。默认值为 0.6。

❑ spark.memory.fraction：指定总体堆内存中存储内存的比例。默认值为 0.6。

默认情况下，执行内存和存储内存共享可用的堆内内存。其中，存储内存的比例由 spark.memory.fraction 参数决定，执行内存的比例由剩余的堆内内存决定。

其他内存管理相关参数如下：

❑ spark.memory.offHeap.enabled：指定是否启用堆外内存。默认值为 false。

❑ spark.memory.offHeap.size：如果启用了堆外内存，则指定堆外内存的大小。默认值为 0。

❑ spark.memory.useLegacyMode：指定是否启用旧版的内存管理模式。默认值为 false。

Spark 堆外的内存管理机制如图 2-2 所示。

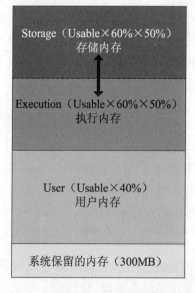

图 2-1　Spark 堆内的统一内存管理机制

图 2-2　Spark 堆外的内存管理机制

在统一内存模式下，当任务开始执行时，根据参数设置（如 spark.executor.memory 和 spark.memory.fraction），Spark 为每个 Executor 分配初始的执行内存和存储内存。执行内存用于任务的计算和临时数据存储，存储内存用于缓存和持久化 RDD 数据。在任务执行过程中，Spark 会根据任务的需求评估内存使用情况。这包括计算过程中产生的临时数据大小、缓存的 RDD 数据大小等。如果任务执行过程中发现执行内存不足以满足任务的需求，Spark 会触发动态调整机制。它会将一部分存储内存转换为执行内存，以提供更多的计算和临时数据存储空间。如果存储内存中有空闲的部分，Spark 可以将其释放作为其他用途，这种情况一般发生在执行内存需求较低或存储内存较多的场景。动态调整的关键是调整执行内存和存储内存的分配比例。具体的调整策略可以根据参数设置和算法来确定，以使内存资源能够最有效地满足任务的需求。

需要注意的是，动态调整内存的过程可能会导致一定的性能开销，因为内存的重新分配和迁移可能需要额外的计算和数据传输。因此，在进行动态调整时，需要权衡内存调整的开销和性能改进之间的平衡。

2. 预估Spark内存占用

要想设置合理的参数配置，第一件事情就是对 Spark 内存占用的预估。这里先讨论堆内内存，它是 JVM 可以控制的。Spark 中的堆内内存主要分为四大块，参见图 2-1，分别是系统保留的内存（Reserved Memory）、用户内存（User Memory）、执行内存（Execution Memory）和存储内存（Storage Memory），其中，系统保留的内存固定为 300MB，其他 3 个区域的内存需要用户去规划。下面依次评估对应的内存。

1）计算用户内存的内存消耗

一般的办法是先预估一个线程处理需要消耗的用户内存，然后将单个线程的内存消耗乘以在一个 Executor 中的处理线程的个数，因为大部分时候 Spark 处理的都是多线程的，在同一个 Executor 中都属于一个进程，也就是在同一个 JVM 中。

> 📄 说明：因为每个 Executor 都是一个独立的进程，所以它们之间的内存是隔离的，它们拥有自己的内存空间和资源。Executor 内部的 JVM 负责管理内存的分配和回收，以及执行任务的线程管理等。

计算用户内存。首先，了解正在运行的任务和所处理的数据特征是非常重要的。了解任务的类型（如数据处理、机器学习等）、数据量、数据结构等方面的信息有利于预估用户内存的消耗。其次，查看配置参数，确定可供使用的 CPU 核心数也是很重要的。可以通过查看配置页面中的 Number of Cores 参数，或者在代码中查看 spark.executor.cores 参数的配置值来实现，二者都指定了 Spark 执行器可以使用的 CPU 核心数，即并行任务的数量。

2）计算存储内存的内存消耗

存储内存的计算相对复杂一点。确定在 Spark 中缓存的数据量大小，可以通过调用 RDD 或 DataFrame 的 cache 函数将数据缓存在内存中。然后确定用户在 Spark 中使用的数据序列化格式。Spark 支持多种序列化格式，如 Java 的默认 Java 序列化、Kryo 序列化等。不同的序列化格式会影响数据在内存中的占用空间。最后需要考虑存储对象本身的开销，包括对象的大小、元数据等。最终，存储内存消耗 = 缓存的数据大小 / 集群中的 Executor 总数 + 存储对象的开销。

缓存大小除以集群 Executor 总数是计算单个 Executor 消耗内存，因为设置参数的时候也是按照单个 Executor 设置的。

3）计算执行内存的消耗

在计算执行内存的消耗时，需要考虑具体的任务执行情况、数据大小和算子操作等因素。不同的任务和操作会占用不同的内存空间。如果要面面俱到地考虑，估计有点困难，但是可以简化考虑，就是单个线程处理的数据乘以 Executor 线程总数。单个线程处理的数据是总的数据量除以集群的并行度，也就是 Execution 执行内存 = thread 数量 × 数据集 / 并发度。

3. 调整Spark内存配置项

下面基于预估的值进行参数设置。

1）计算合理的 spark.memory.fraction 值

❑ 计算存储内存（Storage Memory）和用户内存（User Memory）的总和，即 Storage Memory + User Memory。

❑ 计算执行内存（Execution Memory）和总内存（Total Memory）的差值，即 Total Memory – Execution Memory。

❑ 计算存储内存和用户内存的总和与执行内存和总内存差值的比例，即（Storage Memory + User Memory）/（Total Memory – Execution Memory）。

❑ 将该比例作为 spark.memory.fraction 的值，即设置 spark.memory.fraction =（Storage Memory + User Memory）/（Total Memory – Execution Memory）。

2）计算合理的 spark.memory.storageFraction 值

❑ 根据预估的 Storage Memory 大小和 Total Memory 大小的比例，计算存储内存占用比例。存储内存占用比例 = Storage Memory / Total Memory。

❑ 将存储内存占用比例作为 spark.memory.storageFraction 的值，即设置 spark.memory.storageFraction = 存储内存占用比例。

3）计算合理的 spark.executor.memory 值

根据预估的总内存（Total Memory）大小，设置 spark.executor.memory 的值，确保每个 Executor 都能够适当分配足够的内存。

4. 内存使用注意事项

在 Spark 中，滥用缓存（Cache）可能会导致不必要的内存消耗和性能问题。下面的例子展示了三处错误地使用缓存的情况。

```
1    # 错误地使用缓存的示例
2    data = spark.read.csv("data.csv")
3
4    # 错误用法 1：缓存整个 DataFrame
5    data.cache()
6    df1 = data.filter("age > 30")
7    df1.show()
8
9    # 错误用法 2：缓存单个操作结果
10   df2 = data.select("name").distinct().cache()
11   df2.show()
12
13   # 错误用法 3：连续缓存多个操作结果
```

```
14  df3 = data.filter("salary > 5000").cache()
15  df4 = df3.groupBy("department").agg({"salary": "avg"}).cache()
16  df4.show()
```

❑ 在错误用法 1 中，将整个 DataFrame 进行缓存，但实际上只需要对其中的一部分数据进行操作（如筛选），缓存整个 DataFrame 会占用大量内存，造成内存浪费。

❑ 在错误用法 2 中，只对一个单独的操作结果进行缓存。在这种情况下，如果后续没有重复使用该操作结果，缓存该结果是没有意义的，会浪费内存资源。

❑ 在错误用法 3 中，连续缓存多个操作结果。在这个例子中，df3 和 df4 都被缓存，但是 df3 并没有在后续的计算中再次使用，因此对其进行缓存是没有必要的，会浪费内存。

在实际使用中，应避免滥用缓存，只对需要重复使用的中间结果进行缓存，或者在特定情况下使用持久化存储（如写入磁盘或序列化到其他存储系统）来代替缓存操作。这样可以合理利用内存资源，避免不必要的内存消耗。

2.2.3　Spark 中的 CPU 优化技巧

1. 在Spark中如何使用CPU

在 Spark 中，CPU（Central Processing Unit）是负责执行计算任务的关键组件。Spark 利用 CPU 的多核并行处理能力来加速大规模数据处理和分析任务。在每个执行器内部，Spark 将任务进一步划分为任务执行的最小单元，称为任务（Task）。这些任务以并行方式在执行器的多个线程上同时执行，充分利用了 CPU 的多核能力。

2. CPU低效的常见原因

1）线程挂起

在 Spark 中，线程挂起是导致 CPU 低效的常见原因之一。线程挂起指线程在执行过程中由于某些原因被阻塞，无法继续执行，从而浪费了 CPU 的资源。

以下是可能导致线程挂起的几种情况：

❑ 数据依赖等待：当一个任务需要等待另一个任务完成并提供所需数据时，线程可能会挂起等待。这通常发生在 Spark 中的转换操作涉及依赖关系的情况，如需要等待上一个转换操作完成才能进行下一个操作。

❑ 网络延迟：如果 Spark 应用程序涉及网络传输，例如，在分布式环境下进行数据通信或数据读取，网络延迟可能导致线程挂起，等待数据的到达。

❑ 磁盘 I/O 等待：当任务需要读取或写入大量数据时，可能会发生磁盘 I/O 操作。如果磁盘 I/O 速度较慢，线程可能会被挂起等待 I/O 操作完成。

❑ 锁竞争：当多个线程同时访问共享资源时，可能会发生锁竞争的情况。如果一个线程获得锁，则其他线程将被挂起，等待锁的释放。

2）调度开销

在 Spark 中，调度开销是导致 CPU 低效的常见原因之一。调度开销指在任务调度和执行过程中所产生的额外开销，包括任务切换、上下文切换和调度算法的开销。

以下是可能导致调度开销的几种情况：

- 任务切换：当 Spark 应用程序中存在大量的任务切换时，会导致额外的开销。任务切换通常发生在并行执行的任务之间，例如，在不同的 Executor 上执行的任务之间进行切换，这种频繁的任务切换会增加调度开销。
- 上下文切换：当多个线程在同一个 Executor 上并发执行时，会发生上下文切换。上下文切换是指将当前线程的上下文信息保存起来，并加载下一个线程的上下文信息，以便切换到下一个线程执行。频繁的上下文切换会占用 CPU 资源，并导致额外的调度开销。
- 调度算法开销：Spark 使用调度算法来决定任务的分配和执行顺序。不同的调度算法具有不同的开销，如 Fair 调度器和 FIFO 调度器。某些调度算法可能需要更多的计算和资源进行任务调度决策，从而增加了 CPU 开销。

3）数据倾斜

数据倾斜指在数据处理过程中，某些特定的键或分区数据量远远超过其他键或分区，导致部分任务的执行时间明显延长，从而降低了整体的 CPU 利用率。这种情况下，一些 Executor 会一直等待某个任务的完成，而其他 Executor 则空闲等待。

举个例子，假设有一个大型的数据集，其中，某个键的数据量非常庞大，而其他键的数据量较小。在进行聚合操作时，需要根据键进行分组并执行计算。由于数据倾斜，拥有大量数据的键所对应的任务会花费更多的时间来处理，而其他键所对应的任务会很快完成。这导致一些 Executor 在等待数据倾斜的任务完成时处于空闲状态，造成 CPU 低效利用。

3. 如何提高Spark中的CPU利用率

要提高 Spark 中的 CPU 利用率，可以从以下三个方面着手：

1）减少线程挂起时间

- 合理设置任务的并行度，确保任务能够充分利用可用的 CPU 核心，避免任务过于细粒度而频繁切换线程。
- 使用异步的操作方式，避免阻塞线程的情况发生。例如，使用异步 I/O 操作、异步网络请求等。
- 避免频繁的垃圾回收（GC）。可以通过调整内存分配、优化代码逻辑等方式减少垃圾回收的频率和时间。

2）降低调度开销

- 使用数据本地性调度策略，尽量将任务调度到与数据所在位置相近的 Executor 上，减少数据传输和网络开销。
- 合理设置任务调度器的参数，如调度器的调度间隔和调度算法等，提高调度的效率并减少开销。
- 考虑使用资源隔离机制，如使用容器化技术将不同的任务隔离在不同的容器中，避免资源竞争和干扰。

3）解决数据倾斜问题

- 进行数据预处理，通过合理的分桶、分区等方式，尽量均匀分布数据，避免数据倾斜现象的发生。

❑ 采用更细粒度的分区策略,将倾斜的数据分散到更多的分区中,平衡负载。

❑ 进行数据重分布,将倾斜的数据均匀地重新分布到各个 Executor 上,使任务能够更均衡地执行。

❑ 使用随机前缀等技术,对倾斜的键进行分散,减少数据倾斜对任务执行的影响。

2.2.4　Spark 磁盘管理的优化技巧

Spark 磁盘管理是通过数据压缩、持久化策略、数据分区、磁盘缓存、I/O 并行化等技巧来优化磁盘的读写效率和资源利用。合理配置和使用这些技巧,可以减少磁盘占用并提高数据处理速度,同时考虑磁盘性能和对临时数据的清理,还可以提高整体的磁盘管理效果。

要优化 Spark 磁盘管理,可以考虑以下技巧。

❑ 数据压缩:使用适当的压缩算法对数据进行压缩,减少磁盘占用和 I/O 开销。Spark 提供了多种压缩算法,如 Snappy、Gzip 等,可以根据数据类型和性能需求选择合适的压缩方式。

❑ 磁盘持久化策略:Spark 提供了多种持久化策略,如 MEMORY_ONLY、MEMORY_AND_DISK 和 DISK_ONLY 等。根据数据的重要性和内存容量的限制,选择适当的持久化策略,平衡性能和资源消耗。

❑ 数据分区:将数据划分为适当的分区,可以提高磁盘读取和写入的效率。较小的分区可以提高并行度,而较大的分区可以减少元数据开销。根据数据大小和计算需求,选择合适的分区策略。

❑ 磁盘缓存:Spark 提供了磁盘缓存功能,可以将频繁使用的数据缓存在磁盘上,减少重复的计算和 I/O 开销。通过合理设置缓存策略和缓存的数据量,可以提高查询和计算速度。

❑ I/O 并行化:对于需要大量 I/O 操作的任务,可以考虑使用并行化的方式进行读取和写入。通过并行化的 I/O 操作,可以提高数据的读写速度和整体处理能力。

❑ 清理临时数据:及时清理不再需要的临时数据,避免磁盘空间的浪费和不必要的 I/O 操作。Spark 提供了自动清理机制和手动清理接口,可以根据需求选择合适的清理方式。

❑ 考虑磁盘性能:选择高性能的磁盘存储设备,如固态硬盘(SSD),以提高读写速度和响应性能。此外,合理调整磁盘的缓冲区大小、文件系统选项等参数,也可以对磁盘性能进行优化。

应用上述的磁盘管理优化技巧,可以提高 Spark 应用程序的磁盘性能和整体效率,减少磁盘操作的开销,提升数据处理和计算的速度。

2.2.5　Spark Shuffle 分配的优化技巧

Spark Shuffle 分配是指在 Spark 作业中进行数据重分区和数据洗牌的过程。Spark Shuffle 分配涉及将数据重新分布到不同的分区中,以便在后续的计算中能够更高效地进行数据处理和聚合操作。Spark Shuffle 分配的目的是优化数据传输和计算过程,以提高作业的性能和并行处理能力。通过合理使用数据结构、调整并行度、避免不必要的 Shuffle 等技巧，可以最大程度地减少 Shuffle 过程产生的开销，提升 Spark 应用的执行效率。

下面是一些优化 Spark Shuffle 分配的技巧。

1）避免不必要的 Shuffle（重新组织和分配数据）操作

❑ 合理使用窄依赖：Spark 中的依赖关系分为宽依赖和窄依赖。窄依赖表示数据的转换不需要 Shuffle 操作，而宽依赖表示需要进行数据重分区。在编写 Spark 应用程序时，应尽量避免产生宽依赖，应尽量使用窄依赖来减少 Shuffle 操作产生的开销。

❑ 使用合适的转换操作：Spark 提供了多种转换操作，如 map、filter 和 reduceByKey 等。在选择转换操作时，应根据具体需求和数据特点选择合适的操作。例如，当只需要对数据进行过滤或映射时，可以使用 map 或 filter 操作，避免产生 Shuffle 操作。

❑ 使用累加器和广播变量：Spark 提供了累加器和广播变量，可以共享变量并收集统计信息，而无须进行 Shuffle 操作。合理使用累加器和广播变量，可以避免一些不必要的 Shuffle 操作，提高系统性能。

❑ 基于分区的操作：Spark 提供了基于分区的操作，如 reduceByKey 和 aggregateByKey 等，可以在不进行全局 Shuffle 操作的情况下对每个分区进行计算。合理使用这些基于分区的操作，可以减少 Shuffle 操作的范围和开销。

❑ 数据本地性优化：在执行 Shuffle 操作时，应尽量选择与数据所在位置相同的节点进行计算，减少数据的网络传输。Spark 提供了本地性调度策略，可以优先将任务调度到拥有数据块的节点上，以最大程度地利用本地数据，避免不必要的 Shuffle 操作。

2）调整并行度

❑ 调整 Reduce 任务数量：Reduce 任务的数量决定了数据的分片程度和并行处理的程度。如果 Reduce 任务数量过少，会导致负载不均衡和性能瓶颈产生；而过多的 Reduce 任务会增加调度和网络开销。根据数据规模、集群资源和性能需求，应合理调整 Reduce 任务数量，在并行性和资源消耗之间的达到平衡。

❑ 考虑数据倾斜：在调整并行度时，需要特别关注数据倾斜的情况。如果某些键的数据量远远超过其他键，则会导致少数 Reduce 任务负载过重，而大多数 Reduce 任务闲置。针对数据倾斜的情况，可以采取一些策略，如使用自定义分区器、对数据进行预处理或调整数据分布等，以均衡数据负载，避免产生性能瓶颈。

3）合理使用缓存

❑ 缓存中间结果：在 Shuffle 操作过程中，可以通过将中间计算结果缓存起来，避免重复计算和重复读取数据。合理设置缓存策略，将频繁使用的数据存储在内存中，可以提高数据访问的速度和效率。

❑ 使用持久化存储：对于大规模的分配数据，可以考虑使用持久化存储，如将数据写入磁盘或外部存储系统。这样可以释放内存空间，避免出现内存不足的问题，并且可以提高数据的持久性和可靠性。

❑ 设置缓存级别：Spark 提供了不同的缓存级别，包括 MEMORY_ONLY、MEMORY_AND_DISK 和 OFF_HEAP 等。应该根据数据的大小、访问频率和内存资源的情况，选择合适的缓存级别，平衡内存和磁盘的使用，以及数据访问速度和资源消耗之间如何权衡。

❑ 缓存数据分区：如果数据在 Shuffle 操作过程中需要按照特定的键进行聚合或排序，可以将具有相同键的数据缓存到同一个分区中。这样可以提高后续处理的效率，减少数据的移动和网络传输。

❑ 缓存数据序列化：在将数据存储到缓存中时，可以选择使用序列化技术将数据转换为二进制格式，以减少存储空间和网络传输的开销。Spark 提供了多种序列化器，如 Kryo 和 Avro，可以根据数据类型和性能需求选择合适的序列化器。

4）合适的数据结构

❑ 使用紧凑的数据结构：选择适合存储和处理大量数据的紧凑数据结构，如使用数组而不是链表。数组在内存中连续存储数据，访问效率更高，减少了内存碎片化和额外的指针开销。

❑ 使用序列化和反序列化：通过使用序列化和反序列化技术，将数据转换为二进制格式进行存储和传输，可以减少数据的大小和网络传输的开销。Spark 提供了多种序列化器，如 Kryo 和 Avro，可以根据数据类型和性能需求选择合适的序列化器。

❑ 压缩数据：对分配过程中的数据进行压缩，可以减少磁盘 I/O 和网络传输的开销。Spark 提供了多种压缩算法，如 Snappy、Gzip 等，可以根据数据的特点和压缩率要求选择合适的算法。

5）调整 Shuffle 缓存

通过调整 spark.shuffle.file.buffer 参数来设置 Shuffle 缓存。较大的缓存可以提高磁盘 I/O 的效率，减少磁盘读写操作的次数，但同时也会占用更多的内存资源。

6）调整 Shuffle 分区数

通过合理设置 spark.sql.shuffle.partitions 参数，将 Shuffle 分区数调整为适当的数量。较少的分区数可能会导致数据倾斜和不均匀的负载，而过多的分区数可能会导致额外的开销和资源浪费。根据数据大小、集群配置和任务需求来选择合适的分区数。

7）动态调整资源分配

根据任务的需求和集群资源的变化情况，动态调整资源分配。Spark 提供了动态调整资源分配的功能，可以根据任务需求自动调整分配的资源，确保资源高效利用和任务的平衡执行。

这些优化技巧可以根据具体的应用场景和需求进行调整和组合，以提高 Spark Shuffle 的性能和效率。

2.2.6　Spark 并行度与资源分配的平衡

1. 什么是Spark并行度与资源分配的平衡

Spark 并行度与资源分配的平衡是指在 Spark 应用程序中，合理调整并行度和资源分配的关系，以达到最佳的性能和最大的资源利用率。

并行度指同时执行任务或操作的线程或任务数。在 Spark 中，通过调整并行度可以提高任务的并行执行能力，加快作业的执行速度。较高的并行度可以使得任务能够同时在多个节点或核心上执行，充分利用集群中的计算资源。

资源分配涉及分配给每个任务或操作的计算资源，如 CPU、内存和网络带宽等。在 Spark 中，资源分配的平衡是指根据任务的需求和集群的资源情况，合理分配资源，以确保任务能够充分利用可用的计算资源，同时避免资源的过度分配或不足分配。

2. 并行度与资源分配的平衡常见策略

❑ 根据任务类型调整并行度：不同类型的任务对资源的需求不同。可以根据任务的性质，如计算密集型或 I/O 密集型，调整任务的并行度。对于计算密集型任务，可以增加并行度以充分利用 CPU 资源；对于 I/O 密集型任务，可以适当降低并行度以减少资源竞争。

❑ 动态资源分配：Spark 提供了动态资源分配功能，可以根据任务的需求自动分配和释放资源。可以配置 Spark 集群动态调整资源分配，根据任务的资源需求和集群的资源状况动态分配 CPU 核数、内存和其他资源，以充分利用可用资源并避免资源浪费。

❑ 资源隔离：对于具有不同优先级的任务或不同类型的应用程序，可以通过资源隔离来确保它们能够平衡地使用资源。可以使用 Spark 的资源管理器，如 YARN 或 Standalone 模式，为不同的任务或应用程序分配独立的资源池，以避免资源竞争和干扰。

❑ 监控和调整：监控应用程序的执行情况和资源利用率，根据实际情况进行调整。可以使用 Spark 的监控工具和仪表盘来监视应用程序的资源使用情况，如 CPU 利用率、内存使用情况和任务执行时间等。根据监控数据进行适时的调整，如增加或减少并行度、调整资源分配等，使系统的性能和资源利用率达到最佳状态。

3. 如何进行并行度与资源分配的平衡

首先，评估任务的计算密集度和数据规模。如果任务是计算密集型并且集群资源充足，那么可以增加任务的并行度。例如，通过调整 spark.default.parallelism 参数来增加并行度。如果任务是 I/O 密集型或者集群资源有限，则可以适当降低并行度以减少资源竞争。可以根据任务的性质和资源状况来调整行度，在资源利用和任务执行效率之间达到平衡。

接下来配置 Spark 集群以启用动态资源分配。

首先，根据任务的资源需求和集群的资源状况，自动分配和释放资源。通过设置 spark.dynamicAllocation.enabled 为 true 来启用动态资源分配。根据任务的优先级、数据量和集群的可用资源，调整动态资源分配的参数。例如，设置 spark.dynamicAllocation.minExecutors 和 spark.dynamicAllocation.maxExecutors 来限制最小和最大的执行器数量，以适应任务的需求。

其次，根据任务的优先级或者不同类型的应用程序，使用 Spark 的资源隔离功能为它们分配独立的资源池。可以通过配置资源管理器，如 YARN 或 Standalone 模式来设置不同的资源池。在资源隔离模式下，根据任务的需求将其分配给合适的资源池，以避免资源的竞争和干扰。

最后，监控任务的执行情况和资源利用率。使用 Spark 的监控工具和仪表盘，如 Spark Web UI 或第三方监控工具，跟踪任务的资源使用情况、任务进度和性能指标。根据监控数据进行调整。根据任务的执行情况和资源利用率，适时调整并行度、资源分配和其他相关参数。例如，增加或减少并行度、调整动态资源分配的参数，使系统性能和资源利用率达到最佳状态。

2.2.7　Spark 分区策略优化

1．什么是Spark分区策略

Spark 分区策略是指将数据集划分为多个分区的规则或算法。它决定数据在集群中的分布方式，影响任务的并行度和数据处理的效率。常见的 Spark 分区策略包括基于哈希值、基于范围和基于采样等。这些策略可以根据数据的特点和任务需求来选择，以实现数据的均衡分布和最优的任务。

2．常见的Spark分区策略

常见的 Spark 分区策略包括以下几种。

- 哈希分区（Hash Partitioning）：根据数据的哈希值将数据均匀地分配到不同的分区，相同的键值将被分配到相同的分区。
- 范围分区（Range Partitioning）：根据数据的范围将数据划分到不同的分区。
- 列分区（Column Partitioning）：将数据按列进行划分，将同一列的数据存储在同一分区中。
- 自定义分区（Custom Partitioning）：根据自定义的分区逻辑划分数据。用户可以根据自己的需求实现自定义的分区函数。
- 桶分区（Bucket Partitioning）：将数据分成固定数量的桶，然后根据桶的标识符将数据放入对应的桶中。

3．如何进行Spark分区策略优化

（1）分析数据集的特点，考虑数据的大小、分布情况、键值对的范围等因素。了解数据的分布情况可以帮助确定最佳的分区策略。

（2）根据具体的任务需求来确定最佳的分区策略。考虑任务的类型，如是否需要按键进行聚合操作，是否需要按范围进行查询，是否需要快速访问特定列等。不同的任务类型可能需要不同的分区策略来提高系统的性能。

（3）检查数据是否存在倾斜问题，即某些键值对的数量是否远远超过其他键值对。如果存在数据倾斜，可以选择适合解决倾斜问题的分区策略，如桶分区或自定义分区。

（4）基于分析结果选择策略。根据前面的分析结果选择合适的分区策略。

以下是一些常见的情况和对应的分区策略。

- 哈希分区：适用于需要均衡分布数据以及进行键值聚合的场景，该策略适合数据分布较为均匀的情况。
- 范围分区：适用于需要按照范围进行查询和排序的场景，该策略适合数据有序或需要按照一定顺序进行处理的情况。
- 列分区：适用于列存储场景，可以提高特定列的查询效率。
- 自定义分区：适用于特定业务需求，根据自定义的逻辑进行数据分区。
- 桶分区：适用于需要数据均衡分布和快速查询的场景，可以根据数据特征将数据分

散到不同的桶中。

根据具体代码和数据情况，综合考虑数据特点、任务需求和数据倾斜情况，选择合适的分区策略。例如，如果数据集分布均匀，需要进行键值聚合操作，则可以选择哈希分区策略。如果数据有序，并且需要按范围进行查询，则可以选择范围分区策略。如果存在数据倾斜问题，可以考虑使用桶分区或自定义分区策略来解决。

2.2.8　Spark 内存溢出的应对策略

1．什么是内存溢出

内存溢出（Out of Memory，OOM）指内存耗尽或超过可用内存限制的情况。在计算机系统中，每个进程都有一定的内存限制，用于存储程序执行过程中所需的数据和代码。当程序需要的内存超过系统分配给它的内存限制时，就会发生 OOM 错误。

当发生 OOM 错误时，程序通常会被中断或崩溃，操作系统会尝试回收部分内存来解决问题，但这可能会导致数据丢失或产生不完整的结果。

在 Spark 中，当 Spark 应用程序执行期间需要的内存超过分配给它的可用内存限制时，就会发生 OOM 错误。

2．Spark中常见的OOM错误

在 Spark 中，常见的导致 OOM 错误的情况包括：

❑ 数据量过大：当处理的数据集超过可用内存容量时，很容易发生 OOM 错误。特别是在执行大规模数据操作，如聚合、排序、连接和 Shuffle 等操作时，数据量的增加可能会超过可用内存的限制。

❑ 内存泄漏：指分配的内存无法被正确释放，导致内存持续增长，最终耗尽可用内存。在 Spark 应用程序中，可能存在未释放的资源、内存占用较高的对象或数据结构、未关闭的连接等导致内存泄漏的问题。

❑ 非序列化对象过多：当 Spark 应用程序中存在大量的非序列化对象时，会导致内存占用增加。尤其是在使用闭包函数时，可能会导致闭包函数及其相关的对象被复制到每个任务中，从而增加内存使用。

❑ 过度缓存：在 Spark 中，可以使用缓存（Cache）操作将数据存储在内存中，加速后续的计算。但是，过度缓存数据可能会导致内存消耗过高，超出可用内存限制，从而引发 OOM 错误。

❑ 堆内存分配不足：Spark 应用程序默认使用 JVM 的堆内存，如果未正确配置堆内存大小，可能会导致堆内存不足以容纳应用程序所需的数据和对象，进而引发 OOM 错误。

3．如何解决各种OOM错误

下面先来讲解一下解决常规 OOM 错误的步骤。

（1）查看错误日志。查看 Spark 应用程序的错误日志，通常包含有关 OOM 错误的详细

信息，如错误堆栈跟踪和错误消息，帮助定位出现 OOM 错误的具体位置。

（2）确定内存分配情况。查看 Spark 应用程序的内存分配情况，包括堆内存和执行内存的分配情况。可以通过 Spark 监控界面、日志记录或相关的系统工具来获取这些信息。

（3）检查内存使用情况。检查应用程序中的内存使用情况，特别是在发生 OOM 之前的内存占用情况。可以通过监控工具或 Spark 的内存管理器来获取这些信息。注意查看是否存在内存泄漏或非序列化对象占用过多内存的情况。

（4）调整内存分配参数。根据应用程序的需求和可用内存情况，调整相关的内存分配参数，如 spark.executor.memory、spark.driver.memory 和 spark.memory.fraction 等。适当增加可用内存可以减少 OOM 错误的发生。

（5）优化数据处理。检查应用程序中的数据处理过程，确保合理使用缓存，避免不必要的数据复制和缓存操作。如果数据量过大，可以考虑分区、过滤或采样等操作来减少内存消耗。

（6）增加节点资源。如果应用程序的资源限制较低，可以考虑增加节点的资源，包括内存和 CPU 等。这样可以提供更多的资源供应用程序使用，减少 OOM 错误的发生。

（7）分析和优化代码。仔细分析应用程序的代码，特别是涉及大规模数据处理、聚合、排序、连接和 Shuffle 等操作的部分。检查是否存在效率较低、内存消耗较高的代码段，尝试优化这些部分的算法或数据结构。

（8）使用分布式缓存。如果应用程序需要频繁访问一些较大的数据集，可以考虑使用分布式缓存（Distributed Cache）来避免重复加载和处理这些数据，从而减少内存消耗。

常见的 OOM 错误日志通常包含类似的信息：

```
1    java.lang.OutOfMemoryError: Java heap space
```

上面是最常见的 OOM 错误日志，表示 Java 堆内存空间不足。

```
1    java.lang.OutOfMemoryError: PermGen space
```

上面的信息表示永久代（Permanent Generation）内存空间不足，通常在旧版的 Java 虚拟机中会出现。

```
1    java.lang.OutOfMemoryError: GC overhead limit exceeded
```

上面的信息表示垃圾回收开销过大，导致无法分配足够的内存。

错误日志提供了有关 OOM 错误的关键信息，指示了导致错误的具体原因。根据错误类型和堆栈跟踪信息，可以进一步分析和诊断问题，然后采取适当的措施解决问题。

2.2.9　Spark Shuffle 分配优化案例

假设有一个包含大量学生信息的数据集，每个学生都有一个唯一的学生 ID 和对应的成绩。要求对数据集进行处理，计算每个学生的平均成绩，并按照平均成绩降序排列。

性能较差的代码如下：

```
1    import org.apache.spark.sql.SparkSession
2
3    object SparkOptimizationExample {
4      def main(args: Array[String]): Unit = {
5        val spark = SparkSession.builder()
```

```
6        .appName("Spark Optimization Example")
7        .master("local")
8        .getOrCreate()
9
10      // 读取学生信息数据集
11      val studentData = spark.read
12        .format("csv")
13        .option("header", "true")
14        .load("student_data.csv")
15
16      // 转换数据类型并进行聚合计算
17      val result = studentData.rdd
18        .map(row => (row.getString(0), row.getInt(1)))
19        .groupByKey()
20        .mapValues(values => values.sum.toDouble / values.size)
21        .sortBy(_._2, ascending = false)
22        .collect()
23
24      // 打印结果
25      result.foreach(println)
26
27      spark.stop()
28    }
29  }
```

优化后的代码如下：

```
1    import org.apache.spark.sql.SparkSession
2
3    object SparkOptimizationExample {
4      def main(args: Array[String]): Unit = {
5        val spark = SparkSession.builder()
6          .appName("Spark Optimization Example")
7          .master("local")
8          .getOrCreate()
9
10        // 读取学生信息数据集
11        val studentData = spark.read
12          .format("csv")
13          .option("header", "true")
14          .load("student_data.csv")
15
16        // 缓存数据集，避免重复计算
17        studentData.cache()
18
19        // 使用 DataFrame API 进行优化
20        val result = studentData
21          .groupBy("studentId")
22          .agg(avg("score").as("averageScore"))
23          .orderBy(desc("averageScore"))
24          .collect()
25
26        // 打印结果
27        result.foreach(println)
28
29        spark.stop()
30      }
31    }
32
```

优化步骤如下：

（1）避免不必要的 Shuffle 操作。使用 DataFrame API 中的 groupBy 函数替代原先的 groupByKey 函数，避免不必要的数据重分配。

（2）合理使用缓存。对数据集使用 cache 函数进行缓存，避免重复计算，提高数据访问速度。

（3）合适的数据结构。使用 DataFrame API 的 groupBy 函数，以学生 ID 进行分组聚合，避免了 RDD 的键值对结构，减少了数据的序列化和反序列化开销。

通过以上优化步骤，减少了不必要的 Shuffle 操作，合理使用缓存和选择合适的数据结构，显著提升了代码的性能和执行效率。

2.3　网络通信优化

2.3.1　网络通信架构和组件

Spark 的网络通信架构主要由以下几个组件组成。

❑ Driver（驱动程序）：是 Spark 应用程序的主要控制中心。它负责编排任务的执行顺序、调度资源，并与集群中的 Executor 进行通信。驱动程序通常运行在单个节点上，是整个 Spark 应用程序的入口点。

驱动程序的主要功能包括：

➢ 解析和构建应用程序：驱动程序负责解析应用程序代码，并根据用户指定的操作和转换构建执行计划。它将任务划分为不同的阶段，并确定任务之间的依赖关系。

➢ 调度资源：驱动程序根据应用程序的需求，与集群管理器进行通信，请求分配足够的资源来执行任务。它可以根据任务的优先级和资源的可用性进行资源的动态分配和调整。

➢ 分发任务和数据：一旦资源分配完成，驱动程序就会将任务和数据分发给 Executor。它将任务划分为不同的分区，并将每个分区发送给可执行的 Executor 进行并行处理。

➢ 监控任务执行：驱动程序会监控任务的执行情况，包括任务的启动、进度和完成情况。它通过与 Executor 进行通信，收集任务的执行结果，并将结果进行汇总和处理。

➢ 整合执行结果：一旦所有的任务执行完成，驱动程序将收集和整合所有任务的执行结果，并进行后续的操作和处理，如数据输出、存储或进一步的转换。

驱动程序是 Spark 应用程序的核心组件，它负责整个应用程序的控制和协调。通过驱动程序，用户可以定义和管理任务的执行流程，分配资源，并监控任务的执行情况。驱动程序的高效性和可靠性对于整个 Spark 应用程序的性能和稳定性至关重要。

❑ Executor（执行器）：是 Spark 应用程序中的工作节点，负责执行任务和处理数据。每个 Executor 运行在独立的 JVM 进程中，并且在集群中的不同节点上分布。

Executor 的主要功能包括：

> 执行任务：Executor 接收来自驱动程序的任务，并在本地执行任务的操作和转换。它负责加载任务所需的代码和数据，并按照任务的指令进行计算和处理。

> 分配和管理资源：Executor 根据驱动程序的请求，从集群管理器中获取分配的资源，如 CPU 核数和内存等。它负责管理这些资源的使用，确保任务在分配的资源范围内运行。

> 数据分片和缓存：Executor 负责将输入数据进行分片，并将分片的数据存储在内存或磁盘上。它可以将常用的数据分片缓存在内存中，以加快后续任务的执行速度。

> 任务调度和执行：Executor 按照驱动程序指定的任务顺序和依赖关系，调度和执行任务。它将任务划分为不同的分区，并将分区分配给可用的线程进行并行处理。

> 监控和报告：Executor 会定期向驱动程序发送心跳信号，以表明自己的存活状态和可用性。它会汇报任务的执行进度和结果，以方便驱动程序进行监控和处理。

Executor 作为 Spark 应用程序的工作单元，负责实际的计算和数据处理任务。通过多个 Executor 的并行执行，可以充分利用集群中的计算资源，提高应用程序的处理速度和性能。Executor 的数量和配置对于应用程序的并发性和资源利用率具有重要影响，需要根据应用程序的需求进行适当的调整和配置。

❑ Cluster Manager（集群管理器）：负责在集群中管理和分配资源。常见的集群管理器包括 Apache Mesos、Hadoop YARN 和 Standalone 模式。集群管理器负责启动和停止 Executor，并根据应用程序的需求进行资源分配。

❑ Block Manager（块管理器）：负责在集群中进行数据的存储和传输。它将数据划分为一系列的数据块，并将其存储在 Executor 的内存或磁盘上。块管理器还负责数据的复制、跨节点的数据传输和数据的持久化。

❑ Shuffle：在 Spark 中用于数据重分区和数据合并的过程。当需要进行数据重分区时，Spark 会将数据根据指定的键进行洗牌，将具有相同键的数据聚集在一起。这个过程通常涉及大量的网络通信和磁盘 I/O。

通过上面这些组件，Spark 实现了高效的分布式计算和数据处理功能。驱动程序与 Executor 之间的通信通过网络进行，块管理器负责数据的存储和传输，而洗牌过程则实现了数据的重分区和聚合。这样的网络通信架构保证了 Spark 应用程序在分布式环境中的高性能和可伸缩性。

2.3.2 网络通信协议和数据传输方式

网络通信协议是指在分布式系统中，驱动程序和 Executor 之间进行数据传输和通信时所采用的规定和约定。常见的网络通信协议有 TCP/IP。

数据传输方式是指在网络通信过程中，数据在驱动程序和 Executor 之间进行传输的方式。常见的数据传输方式有 Socket 通信和堆外内存通信。Socket 通信使用 TCP/IP 进行数据传输，而堆外内存通信利用 Netty 网络库实现高效的数据传输，并支持数据压缩和序列化技术。

网络通信协议和数据传输方式的选择对于分布式系统的性能和效率具有重要影响，合理选择和优化，可以提高数据传输的效率和作业的执行速度。

Spark 使用两种网络通信协议和数据传输方式，分别是 Socket 通信和堆外内存通信。

❑ Socket 通信：在 Socket 通信模式下，Spark 使用 TCP/IP 进行数据传输。在集群中，驱动程序和 Executor 之间通过 Socket 建立连接，并通过网络传输数据。驱动程序将任务和数据划分为任务分片和数据分片，并将它们发送给 Executor，Executor 接收并处理这些分片，然后将结果返回给驱动程序。Socket 通信是 Spark 默认的通信方式，它具有广泛的兼容性和可扩展性。

❑ 堆外内存通信：在堆外内存通信模式下，Spark 使用 Netty 网络库实现数据的高效传输。Netty 支持零拷贝技术，可以将数据直接从内存复制到网络中，减少了不必要的数据复制操作，提高了数据传输的效率。堆外内存通信主要用于数据序列化和反序列化及 Shuffle 过程中的数据传输。

2.3.3　数据压缩策略

1. 什么是数据压缩

数据压缩是指通过使用特定的算法和技术，将数据在存储或传输过程中进行压缩，以减少数据占用的存储空间或网络带宽的使用量。数据压缩可以将原始数据转换为更紧凑的表示形式，从而减少存储需求或传输时间。

在数据压缩过程中，常见的压缩算法包括无损压缩算法和有损压缩算法。无损压缩算法可以将数据压缩得更小，而且不会损失任何原始数据。有损压缩算法在压缩过程中可能会舍弃一些细节或信息，以获得更高的压缩率，但也可能导致一定程度的数据损失。

数据压缩在各种领域中应用广泛，包括数据存储、网络传输、大数据处理等。通过有效地压缩数据，可以节省存储空间，降低网络传输成本，并提高数据处理和分析的效率。但是，数据压缩也会增加一定的压缩和解压缩开销，因此需要根据具体情况权衡压缩率和性能。

2. 常见的数据压缩策略

在 Spark 中，有以下几种常见的数据压缩策略。

❑ Snappy 压缩：是一种快速压缩/解压缩库，它提供了高速的压缩和解压缩速度，适用于数据传输和存储。在 Spark 中可以使用 Snappy 算法对数据进行压缩，以减少存储空间和网络带宽的使用。

❑ Gzip 压缩：是一种无损压缩算法，通常在文本文件的传输和存储中使用。在 Spark 中可以使用 Gzip 算法对数据进行压缩，以减少存储空间和网络传输的大小。但是，Gzip 压缩算法的压缩和解压缩速度相对较慢，适用于对数据占用的存储空间要求较高的场景。

❑ LZF 压缩：是一种高速的压缩算法，适用于对压缩速度要求较高的场景。在 Spark 中可以使用 LZF 算法对数据进行压缩，以减少数据的存储空间和网络传输量。

❑ Bzip2 压缩：是一种无损压缩算法，通常用于对大型文件进行压缩。在 Spark 中可以使用 Bzip2 算法对数据进行压缩，以减少存储空间和网络传输的大小。但是，Bzip2 压缩算法的压缩和解压缩速度较慢，适用于对数据占用的存储空间要求较高的场景。

3．如何进行数据压缩策略优化

当需要对 Spark 任务进行数据压缩策略优化时，可以按照以下步骤进行优化。

（1）分析数据压缩需求。

需要分析任务中的数据特点和压缩需求，考虑数据的大小、数据传输和存储的速度要求，以及对压缩比率和解压缩速度的需求。

（2）了解可用的压缩策略。

熟悉 Spark 提供的常见压缩策略，如 Snappy、Gzip、LZF 和 Bzip2。了解它们的特点、压缩比率和性能，以便选择合适的策略。

（3）评估压缩策略性能。

使用样本数据集或者部分数据进行测试，对不同的压缩策略进行性能评估。比较它们的压缩比率、压缩速度和解压缩速度，以确定最适合任务需求的压缩策略。

（4）选择合适的压缩策略。

根据性能评估的结果，选择最合适的压缩策略。考虑数据大小、传输速度、存储需求和解压缩速度等因素，选择对任务性能有最大提升的策略。

（5）配置压缩策略。

根据所选择的压缩策略，对 Spark 进行相应的配置。具体配置项因不同的压缩策略而异，以下是一些常见的配置项示例。

❏ 对于 Snappy 压缩：设置 spark.io.compression.codec 为"snappy"。

❏ 对于 Gzip 压缩：设置 spark.io.compression.codec 为"gzip"。

❏ 对于 LZF 压缩：设置 spark.io.compression.codec 为"lzf"。

❏ 对于 Bzip2 压缩：设置 spark.io.compression.codec 为"bzip2"。

通过设置对应的压缩策略配置项，Spark 将使用所选的压缩算法对数据进行压缩和解压缩，以提高存储和传输的效率。

下面列举几种常见压缩算法对比，如表 2-1 所示。

表 2-1　常见的压缩算法对比

压缩算法	压缩比率	压缩速度	解压速度	内存占用
Snappy	中等	快	快	低
Gzip	高	慢	慢	中等
LZF	低	快	快	低
Bzip2	非常高	慢	慢	高

简要说明：

❏ 压缩比率：压缩后数据大小与原始数据大小的比率，压缩比率越高，表示压缩效果越好。

❏ 压缩速度：将数据进行压缩所需的时间。

❏ 解压速度：将压缩数据解压缩为原始数据所需的时间。

❑ 内存占用：在压缩和解压缩过程中所占用的内存大小。

根据表 2-1 的对比，可以根据实际需求选择合适的压缩算法。

❑ 如果对压缩比率要求较高，并且对压缩速度和解压速度的要求不高，可以选择 Gzip
或 Bzip2 算法。

❑ 如果对压缩速度和解压速度有较高要求，并且可以接受较低的压缩比率，可以选择
Snappy 或 LZF 算法。

❑ 如果对内存占用有限制，可以选择 Snappy 或 LZF 算法，它们的内存占用较低。

2.3.4　序列化策略

1．什么是序列化

序列化是将对象转换为字节流，以便在网络上传输或直接存储到磁盘上。序列化允许对
象以一种可传输或可存储的格式表示，而且不会丢失其结构和状态。通过序列化，对象可以
在不同的系统、编程语言或平台之间进行传输和交互。

在序列化过程中，对象的状态和数据被转换为字节流，这样就可以将字节流发送给其他
系统或存储在文件中。在反序列化过程中，字节流会被重新转换为原始对象，以便可以读取
和操作对象的数据和状态。

序列化的主要用途包括：

❑ 数据传输：通过网络传输对象的字节流。例如，在分布式计算中将数据发送给远程
节点。

❑ 数据持久化：将对象存储在磁盘或其他持久化介质上，以便在需要时进行读取和
恢复。

❑ 分布式计算：在分布式计算框架中，通过序列化可以在不同的节点之间传递任务和
数据。

在 Spark 中，序列化在数据的传输和处理过程中起着重要的作用。

2．常见的序列化策略

在 Spark 中，常见的序列化策略包括以下几种：

❑ Java 序列化：是 Java 平台自带的序列化机制，可以将对象序列化为字节流，并在需
要时反序列化为原始对象。它具有很好的跨平台兼容性，但序列化和反序列化的性
能相对较低，占用的存储空间较多。

❑ Kryo 序列化：是一种快速、高效的 Java 序列化框架，它能够更快地序列化和反序列
化对象，并且占用较少的存储空间。Kryo 支持更广泛的数据类型，可以通过配置来
定制化序列化行为，提供更好的性能。

❑ Avro 序列化：是一种基于 JSON 的数据序列化系统，它具有良好的跨语言支持和数
据模式的灵活性。Avro 序列化可以将数据编码为紧凑的二进制格式，提供较高的性
能和较小的存储开销。

❑ Protobuf（Protocol Buffers）序列化：是 Google 开发的一种高效的二进制数据序列化

格式，可以将结构化数据序列化为紧凑的二进制格式。Protobuf 具有很好的性能，并且支持版本兼容性和跨平台。

在 Spark 中，默认的序列化策略是 Java 序列化，但可以通过配置来选择其他序列化策略。

3．如何进行序列化优化

优化 Spark 序列化的步骤如下：

（1）分析数据特征和工作负载。

了解数据的大小、复杂性以及工作负载的特点是选择合适序列化器的关键。不同的序列化器适用于不同类型的数据和应用场景。

（2）选择合适的序列化器。

根据数据特征和工作负载，选择合适的序列化器。一般而言，推荐使用 Kryo 序列化器，因为它具有更好的性能和存储效率。但在某些特定情况下，如需要跨语言兼容性或数据模式灵活性的情况下，Avro 或 Protobuf 序列化器可能更适合。

（3）配置序列化器。

根据选择的序列化器，配置 Spark 的相关属性。对于 Kryo 序列化器，可以设置 spark.serializer 为 org.apache.spark.serializer.KryoSerializer。对于 Avro 或 Protobuf 序列化器，还需要根据具体情况设置相关的属性。

（4）注册自定义类。

如果使用 Kryo 序列化器，可以注册自定义类以提高序列化性能。可以通过 spark.kryo.register 属性将自定义类注册到 Kryo 序列化器中，使其能够更有效地序列化和反序列化自定义类。

下面举一个业务场景的例子。假设有一个 Spark 应用程序需要处理大量复杂的对象，并将结果写入文件，代码如下：

```
1   import org.apache.spark.sql.SparkSession
2   import org.apache.spark.serializer.KryoSerializer
3
4   case class DataRecord(id: Int, name: String, age: Int)
5
6   object SparkSerializationOptimization {
7     def main(args: Array[String]): Unit = {
8       val spark = SparkSession.builder()
9         .appName("Serialization Optimization")
10        .master("local[*]")
11        .config("spark.serializer", classOf[KryoSerializer].getName)
12        .getOrCreate()
13
14      spark.conf.registerKryoClasses(Array(classOf[DataRecord]))
15
16      import spark.implicits._
17
18      val data = Seq(
19        DataRecord(1, "Alice", 25),
20        DataRecord(2, "Bob", 30),
21        DataRecord(3, "Charlie", 35)
22      )
23
24      val df = spark.sparkContext.parallelize(data).toDF()
```

```
25
26      // 进行数据处理和计算
27      val result = df.select($"id", $"name").collect()
28
29      // 将结果写入文件
30      spark.sparkContext.parallelize(result).write.text("output")
31
32      spark.stop()
33    }
34  }
```

在这个例子中使用了 SparkSession 来创建 Spark 应用程序，并配置了 Kryo 序列化器。然后使用 spark.conf.registerKryoClasses 方法注册自定义类 DataRecord。这样，Spark 就会使用 Kryo 来序列化和反序列化这个类，提高了序列化性能。

2.3.5　网络缓存策略

1. 什么是网络缓存

网络缓存是指在网络通信中，临时存储数据的一种机制。它用于在网络传输过程中缓存数据，以减少网络延迟并提高数据传输效率。

网络缓存可以存在于不同的网络层级中，如在客户端、代理服务器或网络设备中。它可以存储已经访问过的数据或频繁使用的数据，以便在后续请求中可以直接从缓存中获取，无须再次从远程服务器中获取。

网络缓存的目的是减少网络传输的时间和带宽占用，加快数据的获取速度，减轻服务器的负载压力。通过缓存数据，可以减少网络请求的次数，提高用户体验和系统性能。

2. 常见的网络缓存策略

在 Spark 中，常见的网络缓存策略包括以下几种：

❑ 基于内存的缓存（Memory Cache）：将数据缓存在内存中，可以通过 cache 或 persist 函数将 RDD 或 DataFrame 缓存到内存中。这种策略适用于对频繁访问的数据进行缓存，以提高数据读取速度。

❑ 基于磁盘的缓存（Disk Cache）：将数据缓存到磁盘上，通过 persist(StorageLevel. DISK_ONLY)方法将 RDD 或 DataFrame 缓存到磁盘上。这种策略适用于数据量较大，内存不足以完全缓存的情况，可以将部分数据缓存到磁盘上。

❑ 基于内存和磁盘的混合缓存（Memory and Disk Cache）：将数据部分存储在内存中，部分存储在磁盘上。通过 persist(StorageLevel.MEMORY_AND_DISK)方法将 RDD 或 DataFrame 进行混合缓存。这种策略适用于数据量较大，部分数据可以在内存中缓存，部分数据可以存储在磁盘上的场景。

❑ 基于外部存储系统的缓存（External Storage Cache）：将数据缓存在外部存储系统中，如 HDFS 或 S3 等。通过将数据存储在外部存储系统中，并通过 persist(StorageLevel. OFF_HEAP)方法进行缓存，可以避免数据丢失，并且可以在不同的 Spark 应用程序之间共享数据。

3．如何进行网络缓存策略优化

在 Spark 中，用户可以定期清理不再使用的缓存数据，以释放内存资源。可以使用 unpersist 函数手动清理缓存，或者根据缓存的 LRU（最近最少使用）策略自动清理不再使用的数据。根据数据大小和内存资源的情况，选择合适的存储级别（Storage Level），如 MEMORY_ONLY、MEMORY_AND_DISK 等，以平衡数据的存储和访问速度。

2.3.6　I/O 优化策略

1．什么是I/O

I/O 是 Input/Output 的缩写，指计算机系统与外部设备之间进行数据输入和输出的过程。在计算机领域中，I/O 通常指的是从外部设备（如硬盘、网络、键盘等）读取数据或将数据写入外部设备的操作。

I/O 操作是计算机系统中的重要组成部分，用于与外部环境进行数据交换。常见的 I/O 操作包括从磁盘读取文件、向磁盘写入文件、通过网络发送和接收数据等。这些操作涉及数据的传输、存储和处理，是计算机系统中不可或缺的一部分。

I/O 操作的效率对系统性能和响应速度有重要影响。优化 I/O 操作可以通过提高数据传输速度、减少数据复制和缓存管理等方式来实现。常见的 I/O 优化技术包括使用缓存、批量读写数据、采用异步 I/O 等。

2．Spark中常见的I/O优化方式

在 Spark 中，常见的 I/O 优化方式如下：

❑ 数据本地化：尽量将数据存储在计算节点的本地磁盘上，以减少数据传输的开销。通过调整数据分区、合理设置数据缓存等方式，使计算任务可以在尽可能接近数据的位置上执行，以减少网络 I/O。

❑ 数据压缩：通过使用压缩算法对数据进行压缩，减小数据在网络传输和存储过程中的大小。压缩可以减少网络带宽的占用，提高数据传输效率。

❑ 并行 I/O 操作：在读写数据时采用并行的方式，即同时操作多个数据块或文件。通过并行 I/O 操作，可以提高数据读写的速度，充分利用系统资源。

❑ 合并小文件：在处理大量的小文件时，可以将多个小文件合并成一个大文件进行操作。这样可以减少文件系统的开销，提高 I/O 效率。

❑ 内存缓存：将频繁访问的数据缓存在内存中，减少磁盘 I/O 操作。Spark 提供了内存缓存机制，可以将数据集或计算结果缓存在内存中，加速后续的操作。

❑ 数据序列化：选择合适的数据序列化方式，以减小数据的序列化和反序列化开销。Spark 支持多种序列化器，如 Java 序列化和 Kryo 序列化等，可以根据数据类型和性能需求选择合适的序列化器。

3．在Spark中进行I/O优化示例

下面通过一个例子展示如何通过 I/O 的优化策略对代码进行优化。

```
1    // 未优化的代码
2    val data = spark.read.csv("input.csv")
3    val result = data.filter($"age"> 30).groupBy($"gender").count()
4
5    // 优化后的代码
6    val data = spark.read.format("csv").option("header", "true").load
     ("input.csv")
7
8    // 使用缓存进行数据重用
9    data.persist(StorageLevel.MEMORY_AND_DISK)
10
11   // 优化数据分区数
12   val repartitionedData = data.repartition(4)
13
14   val result = repartitionedData .filter($"age"> 30)
15     .groupBy($"gender")
16     .count()
17
18   // 使用列式存储格式，减少 I/O 压力
19   result .write.format("parquet").mode("overwrite").save("output.parquet")
```

优化策略说明：

❑ 缓存数据：通过 persist 方法将数据持久化到内存和磁盘上，以便后续重用。这样可以避免重复读取数据，提高程序的性能。

❑ 优化数据分区：通过 repartition 方法将数据重新分区为指定的分区数。合理设置分区数可以提高并行度，加快数据处理速度。

❑ 使用列式存储格式：将数据以 parquet 格式存储，这是一种列式存储格式，相比于行式存储格式，能够减少 I/O 操作和数据读取量，提高数据的读取效率。

2.3.7　带宽限制和网络拥塞控制

1．带宽限制

带宽是指在一段时间内传输数据的能力，通常以每秒传输的数据量来衡量。带宽限制是指网络中设定的最大传输速率，限制了数据在网络中的传输速度。当网络中的带宽被限制时，数据的传输速度会受到影响，可能导致网络延迟增加或数据传输时间延长。

2．网络拥塞控制

网络拥塞是指在网络中出现过多的数据流量，超过了网络的处理能力。当网络拥塞时，数据包可能会丢失、延迟增加或传输失败。为了避免出现网络拥塞，在网络通信中采用了一系列的拥塞控制机制，如拥塞窗口调整、数据包丢弃和重传、流量控制等。这些机制可以根据网络状态和拥塞程度来动态调整数据传输的速率，以保持网络的稳定性和可靠性。

3．Spark中带宽限制和网络拥塞控制优化

在 Spark 中，带宽限制和网络拥塞控制的优化是关键的性能提升策略之一。通过合理配置数据并行度、使用适当的数据压缩算法、实施网络拥塞控制机制，可以提高数据传输的效率和稳定性。监控和调整网络配置、优化数据传输方式也是优化带宽限制和网络拥塞控制的重要手段。这些优化措施可以减少网络拥塞带来的性能损失，提高 Spark 应用程序的整体性能。

2.3.8　数据本地性优化策略

1．什么是数据本地性

数据本地性是指在分布式计算环境中，计算任务执行时所需要的数据是否已经存在于执行任务的节点的本地存储介质（如本地磁盘或内存）中。

2．常见的数据本地性策略

在 Spark 中，常见的数据本地性策略包括以下几种：

- ❑ Process Local（进程本地）：将计算任务调度到存储有数据块的同一个进程中执行。这是最高级别的数据本地性，可以避免数据传输开销。
- ❑ Node Local（节点本地）：将计算任务调度到存储有数据块的同一个节点中执行。数据需要通过网络传输到目标节点上，但是网络传输的距离较短，开销相对较小。
- ❑ Rack Local（机架本地）：将计算任务调度到存储有数据块的同一个机架中执行。数据需要通过网络传输到目标机架内的节点上，网络传输开销较高于节点本地。
- ❑ Any（任意）：将计算任务调度到任意可用节点上执行，无论数据是否本地。这是最低级别的数据本地性，适用于数据较少或者数据本地性不是关键因素的情况。

3．在Spark中如何进行数据本地性策略优化

首先，需要了解数据在集群中的分布情况。可以通过 Spark 的监控工具或相关 API 来查看数据块在各个节点之间的分布情况。其次，根据数据分布情况选择合适的调度策略，使任务能够在数据本地执行。常见的调度策略包括 Process Local、Node Local、Rack Local 和 Any。根据数据本地性的要求和集群的网络拓扑结构选择适当的策略。另外，可以通过 Spark 的相关 API 设置任务的本地性优先级。使用 spark.locality.wait 参数设置任务在等待本地资源的时间上限，确保任务能够尽快获得本地资源并开始执行。然后根据任务和数据的特性进行数据本地性的优化。例如，可以将数据预分区提高数据本地性，或者通过数据分片来增加数据本地性。最后，在任务执行过程中，可以监控数据本地性的情况，并根据需要进行调整和优化。使用 Spark 的监控工具和日志信息，可以查看任务在不同本地性级别上的执行情况和数据传输开销。

2.3.9　网络安全和认证优化

1．什么是网络安全和认证

网络安全和认证是指在计算机网络中保护数据和系统免受未经授权的访问、攻击和数据泄露。在 Spark 中，网络安全和认证是非常重要的，特别是在涉及敏感数据和敏感操作的场景下。

2．常见的网络安全和认证措施

常见的网络安全措施如下：

❑ 身份验证（Authentication）：确认用户或实体的身份信息，确保只有合法用户能够访问系统。常见的身份验证方式包括用户名和密码、密钥对、证书、多因素认证等。

❑ 访问控制（Access Control）：限制对系统资源的访问权限，确保只有授权用户或实体可以执行特定操作。访问控制可以基于角色、权限、访问策略等进行管理。

❑ 加密传输（Secure Transport）：使用安全传输协议（如 TLS/SSL）对网络通信进行加密，防止数据在传输过程中被窃取、篡改或伪造。

❑ 数据加密（Data Encryption）：对存储在系统中的敏感数据进行加密，保护数据的机密性，即使数据被盗取也难以解密。

❑ 安全审计和日志记录（Security Auditing and Logging）：记录系统的安全事件和操作日志，以便追踪和审计系统的安全性。这可以帮助用户发现潜在的安全问题，并提供追溯能力。

❑ 防火墙和网络隔离（Firewalls and Network Segmentation）：配置防火墙规则，限制对系统的网络访问，只允许特定的 IP 地址或网络段进行通信。网络隔离可以防止未经授权的访问和网络攻击。

❑ 漏洞管理和安全更新（Vulnerability Management and Patching）：定期进行漏洞扫描和安全评估，及时应用安全更新和修补程序，确保系统不受已知的安全漏洞的影响。

❑ 安全培训和意识教育（Security Training and Awareness）：向系统用户和管理员提供安全培训和教育服务，加强他们的安全意识和知识，减少安全风险。

3．在Spark中进行网络安全和认证优化

在 Spark 中进行网络安全和认证优化可以采取以下策略和方法：

❑ 使用安全传输协议：确保数据在传输过程中的安全性，可以使用安全传输协议，如 HTTPS 或 SSL/TLS 等。通过配置 Spark 的相关参数，启用安全传输，对数据进行加密和验证。

❑ 认证和授权：实施严格的认证和授权机制，确保只有经过身份验证和授权的用户才能访问 Spark 集群和执行的任务。可以使用基于用户凭证的认证方法，如 Kerberos、LDAP 等。

❑ 安全配置和防火墙：配置 Spark 集群的安全设置，限制网络访问和数据传输。可以

使用防火墙来保护集群的网络安全，限制入站和出站的网络连接。

❏ 数据加密：对敏感数据进行加密，保护数据的隐私和安全。可以使用加密算法对数据进行加密，确保数据在存储和传输过程中的安全性。

❏ 安全审计和监控：实施安全审计和监控机制，对 Spark 集群的活动进行跟踪和监测，及时发现和应对安全威胁。可以使用安全审计工具和日志分析工具来收集和分析集群的安全日志和事件。

通过以上网络安全和认证优化策略，可以保护 Spark 集群和数据的安全性，防止未经授权的访问和数据泄露。同时还可以监控和应对安全事件，确保集群稳定、可靠地运行。

2.3.10　进程本地化优化案例

现在有一个 Spark SQL 任务，其目的是构建一个与游戏相关的模型服务器的数据表。这个任务涉及读取三个表的数据，每个表的数据量不大。这些表包含游戏相关的用户行为数据、游戏信息及其他特征数据。

优化前的参数配置如下：

```
1    spark.executor.instances =100
2    spark.executor.memory=3584M
3    spark.executor.cores=1
```

（1）查看 Spark Web UI 的 Stages 页面，如图 2-3 所示。

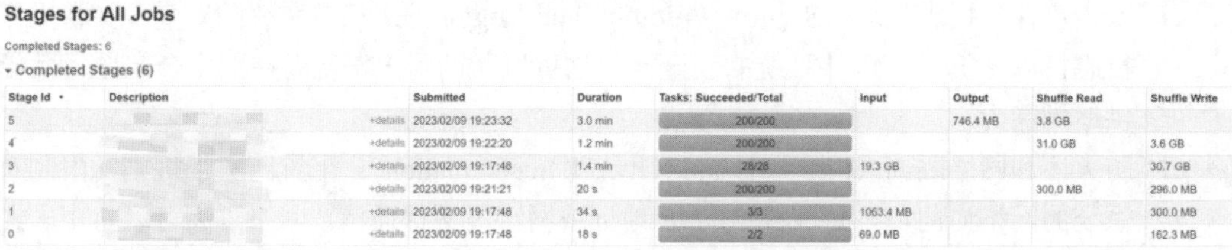

Stages for All Jobs

Completed Stages: 6

▼ Completed Stages (6)

Stage Id ▲	Description	Submitted	Duration	Tasks: Succeeded/Total	Input	Output	Shuffle Read	Shuffle Write
5		+details 2023/02/09 19:23:32	3.0 min	200/200		746.4 MB	3.8 GB	
4		+details 2023/02/09 19:22:20	1.2 min	200/200			31.0 GB	3.6 GB
3		+details 2023/02/09 19:17:48	1.4 min	28/28	19.3 GB			30.7 GB
2		+details 2023/02/09 19:21:21	20 s	200/200			300.0 MB	296.0 MB
1		+details 2023/02/09 19:17:48	34 s	3/3	1063.4 MB			300.0 MB
0		+details 2023/02/09 19:17:48	18 s	2/2	69.0 MB			162.3 MB

图 2-3　Stages 页面

根据图 2-3，可以观察到总共有 6 个阶段，其中，最小的阶段并发度为 2，最大的阶段并发度为 200。有三个阶段的执行时间很短，都在 1min 以内。最长的阶段执行时间也只有 3min。此外，通过查看输入列（Input），用户可以发现数据源涉及多个。由此可以推断实际需要处理的数据量并不大，大约在 20GB。

从图 2-3 中可以看出，由于存在多个阶段，因此会出现数据洗牌的情况，这导致在不同的网络节点之间存在大量的网络请求，可能会对进程的执行时间和性能产生影响，因此在优化进程时需要考虑如何减少 Shuffle 操作或优化 Shuffle 操作过程来提高进程的整体性能。

（2）查看 Executors 资源使用情况，如图 2-4 所示。

根据图 2-4 中的信息，可以观察到大部分 Executor 的完成任务数量为 0，这表明它们没有执行任何任务，因此可以说它们处于空闲状态。这种情况下，这些 Executor 确实没有充分利用 CPU 资源，因为它们没有完成任何实际的计算任务。

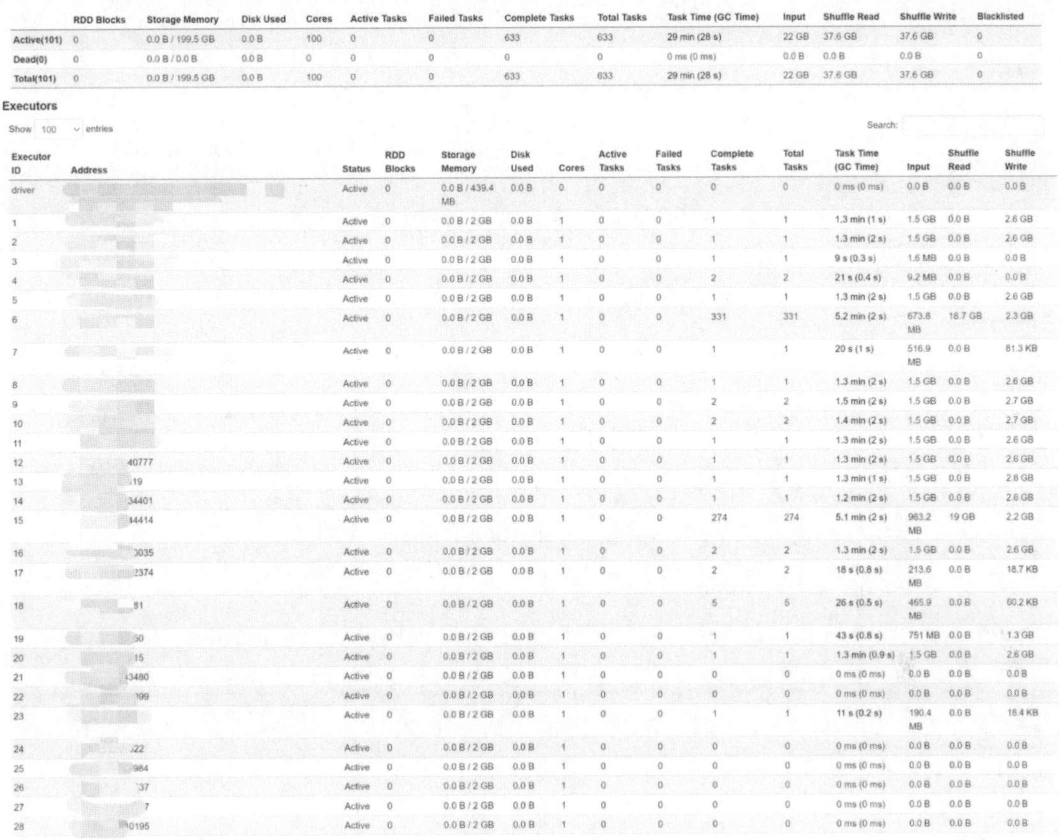

	RDD Blocks	Storage Memory	Disk Used	Cores	Active Tasks	Failed Tasks	Complete Tasks	Total Tasks	Task Time (GC Time)	Input	Shuffle Read	Shuffle Write	Blacklisted
Active(101)	0	0.0 B / 199.5 GB	0.0 B	100	0	0	633	633	29 min (28 s)	22 GB	37.6 GB	37.6 GB	0
Dead(0)	0	0.0 B / 0.0 B	0.0 B	0	0	0	0	0	0 ms (0 ms)	0.0 B	0.0 B	0.0 B	0
Total(101)	0	0.0 B / 199.5 GB	0.0 B	100	0	0	633	633	29 min (28 s)	22 GB	37.6 GB	37.6 GB	0

Executors

Show 100 ∨ entries　　　　　　　　　　　　　　　　　　　　Search:

Executor ID	Address	Status	RDD Blocks	Storage Memory	Disk Used	Cores	Active Tasks	Failed Tasks	Complete Tasks	Total Tasks	Task Time (GC Time)	Input	Shuffle Read	Shuffle Write
driver		Active	0	0.0 B / 439.4 MB	0.0 B	0	0	0	0	0	0 ms (0 ms)	0.0 B	0.0 B	0.0 B
1		Active	0	0.0 B / 2 GB	0.0 B	1	0	0	1	1	1.3 min (1 s)	1.5 GB	0.0 B	2.6 GB
2		Active	0	0.0 B / 2 GB	0.0 B	1	0	0	1	1	1.3 min (2 s)	1.5 GB	0.0 B	2.0 GB
3		Active	0	0.0 B / 2 GB	0.0 B	1	0	0	1	1	9 s (0.3 s)	1.6 MB	0.0 B	0.0 B
4		Active	0	0.0 B / 2 GB	0.0 B	1	0	0	2	2	21 s (0.4 s)	9.2 MB	0.0 B	0 B
5		Active	0	0.0 B / 2 GB	0.0 B	1	0	0	1	1	1.3 min (2 s)	1.5 GB	0.0 B	2.6 GB
6		Active	0	0.0 B / 2 GB	0.0 B	1	0	0	331	331	5.2 min (2 s)	673.8 MB	18.7 GB	2.3 GB
7		Active	0	0.0 B / 2 GB	0.0 B	1	0	0	1	1	20 s (1 s)	516.9 MB	0.0 B	81.3 KB
8		Active	0	0.0 B / 2 GB	0.0 B	1	0	0	1	1	1.3 min (2 s)	1.5 GB	0.0 B	2.6 GB
9		Active	0	0.0 B / 2 GB	0.0 B	1	0	0	2	2	1.5 min (2 s)	1.5 GB	0.0 B	2.7 GB
10		Active	0	0.0 B / 2 GB	0.0 B	1	0	0	2	2	1.4 min (2 s)	1.5 GB	0.0 B	2.7 GB
11		Active	0	0.0 B / 2 GB	0.0 B	1	0	0	1	1	1.3 min (2 s)	1.5 GB	0.0 B	2.6 GB
12	40777	Active	0	0.0 B / 2 GB	0.0 B	1	0	0	1	1	1.3 min (2 s)	1.5 GB	0.0 B	2.6 GB
13	19	Active	0	0.0 B / 2 GB	0.0 B	1	0	0	1	1	1.3 min (1 s)	1.5 GB	0.0 B	2.8 GB
14	34401	Active	0	0.0 B / 2 GB	0.0 B	1	0	0	1	1	1.2 min (2 s)	1.5 GB	0.0 B	2.8 GB
15	14414	Active	0	0.0 B / 2 GB	0.0 B	1	0	0	274	274	5.1 min (2 s)	963.2 MB	19 GB	2.2 GB
16	0035	Active	0	0.0 B / 2 GB	0.0 B	1	0	0	2	2	1.3 min (2 s)	1.5 GB	0.0 B	2.6 GB
17	2374	Active	0	0.0 B / 2 GB	0.0 B	1	0	0	2	2	18 s (0.8 s)	213.6 MB	0.0 B	18.7 KB
18	51	Active	0	0.0 B / 2 GB	0.0 B	1	0	0	5	5	26 s (0.5 s)	465.9 MB	0.0 B	60.2 KB
19	30	Active	0	0.0 B / 2 GB	0.0 B	1	0	0	1	1	43 s (0.8 s)	751 MB	0.0 B	1.3 GB
20	15	Active	0	0.0 B / 2 GB	0.0 B	1	0	0	1	1	1.3 min (0.9 s)	1.5 GB	0.0 B	2.6 GB
21	3480	Active	0	0.0 B / 2 GB	0.0 B	1	0	0	0	0	0 ms (0 ms)	0.0 B	0.0 B	0.0 B
22	09	Active	0	0.0 B / 2 GB	0.0 B	1	0	0	0	0	0 ms (0 ms)	0.0 B	0.0 B	0.0 B
23		Active	0	0.0 B / 2 GB	0.0 B	1	0	0	1	1	11 s (0.2 s)	190.4 MB	0.0 B	18.4 KB
24	22	Active	0	0.0 B / 2 GB	0.0 B	1	0	0	0	0	0 ms (0 ms)	0.0 B	0.0 B	0.0 B
25	984	Active	0	0.0 B / 2 GB	0.0 B	1	0	0	0	0	0 ms (0 ms)	0.0 B	0.0 B	0.0 B
26	37	Active	0	0.0 B / 2 GB	0.0 B	1	0	0	0	0	0 ms (0 ms)	0.0 B	0.0 B	0.0 B
27	7	Active	0	0.0 B / 2 GB	0.0 B	1	0	0	0	0	0 ms (0 ms)	0.0 B	0.0 B	0.0 B
28	0195	Active	0	0.0 B / 2 GB	0.0 B	1	0	0	0	0	0 ms (0 ms)	0.0 B	0.0 B	0.0 B

图 2-4　Executors 页面

（3）针对资源利用不均衡的问题，可以考虑以下优化策略。

❑ 减少 Executor 的数量：根据观察到的空闲 Executor 数量较多的情况，可以将原本初始化的 100 个 Executor 数量减少到 8 个。经过实际验证，发现 8 个 Executor 已经足够满足任务需求，这样可以大幅减少空跑资源的情况。

❑ 合并 Executor 执行：原本任务可能分散在多个 Executor 上执行，可以优化为在同一个 Executor 内部执行任务。通过将任务集中在一个进程内执行，可以减少网络请求和数据洗牌的开销，提高任务的执行效率。

（4）配置优化参数如下：

```
1    --conf spark.driver.memory=512M
2    --conf spark.executor.cores=8
3    --conf spark.executor.memory=17814M
4    --conf spark.executor.instances=1
5    --conf spark.memory.fraction=0.90
```

（5）优化前后对比。

优化前的执行时间如图 2-5 所示。

优化后的执行时间如图 2-6 所示。

优化后的资源利用率如图 2-7 所示。

图 2-5   优化前的执行时间

图 2-6   优化后的执行时间

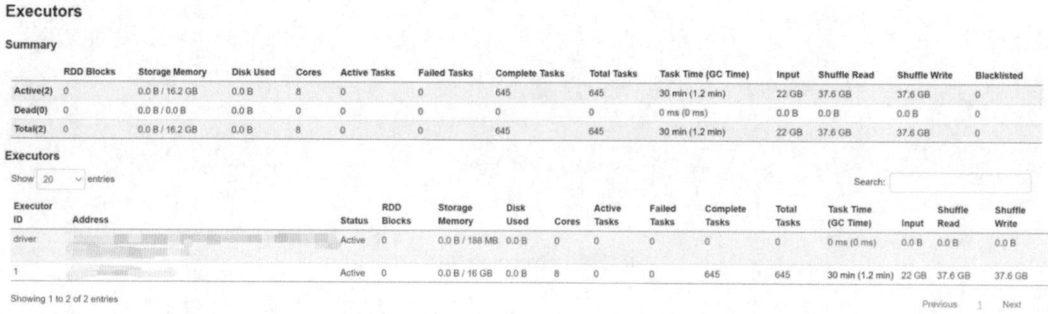

图 2-7   优化后的资源利用率

（6）优化分析说明。

通过观察图 2-7 可以发现只有一个 Executor，并且该 Executor 具有 8 个核心。因此，所有执行线程都在同一个 Executor 进程中运行，这意味着任务在进程本地执行，无须进行网络传输。

这种进程本地化的执行方式具有显著的优势。任务在同一个进程中执行，减少了不同进程之间的通信开销，避免数据的网络传输和 Shuffle 操作，大幅提高了任务的执行效率和性能。

此外，由于所有的核心都集中在同一个 Executor 中，所以可以更好地利用计算资源。每个核心都可以执行并行任务，进一步提高了进程的整体计算能力。

💭 **注意**：并不是任务使用的资源越多就一定能够获得更快的执行速度。对比优化前后任务的执行时间可以看出，资源多并不一定意味着任务执行速度更快。在优化过程中，需要综合考虑资源的分配、任务的并行度、数据传输等因素，并根据具体场景进行调整。

2.4　数据读写优化

2.4.1　数据读取的优化技巧

数据读取是指从外部数据源（如文件系统、数据库、消息队列等）获取数据并加载到 Spark 中进行处理和分析的过程。在 Spark 中，有多种方式可以进行数据读取，常见的方式如下：

❑ 文件系统读取：Spark 支持从各种文件系统（如 HDFS 和 S3、本地文件系统等）中读取数据。可以使用 spark.read 方法创建 DataFrame 或 Dataset 对象，然后通过指定文件路径、文件格式、读取选项等参数来读取数据。

❑ 数据库读取：Spark 可以通过连接到关系型数据库（如 MySQL、PostgreSQL 和 Oracle 等）或非关系型数据库（如 MongoDB 和 Cassandra 等）来读取数据。可以使用 spark.read 方法配合相关数据库连接器（如 JDBC 和 ODBC 等）来读取数据。

❑ 实时流数据读取：Spark Streaming 和 Structured Streaming 提供了对实时流数据的读取支持。可以使用各种流式数据源（如 Kafka、Kinesis 和 Flume 等）来读取实时数据，并进行实时处理和分析。

❑ 数据集成工具：Spark 提供了一些数据集成工具，如 Sqoop 和 Flume，用于从传统数据源（如关系型数据库、日志文件等）中读取数据并将其加载到 Spark 中。

❑ 自定义数据源：如果需要从其他数据源中读取数据，可以编写自定义数据源插件，实现 org.apache.spark.sql.sources.DataSourceRegister 接口，并注册到 Spark 中。

在进行数据读取时，可以根据数据的特点和需求选择合适的读取方式和选项。例如，可以指定数据格式（如 CSV、JSON 和 Parquet 等）、分区策略、读取选项（如分隔符、文件压缩方式等）等来优化数据读取的性能和效率。同时，还可以利用 Spark 的并行处理能力和数据分区进行数据读取的并行化，提高数据读取速度和吞吐量。

2.4.2　数据写入的优化技巧

数据写入是将 Spark 处理和分析的结果存储到外部数据源（如文件系统、数据库、消息队列等）的过程。Spark 提供了多种方式可以进行数据写入，常见的方式如下：

❑ 文件系统写入：Spark 支持将数据写入各种文件系统（如 HDFS、S3 和本地文件系统等）。可以使用 DataFrame 或 Dataset 对象的 write 方法，指定文件路径、文件格式和写入选项等参数将数据写入文件系统。

❑ 数据库写入：Spark 可以将数据写入关系型数据库或非关系型数据库。可以使用 DataFrame 或 Dataset 对象的 write 方法，结合相关数据库连接器（如 JDBC 和 ODBC 等）将数据写入数据库表。

❑ 实时流数据写入：Spark Streaming 和 Structured Streaming 提供了对实时流数据的写入支持。可以使用各种流式数据目标（如 Kafka、Kinesis 和 HDFS 等）将实时流数据写入指定的数据源。

❏ 数据集成工具：Spark 提供了一些数据集成工具，如 Sqoop 和 Flume，用于将 Spark 处理的结果数据写入其他数据源。

❏ 自定义数据源：如果需要将数据写入其他数据源，可以编写自定义数据源插件，实现 org.apache.spark.sql.sources.DataSourceRegister 接口，并注册到 Spark 中。

在进行数据写入时，可以根据目标数据源的特点和需求选择合适的写入方式和选项。例如，可以指定写入的数据格式（如 CSV、JSON、Parquet 等）、写入模式（如追加、覆盖等）和写入分区等来控制数据写入的行为。同时，Spark 还提供了数据写入的并行化能力，可以将数据按照分区进行并行写入，提高数据的写入速度和吞吐量。

2.4.3 过滤数据的读取优化

1. 什么是数据过滤

数据过滤是指根据特定的条件或谓词，从数据集中筛选出满足条件的数据记录。在 Spark 中，数据过滤是一种常见的操作，可以帮助用户从大规模数据集中提取出所需的数据，减少后续处理的数据量，提高计算效率。

2. 数据过滤的常见方法

在 Spark 中，数据过滤可以通过以下方式实现优化。

❏ 谓词下推：Spark 支持谓词下推优化，即将过滤操作尽量推到数据源中执行，减少不必要的数据传输和处理操作，提高了过滤操作的效率。

❏ 使用过滤函数：在 Spark 中，可以使用各种过滤函数（如 filter 和 where 等）实现数据过滤。这些函数可以接收一个谓词函数或表达式作为参数，并返回满足条件的数据集。

❏ 利用索引：如果数据源支持索引，可以根据索引快速定位满足条件的数据，加速数据过滤操作，减少遍历整个数据集的开销。

❏ 数据分区：在数据过滤时，可以考虑对数据进行分区，将过滤操作并行执行在各个分区上，提高数据过滤的效率。通过数据分区，可以将数据并行处理，充分利用集群资源。

3. 如何进行数据过滤优化

一个很好的策略是将过滤条件放到数据源或数据存储层中进行处理，减少数据的传输和处理量。可以通过数据库查询优化、文件系统过滤等方式实现，减少不必要的数据读取和处理操作。如果是关系型数据，可以对数据集中的关键字段创建索引，加快数据过滤的速度。索引可以进行快速的数据查找和过滤，减少了扫描整个数据集的开销。另外，不同的数据结构影响也比较大，可以选择合适的数据结构来存储和表示数据，以便高效地进行过滤操作。例如，使用基于哈希的数据结构如哈希表或布隆过滤器，可以快速检索数据并进行过滤。

下面的例子演示了如何使用谓词下推优化 Spark 任务，代码如下：

```
1    import org.apache.spark.sql.SparkSession
2
3    object PredicatePushdownExample {
4      def main(args: Array[String]): Unit = {
5        // 创建 SparkSession
6        val spark = SparkSession.builder()
7          .appName("PredicatePushdownExample")
8          .master("local[*]")
9          .getOrCreate()
10
11       // 读取数据源
12       val df = spark.read
13         .format("csv")
14         .option("header", "true")
15         .option("inferSchema", "true")
16         .load("path/to/data.csv")
17
18       // 假设要过滤年龄大于或等于 18 岁的用户
19       val filteredDf = df.filter("age >= 18")
20
21       // 执行查询操作
22       filteredDf.show()
23
24       // 假设要统计过滤后的用户数
25       val count = filteredDf.count()
26
27       // 停止 SparkSession
28       spark.stop()
29     }
30   }
```

本例使用了谓词下推优化技术。具体步骤如下：

（1）创建 SparkSession。创建一个 SparkSession 实例，用于执行 Spark 任务。

（2）读取数据源。使用 SparkSession 的 read 方法读取数据源，这里假设数据源是一个 CSV 文件。

（3）谓词下推。通过在过滤操作中使用谓词表达式 "age >= 18"，告诉 Spark 将过滤条件下推到数据源中进行处理。

（4）执行查询操作。使用 show 方法展示过滤后的数据，这里是展示年龄大于或等于 18 岁的用户信息。

（5）统计过滤后的用户数。使用 count 方法统计过滤后的用户数，由于谓词下推优化，Spark 只会加载满足条件的数据进行过滤，而不是加载整个数据集。

通过谓词下推优化，Spark 在数据源层面对数据进行过滤，减少了不必要的数据读取和处理操作，提高了查询性能。

2.4.4　分区读取数据的优化

1. 什么是分区读取

分区读取（Partition Pruning）是一种数据读取优化技术，在分布式计算中被广泛使用。它通过识别和仅读取必要的数据分区，从而减少读取的数据量，提高读取性能和效率。

在 Spark 中，数据通常被划分为多个分区进行存储。而分区读取则是根据查询条件或过滤条件，识别出与查询相关的分区，并且仅读取这些分区中的数据，而不是读取整个数据集。这样可以避免读取不必要的数据分区，减少磁盘 I/O 和网络传输开销，提高读取的速度。

2. 分区读取的优势

- 提高读取性能：通过只读取相关的分区数据，减少了不必要的 I/O 操作，加快了读取速度。
- 减少资源消耗：减少了网络传输和磁盘 I/O 开销，降低了系统资源的占用。
- 优化查询计划：根据分区读取的特性，Spark 可以在查询计划中优化执行计划，进一步提高查询效率。

3. 在Spark中如何利用分区读取进行性能优化

在平时开发中，可以通过合理设计分区策略，使用分区键进行过滤条件，细分分区以解决数据倾斜问题，利用数据缓存加速查询，动态选择分区读取，保持分区数据的均衡性等方式，提升性能并降低资源消耗。通过优化分区读取，可以适应数据量的增长变化情况，实现更高效的数据处理。

2.4.5　批量写入数据的优化

1. 什么是批量写入

批量写入是指将多个数据项一次性写入目标存储系统的操作。通常情况下，批量写入能够提高数据写入的效率和吞吐量，相比逐个写入单个数据项，减少了写入操作的开销和延迟。

在批量写入数据的过程中，多个数据项可以被打包为一个数据块或批次，并一次性提交给存储系统。这种方式可以减少写入操作的频率，降低与存储系统的交互次数，提高数据写入的效率。批量写入通常用于处理大规模数据集或高并发数据写入的场景，如数据仓库加载、日志收集、批量导入等。

批量写入可以通过不同的技术和工具来实现。例如，使用批处理作业、使用高性能的数据写入接口或使用优化的数据传输协议等。优化批量写入的关键是合理设置批次大小、调整写入并发度、优化网络传输和使用合适的数据压缩策略，来提高写入性能和系统资源利用率。

2. 常见的批量写入方法

在 Spark 中，常见的批量写入方法包括：

- DataFrame 或 Dataset 的批量写入：使用 DataFrameWriter 或 DatasetWriter 提供的方法，如 write、insertInto 和 save 等，将 DataFrame 或 Dataset 的数据批量写入目标数据源，如文件系统或关系型数据库等。
- RDD 的批量写入：通过调用 RDD 的 saveAsTextFile 和 saveAsObjectFile 等方法，将 RDD 的数据以批量方式写入文件系统。
- 使用外部连接器或库：Spark 提供了与各种外部数据源连接器或库集成的功能，如

Spark SQL 的 JDBC 连接器、Hadoop HDFS 的 Hadoop API 和 Cassandra 的 Spark-Cassandra 连接器等。使用这些连接器或库，可以进行高效的批量写入操作。

❑ 使用批处理作业：将数据预处理或转换为批处理作业，并使用 Spark 的批处理引擎执行作业。这种方式适用于需要对数据进行复杂计算或转换的场景，批量处理数据后，再批量写入目标数据源。

3. 如何利用批量写入进行优化

在进行批量写入之前，首先选择适合数据特征和需求的写入格式，如 Parquet 和 ORC 等，这样可以提供更高的压缩比和查询性能。然后将数据分批处理，使用批量写入操作而不是逐条写入，可以减少写入的开销和通信成本。

不同数据格式的特征如表 2-2 所示。

表 2-2　不同数据格式的特征

数 据 格 式	特　　征
Parquet	列式存储，适合查询操作
	压缩比高，减少存储空间
	支持谓词下推和列剪裁等高级优化技术
ORC	列式存储，适合查询操作
	压缩比高，减少存储空间
	支持索引和分区等高级优化技术
CSV	通用格式，易于读写和处理
	不支持压缩，存储空间较大
	不适合高性能查询和复杂的数据结构
Avro	二进制格式，支持架构演化和数据压缩
	具有数据类型、模式和版本管理等特性
	不适合直接查询，需转换为其他格式进行处理
JSON	人类可读的文本格式，易于处理和解析
	存储空间较大，不适合大规模数据
	不支持高级查询和优化技术

下面举一个非批量数据写入方式的例子，代码如下：

```
1    // 创建 SparkSession
2    val spark = SparkSession.builder()
3      .appName("BatchWriteExample")
4      .master("local[*]")
5      .getOrCreate()
6
7    // 创建示例数据 DataFrame
8    val data: DataFrame = spark.range(1, 1000000).toDF("id")
9
10   // 单条数据写入方式
11   data.write
12     .mode("overwrite")
13     .format("parquet")
14     .save("hdfs://path/to/destination")
```

```
15
16   // 停止 SparkSession
17   spark.stop()
```

要实现批量写入，可以使用 DataFrame 的 foreachPartition 方法，以每个分区为单位进行批量写入，代码如下：

```
1    // 创建 SparkSession
2    val spark = SparkSession.builder()
3      .appName("BatchWriteExample")
4      .master("local[*]")
5      .getOrCreate()
6
7    // 创建示例数据 DataFrame
8    val data: DataFrame = spark.range(1, 1000000).toDF("id")
9
10   // 批量写入数据到 Parquet 文件
11   data.foreachPartition { partition =>
12     // 在每个分区上执行批量写入操作
13     // 这里可以使用第三方库或自定义逻辑进行批量写入操作
14   }
15
16   // 停止 SparkSession
17   spark.stop()
```

在 foreachPartition 方法中，可以针对每个分区实现批量写入的逻辑，这样可以将每个分区的数据一次性写入目标文件，提高写入性能并减少开销。具体的批量写入操作可以使用第三方库（如 Hadoop 或 Apache Parquet 等）或自定义的逻辑来实现。

2.4.6　并行写入数据的优化

1. 什么是并行写入

并行写入是指同时将多个数据块或数据分区以并行方式写入目标存储系统的过程。在并行写入中，数据可以被同时写入多个磁盘、文件或分区，以提高写入操作的效率和性能。

2. Spark中的并行写入方式

在 Spark 中，可以通过以下方式实现并行写入。

❑ 分区并行写入：将数据集划分为多个分区，并使用并行任务将每个分区的数据同时写入目标存储系统。这样可以充分利用集群的计算资源并加快写入速度。

❑ 批量写入：将数据分批处理，每个批次的数据可以并行写入。批量写入可以减少写入操作的开销，如网络传输开销、连接和关闭的开销等。

❑ 并行文件写入：将数据写入多个文件，每个文件都可以并行写入。这种方式可以提高写入操作的并发性，充分利用存储系统的并行写入能力。

3. 如何进行并行写入优化

将数据集分为多个分区，然后使用并行任务将每个分区的数据同时写入目标存储系统。可以使用 foreachPartition 操作来实现，它会在每个分区上执行自定义的写入逻辑，允许并行处理多个分区。

```
1    data.foreachPartition { partition =>
2        // 在每个分区上执行自定义的写入逻辑
3        // 将数据写入目标存储系统
4    }
```

如果目标存储系统支持并行写入多个文件，可以使用 Spark 的 repartition 操作将数据划分为多个分区，然后使用 saveAsTextFile 或 save 方法将每个分区的数据写入不同的文件。

```
1    val repartitionedData = data.repartition(numPartitions)
2    repartitionedData.saveAsTextFile("hdfs://path/to/destination")
```

对于某些特定的数据源，如 Hive 表，Spark 提供了自定义的分区写入器（PartitionWriter）接口，可以实现并行写入多个分区的功能。通过实现自定义的分区写入器，可以控制每个分区的写入逻辑和并发性。

根据集群资源和目标存储系统的性能特征调整并行度参数，充分利用集群的计算和存储资源，提高写入操作的并发性和效率。

2.4.7　列存储数据的读取优化

1．什么是列存储

列存储是一种数据存储方式，将数据按列而不是按行进行存储。在列存储中，将同一列的数据连续存储在一起，而不是将整行的数据连续存储。相比于传统的行存储方式，列存储具有以下优势：

列存储可以提供更好的压缩率。由于同一列的数据通常具有较高的相似性，如相同的数据类型和相似的取值范围，所以可以采用更高效的压缩算法来减少存储空间的占用。

列存储可以加速特定查询类型的执行。在许多场景中，查询通常只需要读取部分列的数据，而不是整行数据。使用列存储，系统只需要读取所需的列，可以跳过不相关的列，从而减少 I/O 操作和数据传输量，提高查询性能。

列存储还支持更高效的列级别的数据处理操作。同一列的数据是连续存储的，因此可以更容易地进行列级别的数据处理，如聚合和过滤和压缩等，无须读取整行的数据。

2．Spark中常见的列存储

在 Spark 中，如 Parquet 和 ORC 等是常见的列存储格式，它们在数据压缩、查询性能和支持复杂数据类型等方面提供了优化支持。

3．如何利用列存储进行优化

在 Spark 中，将数据保存为列存储格式，如 Parquet 或 ORC，这些格式支持高效的列压缩和编码，以及列级别的操作。可以使用 DataFrame API 或 Spark SQL 将数据写入列存储格式，以便后续查询和分析。

在代码中，尽可能地利用列式数据处理的特性，即只针对需要操作的列进行处理，而不是针对整行数据。例如，选择需要的列进行投影操作、基于列进行聚合操作等，这样可以减少不必要的 I/O 和数据传输，提高查询性能。

2.4.8　数据预处理优化技巧

1．什么是数据预处理

数据预处理是指在进行数据分析或机器学习任务之前，对原始数据进行清洗、转换和整理的过程。数据预处理的目的是使原始数据更适合后续的分析和建模工作，同时减少对后续任务的干扰和噪声。

2．预处理步骤

常见的数据预处理步骤如下：

（1）数据清洗。识别和处理缺失值、异常值和重复值等数据质量问题。可以通过填充缺失值、删除异常值和去重等方法来清洗数据。

（2）数据转换。对数据进行转换，使其符合分析或建模的要求。例如，进行特征编码、数值归一化、标准化、离散化和文本处理等操作。

（3）特征选择。从原始数据中选择与任务目标相关的特征，减少冗余和噪声特征对后续分析的干扰。可以通过统计方法、特征重要性评估或模型选择等技术进行特征选择。

（4）数据集成。将多个数据源合并为一个统一的数据集，以支持更全面和综合的分析。数据集成可能涉及数据的连接、合并和拼接等操作。

（5）数据规范化。将数据转化为统一的格式和单位，以便于进行比较和分析。例如，将日期时间数据转换为标准的时间格式，将货币数据统一为相同的货币单位等。

（6）数据降维。对高维数据进行降维处理，以减少特征的数量并保留主要信息。常见的降维技术包括主成分分析（PCA）和线性判别分析（LDA）等。

3．如何进行预处理优化

在 Spark 中，使用 DataFrame 和 Spark SQL 提供的高级 API，可以通过内置的函数和表达式进行数据转换和数据处理，避免手动编写循环和条件语句，从而提高代码的性能，并且使代码更简洁。

在进行数据预处理时，可以利用 Spark 的并行计算能力，对数据进行分区处理和并行转换，加快处理速度。

根据数据的特点和处理需求，选择合适的数据结构和算法进行数据预处理。例如，使用哈希表进行快速查找，使用位图进行数据过滤等。

2.4.9　数据存储位置优化技巧

1．什么是数据存储位置

数据存储位置是指数据在计算系统中的存储位置或存储方式。

2．常见的数据存储位置

在 Spark 中，常见的数据存储位置有以下几种：

- □ 内存存储：Spark 可以将数据存储在内存中，以提高访问速度。内存存储适用于需要频繁访问和计算的数据集，可以通过缓存机制将数据保留在内存中，避免反复从磁盘中读取。
- □ 磁盘存储：当数据无法完全存储在内存中时，Spark 会将数据存储在磁盘上。磁盘存储是一种常见的持久化方式，适用于数据量较大、不常访问或不需要频繁计算的数据集。
- □ 分布式存储：Spark 支持将数据存储在分布式文件系统（如 HDFS 和 S3 等）或分布式数据库（如 Cassandra 和 HBase 等）中。分布式存储可以将数据分散在多个节点上，提供高可靠性和容错性，并支持大规模数据集的存储和访问。
- □ 外部存储系统：Spark 还可以与各种外部存储系统集成，如关系型数据库、NoSQL 数据库和对象存储等。通过与外部存储系统的连接，可以直接读取和写入外部数据源，并进行数据处理和分析。

3．如何选择合适的存储位置

在 Spark 中，数据存储位置的选择取决于数据的大小、访问模式、计算需求和存储成本等因素。合理选择数据存储位置可以提高数据访问和计算的效率，并满足不同应用场景的需求。

2.4.10　内存和磁盘数据缓存优化技巧

1．什么是基于内存和磁盘的数据缓存

基于内存和磁盘的数据缓存是指将数据集存储在 Spark 集群的内存或磁盘中，以提高数据访问速度和计算性能。将经常被重复使用或频繁访问的数据缓存到内存中，可以避免重复加载和计算，加快查询和分析任务的执行速度。当内存资源有限或数据集较大时，可以使用磁盘缓存来减少内存压力，并保持数据的持久性。

2．常见的优化技巧

1）内存缓存
- □ 使用 cache 或 persist 函数将数据集缓存到内存中，以加快后续的数据访问速度。
- □ 对于经常被重复使用的数据集或频繁访问的数据，可以优先选择将其缓存在内存中。
- □ 根据可用内存和数据集大小，合理设置缓存级别（如 MEMORY_ONLY、MEMORY_AND_DISK 等）。

2）磁盘缓存
- □ 使用 persist(StorageLevel.DISK_ONLY)函数将数据集缓存到磁盘上，适用于内存不足的情况。

❑ 磁盘缓存可以避免数据集频繁从磁盘加载，提高了数据访问速度，但相比于内存缓存会有一定的性能损失。

3）缓存管理

❑ 根据数据集的大小、访问频率和内存资源，合理管理缓存的数据集。可以使用 unpersist 函数手动释放不再使用的数据集。

❑ 考虑数据集的更新频率，定期刷新缓存或重新缓存最新的数据，避免使用过期的缓存数据。

4）内存管理

❑ 针对内存缓存，根据内存资源和数据集大小，合理设置内存分配比例，避免过度使用内存导致 OOM 错误。

❑ 可以通过 spark.memory.fraction 和 spark.memory.storageFraction 等配置项进行内存管理的优化。

3. 如何选择合适的缓存策略

选择合适的数据缓存策略，首先，需要考虑数据大小，如果数据集较小，可以考虑将数据完全缓存在内存中，以获得更快的访问速度。对于大型数据集，可以选择将部分数据缓存到内存，将剩余的数据存储在磁盘上。其次，如果数据经常被重复访问，或者需要频繁地进行计算操作，将数据缓存在内存中可以获得更好的效果。如果数据的访问模式不那么频繁或者更注重持久性，那么可以选择将数据缓存到磁盘上。还需要考虑集群的内存资源情况，确定可以用于数据缓存的内存大小。如果内存资源有限，那么需要合理配置内存缓存和磁盘缓存的比例，以充分利用有限的内存空间。最后，根据数据的持久性要求选择合适的缓存策略。如果数据需要长期保留或共享给其他应用程序，那么可以选择将数据持久化到磁盘上。如果数据仅在当前的 Spark 应用中使用并且不需要长期保存，那么可以选择将数据缓存在内存中。

2.4.11　数据格式优化技巧

1. 数据格式概述

数据格式指的是数据在存储和传输过程中的组织方式和结构。不同的数据格式有不同的特点和适用场景。

2. 常见的Spark数据格式

在 Spark 中，常见的数据格式包括：

❑ 文本格式（Text Format）：以文本形式存储数据，每行表示一个记录或数据项。文本格式通常易于阅读和编写，但不具备压缩和高效查询的特性。

❑ CSV（Comma-Separated Values）格式：将数据以逗号或其他特定字符作为字段分隔符进行存储。CSV 格式广泛应用于数据交换和导入导出操作，但在处理大规模数据时可能效率较低。

❑ JSON（JavaScript Object Notation）格式：一种常用的轻量级数据交换格式，以键值对的形式存储数据，并使用大括号和方括号进行结构化表示。JSON 格式易于理解和解析，但比其他格式会占用更多的存储空间。

❑ Parquet 格式：一种列式存储格式，将数据按列存储，具有较高的压缩比和查询性能。Parquet 格式适用于大规模数据存储和分析，并且与 Spark 的列式存储引擎相兼容。

❑ ORC（Optimized Row Columnar）格式：一种高效的列式存储格式，专为 Hadoop 生态系统设计。ORC 格式具有更高的压缩比和查询性能，适用于大规模的数据存储和分析。

3. 如何选择合适的数据格式

选择合适的数据格式取决于数据的特点、处理需求以及对存储和查询的性能要求。在 Spark 中，可以根据数据的特点和应用场景选择最合适的数据格式，以提高查询性能，节省存储空间并提供高效的数据处理能力。下面举一个示例加以说明。

有一个电子商务网站，需要处理大量的交易数据，包括订单信息、商品信息和用户信息等。这些数据以结构化的形式存储在数据库中，需要进行离线批处理和快速查询。

首先，分析交易数据通常为表格形式，有明确定义的字段和数据类型。数据量庞大，需要高效的存储和处理方式。同时，数据的结构可能会随着业务需求的变化而发生变化。

其次，分析业务需要进行复杂的数据分析、聚合和查询操作，如计算销售额、统计用户行为、生成报表等，需要对数据进行灵活的过滤、筛选和聚合操作。

最后，数据的存储和查询性能是关键分析因素。存储方面，希望能够节省存储空间，减少存储成本。查询方面，希望能够快速地查询和分析数据，以支持实时和交互式的分析需求。

根据以上分析，最佳的数据格式选择是 Parquet。原因如下：

❑ 数据结构化：Parquet 格式支持结构化数据的存储形式，可以保留数据的模式和类型信息，适合处理表格形式的交易数据。

❑ 高压缩比：Parquet 格式具有较高的压缩比，可以减少数据的存储空间，降低存储成本。

❑ 高查询性能：Parquet 格式采用列式存储，能够按列进行数据访问，减少 I/O 操作和数据的读取量，提高查询和分析性能。

❑ 良好的兼容性：Parquet 格式与 Spark 兼容性良好，可以直接在 Spark 中读取和处理 Parquet 格式的数据，无须额外的转换和解析步骤。

基于以上分析，选择 Parquet 作为合适的数据格式，可以提供较高的存储效率和查询性能，满足电子商务网站对数据处理的需求。在具体实现中，可以使用 Spark 提供的 API 读取和写入 Parquet 格式的数据，以便进行高效的数据处理和分析。

2.4.12 转换方式优化技巧

1. 什么是Spark的转换方式

Spark 中的数据转换通常指的是对数据集进行各种操作和转换的过程，以满足不同的分析和处理需求。Spark 提供了丰富的转换操作，可以对数据进行筛选、过滤、映射和聚合等操作，对数据集之间进行连接、合并等操作。

2. 常见的Spark数据转换方式

在 Spark 中，常见的数据转换方式包括以下几种。

❑ Map：对数据集中的每个元素应用一个函数，生成一个新的数据集。该操作可用于数据的映射、字段提取和数据格式转换等。

❑ Filter：根据指定的条件对数据集进行筛选，保留满足条件的元素。该操作常用于数据过滤、去除无效数据等场景。

❑ Reduce：对数据集中的元素进行聚合操作，将数据集缩减为一个单一的结果。该操作常用于求和、求平均值和计数等统计计算。

❑ GroupBy：根据指定的键将数据集分组，生成一个包含分组结果的新数据集。该操作常用于按照某个字段进行数据分组和聚合。

❑ Join：将两个或多个数据集按照指定的键进行连接，生成一个包含连接结果的新数据集。该操作常用于数据关联和数据合并等场景。

❑ FlatMap：将每个输入元素映射为 0 个或多个输出元素的操作。该操作常用于将数据扁平化、拆分为多个元素等。

❑ SortBy：根据指定的字段对数据集进行排序操作，生成一个排序后的新数据集。该操作常用于对数据进行排序、按照指定顺序输出等。

❑ ReduceByKey：用于对具有相同键的数据进行分组和聚合操作。ReduceByKey 操作在键值对 RDD 上进行，它按照键将数据进行分组，并对每个键对应的值进行聚合操作，最终生成一个新的键值对 RDD。

3. 如何选择合适的转换方式

在选择转换方式时，需要考虑一些典型场景，下面列出了一些典型场景。

❑ 使用 Map 转换代替 foreach 循环：如果需要对数据集的每个元素进行处理，并生成一个新的结果集，使用 Map 转换操作比使用 foreach 循环更高效。Map 转换操作可以在分布式环境下并行处理数据，并自动进行数据切分和合并。

❑ 使用 Filter 转换代替 if 条件判断：如果需要对数据集进行筛选操作，根据指定条件过滤出满足条件的元素，使用 Filter 转换操作比使用 if 条件判断更高效。Filter 转换操作可以通过并行处理数据集来过滤数据，提高处理速度。

❑ 使用 ReduceByKey 转换代替 GroupBy 和 Reduce 操作：如果需要对数据集按键进行分组并对每组进行聚合操作，则使用 ReduceByKey 转换操作比先使用 GroupBy 操作再使用 Reduce 操作更高效。ReduceByKey 转换操作在进行分组时可以在每个分区内进行局部聚合，减少数据传输和合并的开销。

❑ 使用 Join 转换代替多次循环嵌套：如果需要将多个数据集根据键进行连接操作，使用 Join 转换操作比多次循环嵌套更高效。Join 操作可以在分布式环境下进行数据的并行连接，避免了多次循环嵌套导致性能下降。

❑ 使用 SortBy 转换代替 Sort 操作：如果需要对数据集进行排序操作，使用 SortBy 转换操作比使用 Sort 操作更高效。SortBy 转换操作可以通过并行处理数据集的部分数据来进行排序，并将排序结果合并得到最终的排序结果中。

ReduceByKey 在大数据处理中比较常见，下面对其进行介绍。

ReduceByKey 的工作原理是：首先，Spark 将原始数据按照键进行分组，将具有相同键的数据分配到同一个分区中，这样可以避免数据的全局排序和传输开销；其次，对每个分区的数据进行局部聚合，即在每个分区内部对相同键的值进行聚合操作，得到部分聚合结果；最后，将各个分区的部分聚合结果进行合并，得到最终的聚合结果并生成新的键值对 RDD。

ReduceByKey 的优点是能够充分利用分布式计算的并行性，减少数据的传输和合并开销。它适用于需要按键对数据进行聚合的场景，如单词计数、求和和求平均值等。

下面是一个使用 ReduceByKey 进行单词计数的例子，代码如下：

```
1    import org.apache.spark.sql.SparkSession
2
3    val spark = SparkSession.builder()
4     .appName("ReduceByKeyExample")
5     .master("local[*]")
6     .getOrCreate()
7
8    val data = spark.sparkContext.parallelize(Seq("apple", "banana", "apple",
     "orange", "banana"))
9
10   // 将单词转换为键值对，初始计数为 1
11   val wordCounts = data.map(word => (word, 1))
12     // 按键进行聚合
13     .reduceByKey(_ + _)
14
15   // 打印单词计数结果
16   wordCounts.collect().foreach(println)
17
18   spark.stop()
```

在上面的代码中，首先将单词转换为键值对，初始计数为 1，然后使用 ReduceByKey 操作对具有相同键的数据进行聚合，最终得到每个单词的计数结果，最后打印单词计数结果。

使用 ReduceByKey 转换操作可以避免在代码中手动进行循环和计数操作，简化了代码逻辑，并且利用 Spark 的并行计算能力进行了高效的数据聚合。

2.4.13　索引数据读取优化技巧

1. 索引的数据读取

基于索引的数据读取是一种通过索引结构来快速检索和获取数据的方式。在这种读取方式中，数据根据某个列或多个列的值建立索引，以加快对数据的查询和访问速度。

索引是一种特殊的数据结构，它通过存储数据的键值对和相应的指针或引用来加速数据的查找。在基于索引的数据读取中，数据被组织成一个索引结构，可以根据索引的键值快速定位到对应的数据位置。

2. 常见的基于索引的数据读取方式

常见的基于索引的数据读取方式包括：

❑ 基于列索引：根据某个列的值建立索引，以加速按列进行数据过滤和查询。例如，建立基于主键的索引可以快速定位到具有特定主键值的数据。

❑ 基于组合索引：根据多个列的值建立索引，可以加快按多个列的组合条件进行数据过滤和查询的速度。例如，建立基于多个列的组合索引，可以快速定位到符合多个条件的数据。

❑ 基于全文索引：针对文本数据进行索引，支持全文搜索和模糊查询。全文索引可以提供更灵活和高效的文本搜索功能。

3. 如何基于索引的读取进行优化

在读取数据之前，进行数据预处理和索引构建的操作可以加速基于索引的读取。例如，对需要进行频繁查询的列或条件进行索引构建，可以快速定位到相关数据。此外，数据预处理还包括数据过滤、聚合和清洗等操作，可以减少不必要的数据读取和处理方面的开销。

建立索引需要一定的存储空间和维护成本，因此在选择使用基于索引的数据读取方式时，需要根据具体的业务需求和数据特点进行权衡。适合建立索引的列或组合条件通常是经常被查询的字段，或者需要快速定位到具体数据的字段。此外，还需要考虑数据的更新频率和索引维护的成本。

在 Spark 中，可以使用索引来优化数据读取的性能，特别是对于大规模数据集。通过建立索引，可以减少数据的扫描和过滤操作，从而提高查询的效率。

2.4.14　数据读写错误的处理和容错技巧

1. 什么是数据读写错误和容错

数据读写错误处理和容错指在数据读取和写入过程中，针对可能出现的错误和异常情况进行处理和恢复的一系列策略和机制。这些错误和异常可能包括网络故障、磁盘故障、数据丢失和写入冲突等。

2. 常见数据读写错误和容错

常见的数据读写错误和容错包括：

❑ 网络故障：网络中断、连接超时、连接重置等问题可能会导致数据读写失败。容错策略包括重试操作、设置合理的超时时间和使用容错的网络传输协议等。

❑ 磁盘故障：可能会导致数据读写错误或数据丢失。容错策略包括数据备份和冗余机制、使用可靠的存储系统（如 RAID、HDFS）来确保数据的持久性。

❑ 写入冲突：当多个写入操作同时访问同一个数据资源时，可能会发生写入冲突。容错策略可以使用事务机制或乐观并发控制来处理冲突，并保证数据的一致性。

❑ 数据丢失：数据在传输或写入过程中可能会丢失，如网络丢包或写入失败。容错策略包括重试操作、数据备份和写入确认机制等，确保数据的完整性和可用性。

❑ 异常数据处理：在数据读取过程中，可能会遇到异常或错误的数据。容错策略包括过滤或丢弃异常数据、进行数据校验和验证、记录异常数据以便后续处理等。

❑ 系统故障或崩溃：系统在读写数据过程中可能会发生故障或崩溃，导致数据读写中断或错误。容错策略包括系统监控和自动重启、数据恢复和回滚机制等，以保证系统的可用性和稳定性。

3. 如何进行数据读写错误处理和容错

在写入数据时，可以实现重试机制，如果写入操作失败，可以进行重试，直到成功写入或达到最大重试次数。重试机制可以处理临时的网络故障或写入冲突等错误。

Spark 提供了容错机制，可以将数据写入可靠分布式文件系统（如 HDFS）或支持事务的数据库中，确保数据写入的持久性和一致性，即使系统发生故障或崩溃时也能够恢复数据。

及时记录数据在读写过程中发生的错误和异常情况，如具体的错误信息、时间戳和相关的上下文信息，有利于进行故障排查和问题定位，并支持后续的错误处理和数据恢复工作。

在数据处理过程中，可以使用容错算子（如 try…catch 语句）来处理可能会发生的异常情况。通过捕获异常并执行相应的错误处理逻辑，可以防止整个任务中断，并对出现错误的数据进行特殊处理或记录。

为了提高数据的容错性，可以考虑创建数据备份或引入数据冗余机制。通过将数据复制到多个节点或多个存储介质上，可以保证数据的可用性和可靠性，当发生节点故障或存储介质损坏时仍能够访问数据。

在任务调度和执行过程中，可以使用容错调度器或监控器来检测和处理任务执行失败的情况。当任务失败时，调度器可以重新分配任务或启动相应的恢复机制，以确保任务能正常完成。

将数据进行合理划分，使每个分片的数据量适中，可以减少单个任务或节点处理的数据量，降低数据读写错误的概率，提高数据的整体容错性。

下面是一个容错数据处理简单示例。

```
1   import org.apache.spark.sql.{DataFrame, SparkSession}
2
3   // 创建 SparkSession
4   val spark = SparkSession.builder()
5     .appName("ErrorHandlingExample")
6     .master("local[*]")
7     .getOrCreate()
8
9   // 创建示例数据 DataFrame，包括正常数据和异常数据
10  val data: DataFrame = spark.createDataFrame(Seq(
11    (1, "John", 25),
12    (2, "Mary", 30),
13    (3, "Invalid", null)
14  )).toDF("id", "name", "age")
15
16  // 进行数据处理，过滤掉异常数据
17  val filteredData: DataFrame = data.filter("age IS NOT NULL")
18
19  // 容错处理，处理异常数据
20  val errorRecords: DataFrame = data.filter("age IS NULL")
21
22  // 记录异常数据，可以进行日志记录或其他处理
23  errorRecords.foreach(row => {
24    val id = row.getAs[Int]("id")
```

```
25    val name = row.getAs[String]("name")
26    println(s"Error record found: id=$id, name=$name")
27  })
28
29  // 继续对过滤后的数据进行其他操作
30  filteredData.show()
31
32  // 停止 SparkSession
33  spark.stop()
```

在上面的代码中创建了一个包含正常数据和异常数据的 DataFrame。使用 Filter 转换操作过滤掉了异常数据，并将过滤后的数据存储在 filteredData 变量中。同时，通过 Filter 转换操作找到了异常数据，并进行了相应的容错处理，这里的处理方式是打印异常数据的相关信息。此外，还可以根据实际需求进行其他容错处理，如记录异常数据到日志文件、写入专门的错误处理队列等。

在这个例子中展示了如何在 Spark 中进行简单的容错数据处理，通过过滤和处理异常数据，确保数据的有效性和可靠性。在实际场景中，容错处理的方式和逻辑可能更加复杂，取决于具体的需求和业务场景。

2.4.15 Alluxio 的使用

1. Alluxio简介

Alluxio（以前称为 Tachyon）是一个开源的内存速度分布式存储系统，旨在解决大数据计算框架与底层存储系统之间的性能差异。它提供了高性能的数据访问和共享方式，使得计算框架能够以快速且可靠的方式访问分布式存储系统中的数据。

Alluxio 的核心理念是将内存和持久化存储资源（如磁盘）组合在一起，形成一个统一的数据访问层。它利用内存作为数据的高速缓存，从而提供低延迟和高吞吐量的数据访问功能。Alluxio 具有高度可扩展性和容错性，并且可以与多种计算框架（如 Spark、Hadoop 和 Presto 等）无缝集成。

Alluxio 的主要特点如下：

❑ 高速缓存：Alluxio 使用内存作为数据缓存层，可以加速数据访问速度，提高计算性能。

❑ 数据共享：Alluxio 提供了统一的命名空间，允许多个计算框架共享相同的数据集，方便了数据的复制和移动。

❑ 数据管理：Alluxio 提供了丰富的数据管理功能，包括数据复制、数据分区和数据生命周期管理等。

❑ 多种数据源支持：Alluxio 支持多种数据源，包括分布式文件系统、对象存储、关系型数据库等，使得用户可以轻松地将不同的数据源集成到统一的访问接口中。

❑ 容错性和可靠性：Alluxio 具有高度可扩展性和容错性，支持数据的冗余存储和故障恢复。

通过使用 Alluxio，用户可以加速大数据计算框架的性能，减少数据访问的延迟，提高数据处理的效率。同时，Alluxio 提供了灵活的数据管理和共享功能，使数据的管理和访问变得更加简单和高效。

2. Alluxio的安装

（1）下载 Alluxio 安装包。

前往 Alluxio 官方网站（https://www.alluxio.io/）下载合适的操作系统安装包，选择与环境和需求相匹配的版本。

或者使用命令行下载安装包，例如：

```
1   wget https://downloads.alluxio.io/downloads/files/2.6.0/alluxio-2.6.0-
bin.tar.gz
```

（2）解压安装包。

使用以下命令解压下载的安装包并进入解压后的目录：

```
1   tar -zxvf alluxio-2.6.0-bin.tar.gz
2   cd alluxio-2.6.0/
```

（3）配置 Alluxio。

复制模板配置文件：

```
1   cp conf/alluxio-env.sh.template conf/alluxio-env.sh
2   cp conf/alluxio-site.properties.template conf/alluxio-site.properties
```

编辑 conf/alluxio-env.sh 文件，设置 Java 环境变量：

```
1   export JAVA_HOME=$JAVA_HOME
```

编辑 conf/alluxio-site.properties 文件，根据需求，配置 Alluxio 参数，包括文件系统类型、存储路径和工作目录等。

在 alluxio-site.properties 文件中设置 alluxio.master.hostname 属性，将其值设置为 Master 的主机名或 IP 地址。

```
1   alluxio.master.hostname=localhost
```

（4）启动 Alluxio。

运行以下命令启动 Alluxio Master（主节点）：

```
1   ./bin/alluxio-start.sh master
```

挂载 Alluxio 中的 Ramdisk，命令如下：

```
1   ./bin/alluxio-mount.sh  Mount local
```

运行以下命令启动 Alluxio Worker（工作节点）：

```
1   ./bin/alluxio-start.sh worker
```

（5）验证安装是否成功。

运行以下命令查看 Alluxio 的状态：

```
1   ./bin/alluxio fsadmin report
```

如果一切正常，将会看到 Alluxio 的状态信息。

```
1   Alluxio cluster summary:
2       Leader Master Address: localhostip:19998
3       Live Masters Addresses: [localhost:19998]
4       Web Port: 19999
```

```
5      Rpc Port: 19998
6      Started: 05-15-2023 14:20:32:642
7      Uptime: 0 day(s), 0 hour(s), 22 minute(s), and 17 second(s)
8      Version: 2.6.0
9      Safe Mode: false
10     Zookeeper Enabled: false
11     Live Workers: 1
12     Lost Workers: 0
13     Total Capacity: 83.94GB
14         Tier: MEM Size: 83.94GB
15     Used Capacity: 0B
16         Tier: MEM Size: 0B
17     Free Capacity: 83.94GB
```

上面的命令将会打印 Alluxio 文件系统的详细信息，包括 Master 和 Worker 节点的状态、容量和使用情况等。

注意，需要在运行命令之前确保已经启动了 Alluxio Master 和 Worker。如果 Alluxio 进程没有运行，则应使用./bin/alluxio-start.sh 命令启动它们。

3. Alluxio的使用

现在可以使用 Alluxio 提供的 API 或命令行工具来访问和管理数据。

1）API

下面的代码展示了使用 Alluxio API 与 Alluxio 文件系统进行交互时的常见操作。

```
1    import alluxio.AlluxioURI;
2    import alluxio.client.file.FileSystem;
3    import alluxio.client.file.URIStatus;
4    import alluxio.conf.InstancedConfiguration;
5    import alluxio.conf.PropertyKey;
6    import alluxio.exception.AlluxioException;
7
8    import java.io.IOException;
9    import java.util.List;
10
11   public class AlluxioExample {
12       public static void main(String[] args) throws IOException,
         AlluxioException {
13           // 创建 Alluxio 文件系统实例
14           InstancedConfiguration conf = new InstancedConfiguration.
             Builder().build();
15           FileSystem alluxioFs = FileSystem.Factory.create(conf);
16
17           // 指定要操作的文件路径
18           String filePath = "/path/to/file";
19
20           // 创建 Alluxio 文件路径
21           AlluxioURI uri = new AlluxioURI(filePath);
22
23           // 检查文件是否存在
24           boolean exists = alluxioFs.exists(uri);
25           System.out.println("File exists: " + exists);
26
27           // 创建文件夹
28           AlluxioURI dirPath = new AlluxioURI("/path/to/directory");
29           alluxioFs.createDirectory(dirPath);
30
```

```
31          // 上传本地文件到 Alluxio
32          String localFilePath = "/path/to/local/file";
33          alluxioFs.copyFromLocalFile(new AlluxioURI(localFilePath), uri);
34
35          // 从 Alluxio 下载文件到本地
36          String localDestPath = "/path/to/local/destination";
37          alluxioFs.copyToLocalFile(uri, new AlluxioURI(localDestPath));
38
39          // 获取文件状态
40          URIStatus status = alluxioFs.getStatus(uri);
41          System.out.println("File size: " + status.getLength());
42
43          // 列出目录下的文件和子目录
44          List<URIStatus> children = alluxioFs.listStatus(dirPath);
45          for (URIStatus child : children) {
46              System.out.println(child.getPath());
47          }
48
49          // 删除文件
50          alluxioFs.delete(uri);
51
52          // 关闭 Alluxio 文件系统实例
53          alluxioFs.close();
54      }
55  }
```

上面的代码展示了使用 Alluxio API 进行的一些常见操作，包括文件的创建、上传、下载和删除等。根据具体需求，您可以使用 Alluxio API 进行更多的高级操作，如文件复制、文件重命名和文件权限设置等。请注意，示例代码中的路径和配置信息需要根据实际环境进行修改。

2）命令行

下面的例子展示了使用 Alluxio 的命令行工具与 Alluxio 文件系统进行交互时的常见操作。

查看文件系统状态，命令如下：

```
1    alluxio fsadmin report
```

创建文件夹，命令如下：

```
1    alluxio fs mkdir /path/to/directory
```

上传文件到 Alluxio，命令如下：

```
1    alluxio fs copyFromLocal /path/to/local/file /path/to/alluxio/file
```

从 Alluxio 下载文件到本地，命令如下：

```
1    alluxio fs copyToLocal /path/to/alluxio/file /path/to/local/destination
```

查看文件信息，命令如下：

```
1    alluxio fs stat /path/to/file
```

列出目录下的文件和子目录，命令如下：

```
1    alluxio fs ls /path/to/directory
```

删除文件或目录，命令如下：

```
1   alluxio fs rm /path/to/file
2   alluxio fs rm -R /path/to/directory                // 递归删除目录
```

修改文件或目录权限，命令如下：

```
1   alluxio fs chmod 755 /path/to/file
```

以上展示了使用 Alluxio 命令行工具进行的一些常见操作。可以根据实际需求使用不同的命令来管理和操作 Alluxio 文件系统中的数据。

📖注意：示例命令中的路径需要根据实际环境和文件路径进行修改。

2.4.16　利用压缩数据减少传输量案例

1. 业务场景

有一个电商平台，需要对用户的订单数据进行处理和分析。每个订单包含订单号、用户ID、商品 ID、购买数量和订单金额等信息。原始数据以文本格式存储，每行为一个订单记录，字段之间以逗号分隔。

2. 示例

初始版本的代码（性能不高）如下：

```
1   import org.apache.spark.sql.SparkSession
2
3   // 创建 SparkSession
4   val spark = SparkSession.builder()
5     .appName("OrderProcessing")
6     .master("local[*]")
7     .getOrCreate()
8
9   // 读取订单数据
10  val ordersDF = spark.read.text("path/to/orders.txt")
11
12  // 解析订单数据并进行处理
13  val processedDF = ordersDF.map { row =>
14    val fields = row.getString(0).split(",")
15    val orderNumber = fields(0)
16    val userID = fields(1)
17    val productID = fields(2)
18    val quantity = fields(3).toInt
19    val amount = fields(4).toDouble
20
21    // 对订单数据进行业务处理……
22
23    (userID, amount)
24  }.toDF("userID", "amount")
25
26  // 对用户订单金额进行统计分析
27  val resultDF = processedDF.groupBy("userID").sum("amount")
28
29  // 输出结果
30  resultDF.show()
31
```

```
32   // 停止 SparkSession
33   spark.stop()
```

在初始版本的代码中，订单数据以文本格式读取和解析，没有进行数据压缩处理。为了减少需要传输的数据量，可以使用数据压缩来优化代码。

```
1    import org.apache.spark.sql.SparkSession
2    import org.apache.spark.sql.types._
3
4    // 创建 SparkSession
5    val spark = SparkSession.builder()
6      .appName("OrderProcessing")
7      .master("local[*]")
8      .getOrCreate()
9
10   // 定义订单数据的 Schema
11   val schema = StructType(Seq(
12     StructField("orderNumber", StringType, nullable = false),
13     StructField("userID", StringType, nullable = false),
14     StructField("productID", StringType, nullable = false),
15     StructField("quantity", IntegerType, nullable = false),
16     StructField("amount", DoubleType, nullable = false)
17   ))
18
19   // 读取并压缩订单数据
20   val ordersDF = spark.read
21     .format("csv")
22     .option("header", "false")
23     .option("delimiter", ",")
24     .option("inferSchema", "false")
25     .option("compression", "gzip")            // 指定压缩格式为 Gzip
26
27     .schema(schema)
28     .load("path/to/orders.txt")
29     .coalesce(4)   // 控制并行度
30
31   // 解析订单数据并进行处理
32   val processedDF = ordersDF.map { row =>
33     val orderNumber = row.getString(0)
34     val userID = row.getString(1)
35     val productID = row.getString(2)
36     val quantity = row.getInt(3)
37     val amount = row.getDouble(4)
38
39     // 对订单数据进行业务处理……
40
41     (userID, amount)
42   }.toDF("userID", "amount")
43
44   // 对用户订单金额进行统计分析
45   val resultDF = processedDF.groupBy("userID").sum("amount")
46
47   // 输出结果
48   resultDF.show()
49
50   // 停止 SparkSession
51   spark.stop()
```

对数据进行压缩后，使用 Spark 的 CSV 数据源读取器，并显式地指定以逗号作为字段分隔符。通过 option("inferSchema", "false")禁用自动推断数据类型，使用预先定义的 Schema 来确保数据的正确解析。此外，还使用 coalesce(4)控制并行度，以便更好地利用集群资源。

上面的代码也可加上缓存：

```
1    // 缓存数据到内存
2    processedDF.cache()
```

将处理后的数据使用 cache 函数缓存到内存，可以避免每次查询都重新计算和读取数据。当后续查询需要使用相同的数据集时，Spark 将会直接从内存中获取数据，减少了磁盘 I/O 开销，大大提高了查询性能。

第 3 章　Spark 任务执行过程优化

Spark 任务执行过程的优化主要涉及任务调度和执行引擎两个方面。在任务调度方面，可以通过动态资源分配、任务优先级和调度策略等方法提高任务的执行效率和资源利用率。在执行引擎方面，可以通过内存管理、数据序列化和计算模型优化等技术来提升任务的执行速度和内存利用率。这些优化措施可以加快任务的执行速度，降低资源消耗，并提高整个 Spark 应用的性能和可扩展性。

3.1　调 度 优 化

调度优化是指在分布式计算系统中对任务进行合理的调度和管理，以提高系统的整体性能和资源利用率。它涉及任务的调度顺序、资源分配、任务优先级和并行度控制等几个方面的优化策略，旨在减少任务的等待时间，提高任务的执行效率，并充分利用集群资源进行并行计算。调度优化可以提升系统的吞吐量，降低延迟，增强系统的稳定性和可靠性。

3.1.1　资源管理器的基本原理

1. 什么是资源管理器

资源管理器（Resource Manager）是分布式系统中的一个关键组件，用于管理和分配系统中的资源，以确保资源的合理利用和任务的高效执行。资源管理器负责给各个任务或应用程序协调和分配计算资源（如 CPU、内存、磁盘、网络带宽等），并根据系统负载和需求进行动态调整和分配。

2. 资源管理器的基本原理

资源管理器的基本原理是在分布式系统中管理和分配计算资源，以满足任务和应用程序的需求，并确保资源的合理利用和任务的高效执行。

资源管理器负责管理整个集群中的资源，包括计算资源（如 CPU、内存、磁盘）和网络带宽等。它会维护一个资源池，记录集群中可用的资源情况，包括资源的总量、已分配的资源和空闲的资源。

资源管理器根据任务和应用程序的需求，使用一定的分配策略来决定如何分配资源。这些策略可以根据任务的优先级、资源的需求量、系统的负载情况等进行调整。

资源管理器负责任务的调度，即将任务分配给可用的计算资源来执行。它维护了一个任务队列，记录待执行的任务，根据任务的优先级和资源的可用性决定任务的执行顺序和分配情况。资源管理器还会监控任务的执行情况，以便进行动态调整和重新分配。

资源管理器会定期监控集群中资源的使用情况，包括计算资源的利用率、任务的执行情况等。通过资源监控，资源管理器可以及时感知资源的利用情况，并根据需要进行资源的回收、重新分配或调整。

资源管理器需要具备故障处理和容错的能力，以应对集群中的故障和异常情况。它可以监测节点的健康状态，发现故障节点并进行处理，如重新分配任务或将任务迁移至其他可用节点。

3. 资源管理器管理资源的一般流程

市面上有很多资源管理器，每种资源管理器都有自己的特性，但是它们的基本流程还是相似的，大致流程如下：

（1）注册资源。

集群中的节点（如机器和容器等）先在资源管理器中进行注册，并报告自己的可用资源情况，如 CPU 核数、内存大小和磁盘容量等。资源管理器会将这些信息记录在资源池中，形成一个全局视图。

（2）接收任务请求。

当有任务需要执行时，会提交给资源管理器。任务可以是批处理作业、实时流处理任务和查询等。任务可以指定所需的资源，如 CPU 核数、内存大小和 GPU 数量等。

（3）资源分配。

资源管理器根据任务的需求和集群中的资源情况，使用一定的资源分配策略来决定如何给任务分配资源。这可能涉及任务队列、优先级调度和资源配额控制等。资源管理器会从资源池中选择合适的节点和资源，并将任务分配给这些节点。

（4）任务调度。

资源管理器将已分配的任务发送给相应的节点进行执行。它会维护一个任务队列，根据任务的优先级和资源的可用性等因素决定任务的执行顺序。任务调度可以使用不同的策略，如先进先出、公平调度和容器调度等。

（5）资源监控和回收。

资源管理器会定期监控集群中资源的使用情况。它会收集节点的资源利用率和任务的执行状态等信息，并根据需要进行资源的回收和重新分配。如果节点出现故障或资源利用率低于阈值，资源管理器可能会将任务迁移到其他可用节点上。

（6）故障处理和容错。

资源管理器需要具备故障处理和容错的能力，以应对集群中的故障和异常情况。它会监测节点的健康状态，如果发现节点故障或资源不可用，那么资源管理器会采取相应的措施，如重新分配任务、重新调度或将任务迁移至其他可用节点上。

（7）反馈和优化。

资源管理器会收集和分析集群中资源的使用情况和任务的执行性能。根据这些信息，资源管理器可以进行优化。例如，调整资源分配策略，优化任务调度算法，动态调整资源配额等，以提高资源利用率和任务的执行效率。

3.1.2　理解 Spark 资源管理器

1. Spark Standalone资源管理器概述

Spark Standalone 资源管理器是 Spark 自带的一种资源管理器，用于管理和调度 Spark 应用程序在集群中的资源分配和任务执行情况。它适用于小型的 Spark 集群或本地模式下的开发和测试环境。

Spark Standalone 资源管理器易于安装和配置，不需要额外的依赖。用户可以快速搭建一个简单的 Spark 集群，方便地进行开发和测试。

资源管理器通过 Master 节点监控集群中的 Worker 节点，并维护一个资源池，记录每个节点的可用资源情况，包括 CPU 核数、内存大小等。当有任务提交时，Master 节点根据任务的资源需求，从资源池中选择合适的 Worker 节点并为任务分配资源。

资源管理器使用调度算法来决定任务的执行顺序和节点。它会考虑任务的资源需求、节点的负载情况及任务的优先级等因素，最大化地利用集群资源并提高任务的执行效率。

资源管理器具备故障处理和容错的能力。当 Worker 节点宕机或资源不可用时，Master 节点会重新分配任务到其他可用的 Worker 节点上，以保证任务能正常执行。同时，Master 节点会定期检查 Worker 节点的心跳信息，以便及时发现节点故障。

资源管理器提供了监控和管理集群的功能。用户可以通过 Web 界面查看集群的状态和资源使用情况，以及监控任务的执行情况和日志输出。

2. Spark Standalone资源管理器的安装

安装 Spark Standalone 资源管理器的步骤如下：

（1）下载 Spark。

从 Spark 官方网站（https://spark.apache.org/downloads.html）上下载适合操作系统的 Spark 发行版。例如，选择与操作系统和版本兼容的二进制发行版。

```
1    wget https://archive.apache.org/dist/spark/spark-2.3.0/spark-2.3.0-
     bin-without-hadoop.tgz
```

（2）解压 Spark。

将下载的 Spark 压缩包解压到选择的目录下。

```
1    tar -zxvf spark-2.3.0-bin-without-hadoop.tgz
```

（3）配置环境变量。

编辑操作系统的环境变量配置文件（如~/.bashrc 或~/.bash_profile），添加以下行：

```
1    export SPARK_HOME=/path/to/spark      # 将路径替换为解压 Spark 的目录路径
2    export PATH=$SPARK_HOME/bin:$PATH
```

保存并关闭文件，然后执行以下命令使环境变量生效。

```
1    source ~/.bashrc  # 或 source ~/.bash_profile
```

（4）配置 Spark Standalone。

在 Spark 安装目录的 conf 文件夹中，复制 spark-env.sh.template 文件并将其重命名为 spark-env.sh。打开 spark-env.sh 文件，在其中设置 Spark Standalone 的相关配置。

可以设置以下参数：

```
1    # 设置 Master 节点的主机名或 IP 地址
2    export SPARK_MASTER_HOST=your_master_hostname
3    export SPARK_MASTER_PORT=7077              # 设置 Master 节点的端口号
4    export SPARK_WORKER_INSTANCES=2            # 设置 Worker 节点的数量
5    export SPARK_WORKER_CORES=2                # 设置每个 Worker 节点的 CPU 核心数
6    export SPARK_WORKER_MEMORY=2g              # 设置每个 Worker 节点的内存大小
```

根据需求进行适当的配置，完成后保存并关闭文件。

（5）启动 Spark Standalone。

在 Spark 安装目录中，执行以下命令启动 Spark Standalone 集群：

```
1    ./sbin/start-master.sh                     # 启动 Master 节点
2    # 启动 Worker 节点，其中<master_url>是 Master 节点的 URL，如 spark://master_host:7077
3    ./sbin/start-worker.sh <master_url>
```

Spark Standalone 集群启动成功后，可以在浏览器中访问 Master 节点的 URL（默认为 http://localhost:8080）来查看 Spark 集群的状态和资源情况。

Master 主页面如图 3-1 所示。

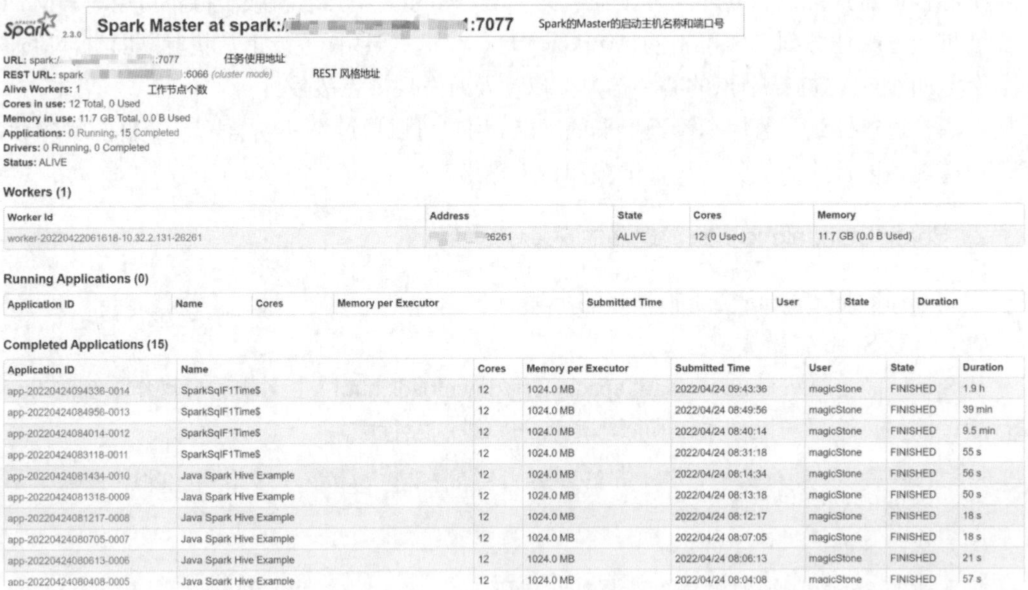

图 3-1　Master 主页面

其中，左上角各标签的含义如下：

❑ URL：显示 Master 节点的 URL 地址，用于访问 Spark 集群的管理界面。

❑ REST URL：显示 Master 节点的 REST API 地址，可以通过该 URL 进行 Spark 集群的编程化管理和监控。

❑ Alive Workers：显示当前存活的 Worker 节点数量，即已成功连接到 Master 节点的工作节点数量。

❑ Cores in use：显示当前正在使用的 CPU 核心数量。这是集群中所有正在运行的应用程序使用的 CPU 核心总数。

❑ Memory in use：显示当前正在使用的内存量。这是集群中所有正在运行的应用程序使用的内存总量。

❑ Applications：显示当前正在运行的 Spark 应用程序的列表。用户可以通过该列表看到每个应用程序的 ID、名称、运行状态和运行时间等信息。

❑ Drivers：显示当前正在运行的 Spark 驱动程序的列表。用户可以通过该列表看到每个驱动程序的 ID、名称、运行状态和运行时间等信息。

❑ Status：显示 Spark Standalone 集群的整体状态。如果一切正常，状态将显示为 "ALIVE"；否则，可能会显示其他错误或警告信息。

❑ Workers (1)：显示当前已注册的 Worker 节点的列表。通过该列表可以看到每个 Worker 节点的 ID、主机名、端口号、状态和运行时信息等。

  Workers (1)中的数字 1 表示工作节点个数。

❑ Running Applications (0)：显示当前正在运行的 Spark 应用程序的列表。通过该列表可以看到每个应用程序的 ID、名称、运行状态和运行时间等信息。

  Running Applications (0)中的数字 0 表示没有在运行的应用。

❑ Completed Applications (15)：显示已完成的 Spark 应用程序的列表。通过该列表可以看到每个应用程序的 ID、名称、运行状态、运行时间、完成时间和所用资源等信息。

  Completed Applications (15)中的数字 15 表示已经完成 15 个任务。

这些标签展示了对 Spark Standalone 集群更详细的信息，使用户能够更全面地了解集群中的 Worker 节点、正在运行的应用程序以及已完成的应用程序的情况。这些信息有助于进行集群资源管理、任务调度和性能优化等操作。

3．Spark Standalone资源管理器的使用

使用 Standalone 资源管理器相对来说就比较简单了，下面以一个代码示例加以说明。

```
1    import org.apache.spark.sql.SparkSession
2
3    object SparkStandaloneExample {
4      def main(args: Array[String]): Unit = {
5        // 创建 SparkSession 对象
6        val spark = SparkSession.builder()
7          .appName("SparkStandaloneExample")
8          .master("spark://<master-node>:7077")        // 设置 Master 节点的 URL
9          .getOrCreate()
10
11       // 执行一些 Spark 操作
12       val data = Seq(1, 2, 3, 4, 5)
13       val sum = spark.sparkContext.parallelize(data).reduce(_ + _)
14       println("Sum: " + sum)
15
16       // 关闭 SparkSession 对象
17       spark.stop()
18     }
19   }
```

在这个示例中，使用 SparkSession 创建 Spark 应用程序，并指定应用程序的名称和 Master 节点的 URL，使用 getOrCreate 函数创建 SparkSession 对象。

在实际运行代码之前，请确保已正确配置 Spark Standalone 集群并替换示例代码中的 <master-node>为 Master 节点的主机名或 IP 地址，也就是图 3-1 中所示的 URL 地址。此外，还可以修改其他 Spark 配置属性以适应自己的集群设置。

📖 说明：如果访问不了图 3-1 中的 URL 地址，应检查网络是否可达，在主机没有禁用 PING 命令的情况下，可以通过 PING 命令进行测试。

3.1.3　资源分配策略

1．什么是资源分配

资源分配是指在分布式系统中将可用的计算资源（如 CPU、内存和磁盘等）分配给不同的任务或应用程序的过程。资源分配的目标是合理利用系统资源，使各个任务或应用程序能够获得所需的资源以便完成其工作。

在 Spark 中，资源分配通常指将集群中的计算资源分配给 Spark 应用程序的执行任务。资源分配可以根据任务的需求和集群的可用资源动态分配，以确保任务可以高效地执行。资源分配的主要目标是最大化集群的利用率，提高集群的整体性能，避免资源浪费和过度分配。

2．Spark中的常见资源分配策略

在 Spark 中支持以下常见的资源分配策略：

1）静态资源分配

静态资源分配是指在作业提交之前，预先指定每个应用程序或作业所需的资源量，包括 CPU 核数、内存大小和任务数量等。静态资源分配在应用程序执行期间保持不变，资源分配是静态固定的。

在 Spark 中，可以通过以下方式进行静态资源分配。

在提交应用程序时使用命令行参数指定资源量，示例如下：

```
1    spark-submit --master <master-url> --executor-cores <num-cores>
     --executor-memory <memory> --num-executors <num-executors><application-jar>
```

可以使用以下代码设置静态资源分配参数：

```
1    import org.apache.spark.sql.SparkSession
2
3    val spark = SparkSession.builder()
4      .master("<master-url>")
5      .appName("<application-name>")
6      .config("spark.executor.cores", "<num-cores>")
7      .config("spark.executor.memory", "<memory>")
8      .config("spark.executor.instances", "<num-executors>")
9      .getOrCreate()
```

通过静态资源分配，可以确保应用程序在执行期间获得固定的资源量，适用于资源需求相对固定、预测可靠的场景。但是，静态资源分配可能会导致资源的浪费和低效的执行，特别是应用程序的资源需求波动较大或集群中存在资源闲置的情况。

2）动态资源分配

在 Spark 中，动态资源分配是一种资源管理策略，它允许根据任务需求自动调整集群资源的分配。这样可以更好地利用资源，提高集群的利用率和作业的执行性能。

要启用动态资源分配，可以使用以下配置参数：

❑ spark.dynamicAllocation.enabled：设置为 true 表示启用动态资源分配，默认为 false。

❑ spark.dynamicAllocation.minExecutors：指定动态分配的最小 Executor 数量。

❑ spark.dynamicAllocation.maxExecutors：指定动态分配的最大 Executor 数量。

下面是一个使用动态资源分配的 Spark 应用程序示例，代码如下：

```
1    import org.apache.spark.sql.SparkSession
2
3    val spark = SparkSession.builder()
4      .master("<master-url>")
5      .appName("<application-name>")
6      .config("spark.dynamicAllocation.enabled", "true")
7      .config("spark.dynamicAllocation.minExecutors", "<min-executors>")
8      .config("spark.dynamicAllocation.maxExecutors", "<max-executors>")
9      .getOrCreate()
10
11   // 使用 Spark 会话进行作业处理
12   // ...
13
14   // 停止 Spark 会话
15   spark.stop()
```

在上述代码中，将<master-url>替换为实际的 Spark 主节点 URL，<application-name>替换为应用程序的名称，<min-executors>和<max-executors>分别替换为动态资源分配的最小 Executor 数量和最大 Executor 数量。

3）容器化资源分配

容器化资源分配是指将资源分配和管理功能与容器化技术相结合，实现对容器内资源的分配和管理。在容器化环境下，资源分配通常是以容器为单位进行的，每个容器被分配一定的计算资源（如 CPU、内存、存储等）以满足其运行需求。

Spark 可以在容器化环境中进行资源分配，充分利用容器化平台提供的资源管理功能。常见的容器化平台有 Docker 和 Kubernetes。Spark 与这些容器化平台集成，可以实现以下功能：

❑ 动态调整资源：通过与容器管理器交互，Spark 可以根据任务的资源需求动态调整容器的资源分配，确保任务在执行期间具有足够的计算资源。

❑ 弹性扩展：在容器化环境中，可以根据任务的负载情况自动伸缩容器的数量，根据需要增加或减少容器的数量，以实现资源的弹性分配。

❑ 资源隔离：每个容器都有分配给自己的资源，容器之间相互隔离，避免产生资源冲突和干扰，提高任务的稳定性和可靠性。

❑ 容器调度：容器化平台可以通过调度器进行容器的调度和管理，根据资源的可用性和优先级给容器分配不同的任务，以便更高效地利用资源。

📘说明：使用容器化资源分配可以提供更灵活、高效和可伸缩的资源管理方式，使得 Spark 应用能够更好地适应不同规模和变化的工作负载。同时，容器化平台还提供了监控、日志管理和故障恢复等功能，可以增强 Spark 应用的可观察性和容错性。

3. 如何利用资源分配策略对任务进行优化

选择合适的资源分配策略需要考虑多个因素，包括应用的特点、资源需求的变化情况、集群的规模和可用性等。

1）了解应用的特点

了解应用的资源需求、并发性和对资源分配的灵活性要求。某些应用可能需要更多的 CPU 资源，而其他应用可能对内存或存储资源更敏感。考虑应用的特点，有助于分析哪种资源分配策略更适合。

2）资源需求的变化情况

考虑应用的资源需求是否会随着时间的推移发生变化。如果应用的资源需求在运行时有显著的变化，则说明动态资源分配策略可能更合适，可以根据实际需求来调整资源分配。

3）集群的规模和可用性

考虑集群的规模和可用性，确定是否添加弹性扩展和容错能力。如果集群规模较大且具有高可用性，那么可能容器化资源分配策略更适合，可以根据负载自动调整容器数量，并在故障发生时进行容器的迁移和恢复。

4）资源利用率

考虑资源的利用率，选择能够最大化资源利用的策略。

5）集群管理工具

考虑所使用的集群管理工具对不同资源分配策略的支持程度。不同的集群管理工具可能对特定的资源分配策略有不同的实现和特性，需要根据实际情况选择合适的工具和策略。

📖 说明：通常需要根据具体的业务需求和环境特点，选择合适的资源分配策略。在实际应用中，可能需要进行试验和优化，找到最适合的资源分配策略，实现最佳的性能。

3.1.4 资源调度算法

1. 什么是资源调度算法

资源调度算法用来决定如何分配有限的资源以满足应用程序或任务的需求。在分布式系统中，资源调度算法通常用于决定在多个节点上运行的任务的分配顺序和调度顺序。

2. Spark中常见的调度算法

Spark 中常见的调度算法如下：

1）FIFO 调度

FIFO（First-In-First-Out）调度是一种最基本的资源调度策略，它按照任务提交的先后顺序来分配资源。在 Spark 中，FIFO 调度器按照作业提交的顺序依次分配资源，每个作业在获得全部请求的资源后开始执行，直到作业完成或释放资源。

FIFO 调度器没有考虑任务的优先级或资源需求的差异性，它简单地按照任务提交的顺序进行资源分配，因此存在一些问题，如资源浪费和长尾延迟。由于它没有动态调整资源的能力，所以在集群资源紧张的情况下，可能会导致某些作业等待较长时间才能获取资源并开始执行。

要在 Spark 中使用 FIFO 调度器，可以在启动集群时指定--master 参数为 spark://host:port，这将会使用 Spark Standalone 资源管理器，并默认使用 FIFO 调度器进行资源分配。当有多个应用程序提交时，应用程序将按照提交顺序依次获得资源。

以下是一个使用 FIFO 调度器的示例：

```
1    ./sbin/start-master.sh -h <master-host> -p <master-port>
2    ./sbin/start-worker.sh spark://<master-host>:<master-port>
```

上述命令将启动 Spark Standalone 资源管理器和一个工作节点，使用默认的 FIFO 调度器进行资源分配。

注意：FIFO 调度器在实际生产环境中可能不太适用，特别是在集群资源有限且作业需求不同的情况下。在这种情况下，复杂的调度策略（如容量调度器或公平调度器）可能更适合，因为它们能够更好地平衡资源分配，提高集群的利用率和作业的执行效率。

2）公平调度

公平调度（Fair Scheduling）是一种资源调度策略，旨在平衡不同应用程序之间的资源分配，以公平而有序的方式进行任务调度。在 Spark 中，公平调度器将可用资源公平地分配给不同的应用程序，并按照一定的规则调度任务。

公平调度器主要有以下几个特点：

- ❑ 公平性：公平调度器会公平地给不同的应用程序分配资源，每个应用程序都能够获得一定比例的资源，不会因为其他应用程序的需求被严重剥夺资源。
- ❑ 容量限制：公平调度器支持为每个应用程序设置资源的最大限制，这样可以确保每个应用程序在资源分配上有一定的上限，避免某个应用程序占用全部资源。
- ❑ 任务优先级：公平调度器可以为不同的任务设置不同的优先级，高优先级的任务会优先获得资源并执行。
- ❑ 拉取模式：公平调度器采用拉取模式（Pull-based）来获取任务，即工作节点主动向调度器请求任务，这样可以更灵活地根据资源和优先级进行任务调度。

要在 Spark 中使用公平调度器，可以在启动集群时指定--master 参数为 spark://host:port，并在 Spark 配置文件中进行相应的配置。例如，可以在 spark-defaults.conf 文件中添加以下配置：

```
1    spark.scheduler.mode=fair
2    spark.scheduler.allocation.file=/path/to/fair-scheduler.xml
```

在 fair-scheduler.xml 文件中，可以定义应用程序之间的资源分配比例、容量限制、任务优先级等参数，以满足不同应用程序的需求。

说明：公平调度器可以更好地平衡集群资源的利用率，提高任务的执行效率，特别适用于多个应用程序同时运行且资源需求差异较大的场景。通过合理的配置，可以根据实际需求实现公平、高效的资源调度。

❑ Spark Fair Scheduler（Spark 公平调度器）：是 Spark 内置的调度器，基于公平调度算法实现。它将资源划分为多个独立的调度池，每个调度池可以独立设置权重和优先级，实现任务之间的公平调度。

❑ Spark FIFO Scheduler（Spark 先来先服务调度器）：是 Spark 内置的调度器，基于 FIFO 算法实现。它按照任务提交的顺序进行调度，任务依次执行，不考虑任务的执行时间和优先级。

❑ Capacity Scheduler（容量调度器）：是 Hadoop YARN 的一个调度器，它提供了多队列调度、资源隔离和优先级调度等功能。容量调度器基于集群的容量和资源需求进行任务的调度和资源分配，可以更好地满足多租户环境下的资源管理需求。

容量调度器的主要特点如下：

➢ 多队列调度：容量调度器将集群的资源划分为多个独立的队列，每个队列都有自己的资源容量限制。每个队列可以根据需要配置不同的资源配额，如 CPU 和内存等。这样可以实现多个队列之间的资源隔离，确保每个队列都能按照预期获得一定的资源。

➢ 资源分配策略：容量调度器支持灵活的资源分配策略。可以根据队列的优先级、队列的资源需求和资源利用率等因素，动态地分配资源给队列中的任务。资源分配可以根据需求进行优先级调度，确保高优先级的任务能够获得更多的资源。

➢ 预留资源：容量调度器可以为每个队列预留一定的资源，即使在集群负载高的情况下也能够满足队列的资源需求。这样当集群资源紧张时也不会影响高优先级任务的执行。

➢ 弹性调度：容量调度器支持弹性调度，即在某个队列没有任务等待执行时，可以将其多余的资源分配给其他队列，以提高整体的资源利用率。这种弹性调度机制可以根据不同队列的需求进行动态调整，提供更灵活的资源管理。

容量调度器在大规模的多租户环境下非常有用，可以根据不同队列的资源需求和优先级，实现合理的资源分配和调度策略。它能够更好地进行资源隔离和任务管理，确保集群资源的高效利用和任务的公平调度。

📋说明：这些调度算法在 Spark 中很常见且被广泛使用，可以根据不同的需求选择适合的调度器来管理任务的执行顺序和资源分配。公平调度器适用于需要公平分配资源的场景，先来先服务调度器适用于简单的任务执行顺序管理，容量调度器适用于多租户环境或需要灵活配置调度规则的场景。根据实际情况选择合适的调度器，可以提高任务执行的效率和资源利用率。

3．如何选择合适的调度算法

选择合适的调度算法取决于具体的场景和需求。以下因素有助于选择适合的调度算法。

1）任务优先级

如果应用有不同的任务优先级，并且高优先级任务需要优先执行，那么可以选择支持优先级调度的调度算法。例如，公平调度器可以根据任务的优先级进行资源分配。

2）资源隔离要求

资源隔离要求是指在共享资源环境中，不同的租户、应用程序或用户之间需要保持彼此之间的资源隔离，以避免相互之间的资源冲突和干扰。资源隔离的目的是确保每个租户或应用程序能够按照其需求使用适当的资源，并避免资源争用导致性能下降或任务失败。

在大规模集群中，常见的资源隔离要求包括 CPU 资源隔离、内存资源隔离、网络带宽隔离和磁盘存储隔离等。

> **说明**：为了满足资源隔离要求，常见的资源管理器和调度器（如 Spark Standalone、YARN、Kubernetes 等）都提供了相应的功能和机制，可以根据不同的需求和策略进行资源的划分、分配和管理，以确保不同应用程序或租户之间的资源隔离。

3）集群资源利用率

如果追求高效的资源利用率，希望充分利用集群的资源，可以选择具有动态资源分配策略的调度算法。例如，Spark Standalone 资源管理器的默认调度器支持弹性调度，可以在队列没有等待执行的任务时，将其多余的资源分配给其他队列。

4）调度延迟

不同的调度算法对于任务的调度延迟有不同的影响。某些调度算法可能更注重公平性而牺牲了一定的调度延迟，而其他算法可能更注重低延迟，可能不够公平，应该根据应用场景和对延迟的敏感程度，选择适合的调度算法。

5）可扩展性

可扩展性是指系统能够有效地适应和处理不断增长的负载和数据量，无须显著的性能下降或系统崩溃。在计算机科学和分布式系统中，可扩展性是一个重要的设计目标，特别是在处理大规模数据和高并发请求的场景中经常使用。

以下是几个与可扩展性相关的关键概念。

❑ 水平扩展：通过增加更多的计算资源（如服务器、节点）来扩展系统的处理能力。水平扩展利用分布式系统的优势，可以将负载分摊到多个节点上，提高系统的处理能力和吞吐量。

❑ 垂直扩展：通过提升单个计算资源（如服务器）的性能来扩展系统的处理能力。垂直扩展通常包括增加处理器核心数、内存容量或存储容量，来支持更大规模的计算和存储需求。

❑ 分布式计算：将任务分解为多个子任务，并在多个计算节点中并行执行，以提高计算速度和处理能力。分布式计算框架（如 Spark、Hadoop 等）允许将任务并行分配给多个节点，高效地进行数据处理和分析。

❑ 弹性伸缩：根据实际需求动态增加或减少计算资源，以适应负载的变化。弹性伸缩可以根据系统的负载情况自动调整资源的分配和释放，确保系统能够灵活地应对不同的工作负载和数据量。

> **说明**：可扩展性是构建高性能、高可用性和高效率的分布式系统的关键要素，对于大规模数据处理、云计算和分布式计算等非常重要。

3.1.5 集群资源池化技术

1. 什么是集群资源池化技术

集群资源池化技术是一种资源管理和调度的方法，它将集群中的计算资源（如 CPU、内存、存储等）汇集到一个统一的资源池中，然后根据需求将资源分配给不同的任务或应用程序。资源池化技术旨在提高资源利用率，降低成本和简化管理。

2. 常见的集群资源池化技术

下面介绍几种常见的集群资源池化技术。

1）虚拟化

虚拟化是一种计算资源管理和隔离的技术，它将物理计算资源（如处理器、内存、存储等）划分为多个虚拟环境，每个虚拟环境可以独立运行操作系统和应用程序，就像运行在独立的物理计算机上一样。

虚拟化技术的核心是虚拟机监视器（Virtual Machine Monitor，VMM），也称为虚拟机管理器（Virtual Machine Manager），它是一个软件层，负责管理和控制虚拟环境。虚拟机监视器在物理硬件和虚拟环境之间建立了一个抽象层，使得每个虚拟环境都能够独立运行，并且相互之间是隔离的。

虚拟化技术的优势表现在以下几个方面：

❑ 资源利用率提高了：通过虚拟化，物理计算资源可以被划分为多个虚拟环境并共享使用，从而提高了资源利用率。多个虚拟环境可以在同一台物理机上运行，充分利用了物理计算资源的闲置部分。

❑ 隔离性和安全性：虚拟化技术提供了虚拟环境之间的隔离性，每个虚拟环境都是相互独立的，彼此之间的应用程序和操作系统互不干扰。这种隔离性可以提高安全性，防止恶意软件或错误操作对其他虚拟环境和物理主机的影响。

❑ 灵活性和可移植性：虚拟化使得应用程序和操作系统能够与底层硬件解耦，从而提供了更大的灵活性和可移植性。虚拟环境可以在不同的物理主机之间迁移，而且不会影响应用程序的运行。

❑ 硬件抽象和资源调整：虚拟化技术将物理硬件抽象为虚拟资源，应用程序和操作系统不需要了解底层硬件的细节。这使得资源的调整变得更加灵活，可以根据需要动态分配和调整虚拟环境的资源。

📑 说明：虚拟化技术在云计算、数据中心和服务器集中化、测试和开发环境等场景中得到了广泛应用。常见的虚拟化技术包括基于软件的虚拟化（如 VMware、VirtualBox）、基于硬件的虚拟化（如 Intel VT 或 AMD-V）、操作系统虚拟化（如 Docker 容器）和网络功能虚拟化（NFV）等。

2）容器化

容器化是一种轻量级的虚拟化技术，它将应用程序及其所有依赖项打包到一个独立的运行环境中，这个独立运行的环境称为容器。每个容器都是相互隔离的，具有自己的文件系统、运行时环境和网络配置，可以独立地运行在主机操作系统上。

与传统的虚拟化技术相比，容器化具有以下优势：

❑ 轻量级和高性能：容器化技术利用操作系统级别的虚拟化，相比于完整的虚拟机，容器更加轻量级。容器共享主机操作系统的内核，减少了资源开销，提高了系统性能。

❑ 快速部署和启动：容器化可以快速部署和启动应用程序，容器镜像包含应用程序及其所有依赖项，可以在不同的环境中轻松迁移和复制。

❑ 灵活性和可移植性：容器化技术提供了应用程序与底层环境的解耦，应用程序可以在不同的主机和云平台上运行而不需要修改代码。

❑ 资源利用率和扩展性：容器化技术允许在主机上运行多个容器，可以更好地利用物理计算资源，并且可以根据需求动态调整容器的数量。

常见的容器化技术包括 Docker 和 Kubernetes。Docker 是一个流行的容器引擎，它提供了创建、管理和部署容器的工具和平台。Kubernetes 是一个容器编排和管理系统，它可以自动化容器的部署、伸缩和运维工作，提供了高可用性和弹性的容器集群。容器化技术在云原生应用开发、持续集成和部署等领域得到了广泛应用。

3）资源管理器

集群资源管理器（如 Hadoop YARN、Apache Mesos 等）提供了资源池化和任务调度的功能。资源管理器负责收集集群中的资源信息，根据需求进行资源分配和任务调度，确保各个应用程序之间资源的隔离和公平共享。

📑说明：通过集群资源池化技术，可以实现集中管理和分配集群中的计算资源，提高资源利用率。这种技术在大规模分布式系统中广泛应用，为多租户环境、云计算和大数据处理等场景提供了便利。

3. 如何选择合适的集群资源池技术

选择合适的集群资源池化技术需要考虑多个因素，如应用程序的特性、资源利用率要求、部署和管理的复杂性等。

虚拟化技术通过在物理服务器上创建多个虚拟机实例来实现资源的隔离和共享，它可以提供更高的隔离性和安全性，适用于多租户环境以及需要完全隔离的应用。虚拟化技术的缺点是比较重量级，需要更多的资源开销。

容器化技术通过在主机操作系统上创建隔离的容器实例来运行应用程序，它具有轻量级和快速启动的特点，适用于快速部署和扩展的场景。容器化技术可以更好地利用物理资源，但在隔离性和安全性方面相对较弱。

资源管理器是用于管理和调度集群资源的软件，它可以根据应用程序的需求和集群的资源状况进行资源分配和调度，以实现最佳的资源利用率和性能。不同的资源管理器有不同的特点和调度策略，如 Spark 的资源管理器可以提供动态资源分配和作业调度功能，适用于大规模数据处理和分布式计算。

一般来说，如果应用程序需要完全隔离或安全性较高，可以选择虚拟化技术；如果需要快速部署和扩展，可以选择容器化技术；如果需要进行大规模数据处理和分布式计算，可以选择适合的资源管理器。另外，还需要考虑技术的成熟度、社区支持和团队的经验等方面。最终的选择应该根据具体的应用场景和需求来做出综合评估和决策。

3.1.6　Docker 容器

1. Docker简介

Docker 是一种开源的容器化平台，用于构建、部署和运行应用程序。它以容器的方式封装应用程序及其依赖项，使应用程序可以在不同的环境中以一致的方式运行。

下面对 Docker 的一些关键概念和其特性进行介绍。

- ❑ 容器：容器是 Docker 的基本单位，它包含应用程序及其运行所需的所有依赖项，如代码、运行时环境、库、系统工具等。容器是轻量、可移植且隔离的，使应用程序可以在不同的环境中以相同的方式运行。

- ❑ 镜像：是容器的模板，它包含一个完整的文件系统，以及运行该文件系统所需的所有配置。镜像是只读的，通过镜像可以创建多个可运行的容器。Docker Hub 是 Docker 的公共镜像仓库，提供了大量的官方和社区维护的镜像供用户使用。

- ❑ 容器注册表：用于存储和分发 Docker 镜像。除了 Docker Hub，还可以搭建私有的容器注册表，以在内部环境中管理和共享镜像。

- ❑ Docker 引擎：Docker 引擎是 Docker 的核心组件，负责管理容器的生命周期、构建和运行容器。它包括一个守护进程（Docker daemon）和一个命令行工具（Docker CLI）。

- ❑ Dockerfile：是用于定义和构建 Docker 镜像的文本文件。通过编写 Dockerfile，可以指定应用程序的依赖项、运行环境、配置和命令等。使用 Dockerfile，可以实现可重复和自动化的镜像构建过程。

- ❑ 容器编排：Docker 提供的容器编排功能，可以管理和编排多个容器组成的应用程序。Docker Compose 和 Docker Swarm 是 Docker 提供的两种容器编排工具，用于定义、部署和扩展多个容器的组合。Kubernetes 是一个开源的容器编排平台，用于自动化部署、扩展和管理容器化应用程序，它也是现阶段主流的容积编排平台，关于 Kubernetes 的详细信息可参见后续章节。

Docker 的优势包括快速部署、跨平台性、资源隔离、环境一致性和易于扩展等，目前已经成为现代应用程序开发和部署的重要工具之一，广泛应用于开发、测试、持续集成和生产环境中。

2. 安装步骤

☎提示：本例安装的 Docker 系统基于 Amazon Linux 2 AMI，用户安装 Docker 的时候要注意对应的版本是否和自己的系统兼容。

在 Linux 上安装 Docker 的步骤如下：

（1）执行以下命令更新系统软件包列表和已安装软件包的版本。

```
1    sudo yum update -y
```

（2）安装 amazon-linux-extras 命令，该命令用于安装额外的软件包。

```
1    sudo yum install -y amazon-linux-extras
```

（3）安装 Docker 使用的依赖包。

```
1    sudo amazon-linux-extras install docker
```

（4）完成安装后，启动 Docker 服务。

```
1    sudo service docker start
```

（5）配置 Docker 服务开机自启动。

```
1    sudo systemctl enable docker
```

（6）确认 Docker 服务已经成功启动。

```
1    sudo service docker status
```

安装 Docker 成功页面如图 3-2 所示。

图 3-2　Docker 安装成功页面

3. 使用Docker

（1）拉取镜像。

使用 docker pull 命令从 Docker 镜像仓库中拉取所需的容器镜像。例如，要拉取名为 nginx 的官方 Nginx 镜像，可以执行以下命令：

```
1    docker pull nginx
```

（2）运行容器。

使用 docker run 命令在容器镜像上启动一个新的容器实例。例如，要在前面拉取的 nginx 镜像上运行一个容器，可以执行以下命令：

```
1    docker run -d --name my-nginx -p 80:80 nginx
```

上面的命令会在后台以守护进程方式启动一个名为 my-nginx 的容器，并将容器内部的 80 端口映射到主机的 80 端口上。

（3）列出容器。

使用 docker ps 命令列出正在运行的容器。例如，要查看当前正在运行的容器列表，可以执行以下命令：

```
1    docker ps
```

命令执行结果如图 3-3 所示。

```
CONTAINER ID   IMAGE        COMMAND                CREATED         STATUS         PORTS                                 NAMES
153275faa96a   nginx        "/docker-entrypoint…"  24 seconds ago  Up 23 seconds  0.0.0.0:80->80/tcp, :::80->80/tcp     my-nginx
```

图 3-3　正在运行的容器

（4）停止和启动容器。

使用 docker stop 命令停止一个运行中的容器。例如，要停止名为 my-nginx 的容器，可以执行以下命令：

```
1    docker stop my-nginx
```

使用 docker start 命令重新启动一个已停止的容器。例如，要启动名为 my-nginx 的容器，可以执行以下命令：

```
1    docker start my-nginx
```

（5）删除容器。

使用 docker rm 命令删除一个已停止的容器。例如，要删除名为 my-nginx 的容器，可以执行以下命令：

```
1    docker rm my-nginx
```

删除容器之前需要先停止这个容器。

📑说明：以上只是 docker 命令的一小部分功能，可以使用其他命令来管理容器镜像、创建自定义镜像、查看容器日志等。通过 Docker，可以轻松部署、管理和扩展容器化应用程序，并使其在不同的环境中具备可移植性和一致性。

3.1.7　基于 YARN 的资源管理

1．YARN简介

YARN（Yet Another Resource Negotiator）是 Apache Hadoop 生态系统中的一个资源管理器，用于管理集群资源和调度应用程序的执行。YARN 作为 Hadoop 的第二代资源管理器，取代了旧版的 MapReduce 作业调度器。

YARN 的主要目标是提供一个通用的、可扩展的和高效的资源管理平台，使各种类型的应用程序能够在 Hadoop 集群上共享和有效利用资源。它将集群资源划分为多个容器（Containers），每个容器具有一定的 CPU、内存和其他资源，并按照应用程序的需求进行分配。

YARN 的核心组件包括：ResourceManager（资源管理器）、NodeManager（节点管理器）和 ApplicationMaster（应用程序管理器）。下面具体介绍。

ResourceManager 是 Apache Hadoop 生态系统中的一个关键组件，属于 YARN 框架的一部分。它是整个集群的资源管理和调度中心，负责协调和分配集群资源给各个应用程序。

ResourceManager 的主要功能如下：

❑ 资源调度：ResourceManager 根据不同应用程序的优先级、容量需求、队列设置等因素对资源进行分配，确保资源的合理利用和应用程序的公平性。

❑ 容错和高可用性：ResourceManager 具备容错和高可用性机制，以保证集群的稳定运行。它使用 ZooKeeper 进行主/备 ResourceManager 切换，当主 ResourceManager 失效时能够自动切换到备份 ResourceManager，保证集群的持续可用性。

❑ 集群监控：ResourceManager 负责监控整个集群的资源使用情况。它会跟踪和记录集群中每个节点的资源利用情况，并提供接口供用户查询集群的状态、资源分配情况和应用程序的运行情况。

- ❑ 安全管理：ResourceManager 负责对集群资源的访问进行权限控制和安全管理。它可以配置用户和队列的访问权限，并支持各种安全机制，如 Kerberos 认证和 ACL（访问控制列表）等。

🔔注意：ResourceManager 与具体的应用程序无关，它只负责集群资源的管理和调度，而应用程序的具体执行由对应的 ApplicationMaster 负责。

NodeManager 是 Apache Hadoop 生态系统中的一个关键组件，属于 YARN 框架的一部分。它运行在集群的每个节点上，负责管理和监控节点上的资源和任务的执行。

NodeManager 的主要功能如下：

- ❑ 资源管理：NodeManager 负责管理节点上的资源，包括 CPU、内存、磁盘和网络带宽等。它通过与 ResourceManager 通信，向其报告节点上的可用资源，并接收 ResourceManager 分配给该节点的任务。
- ❑ 任务执行：NodeManager 负责启动和监控任务的执行。它接收来自 ResourceManager 的任务分配，并根据任务的要求启动相应的容器（Container），在容器中运行任务。NodeManager 会监控任务的执行状态，并向 ResourceManager 报告任务的状态和进度。
- ❑ 资源隔离：NodeManager 在节点上实现了资源的隔离。它使用 Linux 的 Cgroups（Control Groups）功能，将任务限制在预定义的资源范围内，确保任务之间的资源互不干扰。这样可以防止任务之间的资源发生冲突或产生影响，提高集群的稳定性和可靠性。
- ❑ 容器生命周期管理：NodeManager 管理容器的生命周期，包括容器的启动、监控和停止。它会监控容器的健康状况，当容器出现故障或超出资源限制时，会终止容器的执行并释放相关资源。
- ❑ 日志和监控：NodeManager 负责收集和管理节点上的日志信息。它会将任务的标准输出和错误输出保存到本地日志文件中，并提供接口供用户查询和检索日志。同时，NodeManager 还会定期向 ResourceManager 发送节点的健康状态和资源使用情况等监控信息。

ApplicationMaster 是 Apache Hadoop 生态系统中的一个关键组件，属于 YARN 框架的一部分。它是在 YARN 集群上运行的应用程序的主要管理和协调实体。

每个在 YARN 上运行的应用程序都有一个对应的 ApplicationMaster，它负责管理该应用程序的资源请求、任务调度和执行情况。ApplicationMaster 的功能如下：

- ❑ 资源申请与调度：ApplicationMaster 向 ResourceManager 请求所需的资源，包括 CPU、内存和其他资源。它根据应用程序的需求和优先级，与 ResourceManager 协商资源的分配和调度策略。一旦资源分配完成，ApplicationMaster 会将任务调度到集群中的各个节点上。
- ❑ 任务协调与监控：ApplicationMaster 负责协调应用程序中各个任务的执行情况。它与 NodeManager 通信，启动任务的容器，并监控任务的执行状态和进度。ApplicationMaster

会收集各个任务的状态和日志信息，并将其报告给客户端或其他管理组件。

❑ 容错与故障恢复：ApplicationMaster 负责处理应用程序中的故障和容错机制。当某个任务失败或节点发生故障时，ApplicationMaster 会接收相关的错误信息，并根据策略进行故障恢复。它可以重新启动失败的任务，或重新申请被故障节点上的任务所占用的资源。

❑ 与客户端的交互：ApplicationMaster 与应用程序的客户端进行交互，接收客户端的请求、参数和配置信息，并向客户端提供应用程序的状态和结果。客户端可以通过 ApplicationMaster 与应用程序进行通信，查询任务状态，获取日志信息或停止应用程序的执行。

YARN 的优势在于它的灵活性和可扩展性。它不仅支持 Hadoop 的传统 MapReduce 任务，还可以运行其他类型的应用程序，如 Apache Spark、Apache Flink 等。YARN 通过资源的动态分配和调度，实现了更高的资源利用率和任务执行效率。

📋说明：YARN 是 Hadoop 生态系统中的重要组件，提供了强大的资源管理和调度功能，使集群能够高效地执行各种类型的应用程序，提高了资源利用率。

2. 安装步骤

（1）安装 YARN 之前，需要先安装 Java 和 Hadoop。

（2）下载 YARN 的安装包，可以从 Apache 官方网站或镜像站点下载最新版本的 YARN。

（3）解压下载的 YARN 安装包到指定目录，如/opt/yarn。

（4）配置 YARN 的环境变量，打开终端并编辑~/.bashrc 文件，添加以下内容：

```
1    export YARN_HOME=/opt/yarn
2    export PATH=$PATH:$YARN_HOME/bin
```

然后运行以下命令使配置生效：

```
1    source ~/.bashrc
```

（5）配置 YARN 的主节点（ResourceManager）和工作节点（NodeManager）。

ResourceManager 配置：编辑$YARN_HOME/etc/hadoop/yarn-site.xml 文件，在其中添加或修改以下配置项：

```
1    <property>
2    <name>yarn.resourcemanager.hostname</name>
3    <value>your_resourcemanager_hostname</value>
4    </property>
```

NodeManager 配置：编辑$YARN_HOME/etc/hadoop/yarn-site.xml 文件，在其中添加或修改以下配置项：

```
1    <property>
2    <name>yarn.nodemanager.hostname</name>
3    <value>your_nodemanager_hostname</value>
4    </property>
```

（6）配置 YARN 的其他相关配置，如内存分配和调度策略等。可以根据实际需求编辑$YARN_HOME/etc/hadoop/yarn-site.xml 文件，并设置相应的配置项。

（7）启动 YARN 集群，分别启动 ResourceManager 和 NodeManager。

启动 ResourceManager：在终端运行以下命令：

```
1    $YARN_HOME/sbin/yarn-daemon.sh start resourcemanager
```

启动 NodeManager：在每个工作节点上，终端运行以下命令：

```
1    $YARN_HOME/sbin/yarn-daemon.sh start nodemanager
```

> 📖 **说明**：以上是简要的 YARN 安装步骤，具体的安装步骤可能会因版本和环境而略有不同。在安装过程中，可以参考 YARN 的官方文档或相关的安装指南，获取更详细的信息。

3. 如何使用YARN

使用 YARN 主要分为两个步骤。

（1）在代码中设置 YARN。可以参考下面的代码：

```
1    import org.apache.spark.{SparkConf, SparkContext}
2
3    object YarnExample {
4      def main(args: Array[String]): Unit = {
5        // 创建 Spark 配置对象
6        val conf = new SparkConf()
7          .setMaster("yarn")
8          .setAppName("YarnExample")
9          .set("spark.executor.memory", "2g")
10         .set("spark.executor.instances", "2")
11
12       // 创建 Spark 上下文对象
13       val sc = new SparkContext(conf)
14
15       // 执行 Spark 操作
16       val rdd = sc.parallelize(Seq(1, 2, 3, 4, 5))
17       val sum = rdd.reduce(_ + _)
18       println("Sum: " + sum)
19
20       // 关闭 Spark 上下文对象
21       sc.stop()
22     }
23   }
```

在上面的代码中，通过创建 SparkConf 对象来配置 Spark 应用程序，其中设置了以下属性：

❑ setMaster("yarn")：指定使用 YARN 作为资源管理器。

❑ setAppName("YarnExample")：设置应用程序的名称。

❑ set("spark.executor.memory", "2g")：设置每个 Executor 的内存为 2GB。

❑ set("spark.executor.instances", "2")：设置启动的 Executor 实例数量为 2 个。

在实际使用中，可以根据具体需求进行配置和操作，如设置其他的 Spark 属性、读取数据、执行转换和操作等。通过指定 setMaster("yarn")，Spark 应用程序将使用 YARN 作为资源管理器来分配和管理资源。

（2）提交应用程序到 YARN 集群。

将应用程序打包成 JAR 文件，并使用 spark-submit 命令将应用程序提交到 YARN 集群。

```
1    $ spark-submit --class com.example.YarnExample--master yarn --deploy-
     mode cluster \
```

```
2    --executor-memory 2g --num-executors 2 /path/to/spark-yarn-example.jar
```

在上面的命令中，需要指定应用程序的入口类，将 YARN 作为资源管理器，指定部署模式、Executor 内存和数量以及应用程序的 JAR 文件路径。

3.1.8　基于 Mesos 的资源管理

1．Mesos简介

Mesos 是一个开源的集群管理系统，旨在实现高效的资源共享和分布式应用程序的调度。它最初由加州大学伯克利分校的 AMPLab 团队开发，并于 2010 年成为 Apache 顶级项目。

Mesos 的设计目标是提供一个可扩展、高可用的平台，能够在大规模集群中有效地管理资源，并为各种类型的应用程序提供公共的资源池。

Mesos 的架构由两个核心组件组成。

❑ Mesos Master：是集群的中央协调器，负责管理整个集群的资源调度和分配。它维护有关集群中可用资源的信息，并根据应用程序的需求决定将资源分配给哪些任务。

❑ Mesos Agent（又称为 Slave）：是集群中的工作节点，负责接收 Mesos Master 分配的任务，并在节点上执行这些任务。每个节点上可以运行多个任务，并根据 Master 的指令动态分配和回收资源。

Mesos 的主要特点如下：

❑ 可扩展性：Mesos 可以轻松地扩展到数千个节点，并支持数百万个任务。

❑ 高可用性：通过使用多个 Master 节点实现主备模式，并且具备高可用性，即使在 Master 节点出现故障时也能保持集群的正常运行。

❑ 多框架支持：Mesos 提供了对多个应用程序框架的原生支持，包括 Apache Hadoop、Apache Spark 和 Docker 等，使不同类型的应用程序能够在同一集群中共享资源。

❑ 弹性调度：Mesos 可以根据应用程序的需求动态地调整资源分配，并支持任务优先级和资源隔离。

❑ 可编程性：在 Mesos 中，可编程性指用户可以使用 Mesos 提供的丰富 API 和调度器接口来开发自定义的调度器和框架。通过这些接口，用户可以编写自己的调度算法和策略，根据应用程序的需求和优先级决定资源的分配方式，实现自定义的资源调度和管理逻辑。

Mesos 的可编程性使用户能够更好地控制资源的分配和利用，实现更高效的资源共享和任务调度模式。

2．安装步骤

（1）更新系统，命令如下：

```
1    sudo yum update -y
```

（2）添加 Mesosphere 存储库，命令如下：

```
1    sudo rpm -Uvh http://repos.mesosphere.io/el/7/noarch/RPMS/mesosphere-
     el-repo-7-3.noarch.rpm
```

（3）安装 Mesos，命令如下：

```
1    sudo yum install mesos -y
```

（4）配置 Mesos。打开/etc/mesos/zk 文件，并指定 ZooKeeper 的地址。例如，使用单机模式启动 ZooKeeper，可以将其配置为 zk://localhost:2181/mesos。

🔔注意：需要将 localhost 替换成自己的 IP 地址。

（5）启动 Mesos。

启动主节点，命令如下：

```
1    mesos-master --ip=<主节点IP> --work_dir=<工作目录路径>
```

启动从节点，命令如下：

```
1    mesos-slave --ip=<MASTER_IP> --master=<MASTER_IP>:5050 --work_dir=
     <WORK_DIR>
```

（6）验证 Mesos 是否成功启动。

打开浏览器，访问 Mesos 的 Web 页面，地址为 http://<Your-Server-IP>:5050。如果能够访问到 Mesos 页面并显示有关 Master 和 Slave 节点的信息，表示 Mesos 安装成功。

Mesos 安装成功页面如图 3-4 所示。

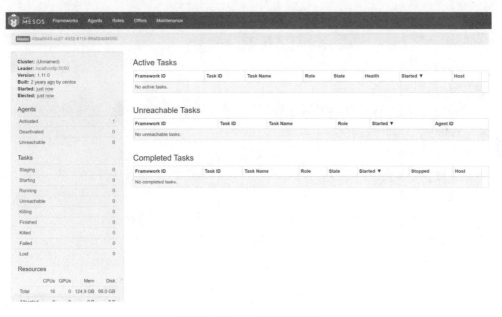

图 3-4　Mesos 安装成功页面

🔔注意：以上是在 Amazon Linux 2 AMI 上安装和配置 Mesos。根据具体需求和环境，可能还需要进行其他配置和调整。

3. 如何使用Mesos

通过编写任务描述文件或使用 Mesos 的 API 来提交任务。任务描述文件定义了任务的名称、命令和资源需求等。一旦任务提交，Mesos 将根据可用资源和调度策略给适合的从节点分配任务。

下面以一个示例简要说明如何使用 Mesos。

（1）编写任务脚本。

创建一个脚本文件，如 task.sh，其中包含要在 Mesos 上运行的任务逻辑。例如，脚本可以是一个简单的 Bash 脚本，打印一条消息到控制台：

```
1    #!/bin/bash
2    echo "Hello, Mesos!"
```

（2）创建一个描述文件。

创建一个 JSON 格式的描述文件，用于定义要在 Mesos 上运行的任务。例如，创建一个名为 task.json 的文件，并在其中指定任务的名称、命令、CPU 和内存资源等：

```
1    {
2    "name": "MyTask",
3    "command": {
4    "value": "./task.sh"
5       },
6    "resources": {
7    "cpus": 0.5,
8    "mem": 128
9       }
10   }
```

（3）提交任务。

使用 Mesos 提供的命令行工具（如 mesos-cli）或调用 Mesos 的 API，将任务描述文件提交给 Mesos 集群。例如，使用命令行工具提交任务：

```
1    mesos-cli task create task.json
```

（4）Mesos 执行任务。

任务被提交后，Mesos 集群根据可用资源和调度策略来执行任务。任务会分配给可用的 Mesos Agent（从节点）来执行。

（5）查看任务状态。

可以使用 Mesos 提供的命令行工具或调用 Mesos 的 API 来查看任务的状态。例如，使用命令行工具查看任务状态：

```
1    mesos-cli task status MyTask
```

在 Spark 中如要使用 Mesos，可以按照如下方式：

要启动并提交 Spark 应用程序，可以使用 spark-submit 命令，并在其中指定要运行的任务和所需的资源。Spark 将使用 Mesos 来分配和管理这些资源，执行命令如下：

```
1    spark-submit --master mesos://<mesos-master-host>:<mesos-master-port>
     --class <main-class><application-jar>
```

其中，<main-class>是应用程序的主类，<application-jar>是应用程序的 JAR 文件。

3.1.9 基于 Kubernetes 的资源管理

1. Kubernetes简介

Kubernetes 是一个可移植、可扩展的开源平台，用于管理容器化的工作负载和服务，方便进行声明式配置和自动化。Kubernetes 拥有一个庞大且快速增长的生态系统，其服务和支持的工具使用范围广泛。

1）Kubernetes 的主要特点

❑ 自动化容器部署：Kubernetes 可以自动部署和管理容器，无须手动干预。它提供了强大的调度和资源管理功能，可以根据应用程序的需求在集群中动态分配和调度容器。

❑ 水平扩展：Kubernetes 可以根据应用程序的负载情况自动扩展容器的数量。它可以根据定义的规则和策略自动添加或移除容器，以满足应用程序的性能需求。

❑ 自我修复和健康检查：Kubernetes 可以监控容器的状态和健康状况。如果容器失败或出现故障，Kubernetes 可以自动进行故障恢复或重启容器，确保应用程序的可用性。

❑ 服务发现和负载均衡：Kubernetes 提供了内置的服务发现和负载均衡功能。它可以为应用程序创建一个稳定的网络终端，使其他服务和外部用户可以方便地访问应用程序。

❑ 配置和存储管理：Kubernetes 支持应用程序配置的管理和存储。它可以将配置信息存储在集群的配置存储中，并自动将配置应用于相应的容器中。

❑ 滚动升级和回滚：Kubernetes 支持应用程序的滚动升级和回滚。它可以逐步更新容器版本，确保应用程序在升级过程中保持可用状态，并在需要时回滚到先前的版本。

2）Kubernetes 的架构和组件

Kubernetes 集群组件如图 3-5 所示。

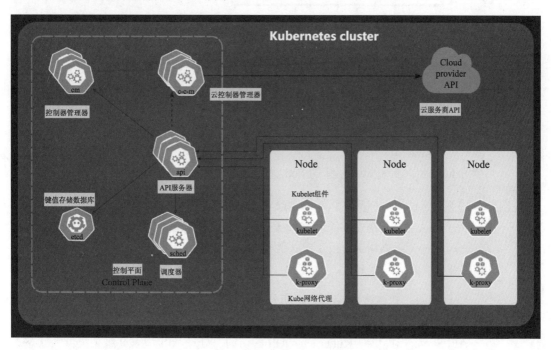

图 3-5　Kubernetes 集群组件

Kubernetes 架构如图 3-6 所示。

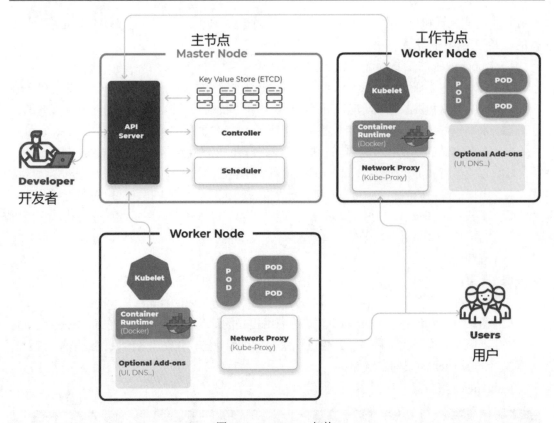

图 3-6　Kubernetes 架构

在 Kubernetes 架构中，Master 组件负责整体的集群管理和调度，Node 组件负责在节点级别上管理和运行容器与 Pod，Etcd 用于存储集群的配置和状态信息。通过这些组件的协同工作，Kubernetes 实现了高可用、弹性和可扩展的容器编排和管理功能。

- ❑ Master 组件：包括 Scheduler、Controller 和 API Server，负责集群的管理和调度，向 Node 组件发送指令。
  - ➢ Scheduler：负责对新创建的 Pod 进行调度并将其分配到合适的节点上运行。

📑说明：在 Kubernetes（K8s）中，Pod 是可以在一个或多个节点上运行的最小部署单元。一个 Pod 可以包含一个或多个紧密相关的容器，这些容器共享存储和网络资源，并可以一起运行。简单地说，Pod 可以视为在一个节点上运行的一个或多个协同工作的容器集合。

  - ➢ Controller：包含多个控制器，负责监控和管理集群状态，处理集群级别的操作和控制。
  - ➢ API Server：提供对 Kubernetes API 的访问，处理 API 请求并维护集群的状态。
- ❑ Etcd：分布式键值存储系统，用于存储集群的配置数据、状态信息和元数据，由 Master 组件和其他组件进行读写操作。

📑说明：在图 3-6 中，Etcd 被直接标识在主节点上。实际上，Etcd 是一个外部存储系统，负责存储和管理 Kubernetes 的集群配置。

❑ Node 组件：每个节点上运行的 Kubernetes 组件，与 Master 组件进行通信，负责管理节点上的 Pod，处理网络代理、负载均衡等。

　　➢ Kubelet：负责管理节点上的容器和 Pod，与 Master 通信，执行 Pod 的创建、启动、监控和终止等操作。

　　➢ Kube-Proxy：负责为 Pod 提供网络代理和负载均衡功能。

　　➢ POD：部署在节点上的最小单位，可以通过 ReplicaSet 进行复制和扩展，并由 Node 组件进行管理。

　　➢ Container Runtime：负责管理容器的生命周期，包括创建、启动、停止和删除容器等操作。

📄说明：*在早期的 Kubernetes 版本中，Docker 是默认且唯一支持的容器运行时组件。随着容器技术的发展，出现了更多的容器运行时组件，如 containerd 和 CRI-O。为了支持这些新的容器运行时组件，Kubernetes 引入了一个叫作 CRI（Container Runtime Interface）的接口标准，任何遵循这个标准的容器运行时都可以与 Kubernetes 集成。*

　　➢ Optional Add-ons：是一组可选的扩展和服务，可以为 Kubernetes 集群提供额外的功能。这些 Add-ons 并非 Kubernetes 集群运行所必需的，但是在某些场景下，它们能够极大地增强 Kubernetes 的功能和便利性。

📄说明：*Kubernetes 的可选插件（Optional Add-ons）主要包括 DNS 服务器、Web 用户界面（Dashboard）、Container Network Interface（CNI）插件、集群监控工具、Ingress Controller 和 Service Mesh 等，这些插件提供了名称解析、用户界面、网络接口配置、集群监控、路由规则管理和微服务间通信等功能，以提升 Kubernetes 集群的性能，优化用户使用体验。*

　　Kubernetes 的优势表现在灵活性、可扩展性和可靠性。它支持多种容器运行时（如 Docker、Containerd 等），并提供了丰富的功能和工具来简化容器化应用程序的部署和管理。无论是在本地环境、私有云还是公共云上，Kubernetes 都是一种流行的选择，被广泛用于构建和管理容器化的应用程序。

2. Kubernetes资源管理基础

　　Kubernetes 资源管理涉及如何在 Kubernetes 集群中有效地分配、限制和监控容器，以及如何进行 Pod 的计算、存储和网络资源的配置等。

　　1）资源对象与声明

　　在 Kubernetes 中，资源对象代表集群中的实体。这些对象描述了应用工作负载的方式、容器化应用的运行方式，以及网络和存储的配置方式等。例如，Pod 是 Kubernetes 的最小部署单位，它包含一个或多个容器，可以运行持久性工作负载，如 Web 服务器，但需要与诸如 Persistent Volumes 结合起来实现数据的持久性。Pod 还适用于执行临时性的计算任务。Service 是 Kubernetes 中的一个抽象概念，用于将 Pod 中的应用程序暴露为网络服务。而 Deployment 可以声明式地管理 Pod 的生命周期，如滚动更新和回滚。此外，ConfigMaps 和 Secrets 允许用户将配置数据和敏感信息分离出来，而不是硬编码到应用程序的镜像中。

Kubernetes 采用了声明式的配置方式，这意味着用户不需要记录要执行的操作序列，只需要描述所需的最终状态即可。用户通常会编写一个描述资源期望状态的 YAML 或 JSON 文件，并使用 kubectl apply 命令将其应用到 Kubernetes 集群中。Kubernetes 的控制器可以确保实际状态与用户定义的期望状态相匹配。例如，用户可以描述一个期望有 3 个副本的 Nginx Deployment，当这个文件被应用到集群中时，Kubernetes 会确保始终有 3 个 Nginx Pods 在运行。

2）资源限制与配额

在 Kubernetes 中，为了确保集群资源的公平分配，以及避免单一应用或服务占用过多资源，Kubernetes 提供了资源限制与配额的功能。资源限制允许用户为每个 Pod 或其内部的容器设置 CPU 和内存使用上限。这样，即使某个容器的应用程序出现问题，如内存泄漏，也不会耗尽整个节点的资源，从而影响其他服务的正常运行。

配额功能则在更高的层次上工作，允许管理员为 Kubernetes 的命名空间设置资源配额。这意味着，对于在特定命名空间中运行的所有 Pods 和服务，它们的资源使用总量（如 CPU、内存和存储）都不能超过预先设定的限制。这对于多团队或多项目使用同一个 Kubernetes 集群的场景尤为有用，因为可以确保每个团队或项目都能获得公平的资源分配，而不会因为某个团队或项目的过度使用影响其他团队或项目。

☎提示：Kubernetes 还提供了资源请求的功能，允许用户为 Pod 或容器指定所需的最小资源量。这有助于 Kubernetes 调度器更加智能地决定在哪个节点上运行 Pod，从而确保每个 Pod 都有足够的资源来满足其运行需求。

3）资源的生命周期

在 Kubernetes 中，每个资源对象都经历一个定义好的生命周期，从创建到终止。这个生命周期是由 Kubernetes 的各种控制器来管理和维护的，它能确保资源始终处于用户定义的期望状态。当用户首次提交一个如 Pod 或 Deployment 的资源配置时，Kubernetes 会根据这个配置创建相应的资源实例。随后，如果用户更新了资源的配置，Kubernetes 会检测到这些更改并采取相应的行动来调整资源，使其与新的配置匹配。例如，如果用户更改了 Deployment 的副本数，则 Kubernetes 会自动启动或终止一定数量的 Pods 以匹配新的配置。

资源的生命周期不仅是创建和更新。当资源不再需要时，用户可以请求 Kubernetes 删除它。在这种情况下，Kubernetes 会确保资源被优雅地终止，以释放使用的所有资源，并清理与之相关的任何依赖或关联。

☎提示：Kubernetes 中的资源对象尤其是 Pod，可能会因各种原因被重新启动或迁移，如节点故障、资源不足或软件更新等，因此，理解资源的生命周期，特别是如何处理资源的创建、更新和删除，对于确保应用的高可用性和持续性至关重要。

4）资源的调度与放置

在 Kubernetes 中，调度是一个核心功能，负责决定在哪个节点上运行 Pod。当用户提交一个新的 Pod 到集群中时，Kubernetes 的调度器会评估集群中所有可用的节点，从中选择一个最适合运行该 Pod 的节点。这个决策基于多种因素进行，包括资源需求、软硬件约束、亲和性规则、反亲和性规则及其他自定义策略。

资源需求是调度的基础。每个 Pod 都可以指定其所需的 CPU 和内存量，调度器会确保所选的节点有足够的可用资源来满足 Pod 的需求。此外，Pod 可以有特定的软硬件约束，例如需要特定类型的处理器或特定版本的操作系统。

亲和性和反亲和性规则允许用户为 Pod 的放置提供更精细的控制。亲和性规则可以确保某些 Pod 彼此靠近，例如它们需要频繁地通信。反亲和性规则确保某些 Pod 彼此分开，例如为了增加应用的容错性。

除了内置的调度策略，Kubernetes 还允许用户定义自己的调度逻辑，以满足特定的业务或技术需求。这种灵活性可以确保 Kubernetes 在各种环境和场景中有效地工作，如小型开发环境或大型生产集群。

5）资源的扩展与缩容

在 Kubernetes 中，随着应用的用户量和工作负载的变化，能够动态地调整资源是至关重要的。为此，Kubernetes 提供了自动扩展功能，允许 Pod 和节点根据实际的工作负载和性能指标进行扩展或缩容。

Horizontal Pod Autoscaler (HPA) 是 Kubernetes 的一个组件，它可以自动调整 Pod 的副本数量，以应对变化的工作负载。HPA 根据预定义的性能指标，如 CPU 或内存使用率来决定是否增加或减少 Pod 的副本数。例如，如果一个应用的 CPU 使用率持续超过了预设的阈值，那么 HPA 会自动增加 Pod 的副本数，以分摊更多的工作负载。相反，如果工作负载减少，HPA 会减少 Pod 的副本数，以节省资源。

除了 Pod 的自动扩展，Kubernetes 还支持节点的自动扩展，称为 Cluster Autoscaler。当集群中的所有节点都接近其资源容量时，Cluster Autoscaler 可以自动添加新的节点。同样，当某些节点的资源利用率很低时，它也可以决定移除这些节点，以减少运营成本。这种动态的资源管理方式可以确保应用始终有足够的资源来满足其需求，同时也可以避免资源的浪费。通过自动扩展和缩容，Kubernetes 让运维团队可以更加轻松地管理大型和复杂的应用环境，而无须频繁地手动干预。

3．安装步骤

（1）设置 hosts 解析，并添加 hosts 解析，命令如下：

```
1    hostnamectl set-hostname <hostname >
```

注意，每个节点都需要解析。

添加 host 解析：

```
1    cat >>/etc/hosts<<EOF
2    <node1 ip>node1 hostname
3    <node2 ip>node2 hostname
4    <node3 ip>node3 hostname
5    ...
6    EOF
```

⚠注意：替换其中的节点 IP 和节点 hostname。

（2）系统配置。

⚠注意：这里使用的配置方式是简化配置，实际配置需要更精细化的基于安全策略的配置。

设置 Iptables、Swap、SELinux 和防火墙，代码如下：

```
1   #配置 Iptables 规则的命令。设置默认的转发策略为接受（Accept），意味着当数据包经过网
    络设备时，如果没有匹配到其他规则，就允许继续转发
2   iptables -P FORWARD ACCEPT
3   #一个用于关闭所有活动的交换空间（Swap）的命令。交换空间是在磁盘上创建的一块用于存储
    在内存中暂时不使用的数据的区域。当系统的物理内存不足时，操作系统可以将一部分内存中的
    数据转移到交换空间中，以释放物理内存供其他进程使用
4   swapoff -a
5   #命令的作用是将/etc/fstab 文件中包含关键字 swap 的行注释掉，注释的方式是在行的开头
    添加"#"字符。这样做可以阻止系统在启动时自动挂载交换空间
6   sed -i '/ swap / s/^\(.*\)$/#\1/g' /etc/fstab
7   #一个用于临时禁用 SELinux（Security-Enhanced Linux）的命令
8   sudo setenforce 0
9   #将 SELinux 的值从 enforcing 改为 permissive。这意味着在下次系统启动时，SELinux
    将以 Permissive 模式运行，仍然记录违规行为但不会阻止它们的执行。请注意，修改配置文件
    后，需要重新启动系统才能使更改生效
10  sudo sed -i 's/^SELINUX=enforcing$/SELINUX=permissive/' /etc/selinux/
    config
11  #用于加载名为 br_netfilter 的内核模块的命令
12  sudo modprobe br_netfilter
13  #通过执行上述命令并将配置写入相应的文件，可以确保在系统启动时加载必需的内核br_netfilter
    模块并设置正确的系统参数。这对于 Kubernetes 集群的正常运行是很有必要的
14  cat <<EOF | sudo tee /etc/modules-load.d/k8s.conf
15  br_netfilter
16  EOF
17
18  cat <<EOF | sudo tee /etc/sysctl.d/k8s.conf
19  net.bridge.bridge-nf-call-ip6tables = 1
20  net.bridge.bridge-nf-call-iptables = 1
21  net.ipv4.ip_forward=1
22  vm.max_map_count=262144
23  EOF
24  #重新加载系统的 sysctl 配置文件，使更改的系统参数生效
25  sudo sysctl --system
```

（3）配置国内 YUM 源，代码如下：

```
1   #定义了 Kubernetes 的 YUM 软件源，以便可以通过 YUM 包管理器从该软件源安装和更新
    Kubernetes 相关的软件包。其中，baseurl 指定软件源的基本 URL，gpgkey 指定用于验证
    软件包的 GPG 密钥
2   cat <<EOF > /etc/yum.repos.d/kubernetes.repo
3   [kubernetes]
4   name=Kubernetes
5   baseurl=https://mirrors.aliyun.com/kubernetes/yum/repos/kubernetes-
    el7-x86_64
6   enabled=1
7   gpgcheck=1
8   repo_gpgcheck=1
9   gpgkey=https://mirrors.aliyun.com/kubernetes/yum/doc/yum-key.gpg
    https://mirrors.aliyun.com/kubernetes/yum/doc/rpm-package-key.gpg
10  EOF
11  #用于管理和更新 YUM 软件包管理器的缓存
12  yum clean all && yum makecache
```

（4）安装 Kubernetes 组件 Kubeadm、Kubelet 和 Kubectl，命令如下：

```
1   #选项 --disableexcludes=kubernetes 用于禁用排除规则，以确保从 Kubernetes 存储
    库安装所需的软件包
2   yum install -y kubelet-1.23.0 kubeadm-1.23.0 kubectl-1.23.0
    --disableexcludes=kubernetes
```

（5）初始化配置文件 kubeadm.yaml，代码如下：

```
1   kubeadm config print init-defaults > defaults.yaml
2   #用于将旧版本的配置文件升级到与新版本兼容的格式，以便在升级 Kubernetes 版本时保留现
    有的配置信息。在迁移完成后，可以使用新的配置文件初始化、升级或维护 Kubernetes 集群
3   kubeadm config migrate --old-config defaults.yaml --new-config
    kubeadm.yaml
4   #执行该命令后，kubeadm.yaml 文件中的 advertiseAddress 字段的值将被替换为指定的
    <ip>值。请将<ip>替换为要使用的实际 IP 地址
5   sed -i 's/advertiseAddress:.*$/advertiseAddress: <ip>/g' kubeadm.yaml
6   #执行该命令后，kubeadm.yaml 文件中的 name 字段的值将被替换为指定的<hostname>值。
    请将<hostname>替换为要使用的实际主机名
7   sed -i 's/name: node/name: bdp-clickhouse-test-1/g' kubeadm.yaml
8   #修改镜像源
9   sed -i 's#imageRepository:.*$#imageRepository: registry.aliyuncs.com/
    google_containers#g' kubeadm.yaml
10  #配置 Pod 网段
11  sed -i "/networking:/a\  podSubnet: 10.244.0.0/16" kubeadm.yaml
```

（6）提前下载镜像，命令如下：

```
1   kubeadm config images pull --config kubeadm.yaml
```

（7）初始化 Master 节点，命令如下：

```
1   sudo kubeadm init --config=kubeadm.yaml
```

Master 节点启动成功页面如图 3-7 所示。

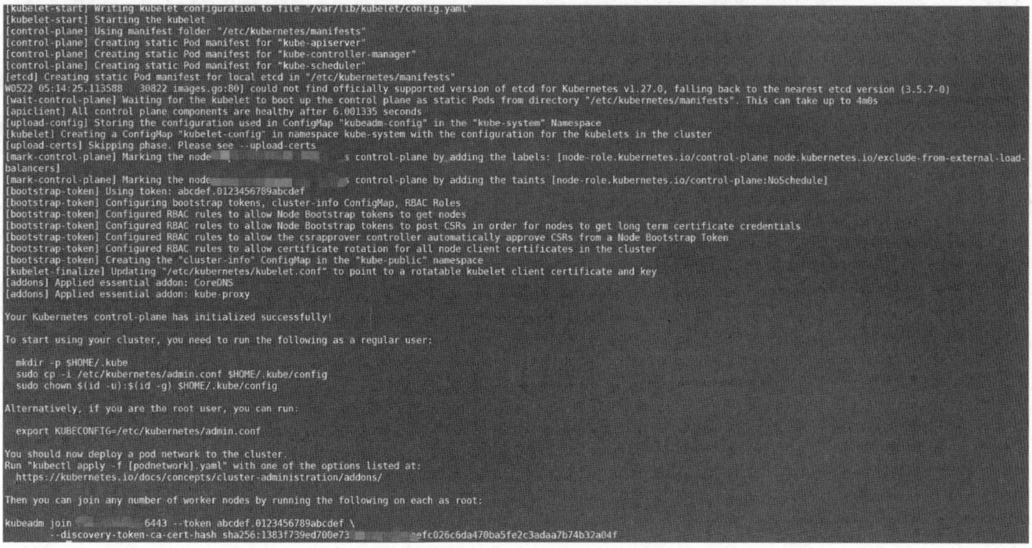

图 3-7　Master 节点启动成功页面

（8）添加 Kubectl 客户端的认证和从节点。

相关的命令在图 3-7 中都有显示。

添加客户端命令如下：

```
1   #创建一个名为.kube 的目录，使用 $HOME 变量表示用户的主目录
2   mkdir -p $HOME/.kube
3   #复制管理员配置文件/etc/kubernetes/admin.conf 到用户的.kube/config 文件中。
    -i 参数表示如果目标文件已存在，则提示用户是否覆盖
```

```
4    sudo cp -i /etc/kubernetes/admin.conf $HOME/.kube/config
5    #使用chown命令将.kube/config文件的所有权更改为当前用户。$(id-u)表示当前用户的
     用户ID, $(id -g)表示当前用户的组ID
6    sudo chown $(id -u):$(id -g) $HOME/.kube/config
```

添加 Slave 节点到集群中。图 3-7 中的最后一行显示的就是添加 Slave 节点的命令，具体如下：

```
1    kubeadm join <ip>:6443 --token abcdef.0123456789abcdef \
2        --discovery-token-ca-cert-hash sha256:1383f739ed700e7345b61xxxxxx
         xxxxx26c6da470ba5fe2c3adaa7b74b32a04f
```

🖚注意：上面的 IP 和对应的 Token 等需要替换成自己的，如果忘记的话可以使用命令 kubeadm
token create --print-join-command 重新显示。

（9）安装网络插件 Flannel。

下载 Flannel 的 YAML 文件并修改配置。

```
1    wget https://raw.githubusercontent.com/coreos/flannel/master/
     Documentation/kube-flannel.yml
```

修改配置，指定网卡名称。在- --kube-subnet-mgr 下面添加一行代码，如果是多网卡，最
好加一下。

```
1    - --kube-subnet-mgr
2    - --iface=eth0
```

（10）设置 Master 节点可调度。

因为这里是单节点，所有需要设置通过"污点"来完成可调度。

```
1    kubectl taint node k8s-master node-role.kubernetes.io/master:NoSchedule-
```

在 Kubernetes 中，Master 节点默认是不参与工作负载调度的，即工作负载一般不会被调
度到 Master 节点上执行。这是因为 Master 节点上运行着 Kubernetes 的核心组件，如 API Server
和 Scheduler 等，如果在其上运行工作负载，可能会影响这些核心组件的正常运行。

在单节点（只有一个 Master 节点，没有其他工作节点）的 Kubernetes 集群中，为了能
够运行工作负载，需要将 Master 节点设置为可调度状态。这个过程是通过移除（或清洗）
Master 节点上的"污点"（Taint）来实现的。"污点"是 Kubernetes 中的一个概念，可以阻止
某些 Pod 被调度到具有污点的节点上。

最终可以看到 master 的状态变为 Ready 了，表示可以调度。

查看 master 调度状态，命令如下，结果如图 3-8 所示。

```
1    kubectl get nodes
```

图 3-8　master 调度状态

（11）部署 dashboard。

下载修改文件：

```
1    wget
     https://raw.githubusercontent.com/kubernetes/dashboard/v2.2.0/aio/
     deploy/recommended.yaml
2    vi recommended.yaml
```

修改 Service 为 NodePort 类型，Service 在文件的第 32 行，修改的地方在第 44 行。recommended.yaml 文件的修改信息，如图 3-9 所示。

执行 apply 命令设置配置文件。

```
1    #应用名为 recommended.yaml 的 Kubernetes 配置文件
2    kubectl apply -f recommended.yaml
3    #获取位于 kubernetes-dashboard 命名空间中的服务信息
4    kubectl -n kubernetes-dashboard get svc
```

最终，命名空间中的服务信息如图 3-10 所示。

下面可以通过节点 IP 和端口进行访问，本例的端口是 32651。访问链接如下：

```
1    https://<IP>:32651
```

△注意：需要把节点 ID 替换成自己的。

图 3-9　recommended.yaml 文件的修改位置

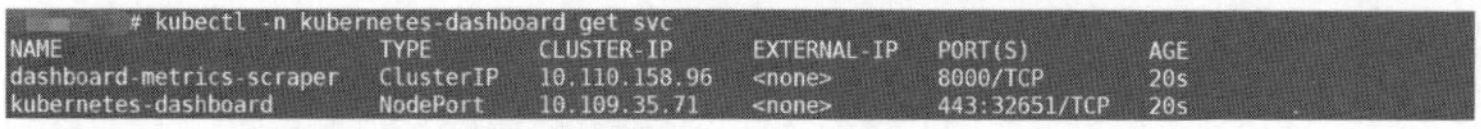

图 3-10　命名空间中的服务信息

最终网页是无法访问的，在谷歌浏览器中会弹出无法显示页面的警告信息，如图 3-11 所示。可以切换到火狐浏览器，也可以自签一个证书。

图 3-11　无法显示页面

（12）自签证书。

一般情况下，正常安装部署完 Kubernetes Dashboard 后，目前只有火狐浏览器可以打开。可以通过生成新的证书永久解决这个问题。例如，通过 IP 直接自签一个证书，也可以通过其他渠道生成（https://freessl.cn）证书，但这一般是需要付费的。

自签证书的步骤如下：

```
1   #使用 OpenSSL 生成一个 2048 位的私钥文件 dashboard.key
2   openssl genrsa -out dashboard.key 2048
3   #使用 OpenSSL 生成一个证书签名请求文件 dashboard.csr，同时使用 dashboard.key 作
    为私钥，并指定证书的主题为 '/CN=ip'，IP 修改为自己的访问地址 IP
4   openssl req -new -out dashboard.csr -key dashboard.key -subj '/CN=<ip>'
5   #使用 OpenSSL 对证书签名请求文件 dashboard.csr 进行签名，使用 dashboard.key 作为
    私钥，并将签名后的证书保存为 dashboard.crt，设置有效期为 365 天
6   openssl x509 -req -days 365 -in dashboard.csr -signkey dashboard.key -out
    dashboard.crt
7   #显示 kubernetes-dashboard 命名空间
8   kubectl get secret kubernetes-dashboard-certs -n kubernetes-dashboard
9   #删除位于 kubernetes-dashboard 命名空间中名为 kubernetes-dashboard-certs 的
    Secret 对象
10  kubectl delete secret kubernetes-dashboard-certs -n kubernetes-dashboard
11  #在 kubernetes-dashboard 命名空间中创建一个名为 kubernetes-dashboard-certs 的
    Secret 对象，并将 dashboard.key 和 dashboard.crt 两个文件作为其内容
12  kubectl create secret generic kubernetes-dashboard-certs --from-file=
    dashboard.key --from-file=dashboard.crt -n kubernetes-dashboard
13  #查看 dashboard 的 Pod
14  kubectl get pod -n kubernetes-dashboard | grep dashboard
15  #删除原有 Pod 即可（会自动创建新的 Pod），Pod 名称需要替换自己查询到的名称
16  kubectl delete pod kubernetes-dashboard-6bd77794f-w8xgc -n kubernetes-
    dashboard
```

此时刷新浏览器，可以看到页面如图 3-12 所示。

单击图 3-12 中的"继续前往"链接，显示 Kubernetes 的认证页面，如图 3-13 所示。

图 3-12　可以访问页面　　　　　　　图 3-13　Kubernetes 认证页面

（13）生成 Kubernetes 集群 Admin 用户 Token。

创建一个名为 cluster-role-binding.yaml 的文件。

```
1   apiVersion: rbac.authorization.k8s.io/v1
2   kind: ClusterRoleBinding
```

```
3    metadata:
4      name: admin
5      annotations:
6        rbac.authorization.kubernetes.io/autoupdate: "true"
7    roleRef:
8      kind: ClusterRole
9      name: cluster-admin
10     apiGroup: rbac.authorization.k8s.io
11   subjects:
12   - kind: ServiceAccount
13     name: admin
14     namespace: kubernetes-dashboard
```

创建一个名为 service-account.yaml 的文件。

```
1    apiVersion: v1
2    kind: ServiceAccount
3    metadata:
4      name: admin
5      namespace: kubernetes-dashboard
6      labels:
7        kubernetes.io/cluster-service: "true"
8        addonmanager.kubernetes.io/mode: Reconcile
9
10   应用这两个文件
11   kubectl create -f cluster-role-binding.yaml
12   kubectl create -f service-account.yaml
13
14   创建 serviceaccount 与角色绑定
15   kubectl create -f admin-role.yaml
```

查看 admin-token 的 secret 名字，命令如下：

```
1    kubectl -n kubernetes-dashboard get secret|grep admin-token
```

获取 Token 的值，命令如下：

```
1    kubectl -n kube-system describe secret admin-token-nwphb
```

显示 Token 的值，如图 3-14 所示。

```
# kubectl -n kubernetes-dashboard describe secret admin-token-n4jcv
Name:         admin-token-n4jcv
Namespace:    kubernetes-dashboard
Labels:       <none>
Annotations:  kubernetes.io/service-account.name: admin
              kubernetes.io/service-account.uid: ecdac270-41d0-4ecb-8dcb-6e18fb9b5737

Type:  kubernetes.io/service-account-token

Data
====
ca.crt:     1099 bytes
namespace:  20 bytes
token:      eyJhbGciOiJSUzI1NiIsImtpZCI6ImkyazQ2R2lmdXZjby10X1V5Q2RQZU9RQVQ4cUFNY1lwZ0E3bHV4YnFLU3cifQ.eyJpc3MiOiJrdWJlcm5ldGVzL3NlcnZpY2VhY2NvdW50Iiwia3ViZXJuZXRlcy5pby9zZXJ2aWNlYWNjb3VudC9uYW1lc3BhY2UiOiJrdWJlcm5ldGVzLWRhc2hib2FyZCIsImt1YmVybmV0ZXMuaW8vc2VydmljZWFjY291bnQvc2VjcmV0Lm5hbWUiOiJhZG1pbi10b2tlbi1uNGpjdiIsImt1YmVybmV0ZXMuaW8vc2VydmljZWFjY291bnQvc2VydmljZS1hY2NvdW50Lm5hbWUiOiJhZG1pbiIsImt1YmVybmV0ZXMuaW8vc2VydmljZWFjY291bnQvc2VydmljZS1hY2NvdW50LnVpZCI6ImVjZGFjMjcwLTQxZDAtNGVjYi04ZGNiLTZlMThmYjliNTczNyIsInN1YiI6InN5c3RlbTpzZXJ2aWNlYWNjb3VudDprdWJlcm5ldGVzLWRhc2hib2FyZDphZG1pbiJ9.JnR4LfPh_K3Q3SGCdnod6nTQ-7t-CflCrx8MOUxnOqV1ycWXkEzrJVr0jgXdwz5f0Uw8FAs1jqmn5U1xGp-NFO6U5dOCp7vZmRASOGSpjcSuhOOVxMKfI16epJOLWCROxWyhn8_TaVCYVeULyKgONZ4lXEy2W5shHNVCl2o_IRx8_OKBPryQnGHmT8Bpb-Aw3bzQHMt8GDfmLrVZQWTchSipfOuMUWT-kGK2f-K8B-AAOY9TmOySLIYr_jy51SSnfq2a-6UjGOOwPuIMU3obIH33lJdMzXDuDByu4RZ-VywGU9aeqPtwI-ZKbXZBU_Vk_pZoTL5Z5No3m7uS4P-deg
```

图 3-14　显示 Token 的值

接下来就可以将图 3-14 中所示的 Token 值输入图 3-13 中，显示的 Kubernetes 首页信息如图 3-15 所示。

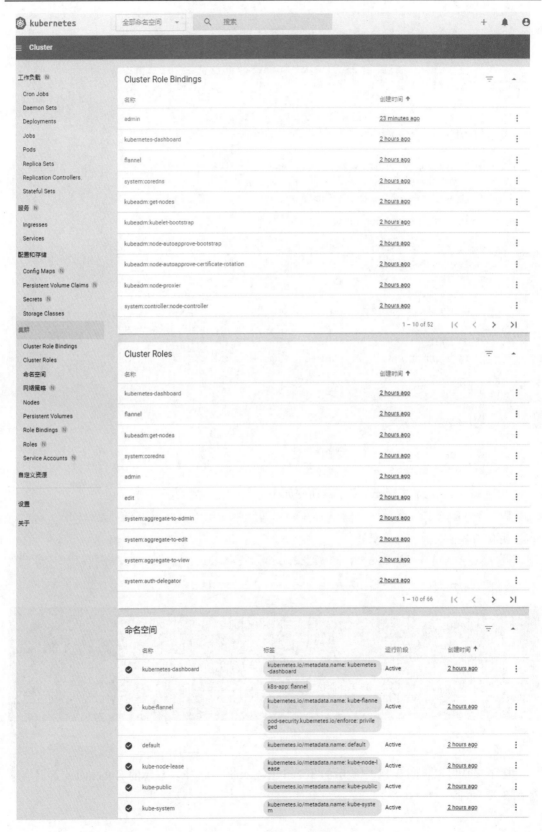

图 3-15　Kubernetes 首页信息

4．如何使用Kubernetes

下面介绍如何使用 Kubernetes 运行应用程序。

（1）编写应用程序配置。

创建一个或多个 Kubernetes 对象的配置文件，如 Deployment、Service 和 ConfigMap 等。可以使用 YAML 或 JSON 格式编写这些配置文件。

（2）创建 Kubernetes 资源。

使用 kubectl apply 命令将配置文件中定义的 Kubernetes 资源部署到集群中。例如，要创建一个 Deployment，可以运行以下命令：

```
1    kubectl apply -f deployment.yaml
```

（3）查看资源状态。

使用 kubectl get 命令查看创建的资源状态。例如，要查看所有的 Pods，可以运行以下命令：

```
1    kubectl get pods
```

（4）扩展应用程序。

如果需要调整应用程序的规模，可以使用 kubectl scale 命令进行扩展。例如，要将 Deployment 的副本数扩展到 3 个，可以运行以下命令：

```
1    kubectl scale deployment <deployment-name> --replicas=3
```

（5）更新应用程序。

如果需要更新应用程序的配置或镜像版本，可以修改配置文件，并使用 kubectl apply 命令重新部署。Kubernetes 会自动进行滚动更新，确保应用程序的平滑升级。

（6）监控和查看日志。

使用 kubectl logs 命令可以查看 Pod 的日志，使用 kubectl describe 命令可以获取资源的详细信息。此外，Kubernetes 也提供了一些集成的监控和日志查看工具，例如 Prometheus 用于监控，Elasticsearch-Fluentd-Kibana（EFK）堆栈用于日志的收集和查询。

（7）清理资源。

如果应用程序不再需要，可以使用 kubectl delete 命令删除相关的 Kubernetes 资源。例如，要删除一个 Deployment，可以运行以下命令：

```
1    kubectl delete deployment <deployment-name>
```

下面介绍一下在 Spark 中如何使用 Kubernetes。

（1）配置 Spark 集群。

在 Spark 的配置文件中，将部署模式设置为 kubernetes，并配置相关的 Kubernetes 参数，如 Master URL、命名空间和容器镜像等。可以修改 spark/conf/spark-defaults.conf 文件进行配置。

（2）准备应用程序。

创建一个 Spark 应用程序的 JAR 文件或 Python 脚本，确保应用程序中包含必要的 Spark 代码和依赖项。

（3）提交应用程序。

使用 spark-submit 命令提交应用程序到 Kubernetes 集群。在该命令中需要指定主类或脚本文件、应用程序的资源需求、所需的容器镜像等。例如，要提交一个 Java 应用程序，可以运行以下命令：

```
1   spark-submit \
2   --master k8s://<kubernetes-master-url> \
3   --deploy-mode cluster \
4   --name my-spark-app \
5   --class com.example.MyApp \
6   --conf spark.kubernetes.container.image=<container-image> \
7   --conf spark.kubernetes.namespace=<namespace> \
8   --conf spark.executor.instances=<num-executors> \
9   --conf spark.executor.memory=<executor-memory> \
10  my-app.jar
```

（4）监控应用程序。

可以使用 Kubernetes 提供的监控工具，如 Prometheus 和 Grafana 监视 Spark 应用程序在 Kubernetes 上的运行状态和资源使用情况等。

（5）清理资源。

当应用程序完成后，可以使用 kubectl delete 命令删除与 Spark 应用程序相关的 Kubernetes 资源，如 Pod、Service 等，这样可以释放资源并保持集群的整洁。

3.1.10　Spark 资源利用率和性能优化案例

1. 优化前状态

传统的资源管理方式，可能会在静态分配的资源上运行 Spark 任务。这意味着用户在任务开始之前就需要为 Spark Executor 分配一定数量的资源，无法根据任务的需求进行动态调整，这可能会导致资源浪费和任务执行效率下降，特别是在任务执行期间资源需求变化较大的情况下尤为明显。

2. 优化后的状态

将 Spark 与 Kubernetes 集成，可以实现以下优化。

1）动态资源分配

Spark 在 Kubernetes 上运行时，可以根据任务的需求动态地分配和释放资源。这意味着当任务需要更多的计算资源时，Spark 可以请求额外的 Executor 实例，并在任务完成后释放资源。这样可以最大程度地利用集群的资源，提高资源利用率和任务执行效率。

2）弹性扩展

在 Kubernetes 上运行 Spark 任务时，可以根据任务的负载情况动态调整 Executor 的数量。例如，当任务的负载增加时，可以自动增加 Executor 的数量来处理更多的计算任务，而在负载减少时可以相应地减少 Executor 的数量。这种弹性扩展可以确保任务始终具有适当的资源，并能够有效地应对负载波动。

下面的代码展示了如何使用 Kubernetes 优化 Spark 任务。

```
1    import org.apache.spark.sql.SparkSession
2
3    // 创建 SparkSession
4    val spark = SparkSession.builder
5    .appName("SparkKubernetesExample")
6    .config("spark.executor.instances", "2")    // 设置 Executor 实例数量为 2
     // 设置每个 Executor 使用的 CPU 核心数为 2
7    .config("spark.executor.cores", "2")
     // 设置每个 Executor 可用的内存量为 2GB
8    .config("spark.executor.memory", "2g")
9    .config("spark.dynamicAllocation.enabled", "true") // 启用动态资源分配
     // 设置动态分配的最小 Executor 数量为 1
10   .config("spark.dynamicAllocation.minExecutors", "1")
     // 设置动态分配的最大 Executor 数量为 5
11   .config("spark.dynamicAllocation.maxExecutors", "5")
12   .config("spark.kubernetes.container.image", "<container-image>")
13   .config("spark.kubernetes.namespace", "<namespace>")
14   .getOrCreate()
15
16   // 读取数据
17   val data = spark.read.csv("data.csv").toDF("category")
18
19   // 执行数据处理和计算任务
20   val result = data.groupBy("category").count()
21
22   // 输出结果
23   result.show()
24
25   // 停止 SparkSession
26   spark.stop()
```

在上述代码中，通过以下配置实现了动态资源分配。

- spark.executor.instances：该参数用于设定 Executor 实例的初始数量，这里设定为 2。在实际运行中，这个值可以根据需求动态调整。

- spark.executor.cores：该参数用于设置每个 Executor 使用的 CPU 核心数，这里设定为 2，这个值也可以根据实际需求进行调整。

- spark.executor.memory：该参数用于设置每个 Executor 可以使用的内存量，这里设定为 2GB，这个值也可以根据实际情况进行调整。

- spark.dynamicAllocation.enabled：该参数用于启用动态资源分配功能，表示允许 Spark 在运行时根据任务负载情况动态创建或销毁 Executor 实例。

- spark.dynamicAllocation.minExecutors：该参数用于设置动态分配时的最小 Executor 数量，这里设定为 1，保证至少有一个 Executor 可用。

- spark.dynamicAllocation.maxExecutors：该参数用于设置动态分配时的最大 Executor 数量，这里设定为 5，限制 Executor 实例的最大数量，防止过度分配资源。

　　在上述代码中，创建了一个 SparkSession，并通过配置参数指定了与 Kubernetes 相关的配置，如 Executor 实例数量、容器镜像和命名空间。然后读取数据，执行数据处理和计算任务，最后输出结果。

　　将上述代码提交给 Kubernetes 集群运行，可以利用 Kubernetes 的动态资源管理和调度功能来优化 Spark 任务。Kubernetes 可以根据任务的资源需求动态地分配和释放 Executor 实例，

确保任务具有适当的资源，并最大程度地利用集群资源，提高了任务的执行效率和整体性能。

这个例子展示了如何使用 Kubernetes 优化 Spark 任务的资源利用率和性能。通过动态资源分配和弹性扩展，可以根据任务的需求来分配和释放资源，并有效地利用集群资源，提高任务的执行效率，减少资源浪费，并且可以适应不同的负载情况。

⚠️注意：上述示例代码中的<container-image>和<namespace>需要替换为实际的容器镜像名称和命名空间。

3.2　任务执行器优化

任务执行器优化包括线程池配置、JVM 参数配置、堆内存配置、直接内存配置、内存分配方式配置、GC 策略配置、资源隔离配置和容错机制优化等几个方面。通过合理配置这些参数和组件，可以提高任务的并行度、吞吐量和性能。例如，通过优化线程池配置和调整任务分片大小，可以提高任务的并发性；通过配置合适的 JVM 参数和堆内存大小，可以提升任务的执行效率和内存管理；通过优化内存分配方式和 GC 策略，可以减少内存碎片和垃圾回收时间；通过资源隔离配置，可以避免任务之间的资源竞争；通过容错机制优化，可以提高任务的可靠性和容错性。这些优化措施可以根据具体的业务场景和需求进行调整，以达到更好的任务执行效果。

3.2.1　Spark 任务执行器组件简介

任务执行器是 Spark 集群中负责执行任务的组件。它在每个工作节点上运行，并负责协调任务的执行、资源管理和数据处理等工作。任务执行器主要包括以下组件：

1. Driver

Driver 是 Spark 任务执行器的控制节点，负责任务的提交和调度。它是 Spark 应用程序的入口点，驱动整个任务的执行过程。

下面是 Driver 的几个主要功能。

❑ 任务提交：Driver 接收用户提交的 Spark 应用程序，并将应用程序的代码解析为执行计划。它负责将任务分发给 Executor 执行并管理任务的执行状态。

❑ 资源协调：Driver 与集群管理器（如 YARN 或 Kubernetes）通信，请求分配资源给应用程序。它根据应用程序的需求，如 CPU、内存和执行节点数量，向集群管理器申请资源，并协调任务的资源分配。

❑ 任务调度：Driver 根据应用程序的执行计划和依赖关系，确定任务的执行顺序和调度策略。它将任务组织成有向无环图（DAG），并将任务分发给 Executor 执行。Driver 还监控任务的执行进度，处理任务的失败和重试等情况。

❑ 数据分发和结果汇总：Driver 负责将输入数据分发给 Executor，并将任务的中间结果进行汇总和合并。它通过网络将数据传输给 Executor，实现数据的分布式处理，并将最终结果返回给应用程序或发送给外部存储系统。

❏ 故障恢复和容错：Driver 监控任务的执行情况，并且可以处理 Executor 故障和失败的任务。它能够给其他可用的 Executor 重新分配任务，实现容错和故障恢复。

Driver 的工作流程如下：

（1）启动应用程序。用户提交 Spark 应用程序并启动 Driver 进程。

（2）初始化 SparkContext。Driver 初始化 SparkContext，该上下文是与集群通信的主要接口。它负责与集群管理器（如 YARN 或 Kubernetes）通信，请求资源分配，并与 Executor 建立连接。

（3）解析应用程序代码。Driver 将用户提交的应用程序代码解析为执行计划，根据代码中的操作和依赖关系构建一个有向无环图（DAG）。

（4）任务调度。Driver 根据 DAG 中的任务依赖关系，确定任务的执行顺序和调度策略。它将任务划分为不同的阶段，并将任务分发给可用的 Executor 执行。

（5）任务分发。Driver 通过网络将任务的代码和数据传输到 Executor 所在的节点，并指示 Executor 执行任务。

（6）监控任务的执行情况。Driver 监控任务的执行情况，包括任务的进度、状态和性能指标。它与 Executor 进行通信，收集任务的执行结果和日志并更新任务的状态信息。

（7）故障处理与容错。Driver 可以处理 Executor 故障和失败的任务。如果 Executor 发生故障，Driver 会重新给其他可用的 Executor 分配任务。如果任务失败，Driver 可以选择重试任务或进行其他处理。

（8）结果汇总与输出。Driver 将任务的中间结果进行汇总和合并，生成最终的计算结果并将结果返回给应用程序，或在外部存储系统上输出，或进行其他后续操作。

（9）应用程序结束。所有任务执行完成后，Driver 会关闭 SparkContext 并进行清理和资源释放操作。应用程序执行完毕后，Driver 进程终止。

Driver 作为 Spark 应用程序的控制节点，负责任务的提交、调度和监控，以及与集群管理器和 Executor 之间的协调工作。它驱动整个任务的执行，确保任务正确执行和资源的有效利用。

2. Executor

Executor 是 Spark 任务执行的工作单元，它在集群的计算节点上运行。每个 Executor 都负责执行一部分任务并管理计算资源。

下面是 Executor 的工作流程。

（1）启动 Executor。在集群的计算节点上启动 Executor 进程。Executor 进程由 Spark 框架自动启动和管理。

（2）注册到 Driver。Executor 启动后，会向 Driver 注册自己的信息，包括 Executor 的标识符、可用资源和执行环境。

（3）接收任务。Executor 等待 Driver 分发任务。一旦 Driver 将任务分配给 Executor，它就会接收任务的描述和依赖项。

（4）执行任务。Executor 根据任务描述中的操作和数据依赖关系，执行任务的逻辑代码。它会加载任务所需的数据，并在本地进行计算。

（5）中间结果存储：Executor 会将任务的中间结果存储在内存或磁盘上，供后续阶段或任务使用。这些中间结果可以被其他任务直接读取，从而避免了数据的重复计算。

（6）任务监控与报告。Executor 会定期向 Driver 报告任务的执行进度、结果、任务日志和性能指标，供任务监控和故障处理。

（7）故障处理与容错。如果 Executor 崩溃或执行任务失败，Driver 会重新给其他可用的 Executor 分配任务，以确保任务的正确执行和容错性。

（8）资源回收与释放。任务执行完成后，Executor 会释放占用的计算资源，并将中间结果清理掉。它会向 Driver 发送任务完成的通知，然后等待下一轮分配的任务。

（9）关闭 Executor。当 Spark 应用程序执行完成或终止时，Driver 会通知各个 Executor 结束执行并关闭。Executor 会执行清理操作，终止自身的进程，并释放所占用的资源。

3. Task

Task 是 Spark 作业的最小执行单元，它是在 Executor 上执行的具体任务。每个 Task 会处理一部分数据并执行一段代码逻辑。

下面是 Task 的处理逻辑。

（1）划分 Task。在 Spark 作业执行过程中，Driver 会将作业划分为多个阶段（Stage），每个阶段包含若干个 Task。划分的依据通常是数据依赖关系和操作类型。

（2）分发 Task。一旦阶段划分完成，Driver 会将阶段的 Task 分发给各个 Executor 执行。每个 Executor 可能会同时执行多个 Task，以实现并行处理。

（3）执行 Task。Executor 接收到 Task 后，根据 Task 的描述和依赖关系执行代码逻辑。Task 会加载所需的数据并对数据进行计算和转换操作。

（4）数据处理。Task 对输入的数据进行处理，根据具体的操作（如转换、聚合、过滤等）生成输出数据。Task 可以使用内存和磁盘作为数据的存储介质。

（5）中间结果传递。在各阶段之间，Task 将生成的中间结果传递给后续的 Task。这些中间结果可以是计算的部分结果、聚合结果或其他需要共享的数据。

（6）任务监控与报告。Task 会定期向 Driver 发送任务的进度、执行结果、任务日志和性能指标，供任务监控和故障处理。

（7）故障处理与容错。如果 Task 执行失败或出现异常，Executor 会重新执行失败的 Task 或将其分配给其他可用的 Executor。

（8）任务完成与结果返回。Task 执行完成后，最终的计算结果将会返回给 Driver。Driver 可以对结果进行进一步处理或将结果输出到外部存储系统上。

Task 是 Spark 作业执行的基本单位，负责具体的数据处理和计算操作。通过将作业划分为多个 Task 并在多个 Executor 上并行执行，Spark 可以高效地进行分布式数据处理和计算。Task 之间可以共享中间结果，避免重复计算，提高了作业的执行效率。

4. DAG Scheduler

DAG Scheduler（Directed Acyclic Graph Scheduler）是 Spark 的调度器之一，用于调度和管理作业中的任务执行顺序。它负责将作业的逻辑执行流程转化为有向无环图（DAG），并根据任务之间的依赖关系确定任务的执行顺序。

DAG Scheduler 的主要功能如下：

❑ 任务划分：DAG Scheduler 将 Spark 作业划分为多个阶段（Stage），每个阶段包含一组相互依赖的任务。划分的依据是数据依赖关系和操作类型。通常，每个阶段的任务可以并行执行，但不同阶段的任务需要按照依赖关系顺序执行。

❑ 依赖分析：DAG Scheduler 分析作业中任务之间的依赖关系，构建任务之间的有向无环图。每个节点表示一个任务，边表示任务之间的依赖关系。这个有向无环图反映了任务之间的执行顺序和依赖关系。

❑ 任务调度：根据有向无环图和任务之间的依赖关系，DAG Scheduler，将可以并行执行的任务放入同一个阶段，并根据依赖关系确定任务的先后顺序。任务调度的目标是尽可能地提高作业的执行效率。

❑ 任务提交：DAG Scheduler 将划分好的任务按照所属的阶段进行分组，并将每个阶段的任务提交给相应的 Executor 执行。

DAG Scheduler 在 Spark 作业的执行过程中起着关键的作用。通过对作业的划分、依赖分析和任务调度，能够有效地管理任务的执行顺序，提高作业的并行度和执行效率。同时，DAG Scheduler 还支持任务的动态调度和容错处理，以应对任务执行过程中出现的故障和变化。

5. Task Scheduler

Task Scheduler（任务调度器）是 Spark 中负责将具体的任务分配给 Executor 进行执行的组件。它根据作业的划分和依赖关系，将作业划分为多个任务，并将这些任务分配给可用的 Executor 节点执行。

Task Scheduler 的主要功能如下：

❑ 任务分配：Task Scheduler 将作业划分为多个任务，根据资源的可用性，考虑 Executor 节点的负载情况和资源限制，以及任务之间的依赖关系，合理地将任务分配给 Executor 节点。

❑ 任务调度：Task Scheduler 根据任务的优先级和依赖关系，确定任务的执行顺序。它会将具有相同优先级的任务进行批量调度，以提高作业的并行度和执行效率。任务调度的策略可以根据需求进行配置，如先进先出、公平调度等。

❑ 任务监控与容错：Task Scheduler 负责监控任务的执行情况，并处理任务的失败和异常情况。如果任务执行失败，Task Scheduler 会重新调度该任务，或者根据容错策略进行相应的处理，如重试、备份任务等。

❑ 资源管理：Task Scheduler 与 Cluster Manager（如 Standalone、YARN、Mesos 等）进行交互，获取集群资源信息并进行资源管理。它可以根据集群资源的使用情况和任务需求，动态地进行资源分配和调整，最大化地利用集群资源。

Task Scheduler 在 Spark 作业的执行过程中起着重要的作用。它负责将作业划分为可执行的任务，并根据资源和调度策略将任务分配给 Executor 节点。通过合理的任务调度和资源管理，Task Scheduler 能够提高作业的并行度、执行效率和可靠性，从而提升整体的 Spark 应用性能。

3.2.2　Spark 任务执行器的线程池配置优化

1. 线程池配置简介

线程池配置是指对线程池进行参数设置和调整，包括设置线程池大小、任务队列类型和容量、拒绝策略等。通过合理配置线程池，可以控制并发线程数量、调节任务处理速度和资源利用情况，提高应用程序的性能和稳定性，平衡资源消耗，确保系统在高负载和并发情况下稳定地运行。

2. 常见的线程池优化策略

常见的线程池优化策略包括几方面。

1）调整线程池大小

根据任务的性质和系统的负载情况来优化线程池配置是为了确保线程池能够有效地满足任务处理的需求，并避免资源的浪费或任务的堆积。

- ❑ 任务的性质：不同类型的任务对线程池的需求是不同的。例如，CPU 密集型任务需要大量的计算资源，因此可以增加线程池的核心线程数和最大线程数来提高并发处理能力。而 I/O 密集型任务主要涉及等待和 I/O 操作，可以使用较小的线程池，因为线程在等待 I/O 的过程中可以释放 CPU 资源。
- ❑ 系统的负载情况：根据系统的负载情况来调整线程池的大小可以有效地利用系统资源并提高任务的处理效率。当系统负载较低时，可以适当增加线程池的核心线程数和最大线程数，提高并发处理能力。当系统负载较高时，可以降低线程池的大小，避免资源竞争和过度消耗。

确定最佳的线程池大小可以根据任务的类型和处理时间进行评估和调整，以避免线程过多或过少时导致资源浪费或任务堆积。下面是一些具体的指导原则和方法。

- ❑ 任务类型：不同类型的任务对线程池的需求是不同的。例如，CPU 密集型任务需要大量的计算资源，因此可以增加线程池的大小来提高并发处理能力。而 I/O 密集型任务主要涉及等待和 I/O 操作，可以使用较小的线程池，因为线程在等待 I/O 的过程中可以释放 CPU 资源。因此，根据任务的类型选择适当的线程池是优化的关键。
- ❑ 处理时间：任务的处理时间也会影响线程池的选择。如果任务的处理时间较长，如涉及复杂的计算或耗时的 I/O 操作，可以考虑增加线程池的大小，以便同时处理更多的任务。如果任务的处理时间较短，如简单的计算或快速的 I/O 操作，可以适当减少线程池的大小，避免过多的线程占用系统资源。

2）选择合适的任务队列

根据任务的特性和处理方式，选择适合的任务队列类型。常见的任务队列有有界队列和无界队列，有界队列可以限制任务的数量，避免任务过多导致资源耗尽，而无界队列则可以无限制地接收任务，适用于任务量较大且任务处理速度较快的场景。

3）使用合适的拒绝策略

当任务无法提交到线程池时，可以采用合适的拒绝策略来处理。常见的拒绝策略有抛出异常、丢弃任务、丢弃最旧的任务和调用者运行等。选择适合业务场景的拒绝策略可以提高系统的容错性和处理效率。

3．在Spark中如何进行线程池优化

在 Spark 中进行线程池优化可以通过以下几个方面来实现。

1）调整 Executor 的线程数

通过配置 spark.executor.cores 参数来设置每个 Executor 使用的 CPU 核心数。根据任务的性质和系统的负载情况，合理调整 Executor 的线程数，充分利用系统资源，提高并发处理能力。注意要考虑 Executor 的总核心数和可用资源之间的平衡。

2）配置线程池大小

Spark 使用线程池来管理任务的执行。通过调整 spark.task.cpus 参数可以设置每个任务使用的 CPU 核心数。合理设置线程池大小，可以避免线程过多导致资源浪费，或者线程过少导致任务堆积。可以根据任务的类型和处理时长评估和调整线程池，以达到最佳的线程池配置状态。

3）并发操作和异步 I/O

在任务执行过程中，可以通过并发操作和异步 I/O 的方式提高处理效率。例如，可以使用 mapPartitions 操作代替 map 操作，对每个分区进行并发处理。同时，可以使用异步 I/O 库（如 async-http-client）来处理任务中的 I/O 操作，避免阻塞线程，提高并发性能。

3.2.3　Spark 任务执行器的 JVM 参数配置优化

1．JVM参数配置概述

JVM 参数配置是指对 Java 虚拟机（JVM）进行参数设置，以优化应用程序的性能和资源利用。JVM 参数配置可以通过命令行参数实现或在启动脚本中指定。

JVM 参数配置可以影响 JVM 的内存管理、垃圾回收、线程管理、性能监控等方面，从而对应用程序的执行产生影响。

2．常见的JVM参数配置

❑ 内存相关参数配置：包括堆内存大小（-Xmx、-Xms）、非堆内存大小（-XX:Max-MetaspaceSize）、新生代和老年代的比例分配（-XX:NewRatio）、堆内存的自动扩展策略（-XX:+UseParallelGC）等。

❑ 垃圾回收相关参数配置：包括垃圾回收器的选择和配置（-XX:+UseG1GC、-XX:+Use ConcMarkSweepGC）、垃圾回收的触发条件和频率（-XX:MaxGCPauseMillis、-XX:GCTime Ratio）、垃圾回收的日志输出（-verbose:gc、-Xloggc）等。

❑ 线程管理相关参数配置：包括线程栈的大小（-Xss）、线程池的大小和并发级别（-XX:ParallelGCThreads、-XX:ConcGCThreads）、线程堆栈是否可扩展（-XX:+Thread-StackSize）、线程的优先级设置等。

❑ 性能监控和调试相关参数配置：包括启用 JVM 的性能监控（-XX:+PrintGC、-XX:+

PrintGCDetails）、启用线程的跟踪（-XX:+PrintThread、-XX:+PrintSafepointStatistics）、启用 JVM 的远程调试（-agentlib:jdwp）等。

3．在Spark中如何进行JVM参数配置优化

JVM 参数的优化是一个迭代的过程，需要根据具体应用程序的需求和实际情况进行调整。建议进行性能测试，不断尝试不同的配置，观察其对应用程序性能的影响，然后进行适当的调整和优化。下面介绍一下通用的步骤。

（1）了解 Spark 的 JVM 参数。

首先要了解 Spark 使用的 JVM 参数及其含义。这些参数可以通过 Spark 的文档或官方指南进行查找。

（2）根据应用程序需求进行参数调整。

根据应用程序的性质和资源需求调整 JVM 参数，以优化程序性能和资源利用率。例如，可以调整堆内存大小、垃圾回收器类型和相关参数、线程池大小等。

（3）通过 Spark 配置文件进行配置。

Spark 提供了配置文件（如 spark-defaults.conf）来设置 JVM 参数，可以在该配置文件中指定需要调整的参数及其对应的值。

（4）配置命令行参数。

除了配置文件外，还可以通过在提交 Spark 应用程序时使用命令行参数来配置JVM 参数。例如，使用--conf 选项指定具体的 JVM 参数和值。

（5）监控和优化。

在配置完 JVM 参数后，通过监控工具和日志来评估应用程序的性能和资源使用情况。根据监测结果进行优化，逐步优化 JVM 参数的配置。

4．垃圾回收示例

下面是一个利用垃圾回收进行优化的例子，代码如下：

```
1    import org.apache.spark.sql.SparkSession
2
3    object SparkParameterOptimizationExample {
4      def main(args: Array[String]): Unit = {
5        // 创建 SparkSession
6        val spark = SparkSession.builder()
7          .appName("SparkParameterOptimizationExample")
8          .getOrCreate()
9
10       // 读取数据
11       val data = spark.read.csv("data.csv").toDF("category")
12
13       // 开始性能优化步骤
14       // 步骤 1：发现性能瓶颈
15       // 在实际运行中观察到任务执行速度较慢，应用程序运行时间过长
16
17       // 步骤 2：定位性能瓶颈
18       // 通过观察垃圾回收日志，发现频繁的 Full GC 和长时间的垃圾回收暂停
19
20       // 步骤 3：调整 JVM 参数
```

```
21          // 根据观察的性能瓶颈，调整以下 JVM 参数
22          // - 增加堆内存：-Xmx 参数用于设置堆的最大内存，可以增加该值来减少频繁的垃圾回收
23          // - 调整垃圾回收器：根据垃圾回收日志和应用程序的特点，选择合适的垃圾回收器，
            并配置相应的参数
24
25          // 调整 JVM 参数示例
            // 设置每个 Executor 的堆内存大小
26          spark.conf.set("spark.executor.memory", "4g")
            // 设置 Executor 的堆外内存大小
27          spark.conf.set("spark.executor.memoryOverhead", "1g")
28
29          // 步骤 4：解决性能瓶颈
30          // 重新运行应用程序并监测性能指标，如任务执行时间和垃圾回收日志等。通过调整 JVM
            参数，观察性能是否有所改善
31
32          // 执行数据处理和计算任务
33          val result = data.groupBy("category").count()
34
35          // 输出结果
36          result.show()
37
38          // 停止 SparkSession
39          spark.stop()
40      }
41  }
```

在上述示例中，首先发现应用程序的性能瓶颈，即任务执行速度较慢，垃圾回收被长时间地暂停。接下来，通过观察垃圾回收日志发现，问题的根源在于频繁地进行全局垃圾收集（Full GC）和长时间的垃圾回收暂停。为了解决这个性能瓶颈，调整了 JVM 参数，增加了堆内存的大小，并设置了堆外内存的大小。最后，重新运行应用程序并监测性能指标，观察性能是否有所改善。

3.2.4　Spark 任务执行器的堆内存配置优化

1. JVM堆内存配置简介

JVM 堆内存配置是指设置 Java 虚拟机中堆内存的大小，它直接影响应用程序的性能和稳定性。合理配置堆内存大小可以避免内存溢出和频繁的垃圾回收，提高应用程序的执行效率。

在进行 JVM 堆内存配置时，通常需要设置以下两个参数：

❑ 初始堆内存大小（-Xms）：指定 JVM 启动时堆内存的初始大小，可以通过设置参数 "-Xms<initial-size>"来指定。初始堆内存的大小应该根据应用程序的需求和系统资源进行合理设置。

❑ 最大堆内存的大小（-Xmx）：指定 JVM 堆内存的最大可用空间，可以通过设置参数 "-Xmx<max-size>"来指定。最大堆内存的大小应该根据应用程序的数据规模和并发负载来确定，以保证应用程序有足够的内存空间可以运行。

说明：通常，初始堆内存大小和最大堆内存大小应该设置为相同的值，以避免堆内存的动态扩展和收缩过程对应用程序性能产生影响。

2. 常见的堆内存配置

常见的堆内存配置包括以下几种情况。

- ❑ 相等大小的初始堆和最大堆内存配置：这种配置将初始堆内存和最大堆内存设置为相同的值，如-Xms4g -Xmx4g，表示初始堆内存和最大堆内存都为 4GB。这种配置适用于对内存需求比较固定的应用，可以避免堆内存的动态扩展和收缩对性能产生影响。

- ❑ 不同大小的初始堆和最大堆内存配置：有时候应用程序的内存需求在启动时可能较小，但随着运行时间的增加可能需要更多的内存。可以将初始堆内存设置得较小些，而最大堆内存设置得较大一些，如-Xms2g -Xmx8g，表示初始堆内存为 2GB，最大堆内存为 8GB。这种配置适用于内存需求波动较大的应用。

- ❑ 通过比例配置新生代和老年代内存：在堆内存中，新生代和老年代是两个重要的区域。可以使用 -XX:NewRatio 参数来指定新生代和老年代的比例，默认值是 2，表示新生代占整个堆内存的 1/3，老年代占整个堆内存的 2/3。可以根据应用程序的内存使用模式和性能需求进行调整。

- ❑ 额外配置元空间大小：除了堆内存之外，Java 应用还会使用元空间（Metaspace）来存放类的元数据。可以使用-XX:MaxMetaspaceSize 参数来指定元空间的最大值，默认值根据不同的 JVM 实现有所不同。根据应用程序加载的类数量和大小，可以适当调整元空间的大小。

3. 在Spark中如何进行堆内存配置优化

1）如何设置合适的堆内存

根据应用程序的特性和数据量，估计其需要的内存，可以按照下面的步骤确定内存的大小。

- ❑ 了解应用程序的数据量：首先需要了解应用程序处理的数据量，考虑输入数据的大小、数据结构和数据处理操作的复杂度等因素。根据数据量的多少，可以初步估计应用程序需要的内存空间。

- ❑ 考虑数据的特性和处理方式：不同类型的数据和处理方式对内存的需求有所差异。例如，处理大规模的分析型数据可能需要更多的内存，而处理实时流数据可能需要较小的内存。

- ❑ 评估数据处理操作的内存消耗：应用程序中的不同操作（如聚合、排序、连接等）对内存的消耗是不同的。评估每个操作所需的内存量，并根据操作的复杂度和数据量来估计应用程序整体的内存需求。

- ❑ 考虑并发度和数据分区：如果应用程序具有高并发度或数据分区，可能需要额外的内存来处理并发执行和数据分片。根据并发度和数据分区数量来调整内存大小。

- ❑ 考虑系统资源和其他应用程序：除了应用程序本身的内存需求之外，还需要考虑系统的总体资源和其他正在运行的应用程序，确保为应用程序预留足够的内存，并避免与其他应用程序争夺资源。

了解系统的物理内存大小以及其他运行中的应用程序所占用的资源，确保设置的堆内存大小不会超过系统可用资源的限制，避免因过大的堆内存配置导致系统资源不足，从而使系统性能下降或崩溃。

启动应用程序后，通过监控工具或日志分析工具观察应用程序的内存使用情况，根据实际观察到的内存使用情况，逐步调整堆内存大小，以达到性能和资源利用的平衡。

堆内存的大小直接影响垃圾回收的性能。如果堆内存较小，可能会导致频繁地进行垃圾回收，增加系统负载，从而使处理延迟；相反，如果堆内存较大，垃圾回收时间增加，导致应用程序暂停执行的时间更长，从而使系统的处理速度（吞吐量）下降。观察垃圾回收日志和性能指标，找到合适的堆内存大小，可以优化垃圾回收性能。

选择合适的堆内存需要根据应用程序的需求、系统资源和实际监测结果进行综合考虑。可以进行适当的试验和优化，不断调整堆内存，使系统性能和资源利用率达到最佳状态。

2）在 Spark 中如何配置合适的堆内存

在 Spark 中，内存可以按照上述方法来确定，之后配置 Spark 的参数值。

❑ 确定任务执行器（Executor）的堆内存：Spark 应用程序在执行过程中，每个任务执行器会使用一部分堆内存。可以通过 spark.executor.memory 配置属性来设置每个任务执行器的堆内存，如--conf spark.executor.memory=4g。

❑ 设置 Driver 程序的堆内存大小：Driver 程序是 Spark 应用程序的入口点，也需要一定的堆内存来执行任务调度和管理。可以通过 spark.driver.memory 配置属性来设置 Driver 程序的堆内存大小，如--conf spark.driver.memory=2g。

3.2.5　Spark 任务执行器的直接内存配置优化

Spark 任务执行器的直接内存是指在执行任务过程中，Spark 使用的非 Java 堆内存，它不受 Java 堆内存大小的限制。直接内存通常用于存储 Spark 任务执行器的元数据、数据缓冲区和网络通信等。

在 Spark 中，可以通过以下方式配置执行器的直接内存。

❑ spark.executor.memoryOverhead：用于设置执行器的直接内存，它的默认值为 Java 堆内存的 10%。可以根据具体情况调整该配置项来适应任务执行过程中的内存需求。

❑ spark.yarn.executor.memoryOverhead（仅适用于在 YARN 上运行的 Spark 应用程序）：与上述配置项类似，用于设置执行器的直接内存，默认为 Java 堆内存的 10%。同样，该配置项也可以根据实际需求进行调整。

下面以一个示例说明如何调整执行器的直接内存。

假设有一个 Spark 应用程序，它需要处理大规模的数据集并执行内存密集型任务。在这种情况下，用户可能需要调整执行器的直接内存以提高应用程序的性能和内存管理。

可以通过以下步骤来观察和分析应用程序的内存使用情况：

（1）运行 Spark 应用程序并监控其在执行过程中的内存消耗情况。可以使用 Spark 的监控和优化工具，如 Spark Web UI 或 Spark 监控器等来查看任务执行期间的内存指标。

（2）注意观察是否存在频繁的 GC（垃圾回收）事件，以及 GC 事件的持续时间和频率，这些信息可以通过查看 Spark 的垃圾回收日志或相关的监控信息来获取。

（3）分析任务执行期间的内存使用情况，特别是数据缓存、网络通信和元数据存储等方面的内存消耗，确定如果增加直接内存，哪些部分可能会受益。

基于以上观察和分析结果，可以尝试调整执行器的直接内存，并观察其对应用程序性能的影响。以下是一个示例。

打开 Spark 应用程序的启动脚本或配置文件（如 spark-defaults.conf）。添加或修改以下配置项来调整执行器的直接内存：

```
1    spark.executor.memoryOverhead=<desired_value>
```

其中，<desired_value>是期望的直接内存。可以根据之前的观察和分析结果，适当增加该值。

重新运行 Spark 应用程序并观察性能指标和内存使用的变化情况。注意观察任务执行时间、垃圾回收事件和内存消耗等方面的变化。

根据实际观察结果，如果发现性能有所改善且内存使用情况得到了优化，则说明调整执行器的直接内存大小是有效的。否则，可以尝试不同的值进一步优化。

📖注意：调整执行器的直接内存大小可能会对系统资源产生影响，因此建议在进行优化时进行适当的测试和验证。同时，不同的应用程序和环境可能需要不同的直接内存配置，因此需要根据具体情况进行调整。

3.2.6　Spark 任务执行器的内存分配方式优化

1．Spark任务执行器内存分配简介

Spark 任务执行器内存分配方式指在 Spark 应用程序中，如何将可用的内存分配给执行器进行数据存储和任务的执行。

Spark 任务执行器内存分配方式涉及两个关键概念：

❑ 存储内存（Storage Memory）：指用于缓存数据和持久化数据的内存部分。Spark 任务执行器使用存储内存来缓存 RDD 数据、数据块和广播变量等，以便更快地访问和处理这些数据。存储内存的大小可以通过 spark.memory.fraction 参数配置。

❑ 执行内存（Execution Memory）：指用于执行任务和操作的内存部分。Spark 任务执行器使用执行内存来存储任务执行过程中需要的数据和中间结果，如 Shuffle 数据和聚合操作的中间结果等。执行内存可以通过 spark.executor.memory 和 spark.memory. fraction 参数来配置。

2．Spark任务执行器内存的分配方式涉及两个关键参数

spark.executor.memory 和 spark.memory.fraction 参数用于控制 Spark 任务执行器在任务执行期间如何分配和管理内存。

spark.executor.memory 参数用于指定每个执行器（Executor）的可用内存。该参数的取值可以使用常见的内存单位，如字节（B）、千字节（KB）、兆字节（MB）、吉字节（GB）等。例如，可以设置为 1g 表示 1GB 内存，2g 表示 2GB 内存。

通过调整 spark.executor.memory 参数的取值，可以控制每个执行器可用的内存资源，从

而影响 Spark 应用程序的性能和可扩展性，因此需要根据应用程序的需求和集群的资源情况合理配置该参数。

在设置 spark.executor.memory 参数时，应该考虑到每个执行器的可用内存不仅包括该参数指定的内存，还包括操作系统和其他进程的内存消耗，以避免内存溢出或出现资源竞争的问题。

假设要设置 spark.executor.memory 参数为 4GB，可以按照以下两种方式进行设置。

第一种方式是通过命令行参数进行设置，代码如下：

```
1    spark-submit --conf spark.executor.memory=4g your_spark_application.py
```

这种方式是在提交 Spark 应用程序时通过--conf 选项指定 spark.executor.memory 参数为 4GB。

第二种方式是在 Spark 应用程序的代码中进行如下设置：

```
1    import org.apache.spark.sql.SparkSession
2
3    val spark = SparkSession.builder
4      .appName("YourSparkApplication")
5      .config("spark.executor.memory", "4g")
6      .getOrCreate()
```

在上面的代码中，使用 SparkSession 的 config 方法设置 spark.executor.memory 参数为 4GB。

spark.memory.fraction 参数用于指定 Spark 应用程序可用内存的分配比例。该参数的取值范围是 0～1，表示内存分配的比例。具体来说，spark.memory.fraction 参数指定了 Spark 应用程序可用内存中用于存储缓存数据和执行任务的比例。默认情况下，它的取值为 0.6，即 60% 的可用内存用于存储缓存数据，40%的可用内存用于执行任务。

通过调整 spark.memory.fraction 参数，可以根据应用程序的特点和资源需求来优化内存分配策略。以下是一些常见的使用场景和优化建议。

❑ 对于内存密集型的应用程序，可以适当增加 spark.memory.fraction 的值，以增加可用内存用于存储缓存数据，从而提高程序的性能。

❑ 对于计算密集型的应用程序，可以适当降低 spark.memory.fraction 的值，以减少缓存数据的占用，从而为执行任务提供更多的内存资源。

❑ 在资源受限的情况下，可以通过降低 spark.memory.fraction 的值来减少内存使用量，以避免过度分配内存导致 OOM（Out of Memory）错误。

❑ 当应用程序同时执行大量内存缓存和计算任务时，可以根据实际情况微调 spark.memory.fraction 的值，平衡缓存和任务执行的内存需求。

3．在Spark中如何设置合适的参数

首先，了解应用程序的内存需求是非常重要的。考虑应用程序的数据量、计算复杂度和并发性等因素，确定需要分配给每个执行器的内存。

根据应用程序的内存需求，可以设置合适的 spark.executor.memory 参数。该参数指定每个执行器可用的内存，可以使用常见的内存单位如 GB、MB 或者直接使用字节数。

例如，如果应用程序需要较大的内存来处理大规模的数据，可以增加 spark.executor.

memory 的值，如设置为 8G 表示每个执行器有 8GB 的内存可用。如果应用程序相对较小，可以减小该值以节省资源。

根据应用程序的特点和需求，可以微调 spark.executor.memory 参数，平衡缓存和任务执行之间的内存分配。

一般情况下，默认值 0.6 是一个合理的起点。如果应用程序需要更多的内存用于缓存数据，可以适当增大该值，如设置为 0.7 或 0.8。如果应用程序更侧重于任务执行，可以适当降低该值，如设置为 0.5 或更低。

在调整这两个参数时，需要综合考虑集群的资源限制。确保不会超过可用的总内存或执行器数量，以避免资源竞争或发生 OOM 错误。

同时，还需要考虑其他相关参数的配置，如 spark.executor.cores（指定每个执行器的核心数）、spark.dynamicAllocation.enabled（启用动态资源分配）等，以优化资源利用和任务并行度。

3.2.7　Spark 任务执行器的 GC 策略配置优化

1. 什么是GC策略

GC（垃圾回收）策略是决定在何时和如何回收不再使用的内存对象的一组算法和规则。

2. 常见的GC策略

常见的 GC 策略包括以下 6 种：

- ❑ Serial GC（串行垃圾回收器）：使用单个线程进行垃圾回收操作。该策略适用于单核处理器或小型应用程序，因为它在执行垃圾回收时会暂停所有的应用线程。
- ❑ Parallel GC（并行垃圾回收器）：使用多个线程并行执行垃圾回收操作。它可以更快地完成垃圾回收，但仍然需要在执行回收时暂停应用程序线程。
- ❑ CMS（Concurrent Mark Sweep）GC：采用并发标记清除算法，在垃圾回收过程中尽量减少应用程序的停顿时间。它通过多个线程并行标记和清除不再使用的对象。
- ❑ G1（Garbage-First）GC：采用分代回收和区域回收的策略，通过并行和并发的方式进行垃圾回收。它动态地将内存划分为多个区域，并根据应用程序的需求进行回收，目标是缩短应用程序因为垃圾回收导致的暂停时间，提高整个系统处理数据的效率。
- ❑ ZGC（Z Garbage Collector）：是一种低延迟垃圾回收器，旨在将停顿时间控制在几毫秒以内。它通过并发的方式执行所有垃圾回收操作，并采用柔性内存模型来处理大内存堆。
- ❑ Shenandoah GC：也是一种低延迟垃圾回收器，使用并发的方式来执行垃圾回收操作。它使用写屏障技术来实现并发标记和并发清除，以减少应用程序因垃圾回收导致的暂停时间。

3. 在Spark中如何选择合适的GC策略

Spark 中遵循的规则和 Java 一样，选择合适的 GC 策略需要考虑应用程序的特点、性能需求和系统环境。

　　首先观察应用程序的内存使用情况，包括对象的创建和销毁频率、内存分配模式等。一些 GC 策略可能更适合处理大量临时对象的应用程序，而另一些策略可能更适合长时间运行的应用程序。对于需要快速响应和低停顿时间的应用程序，如实时应用程序或用户交互型应用程序，可以选择具有低延迟特性的 GC 策略。这些策略会在尽量减少停顿时间的同时进行垃圾回收。一些应用程序更关注整体吞吐量，即单位时间内完成的工作量。对于此类应用程序，可以选择具有高吞吐量特性的 GC 策略，以最大程度地利用系统资源并提高程序的整体性能。考虑应用程序的可扩展性需求，如并行处理能力和内存占用控制，某些 GC 策略在处理大规模数据和高并发负载时可能更有效，因为它们利用了多线程和并行处理技术。

　　其次，观察系统的硬件资源，包括处理器核心数、可用内存量等，选择适当的 GC 策略，可以最大程度地利用系统资源，提高系统的性能。

　　例如，为了适用需要低停顿时间的应用程序，可通过将以下参数添加到启动脚本中来启用 CMS GC。

```
1    -XX:+UseConcMarkSweepGC
2    -XX:+UseParNewGC
```

　　为了适用大规模应用程序和需要更可控的停顿时间的应用程序，可以将以下参数添加到启动脚本中来启用 G1 GC。

```
1    -XX:+UseG1GC
```

3.2.8　Spark 任务执行器的资源隔离配置优化

1. 什么是资源隔离

　　Spark 任务执行器资源隔离配置优化是指通过合理配置和管理 Spark 任务执行器的资源，确保任务之间的资源互相隔离，提高任务的性能和稳定性。在 Spark 集群中，任务执行器是负责执行具体任务的进程，它们共享集群的资源，如内存和 CPU 等。

　　资源隔离配置优化的目标是避免不同任务之间的资源竞争和干扰，确保每个任务能够获得足够的资源来完成其工作。通过资源隔离，可以提供更好的任务并发性，更稳定的执行环境，提高资源利用率。

2. 常见的资源隔离方式

优化资源隔离配置的方式包括以下方面：
- ❑ 分配独立的资源给每个任务：将每个任务分配到独立的执行器上，确保每个任务有足够的资源可用。可以通过配置执行器的数量和资源限制来实现这一点。
- ❑ 限制任务之间的资源竞争：当多个任务运行在同一个执行器上时，它们可能会竞争有限的资源。可以通过设置每个任务的资源限制或使用任务调度器来限制任务之间的资源竞争。
- ❑ 调整任务的并行度：根据任务的特性和资源需求，调整任务的并行度。通过增加或减少任务的并行度，可以更好地利用可用资源。

❑ 使用容器化环境进行资源隔离：如果使用容器化环境，可以通过使用容器的资源隔离功能来实现任务级别的资源隔离。每个任务可以运行在独立的容器中，并为容器配置适当的资源限制。

3．Spark如何利用资源隔离优化

Spark 可以利用资源隔离进行优化，以提高任务的性能和稳定性。以下是一些常见的方法和技巧。

❑ 给每个任务分配独立的资源：将每个任务分配到独立的执行器上，确保每个任务有足够的资源可用。可以通过设置 spark.executor.instances 参数来控制执行器的数量，并通过 spark.executor.memory 参数来配置每个执行器的内存。

❑ 限制任务之间的资源竞争：当多个任务运行在同一个执行器上时，它们可能会竞争有限的资源，可以设置每个任务的资源限制来解决这个问题。通过 spark.executor.cores 参数可以配置每个执行器可用的 CPU 核心数，通过 spark.executor.memoryOverhead 参数可以配置每个执行器的额外内存。

❑ 调整任务的并行度：根据任务的特性和资源需求，调整任务的并行度。通过增加或减少任务的并行度，可以更好地利用可用资源。可以通过 spark.default.parallelism 参数来配置默认的任务并行度，也可以在具体的操作中使用 repartition 或 coalesce 等方法来调整任务的并行度。

❑ 使用容器化环境进行资源隔离：如果使用容器化环境，可以利用容器的资源隔离功能来实现任务级别的资源隔离。每个任务可以运行在独立的容器中，并为容器配置适当的资源限制，如 CPU 配额和内存限制等。这样可以确保每个任务在容器内获得预期的资源，并避免任务之间的资源冲突。

通过合理配置和管理 Spark 任务的资源隔离，可以有效地提高任务的性能和稳定性，根据具体的应用场景和任务需求，调整相关的参数和设置，以达到最佳的资源利用效果。

3.2.9　Spark 任务执行器的容错机制优化

Spark 任务执行器容错机制优化实际上是指在 Spark 应用程序中对任务执行过程中的故障进行处理和恢复，以提高应用程序的容错性和可靠性。

1．任务重试

当某个任务执行失败时，Spark 会自动尝试重新执行该任务，直到达到最大重试次数或任务成功为止。可以通过设置 spark.task.maxFailures 参数来控制最大重试次数。

2．数据容错

数据容错用于确保数据在任务执行过程中的可靠性和完整性。Spark 使用弹性分布式数据集（RDD）来表示数据，而 RDD 具有内在的容错特性。

在 Spark 中，数据容错主要通过 RDD 的分区和副本来实现。具体而言，Spark 将 RDD 分为多个分区，每个分区存储数据的一个子集。每个分区都有多个副本，分布在集群中的不

同节点上。这样，即使某个节点上的数据丢失或发生故障，也可以通过其他节点上的副本恢复丢失的数据。

当执行 Spark 任务时，RDD 的分区和副本会自动进行管理。如果某个节点上的数据丢失，Spark 会从其他节点上的副本中获取相同的数据进行恢复。如果数据副本的数量不足，Spark 会自动重新计算缺失的数据，以确保数据的完整性。

数据容错是 Spark 的核心功能之一，它确保了 Spark 应用程序对数据的可靠访问和处理。通过数据容错，Spark 可以应对节点故障、网络问题和其他意外情况，保证数据在分布式环境下的安全性和一致性。

3. 任务监控和恢复

Spark 会监控任务的执行状态，并在任务失败或节点故障时进行恢复。当一个节点失败时，Spark 会将未完成的任务重新分配到其他可用节点上执行。

4. 任务日志和诊断

Spark 会记录任务执行的日志和诊断信息，方便开发人员进行故障排查和调试。通过查看任务日志和诊断信息，可以了解任务在执行过程中发生的错误和异常情况。

通过以上容错机制的优化配置和使用，可以提高 Spark 应用程序的稳定性和可靠性，减少因任务执行失败或节点故障导致的应用程序中断和数据丢失。

3.2.10　Spark 任务线程池的并行度提升和吞吐量增强案例

有一个大型电商网站，需要对用户行为数据进行分析，包括用户访问记录和购买记录等。该网站每天产生的数据量约为 10TB，包含数十亿条记录。该网站程序使用默认的 Spark 任务线程池配置，未进行任何优化。在处理大规模用户行为数据时，任务执行速度较慢，吞吐量低，无法满足业务需求。那么这个问题该怎么解决呢？下面逐步分析和解决问题。

1. 问题描述

需要对每日产生的用户行为数据进行批量处理，包括数据清洗、特征提取和聚合计算等。默认的 Spark 任务线程池配置无法充分利用机器资源，任务执行速度较慢，导致处理时间较长，无法满足每日数据分析的时效性要求。

2. 定位问题

通过观察任务执行过程中的日志信息和 Spark 监控界面发现，在任务执行期间，大量的 Executor 资源未被充分利用，部分任务处于等待状态，导致并行度和吞吐量不高。

在 Spark 监控界面中可以观察到 Executor 的 CPU 利用率较低，部分 Executor 的任务完成度较低。

默认的 Spark 任务线程池配置可能无法适应数据量较大、计算密集型的场景，导致任务无法充分利用资源并发执行。

3. 优化线程池配置

优化线程池配置，提高并行度和吞吐量。调整以下参数：

❑ spark.executor.cores：增加每个 Executor 可用的 CPU 核心数，提高任务的并行度。

❑ spark.task.cpus：设置每个任务使用的 CPU 核心数，根据任务的计算复杂度和数据分区情况进行适当设置。

❑ spark.default.parallelism：根据数据量和集群规模设置默认的并行度，确保任务可以充分利用集群资源。

参数配置示例如下：

```
1   spark.conf.set("spark.executor.cores", "4")
2   spark.conf.set("spark.task.cpus", "2")
3   spark.conf.set("spark.default.parallelism", "200")
```

4. 进一步调整参数

在进行参数优化后，观察到任务的并行度和吞吐量有所提高，但仍然存在部分任务执行时间较长的情况，因此决定进一步增加 Executor 的数量，以增加集群的计算资源。

参数配置示例如下：

```
1   spark.conf.set("spark.executor.instances", "100")
```

通过以上参数优化步骤，成功解决了任务执行速度较慢、吞吐量低的问题。

经过优化后，Spark 任务的并行度和吞吐量显著提高，任务的执行时间明显缩短，可以满足业务的需求。

第 4 章　Spark SQL 性能优化

Spark SQL 性能优化是指通过优化 Spark SQL 查询的执行过程和资源利用，提高查询的性能和吞吐量。这涉及配置调整、数据优化、查询优化和缓存机制等方面的技术手段和策略，旨在减少查询延迟、提升查询效率、降低资源消耗，从而实现更高效的数据处理和分析。

4.1　常用的查询优化

4.1.1　谓词下推

谓词下推是一种常用的查询优化技巧，它可以提高 Spark SQL 查询的性能。谓词下推指的是将过滤条件尽早应用于数据源，以减少数据的读取和处理量。

有一个包含大量数据的表格，需要查询其中满足某个条件的数据。通常情况下，Spark SQL 会将整个表格的数据加载到内存中，然后应用过滤条件进行筛选。但是，如果使用谓词下推技术，Spark SQL 会尽早将过滤条件下推至数据源中进行处理，只加载满足条件的数据，从而减少了数据的读取和处理量。

下面演示一下谓词下推的应用，代码如下：

```
1   import org.apache.spark.sql.SparkSession
2
3   // 创建 SparkSession
4   val spark = SparkSession.builder
5     .appName("PredicatePushdownExample")
6     .getOrCreate()
7
8   // 读取数据源
9   val df = spark.read.format("csv").load("data.csv")
10
11  // 应用过滤条件
12  val filteredDF = df.filter("age > 30")
13
14  // 执行查询操作
15  val result = filteredDF.select("name")
16
17  // 输出结果
18  result.show()
19
20  // 停止 SparkSession
21  spark.stop()
```

在上述代码中，通过使用 filter 方法指定过滤条件 age > 30，这个过滤条件会被下推至数据源中进行处理。这样，在执行查询操作之前，Spark SQL 会先对数据源进行过滤，只加载满足条件的数据，提高了查询性能。

谓词下推是一种常见的查询优化技巧，在处理大规模数据集时尤为重要。它可以减少数据的读取和处理量，加快查询速度，提高系统的整体性能。

4.1.2　窄依赖

窄依赖是一种常用的查询优化技巧，它可以在 Spark SQL 中提高查询的性能和并行度。窄依赖指父 RDD 的每个分区只依赖于一个或多个子 RDD 的特定分区。

例如，有两个 RDD：A 和 B，其中，A 是 B 的父 RDD。如果 A 的每个分区只依赖于 B 的特定分区，而不依赖于其他分区，那么就存在窄依赖关系。在这种情况下，Spark SQL 可以在不进行数据重分区的情况下并行处理这两个 RDD，从而提高查询的性能。

下面演示一下窄依赖的应用，代码如下：

```
1   import org.apache.spark.sql.SparkSession
2
3   // 创建 SparkSession
4   val spark = SparkSession.builder
5     .appName("NarrowDependencyExample")
6     .getOrCreate()
7
8   // 读取数据源
9   val df1 = spark.read.format("csv").load("data1.csv")
10  val df2 = spark.read.format("csv").load("data2.csv")
11
12  // 执行转换操作
13  val transformedDF = df1.join(df2, "id")
14
15  // 输出结果
16  transformedDF.show()
17
18  // 停止 SparkSession
19  spark.stop()
```

在上述代码中，使用 Join 操作将两个 DataFrame（df1 和 df2）进行连接。由于 Join 操作通常会产生窄依赖关系，Spark SQL 会在执行连接操作时尽可能地并行处理父 RDD 和子 RDD，而不进行数据重分区。

📖说明：窄依赖可以提高查询的性能和并行度，减少数据的传输和处理成本。它适用于具有明确依赖关系的操作，如连接和过滤等。通过合理使用窄依赖，可以优化 Spark SQL 查询的执行效率，提高系统的整体性能。

4.1.3　聚合查询优化

聚合查询是 Spark SQL 中常见的操作之一，可以通过多种方式进行优化。下面分别以 reduceByKey、groupByKey 和 aggregateByKey 这三个操作为例，说明它们在聚合查询中的优化方式。

1. reduceByKey

reduceByKey 是 Spark 中的一种转换操作。在处理大规模数据时,可以使用 reduceByKey 将相同键的值进行合并,从而减少数据量,降低网络传输和计算开销。下面是一个简单的例子:

```
1    val data = List(("A", 1), ("B", 2), ("A", 3), ("B", 4), ("C", 5))
2    val rdd = spark.sparkContext.parallelize(data)
3    val result = rdd.reduceByKey(_ + _)
4    result.foreach(println)
```

在上述代码中,相同键的值会通过 reduceByKey 进行累加操作,从而得到最终的聚合结果。

2. groupByKey

groupByKey 也是 Spark 中的一种转换操作。但是,在处理大规模数据时,使用 groupByKey 可能会导致数据倾斜和内存溢出。为了优化处理,可以考虑使用 reduceByKey 来替代 groupByKey,因为 reduceByKey 可以在每个数据分区内进行局部聚合,这样可以降低数据倾斜的风险并减少内存消耗。下面是一个示例:

```
1    val data = List(("A", 1), ("B", 2), ("A", 3), ("B", 4), ("C", 5))
2    val rdd = spark.sparkContext.parallelize(data)
3    val result = rdd.reduceByKey(_ + _)
4    result.foreach(println)
```

在上述代码中,通过将 groupByKey 替换为 reduceByKey,可以提高聚合查询的性能和效率。

3. aggregateByKey

aggregateByKey 用于按键对数据进行聚合操作,并且可以提供一个初始值和两个聚合函数(合并函数和聚合函数)。这个操作可以用于更复杂的聚合场景,如计算平均值或求和。通过合理设置初始值和聚合函数,可以优化 aggregateByKey 操作。下面是一个示例:

```
1    val data = List(("A", 1), ("B", 2), ("A", 3), ("B", 4), ("C", 5))
2    val rdd = spark.sparkContext.parallelize(data)
3    val result = rdd.aggregateByKey((0, 0))(
4      (acc, value) => (acc._1 + value, acc._2 + 1),
5      (acc1, acc2) => (acc1._1 + acc2._1, acc1._2 + acc2._2)
6    )
7    result.foreach(println)
```

在上述代码中,使用 aggregateByKey 计算每个键的总和和计数,从而得到最终的聚合结果。

说明:合理选择聚合操作和使用相应的优化方式,可以提高聚合查询的性能和效率,减少资源消耗和运行时间。可以根据具体的业务需求和数据特点选择合适的聚合操作,并结合使用 reduceByKey、groupByKey 和 aggregateByKey 等方法进行优化。

4.1.4 Join 查询优化

在 Spark SQL 中，Join 操作是常见的查询操作之一，而优化 Join 操作可以显著提升查询性能。下面举例说明几种 Join 操作查询优化的技巧。

1. Broadcast Join

Broadcast Join 适用于一个较小的表和一个较大的表之间的 Join 操作。可以将较小的表广播到所有执行器节点上，从而减少网络传输和 Shuffle 操作，避免数据倾斜和大规模数据传输的问题。下面是一个示例：

```
1   val smallTable = spark.table("small_table").as("s")
2   val largeTable = spark.table("large_table").as("l")
3
4   val result = largeTable.join(broadcast(smallTable), col("l.id") ===
    col("s.id"))
5   result.show()
```

在上述代码中，将 small_table 使用 broadcast 函数广播到所有节点，将其与 large_table 进行 Join 操作，可以提高 Join 的性能和效率。

2. Partitioned Join

Partitioned Join 适用于两个大表之间的 Join 操作。可以将参与 Join 操作的两个表进行分区，使得 Join 操作只在具有相同分区键的分区上执行，从而减少 Shuffle 操作和数据移动。下面是一个示例：

```
1   val table1 = spark.table("table1").as("t1")
2   val table2 = spark.table("table2").as("t2")
3
4   val partitionedTable1 = table1.repartition(col("partition_key"))
5   val partitionedTable2 = table2.repartition(col("partition_key"))
6
7   val result = partitionedTable1.join(partitionedTable2, col("t1.id") ===
col("t2.id"))
8   result.show()
```

在上述代码中，通过对 table1 和 table2 进行分区操作，并使用具有相同分区键的列进行 Join 操作，可以减少数据移动和 Shuffle 操作，提高 Join 操作的性能。

3. Bucket Join

Bucket Join 适用于两个较大的表之间的 Join 操作。将两个表都分桶（Bucket），使得具有相同桶号的数据位于相同的节点上，可以提高 Join 操作的效率。下面是一个示例：

```
1   val table1 = spark.table("table1").as("t1")
2   val table2 = spark.table("table2").as("t2")
3
4   val bucketedTable1 = table1.write.bucketBy(100, "bucket_column").
    saveAsTable("bucketed_table1")
5   val bucketedTable2 = table2.write.bucketBy(100, "bucket_column").
    saveAsTable("bucketed_table2")
6
```

```
7   val result = spark.table("bucketed_table1").as("t1")
8     .join(spark.table("bucketed_table2").as("t2"), col("t1.id") === col("t2.id"))
9   result.show()
```

在上述代码中，首先对 table1 和 table2 进行分桶操作，然后通过将具有相同桶号的数据进行 Join 操作，减少了 Shuffle 操作和数据移动，提高了 Join 操作的性能。

4.1.5　子查询优化

子查询是在一个查询中嵌套另一个查询的查询方式。优化子查询可以提高查询性能和查询效率。下面举例说明几种子查询优化的技巧。

1．存在性子查询优化

存在性子查询用于检查某个条件是否存在于另一个查询的结果中。常见的存在性子查询可以通过使用 EXISTS 关键字或 IN 关键字来实现。为了优化存在性子查询，可以考虑使用 Join 操作或 LEFT SEMI JOIN 操作来替代。下面是一个示例：

```
1   -- 原始的存在性子查询
2   SELECT column1
3   FROM table1
4   WHERE EXISTS (SELECT column2 FROM table2 WHERE table2.id = table1.id);
5
6   -- 优化后使用 LEFT SEMI JOIN
7   SELECT column1
8   FROM table1
9   LEFT SEMI JOIN table2 ON table2.id = table1.id;
```

通过将存在性子查询转换为 LEFT SEMI JOIN 操作，可以避免重复计算子查询，并提高查询性能。

2．相关子查询优化

相关子查询是指子查询中的查询条件依赖于外部查询的结果。为了优化相关子查询，可以考虑使用 Join 操作将子查询与外部查询合并为一个查询。下面是一个示例：

```
1   -- 原始的相关子查询
2   SELECT column1
3   FROM table1
4   WHERE column2 IN (SELECT column3 FROM table2 WHERE table2.id = table1.id);
5
6   -- 优化后使用连接操作
7   SELECT column1
8   FROM table1
9   JOIN table2 ON table2.id = table1.id
10  WHERE column2 = column3;
```

通过使用连接操作，将相关子查询与外部查询合并为一个查询，避免了子查询的重复计算，提高了查询性能。

3．标量子查询优化

标量子查询是指子查询返回单个值作为外部查询的一部分。为了优化标量子查询，可以

考虑将子查询的结果作为变量进行缓存，避免在每次计算外部查询时都执行子查询。下面是
一个示例：

```
1    -- 原始的标量子查询
2    SELECT column1, (SELECT MAX(column2) FROM table2) AS max_value
3    FROM table1;
4
5    -- 优化后将子查询结果缓存为变量
6    SELECT column1, max_value
7    FROM table1, (SELECT MAX(column2) AS max_value FROM table2) AS subquery;
```

通过将子查询的结果作为变量缓存起来，避免了在每次计算外部查询时都执行子查询，
提高了查询性能。

说明：通过优化子查询的方式，如使用合适的连接操作、缓存子查询结果等，可以提高查
询的性能和效率，减少不必要的数据访问和计算。

4.1.6 联合查询优化

联合查询是指在查询中使用多个表的联合（Union）操作，将多个查询结果合并成一个结
果集。下面举例说明几种联合查询的优化技巧。

1. UNION ALL优化

如果需要将多个查询结果合并为一个结果集，而不需要去重操作，可以使用 UNION ALL
操作代替 UNION 操作。UNION ALL 不会进行去重操作，因此可以避免不必要的计算，提高
查询性能。下面是一个示例：

```
1    -- 原始的UNION 查询
2    SELECT column1 FROM table1
3    UNION
4    SELECT column2 FROM table2;
5
6    -- 使用UNION ALL 优化后
7    SELECT column1 FROM table1
8    UNION ALL
9    SELECT column2 FROM table2;
```

通过使用 UNION ALL 操作，可以避免对结果集进行去重操作，提高查询性能。

2. 联合查询重排优化

在执行联合查询时，可以根据查询条件和表的数据分布情况，合理调整联合查询的顺序，
使得先执行的查询能够过滤出更少的数据，减少后续查询的计算量。这样可以提高查询效率。
下面是一个示例：

```
1    -- 原始的联合查询
2    SELECT column1 FROM table1 WHERE condition1
3    UNION ALL
4    SELECT column2 FROM table2 WHERE condition2;
5
6    -- 优化后调整查询顺序
7    SELECT column2 FROM table2 WHERE condition2
```

```
8    UNION ALL
9    SELECT column1 FROM table1 WHERE condition1;
```

通过查询条件和表的数据分布情况，合理调整联合查询的顺序，可以优先过滤出更少的数据，减少后续查询的计算量，提高查询效率。

3. 使用子查询优化

在某些情况下，可以使用子查询来替代联合查询，减少联合操作的数量和计算复杂度。将多个联合查询拆分为多个子查询，可以更好地利用索引和过滤条件，提高查询性能。下面是一个示例：

```
1    -- 原始的联合查询
2    SELECT column1 FROM table1 WHERE condition1
3    UNION ALL
4    SELECT column2 FROM table2 WHERE condition2
5    UNION ALL
6    SELECT column3 FROM table3 WHERE condition3;
7
8    -- 使用子查询优化后
9    SELECT column1 FROM table1 WHERE condition1
10   UNION ALL
11   (SELECT column2 FROM table2 WHERE condition2
12    UNION ALL
13    SELECT column3 FROM table3 WHERE condition3);
```

通过使用子查询，可以将多个联合查询拆分为多个较简单的查询操作，提高查询性能。

📑说明：通过优化联合查询方式，如使用 UNION ALL 操作、调整查询顺序和使用子查询等，可以提高查询的性能和效率，减少不必要的计算和数据访问。

4.1.7 窗口函数优化

Spark SQL 中的窗口函数是一个强大的工具，用于在数据集的特定窗口范围内进行计算和聚合操作。窗口函数可以根据指定的排序规则和分组方式，在给定窗口内对数据进行处理，并将返回结果作为查询结果集的一部分。

窗口函数的概念来源于 SQL 标准，Spark SQL 支持多种常见的窗口函数，包括聚合函数（如 SUM、AVG、COUNT 等）、排序函数（如 ROW_NUMBER、RANK、DENSE_RANK 等）及其他一些常用函数。

使用窗口函数可以在不改变查询结果集的情况下，对数据进行分组、排序和聚合操作。窗口函数既可以与 GROUP BY 子句一起使用，又可以在没有 GROUP BY 子句的情况下使用。

在 Spark SQL 中，窗口函数通过以下几个关键词来定义。

❏ PARTITION BY：指定按照哪个列或哪些列进行分组。

❏ ORDER BY：指定按照哪个列或哪些列进行排序。

❏ ROWS/RANGE BETWEEN：指定窗口的边界范围。

合理使用窗口函数，可以进行复杂的数据分析和计算，如计算移动平均值、累计总和、排名等。

以下示例展示了如何在 Spark SQL 中使用窗口函数计算每个部门的销售总额，然后按照销售总额进行降序排列，代码如下：

```
1    SELECT department, SUM(sales) OVER (PARTITION BY department ORDER BY sales
     DESC) AS total_sales
2    FROM sales_data;
```

上述查询使用窗口函数 SUM 计算每个部门的销售总额，并按照销售总额进行降序排列。使用 PARTITION BY 子句将数据按照部门进行分组，使用 ORDER BY 子句按照销售额进行排序。

下面举例说明几种窗口函数优化的技巧。

1．窗口函数划定范围优化

在使用窗口函数时，可以通过合理划定窗口函数的范围来减少数据量和计算量。如果只需要部分数据参与窗口函数的计算，可以使用窗口函数的 ROWS 或 RANGE 子句指定窗口的边界，从而减少参与计算的数据量。下面是一个示例：

```
1    -- 原始的窗口函数
2    SELECT column1, SUM(column2) OVER (PARTITION BY column3 ORDER BY column4)
3    FROM table1;
4
5    -- 优化后划定窗口范围
6    SELECT column1, SUM(column2) OVER (PARTITION BY column3 ORDER BY column4
7                           ROWS BETWEEN 1 PRECEDING AND 1 FOLLOWING)
8    FROM table1;
```

通过使用 ROWS BETWEEN 子句限定窗口的范围，减少了参与计算的数据量，提高了查询性能。

2．窗口函数排序优化

在窗口函数中，排序操作是很有必要的，但排序操作可能会占用较大的计算资源。如果窗口函数中的排序字段已经按照要求进行了排序，则可以使用 ROWS 子句中的 UNBOUNDED PRECEDING 和 UNBOUNDED FOLLOWING 避免再次进行排序，提高性能。下面是一个示例：

```
1    -- 原始的窗口函数
2    SELECT column1, ROW_NUMBER() OVER (PARTITION BY column2 ORDER BY column3)
     AS row_num
3    FROM table1;
4
5    -- 优化后可避免排序操作
6    SELECT column1, ROW_NUMBER() OVER (PARTITION BY column2 ORDER BY UNBOUNDED
     PRECEDING) AS row_num
7    FROM table1;
```

使用 UNBOUNDED PRECEDING 避免排序操作，可以提高窗口函数的性能。

3．避免重复计算

在某些情况下，窗口函数可能会对同一个数据进行多次计算，导致性能下降。为了避免重复计算，可以使用子查询或公共表达式（CTE）将窗口函数的结果缓存起来，并在后续查询中重复使用。下面是一个示例：

```
1    -- 原始的窗口函数
2    SELECT column1, SUM(column2) OVER (PARTITION BY column3 ORDER BY column4)
3    FROM table1;
4
5    -- 优化后使用子查询缓存窗口函数的结果
6    WITH cte AS (
7      SELECT column1, SUM(column2) OVER (PARTITION BY column3 ORDER BY column4)
       AS sum_value
8      FROM table1
9    )
10   SELECT column1, sum_value
11   FROM cte;
```

使用子查询或 CTE 将窗口函数的结果缓存起来，可以避免重复计算，提高查询性能。

4. 窗口分区优化

下面是一个计算每个部门在每个日期的销售额排名示例。

在某数据表中存在大量的分区（如每天的销售数据分为多个分区），在窗口函数中的每个分区上执行排序操作可能会导致性能下降。

可以通过调整分区策略来优化性能，将数据按照部门进行分区，然后在每个部门的分区上进行排名操作，减少排序的数据量。

```
1    #优化前
2    SELECT date, department, product, sales,
3        RANK() OVER (PARTITION BY date, department ORDER BY sales DESC) AS
        sales_rank
4    FROM sales_data;
5    #优化后
6    SELECT date, department, product, sales,
7        RANK() OVER (PARTITION BY department ORDER BY sales DESC) AS
        sales_rank
8    FROM sales_data;
```

通过这种优化方式，将窗口函数的分区范围从日期和部门的组合减少到仅部门的组合，避免了在每个日期都执行排序操作，提高了查询性能。

5. 窗口函数合并优化

下面的例子计算每个部门的销售额总和，并在结果中显示每个部门的销售额总和占比。

使用多个窗口函数计算每个部门的销售额总和和整体销售额，可能会导致重复的聚合计算。

可以通过合并窗口函数来优化性能，将多个窗口函数合并为一个窗口函数。

```
1    #优化前
2    SELECT department, SUM(sales) OVER (PARTITION BY department) AS total_
     sales,
3        SUM(sales) OVER () AS overall_sales,
4        SUM(sales) OVER (PARTITION BY department) / SUM(sales) OVER () AS
        sales_ratio
5    FROM sales_data;
6    #优化后
7    SELECT department, SUM(sales) OVER () AS overall_sales,
8        SUM(sales) OVER (PARTITION BY department) / SUM(sales) OVER () AS
        sales_ratio
9    FROM sales_data;
```

通过这种优化方式，避免了重复的聚合计算，减少了计算量，提高了查询性能。

📃说明：通过优化窗口函数方式，如划定范围、排序优化和避免重复计算等，可以提高窗口函数的性能和效率，减少不必要的数据访问和计算。

4.1.8 排序查询优化

假设有一个学生成绩表 scores，包含列：student_id（学生 ID）、subject（科目）和 score（成绩）。按照成绩降序排列，查询每个科目成绩最高的学生。

优化前的代码如下：

```
1    SELECT subject, student_id, score
2    FROM (
3      SELECT subject, student_id, score,
4          ROW_NUMBER() OVER (PARTITION BY subject ORDER BY score DESC) AS
            rank
5      FROM scores
6    ) tmp
7    WHERE rank = 1;
```

使用窗口函数对每个科目的成绩进行排序，并使用 ROW_NUMBER 函数获取排名为 1 的记录，以便找出每个科目成绩最高的学生。

可以使用 MAX 函数和子查询来优化排序查询，避免排序操作。

```
1    SELECT subject, student_id, score
2    FROM (
3      SELECT subject, MAX(score) AS max_score
4      FROM scores
5      GROUP BY subject
6    ) tmp JOIN scores
7    ON tmp.subject = scores.subject AND tmp.max_score = scores.score;
```

首先使用子查询获取每个科目的最高分数，然后将结果与原始表进行连接，找出与最高分数对应的学生。通过避免排序操作，提高了查询性能。

4.1.9 内置函数优化

内置函数在 Spark SQL 中提供了丰富的功能且使用非常灵活。下面举例说明内置函数的优化。

假设有一个用户表 users，包含列：user_id（用户 ID）、name（姓名）、age（年龄）、city（城市）。查询年龄在特定范围内的用户数量。

优化前的代码如下：

```
1    SELECT COUNT(*) AS count
2    FROM users
3    WHERE age >= 20 AND age <= 30;
```

在这个例子中，使用 COUNT(*)函数进行计数。

对于这种简单的计数操作，可以考虑使用更加高效的 COUNT 函数替代 COUNT(*)。COUNT 函数只计算非空值的数量，而 COUNT(*)函数会计算所有行的数量，包括空值。

```
1    SELECT COUNT(age) AS count
2    FROM users
3    WHERE age >= 20 AND age <= 30;
```

通过使用 COUNT(age)函数，只计算年龄列非空值的数量，避免了计算空值的开销，提高了查询性能。

4.1.10　Union 连接优化

有两张表 employees 和 managers，它们分别存储了员工和经理的信息，包括 employee_id、name 和 department 字段。要求查询出所有员工和经理的信息，并按照 department 字段进行排序。

优化前的代码如下：

```
1    SELECT employee_id, name, department FROM employees
2    UNION
3    SELECT employee_id, name, department FROM managers
4    ORDER BY department;
```

在这个例子中，可以使用 UNION ALL 替代 UNION，因为不需要进行去重操作。同时，可以在每个子查询中添加一个额外的 type 字段，用于标识记录是员工还是经理。

优化后的查询代码如下：

```
1    SELECT employee_id, name, department, 'employee' AS type FROM employees
2    UNION ALL
3    SELECT employee_id, name, department, 'manager' AS type FROM managers
4    ORDER BY department;
```

通过使用 UNION ALL 和添加 type 字段，避免了去重操作的开销，并且在排序时可以根据 department 字段进行优化。

说明：这样的优化可以提高连接查询的性能，特别是当数据量较大时。但需要注意，在使用 UNION ALL 时要确保不会出现重复记录，以保持结果的准确性。

4.1.11　表设计优化

有一个电商网站，需要设计商品表和订单表。优化前的表设计代码如下：

```
1    CREATE TABLE products (
2      product_id INT PRIMARY KEY,
3      name VARCHAR(100),
4      category VARCHAR(50),
5      price DECIMAL(10, 2),
6      description VARCHAR(200),
7      created_at TIMESTAMP
8    );
9
10   CREATE TABLE orders (
11     order_id INT PRIMARY KEY,
12     customer_id INT,
13     product_id INT,
14     quantity INT,
15     price DECIMAL(10, 2),
16     total_amount DECIMAL(10, 2),
```

```
17    order_date DATE,
18    status VARCHAR(20),
19    created_at TIMESTAMP
20  );
```

在表设计中，可以考虑以下优化：

（1）数据冗余：为了优化性能，可以将商品表中的一些常用字段如商品名称、商品价格等复制并存储在订单表中，这样，当查询订单信息时，无须每次都要关联查询商品表，从而减少查询开销。

```
1   CREATE TABLE orders (
2     order_id INT PRIMARY KEY,
3     customer_id INT,
4     product_id INT,
5     product_name VARCHAR(100),
6     product_price DECIMAL(10, 2),
7     quantity INT,
8     total_amount DECIMAL(10, 2),
9     order_date DATE,
10    status VARCHAR(20),
11    created_at TIMESTAMP
12  );
```

（2）数据分区：对于订单表这类数据量较大的表，可以考虑按照时间范围进行分区，提高查询效率。例如，可以按照订单日期进行分区：

```
1   CREATE TABLE orders (
2     order_id INT PRIMARY KEY,
3     customer_id INT,
4     product_id INT,
5     product_name VARCHAR(100),
6     product_price DECIMAL(10, 2),
7     quantity INT,
8     total_amount DECIMAL(10, 2),
9     order_date DATE,
10    status VARCHAR(20),
11    created_at TIMESTAMP
12  )
13  PARTITIONED BY (order_date);
```

通过以上优化，可以减少关联查询的开销，加快查询速度，并提升系统性能。需要根据实际情况和查询需求进行表设计的优化，以达到更好的性能和可扩展性。

4.1.12　使用窗口函数实现高效的分组统计案例

有一个电商网站，需要统计每个用户在一段时间内的订单数量，并找出订单数量排名前 N 位的用户。

1. 创建订单表

创建一个包含用户 ID、订单 ID 和订单日期的订单表，代码如下：

```
1   CREATE TABLE orders (
2     user_id INT,
3     order_id INT,
4     order_date DATE
5   );
```

2. 数据准备

向订单表中插入一些示例数据，代码如下：

```
1    INSERT INTO orders (user_id, order_id, order_date)
2    VALUES
3      (1, 1001, '2022-01-01'),
4      (1, 1002, '2022-01-01'),
5      (2, 1003, '2022-01-02'),
6      (2, 1004, '2022-01-02'),
7      (2, 1005, '2022-01-03'),
8      (3, 1006, '2022-01-03'),
9      (3, 1007, '2022-01-03'),
10     (3, 1008, '2022-01-04');
```

3. 优化前的计算方式

使用多个 SQL 语句完成统计和排序操作。下面是优化前的代码。

统计每个用户在一段时间内的订单数量，代码如下：

```
1    SELECT
2      user_id,
3      COUNT(order_id) AS order_count
4    FROM
5      orders
6    WHERE
7      order_date BETWEEN '2022-01-01' AND '2022-01-03'
8    GROUP BY
9      user_id;
```

将统计结果存储到临时表中，代码如下：

```
1    CREATE TEMPORARY TABLE temp_orders_count AS
2    SELECT
3      user_id,
4      COUNT(order_id) AS order_count
5    FROM
6      orders
7    WHERE
8      order_date BETWEEN '2022-01-01' AND '2022-01-03'
9    GROUP BY
10     user_id;
```

使用临时表进行排序，找出订单数量排名前 N 位的用户，代码如下：

```
1    SELECT
2      user_id,
3      order_count
4    FROM
5      temp_orders_count
6    ORDER BY
7      order_count DESC
8    LIMIT N;
```

这种传统的实现方式需要多次执行 SQL 语句，并使用临时表来保存中间结果。

4. 优化后的代码——使用窗口函数进行分组统计

使用窗口函数统计每个用户在一段时间内的订单数量，并按照订单数量进行降序排列。

```
1   SELECT
2     user_id,
3     COUNT(order_id) AS order_count
4   FROM
5     orders
6   WHERE
7     order_date BETWEEN '2022-01-01' AND '2022-01-03'
8   GROUP BY
9     user_id
10  ORDER BY
11    order_count DESC;
```

以上查询会返回每个用户在 2022 年 1 月 1 日到 2022 年 1 月 3 日期间的订单数量，并按照订单数量进行降序排列。

通过使用窗口函数进行分组统计，可以避免使用传统的 GROUP BY 语句进行多次聚合操作，提高代码的简洁性和性能。窗口函数在 Spark SQL 中有良好的支持，可以灵活应用于各种分析场景中。

4.2　Spark 3.0 的新特性

Spark 3.0 引入了许多令人振奋的新特性，其中包括新的 DataFrame API（Spark SQL 3.0）的增强功能，如动态分区操作、自适应查询执行（Adaptive Query Execution，AQE）和扩展的 Join Hints 等新特性。此外，Spark 3.0 还引入了改进的调度器和任务提交模型，可以提高作业执行效率，还有 Python 支持、GPU 加速、更快的数据源连接和查询优化等功能，使得 Spark 3.0 成为更强大、更高效的数据处理和分析引擎。

4.2.1　AQE 的自动分区合并

1. RBO与CBO优化策略

在 Spark 2.0 版本之前仅仅支持 RBO 策略，但是考虑优化有限，于是在 Spark 2.2 版本中推出了 CBO 策略，相对之前的 2.0 版本优化了很多地方，但还是有很多缺点，如适应面比较小，处理速度慢等。

1）启发式 RBO

Spark 的启发式优化 RBO（Rule-Based Optimization）是 Spark SQL 中的一种优化策略。它基于一系列规则来改进查询计划，以提高查询性能和执行效率。

RBO 对查询语句进行解析和分析，应用了一系列优化规则来重写查询计划。这些规则可以对查询的表达式、谓词下推、连接操作和聚合操作等进行优化，以降低查询的成本并改善查询性能。

2）基于成本式 CBO

Spark 的 CBO（Cost-Based Optimization）是 Spark SQL 中的一种优化策略。它基于代价模型来评估查询计划的执行成本，并选择最优的执行计划。

CBO 首先对查询语句进行解析和分析，然后根据表的统计信息和查询的结构信息，计算每个可能的执行计划的代价。代价模型通常包括数据读取、数据传输、计算操作等方面的成本估计。

通过比较不同执行计划的代价，CBO 选择代价最低的执行计划作为最终的执行方案，这样可以使 Spark 生成更优化的查询计划，减少不必要的数据读取和处理，提高查询的性能和效率。

以上是关于 RBO 和 CBO 优化策略的介绍，为了解决它们优化的局限性，Spark 又推出了 AQE 策略。

2. 什么是Spark的AQE

Spark 的 AQE 是 Spark 3.0 引入的一项重要功能。它是一个自适应查询执行引擎，旨在提高 Spark SQL 作业的执行性能和效率。

AQE 具有两个核心组件：动态重划分和动态过滤。动态重划分允许 Spark 在运行过程中重新划分数据分区，以更好地适应数据倾斜和不均衡的情况，从而提高作业的负载均衡和并行度。动态过滤允许 Spark 根据数据的统计信息自动选择最佳的过滤策略，避免不必要的数据读取和处理，从而减少了作业的开销。

AQE 的主要优势在于它可以根据实际数据和查询的特点动态地优化执行计划，而不是依赖静态的固定计划。这样可以更好地适应不同的数据分布和查询模式，提高查询性能和效率。同时，AQE 还提供了更好的故障恢复和容错能力，以确保作业的稳定运行。

3. AQE的三大特性

AQE 具有以下三大特性：

- ❑ 自动分区合并：当数据存储为分区表时，AQE 能够自动检测和合并具有相同结构的分区。它可以避免重复处理和读取相同分区的数据，减少不必要的开销。通过自动分区合并，AQE 可以优化查询性能，减少数据移动和计算操作，提高查询效率。
- ❑ 自动倾斜处理：当查询中存在数据倾斜现象时，AQE 能够自动检测和处理数据倾斜问题。它可以识别倾斜的数据分布，并根据情况采取相应的优化措施，如动态调整并行度、重新分配数据分区等。通过自动倾斜处理，AQE 可以均衡任务负载，避免单个任务的性能瓶颈，提高整体查询的吞吐量和效率。
- ❑ Join 策略调整：AQE 能够根据数据和资源的情况自动选择最优的 Join 策略。它可以根据表的大小、连接顺序和数据倾斜等信息，动态调整 Join 操作的执行计划，选择最适合的 Join 算法（如 Broadcast Join、Shuffle Hash Join 等），从而提高查询效率。

以上三大特性使得 AQE 能够根据查询的特点和数据情况自动优化执行计划，提高查询效率。

4. 自动分区合并

自动分区合并是指 Spark 会对表的元数据进行分析，包括分区结构、数据分布情况和统计信息。这些信息可以通过表的元数据或者执行一些采样操作来获取。

基于数据统计和分析的结果，Spark 会应用一些预定义的规则来确定哪些分区可以合并。

这些规则通常包括分区键的相等性、数据大小和分区之间的关系等。

假设有一个包含大量分区的表，每个分区都具有相同的结构。在传统情况下，对该表进行查询时，Spark 会逐个处理每个分区，可能会导致不必要的重复计算和数据读取。

通过 Spark 的自动分区合并功能（Automatic Partition Pruning and Coalescing），可以自动检测并合并具有相同结构的分区，以减少不必要的计算和数据移动。

举个例子，假设有一个存储电商订单数据的表，每个分区代表一个月的订单数据，分区键是订单日期。假设有连续的 12 个分区，分别对应一年的订单数据。在某个查询中，只需要统计全年的订单数量。在没有自动分区合并功能的情况下，Spark 可能会逐个处理每个分区，导致数据被重复读取和计算。通过自动分区合并功能，Spark 会检测到这些分区具有相同的结构和统计目标（订单数量），然后会将它们合并为一个更大的分区进行处理。这样就避免了数据被重复读取和计算，提高了查询效率。

说明：通过自动分区合并功能，Spark 能够根据查询需求和数据分布情况自动合并分区，减少不必要的重复计算，提高了查询性能，减少了资源消耗，优化了数据处理过程。

4.2.2　AQE 的自动倾斜处理

AQE 的自动倾斜处理是指在处理倾斜数据（Skewed Data）时，Spark 自动采取一些优化措施，以提高查询性能，避免任务执行不均衡的情况。具体的自动倾斜处理策略包括：

- ❏ 倾斜数据识别：Spark 通过统计信息和采样操作等方式检测存在倾斜的数据分布情况，如某个键的数据分布极不均衡。
- ❏ 动态重分区（Dynamic Repartitioning）：当检测到倾斜数据时，Spark 会自动对相关的分区进行动态重分区，将倾斜的数据均匀地分布到多个任务中。这可以避免单个任务处理过大的数据量，从而提高任务并行度和执行效率。
- ❏ 倾斜数据复制（Skewed Data Replication）：在倾斜数据的处理过程中，Spark 可以选择将倾斜的数据复制到多个任务中，从而实现数据的并行处理。这样可以避免单个任务处理倾斜数据时出现性能瓶颈。
- ❏ 动态调整任务分配（Dynamic Task Scheduling）：Spark 还可以根据倾斜数据的情况动态调整任务的分配策略，将更多的资源分配给处理倾斜数据的任务，以加速倾斜数据的处理过程。

假设有一个包含用户点击记录的大型数据集，并且在进行数据分析时发现，部分用户的点击量异常高，导致某些任务处理的数据明显比其他任务多，在这种情况下就出现了数据倾斜。为了解决这个问题，可以采取以下步骤：

（1）数据采样和统计：首先 Spark 会对数据进行采样，并计算每个用户的点击量。通过分析采样数据，可以确定哪些用户的点击量异常高，产生倾斜。

（2）键值重分布：针对倾斜的用户，Spark 会将其点击记录重新分布到多个任务中。例如，原本一个任务处理一个倾斜用户的点击记录，现在可以将该用户的记录分散到多个任务中进行处理，从而平衡任务的负载。

（3）数据复制：为了进一步增加并行度，Spark 还可以选择将倾斜用户的点击记录复制到多个任务中。这样每个任务都可以独立地处理部分数据，而不会造成某个任务处理过多的数据。

（4）动态任务调整：在处理倾斜数据的过程中，Spark 会根据任务的执行情况动态调整任务的分配策略。例如，将更多的资源分配给处理倾斜数据的任务，加速其处理速度，避免倾斜任务成为整个作业的瓶颈。

通过以上处理步骤，Spark 可以自动检测和处理倾斜数据。在这个例子中，自动倾斜处理将倾斜的用户点击记录重新分布到多个任务中，从而提高任务的并行度和整体性能。这种处理方式可以有效应对倾斜数据带来的性能问题，保证作业的高效执行。

4.2.3　AQE 的 Join 策略调整

Spark 的自动 Join 策略调整是指 Spark 自动查询优化引擎（AQE）根据数据和查询特征智能选择最佳的 Join 策略。通过自动分析数据大小和内存情况，AQE 可以自动选择合适的 Join 算法，如 Broadcast Join 或 Sort Merge Join，提高查询性能并优化资源利用。这种自动调整策略可以减少手动优化的工作量，确保在不同数据规模和硬件配置下可以获得最佳的执行计划。

下面演示 Spark 的自动 Join 策略的调整示例。

```
1   import org.apache.spark.sql.SparkSession
2
3   object AutoJoinOptimizationExample {
4     def main(args: Array[String]): Unit = {
5       // 创建 SparkSession
6       val spark = SparkSession.builder()
7         .appName("Auto Join Optimization Example")
8         .getOrCreate()
9
10      // 读取订单表和用户表的数据
11      val orderDF = spark.read.format("csv").load("path/to/order.csv")
12        .toDF("orderId", "userId", "price", "volume")
13      val userDF = spark.read.format("csv").load("path/to/user.csv")
14        .toDF("userId", "type")
15
16      // 执行查询
17      val result = orderDF.join(userDF, orderDF("userId") === userDF("userId"))
18        .where("type = 'Head Users'")
19        .groupBy(userDF("userId"))
20        .agg(sum(orderDF("price") * orderDF("volume")).as("total"))
21
22      // 显示查询结果
23      result.show()
24
25      // 停止 SparkSession
26      spark.stop()
27    }
28  }
```

在本例中执行了一个查询操作，其中，订单表（orderDF）与用户表（userDF）进行了内连接（Inner Join），并根据用户类型（type）进行过滤，最后按用户 ID（userId）进行分组并计算订单总金额。

在此之前，Spark 可能会使用默认的 Broadcast Join 策略来执行连接操作，即将小表广播到每个 Executor 节点上，然后进行连接操作。对于大规模数据集，这种策略可能会导致内存不足和性能下降。

通过启用自动 Join 策略调整，Spark 的自动查询优化引擎（AQE）可以根据数据和查询特征自动选择最佳的 Join 策略。在本例中，AQE 根据数据大小和内存情况，自动选择 Sort Merge Join 策略，该策略适用于大规模数据集的连接操作。

Spark 使用 Sort Merge Join 策略对参与连接操作的数据集进行排序，并通过迭代的方式逐个匹配数据。这种策略可以避免内存不足和性能下降的问题，从而提高查询性能。

4.2.4　DPP 动态分区剪裁

DPP（Dynamic Partition Pruning）也是 Spark 3.0 版本推出的令人振奋的新特性，用于在 Spark SQL 中进行动态分区剪裁。它通过在查询执行期间动态地剪裁不必要的分区，来减少数据扫描和处理的开销，提高查询性能。

DPP 的原理是根据查询过滤条件，动态地确定哪些分区可以被跳过，不需要进行读取和处理。它利用分区元数据和查询谓词信息，将过滤条件应用于分区的目录结构中，识别出不满足条件的分区，并将其从查询中排除，减少了不必要的 I/O 和计算开销。

通过使用 DPP，Spark 能够更加智能地优化分区扫描，避免了不必要的数据读取和处理，从而提高查询性能，减少资源消耗。DPP 特别适用于基于分区的表和分区表的查询，可以显著提高这类查询操作的速度。

假设有一个销售数据分析任务，其中包括一个事实表（sales_fact）和一个维度表（dim_date）。事实表存储了每天的销售数据，维度表存储了日期信息和其他维度属性。现在希望根据特定日期范围内的销售数据进行统计分析，代码如下：

```
1    SELECT dim_date.date, SUM(sales_fact.sales)
2    FROM sales_fact
3    JOIN dim_date ON sales_fact.date_id = dim_date.date_id
4    WHERE dim_date.date BETWEEN '2023-01-01' AND '2023-01-31'
5    GROUP BY dim_date.date;
```

分区裁剪优化前，当执行这个查询时，即使维度表中的日期范围已经限定了查询条件，Spark 也会扫描整个事实表和维度表的所有分区。这样会导致不必要的数据扫描和计算开销，影响查询性能。

分区裁剪优化后，可以通过将维度表中的过滤条件传导到事实表的关联关系中，实现事实表的优化。具体步骤如下：

（1）从维度表中提取过滤条件：根据查询条件中的维度表字段（这里是 dim_date.date），提取对应的过滤条件（'2023-01-01'和'2023-01-31'）。

（2）关联关系传导：通过将维度表的过滤条件传递到事实表的关联关系上，告诉 Spark 仅扫描事实表中与过滤条件匹配的分区。

通过以上两步，Spark 能够根据维度表的过滤条件动态地剪裁事实表的分区，只处理满足日期范围条件的数据，减少了数据扫描和计算的开销，提高了查询性能。

📄说明：通过 DPP 动态分区剪裁的优化，能够将维度表中的过滤条件传导到事实表的关联
关系上，从而实现对事实表的优化，减少不必要的数据扫描，提高查询性能，这对
于大规模数据分析任务和复杂的关联查询非常有益。

4.2.5　Join Hints 的使用技巧

1．Spark的Join原理

这里通过一个例子来说明 Join 原理。

假设有两个表，一个是订单表（orders），见表 4-1，另一个是用户表（users），见表 4-2。
每个订单都关联一个用户，需要根据用户 ID 将订单表和用户表进行关联查询。

表 4-1　订单表

rder_id（订单ID）	user_id（用户ID）	order_date（订单日期）	order_total（订单金额）
1	100	2022-01-01	50.00
2	101	2022-01-02	75.00
3	102	2022-01-03	100.00

表 4-2　用户表

user_id（用户ID）	name（用户姓名）	age（用户年龄）
100	John	30
101	Alice	25
102	Bob	35

Join 操作的原理如下：

（1）Spark 将 orders 表和 users 表加载到内存中，以便进行关联操作。

（2）根据用户 ID（user_id）字段，Spark 将 orders 表和 users 表中具有相同用户 ID 的行
进行匹配。

（3）当 Spark 执行 Join 操作时，它会根据 Join 键（user_id）在两个表之间建立关联关系，
将匹配的行组合在一起。

（4）Spark 根据所选的 Join 策略（如 Broadcast Join、Sort Merge Join 等）来决定如何执
行 Join 操作。

（5）如果表的大小差异较大或存在大量重复键值，Spark 可能会对 Join 操作进行优化，
如使用 Broadcast Join 将小表广播到所有节点上，减少数据传输开销。

（6）执行 Join 操作后，Spark 返回关联结果，即将两个表中匹配的行合并在一起，形成
一个包含所选列的新结果集。

使用上述示例数据，可以执行以下 Join 查询将订单表和用户表进行关联：

```
1    SELECT o.order_id, o.order_date, o.order_total, u.name
2    FROM orders o
3    JOIN users u ON o.user_id = u.user_id;
```

以上查询根据用户 ID（user_id）在 orders 表和 users 表之间进行 Join 操作，并返回包含
订单 ID（rder_id）、订单日期（order_date）、订单总额（order_total）和用户姓名（name）的

结果集。

2．Spark常见的Join策略

Spark 常见的 Join 策略如下：

1）Broadcast Join

Broadcast Join（广播连接）策略适用于一个小的数据集和一个大的数据集之间的连接操作。它的原理是先将小的数据集广播到所有的工作节点上，然后在每个节点上与大的数据集进行连接操作。

广播连接的过程如下：

（1）Spark 将小的数据集加载到驱动程序的内存中。

（2）Spark 将小的数据集复制到所有工作节点上的内存中，以确保每个节点都可以访问到该数据集。

（3）Spark 在每个工作节点上使用广播变量的方式将小的数据集广播出去。广播变量是一种只读的分布式共享变量，它被缓存在每个节点的内存中，以供后续连接操作使用。

（4）在广播完成后，Spark 会对大的数据集进行分区，并将每个分区发送到相应的节点上。

（5）在每个节点上，Spark 会将大的数据集与广播变量中的小的数据集进行连接操作。由于小的数据集已经复制到每个节点的内存中，连接操作可以在每个节点上进行本地计算，减少了数据传输和网络开销。

> 📖说明：广播连接的优势在于它避免了数据的全量传输，减少了网络开销，提高了连接的性能。然而，广播连接的限制是小的数据集能够在内存中完整加载，否则可能会导致内存溢出或性能下降。因此，适用于 Broadcast Join 的情况是一个较小的表和一个较大的表之间的连接操作，其中较小的表可以完全加载到内存中。

2）Shuffle Hash Join

Shuffle Hash Join（哈希连接）策略适用于两个大型数据集之间的连接操作。它的原理是通过哈希算法将两个数据集的相同连接键的记录分发到相同的分区，然后在每个分区上进行连接操作。

Shuffle Hash Join 的过程如下：

（1）Spark 将两个数据集根据连接键进行哈希操作，将相同连接键的记录分发到相同的分区。这个过程称为 Shuffle，它会导致数据的重分区。

（2）在 Shuffle 阶段，每个分区中的数据会按照连接键进行排序。

（3）Spark 将每个分区中的数据加载到内存中并构建哈希表。哈希表的结构使得在连接操作中可以快速查找匹配的记录。

（4）Spark 对每个分区进行连接操作。对于每个记录，在哈希表中查找与之匹配的记录并进行连接操作。

（5）Spark 将连接的结果汇总，并返回最终的结果。

> 📖说明：Shuffle Hash Join 的优势在于它能够处理两个大型数据集之间的连接操作，并且在

连接键上进行哈希操作，提高连接的性能。但是，Shuffle 过程需要进行数据重分区，可能会导致网络开销和性能下降。因此，适用于 Shuffle Hash Join 的情况是两个数据集都比较大，并且连接键的分布比较均匀。

3）Shuffle Sort Merge Join

Shuffle Sort Merge Join（排序合并连接）策略适用于连接操作的数据集较大，但连接键的分布不均匀的情况。它的原理是通过排序和合并操作来实现连接操作。

Shuffle Sort Merge Join 的过程如下：

（1）Spark 将两个数据集根据连接键进行排序操作，将相同连接键的记录聚集在一起。这个过程称为 Shuffle，它会导致数据的重分区。

（2）在 Shuffle 阶段，每个分区中的数据会按照连接键进行排序。

（3）Spark 将排序后的数据加载到内存中，并使用双指针的方式进行合并操作。双指针分别指向两个数据集中的当前记录。

（4）在合并操作中，Spark 比较两个指针所指向的连接键的值。如果相等，则将这两条记录进行连接操作，并将结果返回；如果不相等，则根据连接键的大小关系移动指针，继续比较下一条记录。

（5）在两个数据集中的所有记录都进行了比较和连接操作后，最终得到连接的结果。

📖说明：Shuffle Sort Merge Join 的优势在于它能够处理连接键分布不均匀的情况，通过排序和合并操作，确保连接键相等的记录能够聚集在一起进行连接操作。但是，Shuffle 过程需要进行数据的重分区和排序，可能会导致网络开销和性能下降。因此，适用于 Shuffle Sort Merge Join 的情况是连接键分布不均匀，但数据集较大的情况。

4）Shuffle Broadcast Hash Join

Shuffle Broadcast Hash Join（广播哈希连接）策略适用于一个小的数据集和一个大的数据集进行连接操作的场景。它的原理是将小数据集广播到每个 Executor 节点上，并使用哈希算法进行连接操作。

Shuffle Broadcast Hash Join 的过程如下：

（1）Spark 将小数据集读取到 Driver 节点的内存中。

（2）Spark 将小数据集的数据复制到每个 Executor 节点上，这个过程称为广播（Broadcast）。由于小数据集较小，可以将其复制到每个节点上，以便在每个节点上进行连接操作。

（3）对于大数据集，Spark 将其分成若干个分区，每个分区分配到不同的 Executor 节点上。

（4）在每个 Executor 节点上，Spark 使用哈希算法对大数据集的分区进行哈希操作，并将哈希后的结果与广播的小数据集进行连接操作。这样，具有相同哈希结果的记录将被连接在一起。

（5）Spark 将连接的结果返回给 Driver 节点，进行后续的处理。

📖说明：Shuffle Broadcast Hash Join 的优势在于它避免了数据的重分区和排序操作，因为小数据集被广播到每个节点上，可以在每个节点上进行本地连接操作。这样可以减少网络开销，提高性能。由于需要将小数据集广播到每个节点上，所以 Shuffle Broadcast

Hash Join 策略适用于小数据集和大数据集进行连接的场景，其中，小数据集可以被完全加载到内存中。如果小数据集过大，则无法完全加载到内存中，这可能会导致性能下降。在实际使用中，需要根据数据集的大小和系统资源进行调整和优化。

5）Cartesian Join

Cartesian Join（笛卡尔连接）将一个数据集的每个元素与另一个数据集的每个元素进行连接，适用于需要计算两个数据集之间的所有组合的场景，通常会导致大规模的输出数据。

3．如何使用合适的Join Hints

Join Hints 是在查询中指定 Join 操作的优化提示，用于指导 Spark 优化器执行 Join 操作的方式。下面是一些 Join Hints 的使用技巧。

1）Broadcast Hint（BROADCAST）

当一个表很小且适合内存的时候，可以使用 Broadcast Hint 将其广播到所有的执行器节点上，避免网络传输开销。示例如下：

```
1    SELECT /*+ BROADCAST(join_table) */ *
2    FROM large_table
3    JOIN join_table ON large_table.key = join_table.key;
```

2）Sort Merge Hint（SORT_MERGE）

当连接的两个表都已按照 Join 键进行排序时，可以使用 Sort Merge Hint 指示 Spark 使用 Sort Merge Join 算法。示例如下：

```
1    SELECT /*+ SORT_MERGE */ *
2    FROM sorted_table1
3    JOIN sorted_table2 ON sorted_table1.key = sorted_table2.key;
```

3）Broadcast Hash Join Hint（BROADCAST_HASH）

当一个表较小且可以适合内存，另一个表已经通过 Hash Partitioning 进行分区时，可以使用 Broadcast Hash Join Hint 指示 Spark 执行 Broadcast Hash Join 算法。示例如下：

```
1    SELECT /*+ BROADCAST_HASH(table1) */ *
2    FROM table1
3    JOIN table2 ON table1.key = table2.key;
```

使用 Join Hints 可以根据具体的数据和查询场景来指导 Spark 优化器执行 Join 操作的方式，从而提高查询性能和执行效率。需要注意的是，过度使用或错误使用 Join Hints 可能会导致性能下降，因此应该根据具体情况进行测试和评估。

4.2.6 使用 Join Hints 解决数据倾斜案例

数据倾斜是用户经常遇到的问题，下面以一个案例加以说明。

假设有两张表，一张是订单表（order），一张是商品表（product），要计算每个商品的订单总金额。但是在实际情况中，在计算每个商品的订单总金额时，由于某些商品的订单量非常大，导致某些分区的数据倾斜，计算时间变长。

下面使用 Join Hints 中的 BROADCAST 提示来解决数据倾斜问题。

```
1    -- 步骤1：创建订单表（order）和商品表（product）
```

```
2    CREATE TABLE order (
3      order_id INT,
4      product_id INT,
5      amount DOUBLE
6    );
7
8    CREATE TABLE product (
9      product_id INT,
10     product_name STRING
11   );
12
13   -- 步骤 2：加载订单表和商品表的数据
14   LOAD DATA INPATH 'hdfs://path/to/order.csv' INTO TABLE order;
15   LOAD DATA INPATH 'hdfs://path/to/product.csv' INTO TABLE product;
16
17   -- 步骤 3：使用 Broadcast Join 计算每个商品的订单总金额
18   SELECT product.product_id, SUM(order.amount) AS total_amount
19   FROM order
20   JOIN product /*+ BROADCAST(product) */
21   ON order.product_id = product.product_id
22   GROUP BY product.product_id;
```

🔔注意：替换上述 SQL 代码中的文件路径、表名和字段名为实际的路径、表名和字段名。

在上面的代码中，通过在连接操作中使用/*+ BROADCAST(table) */语法，将商品表（product）设置为广播表，解决了数据倾斜问题。

4.3　Spark SQL 数据倾斜优化

Spark 中的 Spark SQL 数据倾斜是指在执行 SQL 查询时，由于数据分布不均匀而导致某些任务或分区的计算负载过重，从而降低了查询性能。数据倾斜问题常见于包含大量重复键值或热点数据的场景，如某些用户 ID 的数据量远大于其他 ID。数据倾斜可能导致部分任务执行时间过长，使任务执行时间不均衡，甚至引发 OOM（内存溢出）等问题。

4.3.1　广播变量

1. 什么是广播变量技术

广播变量是 Spark 中一种用于在集群中高效分发大型只读数据的机制。它可以将一个变量广播到集群的每个节点上，以便在并行操作中使用。

广播变量的主要特点是将数据复制到每个 Executor 节点的内存中，使每个节点都可以访问相同的数据副本，无须在网络上传输数据。这样可以避免在并行计算过程中多次传输大量的数据，提高任务的执行效率。

2. 广播变量技术的使用场景

广播变量通常用于以下场景：

- ❑ 在 RDD 的转换操作中，需要将一个较大的只读数据集合分发给所有的节点进行计算，如关联操作、过滤操作等。
- ❑ 在 Spark SQL 中，用于解决数据倾斜问题，将倾斜的小表广播到所有的 Executor 节点上。

使用广播变量的步骤如下：

（1）在 Driver 端，通过调用 sparkContext.broadcast 函数将需要广播的变量进行广播。

（2）在 Executor 端，通过调用广播变量的 value 属性获取广播变量的值。

3．如何使用广播变量进行Spark SQL数据倾斜优化

下面以一个示例展示如何使用广播变量来优化数据倾斜问题。

假设有两个表，即 orders 表和 users 表，orders 表是大表，users 表是小表。想要按照用户 ID 关联这两个表，并计算每个用户的订单总金额。但是，某些用户的订单数据非常庞大，因此出现数据倾斜问题。

（1）通过子查询找出 users 表中需要广播的数据，即 user_id 出现次数大于 100 的数据，然后将这部分数据转换为广播变量 broadcastUsers。

```
1   val usersToBroadcast = spark.sql("SELECT user_id, user_name FROM users
    WHERE user_id IN (SELECT user_id FROM orders GROUP BY user_id HAVING
    COUNT(*) > 100)")
2   val broadcastUsers = spark.sparkContext.broadcast(usersToBroadcast)
```

（2）在 SQL 查询中使用广播变量来优化数据倾斜：

```
1   val result = spark.sql("SELECT o.user_id, o.order_amount, u.user_name
    FROM orders o JOIN broadcastUsers.value u ON o.user_id = u.user_id")
```

在上述查询中，使用广播变量 broadcastUsers.value 来引用广播出去的 users 表数据，并通过 Join 操作将其与 orders 表关联起来。

通过使用广播变量，Spark SQL 可以将小表的数据复制到各个 Executor 节点上，避免了大量的数据传输和计算，从而提高了查询性能。

> 🔾注意：在使用广播变量时，需要确保广播的数据量适合存储在内存中，否则可能会导致内存不足或性能下降。

4.3.2 采样

1．Spark的数据采样

在 Spark 中，数据采样是一种用于获取数据集子样本的技术。通过对大数据集进行采样，可以在保证一定的准确性的同时降低计算和存储成本。

2．Spark的常见采样方法

Spark 提供了多种数据采样方法，包括随机采样、分层采样和聚类采样等。

随机采样是最常用的一种数据采样方法，它通过随机选择数据集中的一部分数据来构建采样样本。Spark 中的 sample 函数可以实现随机采样，指定采样比例和随机种子等参数。

分层采样是一种根据数据集的某些特征进行采样的方法，可以保证采样样本中各个层级的数据分布比例与整个数据集保持一致。Spark 中的 stratifiedSample 函数可以用于实现分层采样，需要指定层级和采样比例等参数。

聚类采样是一种基于数据聚类的采样方法，它通过将数据集划分为多个簇，并选择代表性的数据点作为采样样本。Spark 中的 kmeans 函数可以用于实现聚类采样，需要指定簇的个数和采样比例等参数。

3．如何使用采样技术进行Spark SQL数据倾斜优化

在数据倾斜的 key 值上进行采样，然后处理采样结果，得到倾斜 key 值的分布情况，再根据分布情况进行相应的处理。在 Spark SQL 中可以使用 sample 操作对数据进行采样。

下面以三个示例来说明如何使用三种采样技术进行数据倾斜优化。

1）随机采样

假设有一个包含大量订单数据的表格，其中某些订单数据存在数据倾斜的情况。为了优化查询性能，可以使用随机采样来获取倾斜数据的样本，然后针对样本数据进行处理。

```
1    // 随机采样获取倾斜数据的样本
2    val skewedDataSample = spark.sql("SELECT * FROM orders WHERE order_date
     = '2022-01-01'").sample(true, 0.1)
3
4    // 根据样本数据进行处理，例如使用广播变量、重新分区等
5    val processedData = spark.sql("SELECT * FROM orders")
6     .join(broadcast(skewedDataSample), Seq("order_id"), "left_outer")
7     .where(col("order_date").isNull)
8     .repartition(100, col("order_id"))
9
10   // 进行后续的查询操作
11   val result = processedData.groupBy("order_date").agg(sum("order_amount"))
```

2）分层采样

假设有一个包含用户信息的大表，其中的某些用户数据存在数据倾斜的情况。为了解决数据倾斜问题，可以使用分层采样来获取不同用户类型的样本数据，然后针对样本数据进行处理。

```
1    // 定义分层采样的规则和比例
2    val samplingRules = Map("Head Users" -> 0.1, "Regular Users" -> 0.5, "New
     Users" -> 0.2)
3
4    // 分别采样不同类型的用户数据
5    val sampledData = spark.sql("SELECT * FROM users")
6     .where(col("user_type").isin(samplingRules.keys.toSeq: _*))
7     .stat.sampleBy("user_type", samplingRules, 42L)
8
9    // 根据样本数据进行处理
10   val processedData = spark.sql("SELECT * FROM orders")
11    .join(broadcast(sampledData), Seq("user_id"))
12
13   // 进行后续的查询操作
14   val result = processedData.groupBy("user_type").agg(count("*"))
```

3）聚类采样

假设有一个包含大量用户行为数据的表格，其中的某些用户行为数据存在数据倾斜的情况。为了解决数据倾斜问题，可以使用聚类采样将数据划分为不同的簇，然后从每个簇中对

采样数据进行处理。

```
1    // 使用 K-means 算法将数据划分为不同的簇
2    val clusteredData = spark.sql("SELECT * FROM user_actions")
3      .select("user_id", "action_type")
4      .groupBy("user_id")
5      .agg(count("action_type").alias("action_count"))
6      .na.drop()
7      .na.fill(0)
8
9    val kmeansModel = KMeans.train(clusteredData.rdd.map(row => Vectors.
     dense(row.getLong(1))), k = 5, maxIterations = 20)
10
11   // 获取每个簇的样本数据
12   val sampledData = clusteredData.rdd.map(row => (row.getLong(0), row.
     getLong(1)))
13     .map { case (userId, actionCount) => (kmeansModel.predict(Vectors.
       dense(actionCount)), userId) }
14     .sampleByKey(false, Map(0 -> 0.1, 1 -> 0.2, 2 -> 0.3, 3 -> 0.4, 4 -> 0.5))
15     .map(_._2)
16
17   // 根据样本数据进行处理
18   val processedData = spark.sql("SELECT * FROM user_actions")
19     .join(broadcast(sampledData), Seq("user_id"))
20
21   // 进行后续的查询操作
22   val result = processedData.groupBy("user_id").agg(sum("action_count"))
```

在上面这些示例中，通过采样技术获取倾斜数据的样本，然后针对样本数据进行处理，如使用广播变量、重新分区等，这样可以减少倾斜数据对整体计算性能的影响，并提高 Spark SQL 的查询效率。

4.3.3 手动指定 Shuffle 分区数

1. 在Spark中如何手动指定分区

在 Spark 中，可以通过设置相关参数来手动指定分区数。下面是几种常见的方式。

（1）在 repartition 方法中设置 repartition 参数来指定操作的分区数，示例如下：

```
1    val rdd = spark.sparkContext.parallelize(Seq(1, 2, 3, 4, 5))
2    val repartitionedRDD = rdd.repartition(4)                    // 指定分区数为 4
```

（2）在 coalesce 方法中设置 coalesce 参数来指定操作的分区数。示例如下：

```
     // 原始分区数为 5
1    val rdd = spark.sparkContext.parallelize(Seq(1, 2, 3, 4, 5), 5)
2    val coalescedRDD = rdd.coalesce(2)                           // 减少分区为 2
```

（3）在 Spark SQL 中
设置 spark.sql.shuffle.partitions 参数来指定 Shuffle 操作的分区数。

```
1    spark.conf.set("spark.sql.shuffle.partitions", "100") // 设置分区数为 100
```

2. 常见利用手动分区解决spark SQL数据倾斜的常见场景

以下是几个常见的场景，可以通过手动分区来解决 Spark SQL 数据倾斜问题。

针对某个具体的操作符或阶段进行手动分区：

❑ 在 Join 操作中，可以使用 Broadcast Join 或者将小表进行分片并与大表关联，以减少
单个分区的数据量。

❑ 在 Group By 操作中，可以使用自定义的分区函数，将数据均匀分布到多个分区中，
避免某个分组的数据倾斜。

针对数据倾斜的 key 进行手动分区：

❑ 在数据倾斜的 key 上进行采样，获取倾斜 key 的分布情况，并根据分布情况进行手
动分区，将倾斜的数据分散到多个分区中。

❑ 使用自定义的分区函数，根据倾斜 key 的特征将数据均匀分布到多个分区中。

调整 Shuffle 操作的分区数：

❑ 可以手动指定 Shuffle 操作的分区数，通过设置 spark.sql.shuffle.partitions 参数来调整，
默认值为 200。

❑ 根据数据量和集群资源的情况，合理设置分区数，避免单个分区数据过大导致倾斜。

聚合操作中的手动分区：

❑ 对于大规模的聚合操作，可以使用分层聚合的方式，先进行局部聚合得到中间结果，
然后再进行全局聚合，以减小单个分区的数据量。

3．在Spark SQL中如何运用手动分区

下面以一个示例说明 Spark。

假设有一个包含大量订单数据的表格，其中某些订单数据存在数据倾斜的情况。为了减
小数据倾斜，用户可以手动指定 Shuffle 分区数来减小单个分区的数据量。

```
1    // 设置 spark.sql.shuffle.partitions 参数为自定义的分区数
2    spark.conf.set("spark.sql.shuffle.partitions", "500")
3
4    // 进行数据倾斜处理的查询操作
5    val result = spark.sql("SELECT order_date, sum(order_amount) FROM orders
     GROUP BY order_date")
6
7    // 执行查询操作
8    result.show()
```

在上述代码中，通过设置 spark.sql.shuffle.partitions 参数为自定义的分区数（如 500），从
而减小单个分区的数据量。这样可以更均匀地分布数据，避免数据倾斜的问题。

⚠注意：分区数的设置需要根据数据量和集群资源进行合理设置。过少的分区数可能无法充
分利用集群资源，过多的分区数可能会加大任务调度的开销。

4.3.4　随机前缀和哈希

1．随机前缀和哈希的概念

随机前缀是指通过在倾斜的 key 上添加随机前缀的方式将数据均匀地分布到多个分区
中，从而解决数据倾斜的问题。

哈希类似于随机前缀的方法，通过对倾斜的 key 进行哈希映射来均匀分布数据，以解决数据倾斜问题。

哈希方法的原理是将倾斜的 key 通过哈希函数映射到不同的分区。具体步骤如下：

（1）检测出倾斜的 key，可以通过观察数据分布、统计分析等方式进行判断。

（2）对倾斜的 key 进行哈希映射，使用哈希函数将 key 映射到不同的分区。

（3）对哈希映射后的 key 进行数据重分区，确保数据均匀分布到多个分区中。

（4）进行后续的操作，如 Join、Group By 等。

2．常见的应用场景

随机前缀和哈希是两种常见的用于解决 Spark SQL 数据倾斜的技术，它们可以应用于多种场景。以下是一些常见的场景。

- ❑ Join 操作中的数据倾斜。当进行 Join 操作时，某个关联字段存在数据倾斜，导致某个分区数据量过大，影响性能。
- ❑ 聚合操作中的数据倾斜。在进行聚合操作时，某个聚合字段存在数据倾斜，导致某个分区的聚合结果较大，影响性能。
- ❑ Group By 操作中的数据倾斜。在进行 Group By 操作时，某个分组字段存在数据倾斜，导致某个分组的数据量较大，影响性能。

3．如何进行Spark SQL数据倾斜优化

下面以两个示例对随机前缀和哈希优化 Spark SQL 数据倾斜进行介绍。

1）随机前缀示例

具体步骤如下：

（1）检测出倾斜的 key，可以通过观察数据分布、统计分析等方式进行判断。

（2）为倾斜的 key 生成随机前缀，可以使用随机数生成器或者哈希函数生成一个随机的前缀。

（3）将倾斜的 key 与随机前缀拼接起来，形成新的 key。

（4）使用新的 key 进行数据重分区，将数据均匀分布到多个分区中，避免单个分区的数据量过大。

（5）进行后续的操作，如聚合和写入等。

示例代码如下：

```
1    import org.apache.spark.sql.functions._
2
3    // 假设有一个orders表，包含字段order_id和order_amount，其中order_id存在数据倾斜
4    val orders = spark.table("orders")
5
6    // 检测并获取倾斜的 key，这里以order_id为例
7    val skewedKeys = orders.groupBy("order_id").count().filter("count > 100").select("order_id")
8
9    // 生成随机前缀，并与倾斜的 key 拼接
10   val randomPrefix = scala.util.Random.nextInt(10000)  // 生成随机前缀
11   val skewedKeyWithPrefix = skewedKeys.withColumn("key_with_prefix",
```

```
12    concat(lit(randomPrefix), col("order_id")))
13    // 将原始数据和带随机前缀的 key 进行关联并重分区
14    val result = orders.join(skewedKeyWithPrefix, orders("order_id") ===
      skewedKeyWithPrefix("order_id"), "left")
15     .select(orders("order_id"), orders("order_amount"))
16     .repartition($"key_with_prefix")
17
18    // 继续后续操作，如聚合、写入等
```

通过添加随机前缀，Spark 可以将原本倾斜的 key 均匀地分布到多个分区中，从而避免发生数据倾斜问题，提高了作业的并行度和性能。需要根据实际情况选择合适的随机前缀生成方式和分区策略。

2）哈希示例

示例代码如下：

```
1     import org.apache.spark.sql.functions._
2
3     // 假设有一个 orders 表，包含字段 order_id 和 order_amount，其中，order_id 存在
      数据倾斜
4     val orders = spark.table("orders")
5
6     // 检测并获取倾斜的 key，这里以 order_id 为例
7     val skewedKeys = orders.groupBy("order_id").count().filter("count >
      100").select("order_id")
8
9     // 对倾斜的 key 进行哈希映射，使用哈希函数将 key 映射到不同的分区
10    val hashPartition = udf { (key: String, numPartitions: Int) => key.hashCode
      % numPartitions }
11
12    // 将原始数据进行重分区，使用哈希映射后的 key 进行分区
13    val numPartitions = 100   // 设置分区数
14    val result = orders.withColumn("hashed_key", hashPartition($"order_id",
      lit(numPartitions)))
15     .repartition($"hashed_key")
16
17    // 继续后续操作，如聚合和写入等
```

通过哈希映射，Spark 可以将倾斜的 key 均匀地分布到多个分区中，从而避免发生数据倾斜问题，提高了作业的并行度和性能。需要根据实际情况选择合适的哈希函数和分区策略。

4.3.5　使用 Map Join 方法

1. 什么是 Map Join

Map Join 是一种优化方法，用于在 Spark 中处理 Join 操作时提高性能。它的基本原理是将小数据集（较小的 DataFrame 或 RDD）完全加载到内存中并构建一个哈希表（Hash Table），然后将大数据集（较大的 DataFrame 或 RDD）的每个分区与哈希表进行连接操作，从而避免了 Shuffle 过程。

具体而言，Map Join 的过程如下：

（1）将小数据集加载到内存中并构建一个哈希表，其中的关联字段作为键，关联字段对

应的数据作为值。

（2）对大数据集的每个分区数据与哈希表进行连接操作，查找匹配的数据。

（3）将连接结果返回，作为最终的输出。

由于 Map Join 避免了 Shuffle 过程，因此在某些情况下可以显著提高 Join 操作的性能，特别是当一个数据集较小，可以完全加载到内存中的情况。相比于其他 Join 算法（如 Shuffle Hash Join、Shuffle Sort Merge Join 等），Map Join 不需要进行数据的重新分区和排序，因此在处理数据倾斜等情况时，Map Join 可能更加高效。

🔔注意：Map Join 适用于小数据集和大数据集的 Join 操作，因此在选择使用 Map Join 时，需要评估数据集的大小以及内存的可用性，以确保能够有效利用内存资源并获得更好的性能提升。另外，Map Join 要求小数据集可以完全加载到内存中，如果数据集过大无法满足内存要求，则不适合使用 Map Join。

2．Map Join的适用场景

Map Join 的适用场景如下：

❑ 小数据集与大数据集的 Join 操作：当一个数据集较小且可以完全加载到内存中时，可以使用 Map Join 来加快 Join 操作的速度。

❑ 数据倾斜场景：当存在数据倾斜问题时，Map Join 可以作为一种处理数据倾斜的有效手段之一。通过将小数据集进行拆分并添加随机前缀或哈希，然后与大数据集进行 Map Join，可以避免数据倾斜带来的性能问题。

❑ 高性能要求场景：由于 Map Join 避免了 Shuffle 过程，因此在对性能有较高要求的场景下，使用 Map Join 可以提供更快的计算速度。

🔔注意：Map Join 也有一些限制和适用条件。Map Join 要求小数据集可以完全加载到内存中，否则无法发挥其优势。由于 Map Join 需要将小数据集加载到内存中构建哈希表，因此需要保证有足够的内存资源可用。对于大数据集，如果数据分布不均匀，可能会导致 Map Join 性能下降。在这种情况下，需要考虑其他 Join 算法或采取数据预处理的方法来解决问题。

3．如何进行Spark SQL数据倾斜优化

下面以一个示例说明如何使用 Map Join 进行优化。

假设有一个小表 small_table 和一个大表 big_table，需要将它们进行 Join 操作。首先，判断 small_table 的大小是否适合使用 Map Join。可以通过设置 spark.sql.autoBroadcastJoinThreshold 参数来控制自动使用 Map Join 的大小阈值。例如，将该参数设置为 100MB，表示小于或等于 100MB 的表会自动使用 Map Join。

如果 small_table 的大小适合使用 Map Join，那么可以将其广播到所有的 Executor 节点上，使每个节点都能直接访问该表的数据。可以使用以下代码将小表广播为广播变量：

```
1    val broadcastSmallTable = spark.sparkContext.broadcast(small_table.
     collect())
```

其次，在大表 big_table 上执行 Join 操作时，可以通过访问广播变量 broadcastSmallTable

来获取小表的数据，而无须进行 Shuffle 操作。例如：

```
1    val result = big_table.join(broadcastSmallTable.value, "join_column")
```

最后，根据具体业务需求对结果进行处理或进一步分析。

通过使用 Map Join 技术，将小表广播到各个 Executor 节点上，可以避免发生数据倾斜问题，提高 Join 操作的性能。同时，可以根据实际情况调整参数的大小阈值，以适应不同大小的小表，其中，参数是 spark.sql.autoBroadcastJoinThreshold。

4.3.6　预先聚合

1. 什么是预先聚合

它的基本思想是在执行聚合操作之前，对数据进行部分聚合，以减轻最终聚合阶段的负载。通过预先聚合，可以将原本集中在一个或少数几个分区中的数据分散到多个分区中，从而提高并行性并减轻特定分区的负载。这有助于减轻 Spark 作业中的数据倾斜问题，提高作业的整体性能。

预先聚合的过程可以分为以下几个步骤：

（1）将原始数据按照某个键（如某个列的值）进行分区，确保相同键的数据位于同一个分区中。

（2）在每个分区中对数据进行局部聚合操作。例如，可以对每个分区的数据进行分组并计算局部的 SUM、COUNT、MAX 和 MIN 等聚合操作。

（3）将局部聚合的结果进行重分区操作，使得相同键的结果位于同一个分区中。这样可以保证相同键的结果在后续的聚合操作中被一起处理。

（4）对重分区后的数据进行全局聚合操作，计算最终的聚合结果。由于之前已经进行了部分聚合，这一阶段的计算量较小。

2. 适合预先聚合的场景

下面是几个适合预先聚合的场景。

❑ 数据倾斜：当数据倾斜问题严重时，某些分区的数据量远大于其他分区，导致出现计算瓶颈。通过预先聚合，可以将原本集中在一个或少数几个分区中的数据分散到多个分区中，提高并行性并减轻特定分区的负载，从而缓解数据倾斜问题。

❑ 多级聚合：当需要进行多级聚合操作时，预先聚合可以将中间结果进行部分计算和聚合，减少最终聚合阶段的数据量和计算量。这对于复杂的查询或需要多个聚合步骤的场景尤为有效。

❑ 连接操作：在执行连接操作时，如果连接的数据集中存在数据倾斜，可以通过预先聚合来减少倾斜的影响。例如，在连接操作之前对连接的两个数据集进行预先聚合，可以将数据倾斜问题限制在较小的聚合结果里，减少连接操作的计算量。

❑ 大数据集的聚合：当处理大规模数据集进行聚合操作时，预先聚合可以提高整体性能。通过将数据分区和局部聚合操作结合起来，可以将整个数据集的计算负载分散到多个分区和节点上，提高并行计算能力。

3. 如何进行Spark SQL数据倾斜优化

下面以一个示例说明如何进行 Spark SQL 数据倾斜优化。

```
1    //假设有一个包含订单信息的表，其中包含订单号（order_id）和订单金额（amount）两个
     字段
2    import org.apache.spark.sql.SparkSession
3
4    val spark = SparkSession.builder()
5      .appName("Spark SQL Data Skew Optimization")
6      .getOrCreate()
7
8    // 读取订单信息表
9    val ordersDF = spark.read
10     .format("csv")
11     .option("header", "true")
12     .load("orders.csv")
13
14   // 创建临时视图
15   ordersDF.createOrReplaceTempView("orders")
16
17   // 步骤1：预先聚合部分数据
18   val preAggregatedDF = spark.sql("""
19     SELECT order_id, SUM(amount) AS pre_aggregated_amount
20     FROM orders
21     GROUP BY order_id
22   """)
23
24   // 创建临时视图
25   preAggregatedDF.createOrReplaceTempView("pre_aggregated_orders")
26
27   // 步骤2：使用预先聚合的结果进行最终聚合
28   val finalAggregatedDF = spark.sql("""
29     SELECT order_id, SUM(pre_aggregated_amount) AS final_amount
30     FROM pre_aggregated_orders
31     GROUP BY order_id
32   """)
33
34   // 显示最终结果
35   finalAggregatedDF.show()
```

在这个示例中，首先从 CSV 文件中读取订单信息并创建临时视图"orders"。然后，使用
Spark SQL 执行两个 SQL 查询进行预先聚合和最终聚合。在第一个查询中，使用 GROUP BY
将订单信息按照订单号进行分组，并计算每个订单号对应的订单金额的总和，得到预先聚合
的部分结果。这里的 pre_aggregated_amount 是预先聚合的金额。

然后，将预先聚合的结果创建为临时视图"pre_aggregated_orders"。在第二个查询中，使
用预先聚合的结果进行最终的聚合操作。同样按照订单号进行分组，并计算每个订单号对应
的预先聚合金额的总和，得到最终的聚合结果。最后，显示最终的聚合结果，即每个订单号
对应的最终金额。

通过预先聚合，将原本可能存在数据倾斜的订单数据进行了部分聚合，减少了每个订单
号的数据量，缓解了数据倾斜问题。这样，最终的聚合操作可以在分散的数据分区上并行执
行，提高了整体的性能和效率。

4.3.7　排序

1．什么是基于排序策略

排序策略是指对于存在数据倾斜的键（key），通过将其数据进行排序来解决倾斜问题。排序策略的具体步骤如下：

（1）将原始数据按照某个键（如某个列的值）进行分区，确保相同键的数据位于同一个分区中。

（2）对于存在数据倾斜的键，对其数据进行排序操作。这样可以将相同键的数据放在一起，便于后续的处理。

（3）在排序后的数据上进行重分区操作，使用 repartition 或 coalesce 函数将相同键的数据均匀地分散到多个分区中。

（4）对重分区后的数据进行聚合操作，计算最终的结果。

通过对存在数据倾斜的键进行排序，可以将相同键的数据集中在一起，减小数据分区间的不均衡性。这样，在后续的重分区和聚合操作中，可以更好地利用并行计算的能力，避免某个特定分区成为计算瓶颈。

2．排序的使用场景

下面是一些常见的使用排序的场景：

❑ 数据倾斜处理：当某个键的数据量不均衡，导致出现计算瓶颈时，可以使用排序策略对倾斜的键进行排序，将相同键的数据放在一起，以便后续处理和聚合操作更高效地执行。

❑ 排序查询：当需要按照某个字段进行升序或降序排序时，可以使用排序操作对数据进行排序，以便按照特定顺序进行查询或展示结果。

❑ 数据分析：在数据分析任务中，经常需要对数据进行排序，以便找到最大值、最小值和 Top N 等结果。通过排序可以方便地进行数据的排名和排序分析。

❑ 分位数计算：计算数据的分位数是常见的统计计算任务之一。通过排序操作，可以将数据按照大小顺序排列，然后根据百分位数的定义来计算相应的分位数。

❑ 数据归并：当有多个有序数据集需要合并时，可以使用排序操作将它们合并为一个有序的数据集。这在大数据处理的归并排序算法中经常被使用。

❑ 数据去重：排序操作也可以用于去除重复数据。通过对数据进行排序，相同的数据项将会相邻，然后可以轻松地识别和去除重复的项。

📄说明：以上是排序的一些常见的使用场景。排序不仅可以用于数据倾斜的处理，还可以在多个领域的数据处理和分析任务中发挥重要作用。根据具体的需求和场景，选择合适的排序算法和策略，可以提高数据处理的效率和准确性。

3. 如何进行Spark SQL数据倾斜优化

下面以一个示例介绍如何进行 Spark SQL 数据倾斜优化。

假设有一个包含订单信息的表，其中包含订单号（order_id）和订单金额（amount）两个字段。在进行订单金额的聚合操作时，发现存在数据倾斜问题，其中，某些订单号的数据量远大于其他订单号。

下面是一个使用排序策略处理数据倾斜的示例。

```
1    import org.apache.spark.sql.SparkSession
2
3    val spark = SparkSession.builder()
4      .appName("Spark SQL Data Skew Handling with Sorting Strategy")
5      .getOrCreate()
6
7    // 读取订单信息表
8    val ordersDF = spark.read
9      .format("csv")
10     .option("header", "true")
11     .load("orders.csv")
12
13   // 创建临时视图
14   ordersDF.createOrReplaceTempView("orders")
15
16   // 步骤1：按订单号进行数据分区
17   val partitionedDF = spark.sql("""
18     SELECT *, CAST(order_id AS INT) % 10 AS partition_id
19     FROM orders
20   """)
21
22   // 创建临时视图
23   partitionedDF.createOrReplaceTempView("partitioned_orders")
24
25   // 步骤2：对存在倾斜的键进行排序
26   val sortedDF = spark.sql("""
27     SELECT *
28     FROM partitioned_orders
29     ORDER BY order_id
30   """)
31
32   // 创建临时视图
33   sortedDF.createOrReplaceTempView("sorted_orders")
34
35   // 步骤3：重分区并进行聚合
36   val finalAggregatedDF = spark.sql("""
37     SELECT order_id, SUM(amount) AS total_amount
38     FROM sorted_orders
39     GROUP BY order_id
40   """)
41
42   // 显示最终结果
43   finalAggregatedDF.show()
```

示例中通过 SELECT *, CAST(order_id AS INT) % 10 AS partition_id 语句，将原始订单数据按照订单号进行分区，使用取模操作将订单分散到10个分区中。这样，每个订单号都会被映射到对应的分区。

在步骤 1 的基础上，对存在数据倾斜的订单号数据进行排序操作，即 ORDER BY order_id。排序的目的是将相同订单号的数据放在一起，为后续的处理做好准备。

对排序后的数据进行重分区操作并进行聚合计算。重分区的目的是将相同订单号的数据尽量放置在相邻的分区中，以减小数据倾斜的影响。在这个示例中，重分区的操作由 Spark SQL 的执行引擎自动处理。

通过 GROUP BY order_id 语句，对重分区后的数据按照订单号进行分组，然后使用 SUM(amount) 计算每个订单号的总金额，这样可以得到每个订单号的聚合结果。

优化的原理在于，通过排序操作将相同订单号的数据聚集在一起，然后在重分区和聚合操作中尽量将相同订单号的数据放置在相邻的分区中。这样可以更好地利用并行计算的能力，避免某个特定分区成为计算瓶颈，从而提高 Spark 作业的整体性能和效率。

🔔注意：示例代码中并没有显式地展示重分区的操作，而是由 Spark SQL 的执行引擎自动进行。具体的重分区操作会在后续的阶段（如 shuffle 阶段）中发生，以实现数据的重新分布。

4.3.8　动态重分区

基于动态重分区方案的功能在 Spark 3.0 版本中被引入，Spark 3.0 引入了自动分区合并（Automatic Partition Pruning）和自动倾斜处理（Automatic Skew Handling）等功能，以提供更好的数据倾斜处理能力。这些功能旨在自动识别和处理数据倾斜问题，减少用户手动干预的需求，使 Spark 能够更有效地处理大规模数据倾斜场景。

这里说一下在 Spark 3.0 之前的版本中实现动态重分区的步骤。

（1）检测数据倾斜。通过一些统计分析方法或作业运行日志，检测数据倾斜的情况，确定哪些数据或键值发生了倾斜。

（2）选择倾斜键。根据检测结果，选择其中的倾斜键（即导致数据倾斜的键值）。

（3）动态重分区。对于倾斜键所在的表或数据集进行动态重分区操作。具体操作包括：

❑ 创建一个新的目标表或数据集，将倾斜键从原表中剔除。

❑ 对剩余的非倾斜数据进行分区操作，可以采用哈希分区或范围分区等方法，确保数据均匀分布在多个分区中。

❑ 将倾斜键的数据分散到多个新的分区中，可以采用随机前缀、哈希或其他分散算法，使倾斜数据均匀地分布在不同的分区中。

（4）重新执行作业。根据重分区后的表或数据集，重新执行原来的作业或查询。由于数据倾斜被缓解，作业可以更好地并行执行，提高作业的整体性能。

具体的实现代码将在下面介绍。

🔔注意：通过动态重分区，可以有效解决数据倾斜引起的性能下降问题，提高作业的可靠性和稳定性。但是，动态重分区可能会增加作业的复杂性和额外的开销，需要权衡使用。

4.3.9 手动实现动态重分区案例

下面是一个 Spark 中手动实现动态重分区功能来处理数据倾斜问题的例子。

（1）检测数据倾斜情况，并确定哪些数据或键值发生了倾斜，以一个表为例：

```
1    import org.apache.spark.sql.{DataFrame, SparkSession}
2    import org.apache.spark.sql.functions._
3
4    // 创建 SparkSession
5    val spark = SparkSession.builder()
6      .appName("Skew Detection Example")
7      .getOrCreate()
8
9    // 读取表数据
10   val table: DataFrame = spark.read.format("csv")
11     .option("header", "true")
12     .load("path/to/table.csv")
13
14   // 统计每个键值的出现次数
15   val keyCounts: DataFrame = table.groupBy("key").count()
16
17   // 计算数据倾斜的阈值
18   val totalRowCount: Long = table.count()
19   // 假设数据倾斜的阈值为总行数的 1/10
20   val skewThreshold: Long = totalRowCount / 10
21
22   // 检测倾斜键
23   val skewedKeys: Array[String] = keyCounts.filter(col("count") >
     skewThreshold)
24     .select("key")
25     .as[String]
26     .collect()
27
28   // 打印倾斜键
29   println("Skewed keys:")
30   skewedKeys.foreach(println)
31
32   // 关闭 SparkSession
33   spark.stop()
```

（2）选择倾斜键。根据计算结果选择倾斜键，可以将倾斜键提前写入一个表中并读取这个表。

（3）动态重分区。对于倾斜键所在的表或数据集进行动态重分区操作。具体操作包括：

① 创建一个新的目标表或数据集，将倾斜键从原表中剔除。

```
1    val skewedKeys = Seq("skewed_key1", "skewed_key2")        // 倾斜键列表
2
3    // 过滤倾斜键数据，创建新的目标表
4    val targetTable = originalTable.filter(!col("key").isin(skewedKeys))
```

在上面的代码中，使用 filter 操作过滤原表中的倾斜键数据，创建一个新的目标表。

② 对剩余的非倾斜数据进行分区操作，可以采用哈希分区或范围分区等方法，确保数据均匀分布在多个分区中。

```
1    val partitionedTable = targetTable.repartition(numPartitions,
col("partitionKey"))                        // 对非倾斜数据进行分区操作
```

在上面的代码中，使用 repartition 操作对剩余的非倾斜数据进行分区操作，其中，numPartitions 表示分区数，col("partitionKey")表示用于分区的列。

③ 将倾斜键的数据分散到多个新的分区中，可以采用随机前缀、哈希或其他分散算法，使倾斜数据均匀地分布在不同的分区中。

```
1    // 获取倾斜键数据
2    val skewedData = originalTable.filter(col("key").isin(skewedKeys))
3
4    val processedSkewedData = skewedData.withColumn("newPartition",
hash(col("key")) % numPartitions)    // 使用哈希算法将倾斜键数据分散到多个分区中
5
6    // 将非倾斜数据和处理后的倾斜数据合并为最终表
7    val finalTable = partitionedTable.union(processedSkewedData)
```

在上面的代码中，首先通过 filter 操作获取倾斜键的数据，然后使用哈希算法将倾斜键数据分散到多个新的分区中，最后将非倾斜数据和处理后的倾斜数据合并为最终的表。

（4）重新执行作业。根据重分区后的表或数据集，重新执行原来的作业或查询。由于数据倾斜被缓解，作业可以更好地并行执行，提高了作业的整体性能。

```
     // 重新执行作业或查询，对最终表进行相应的操作
1    val result = finalTable.groupBy("partitionKey").agg(sum("value"))
2
3    result.show()
```

在上面的代码中，重新执行作业或查询并对最终表进行分组聚合操作，得到最终的结果。

通过以上步骤，实现了手动进行动态分区处理数据倾斜问题的操作。根据实际情况，选择倾斜键并进行相应的分区操作，将倾斜数据分散到多个新的分区中，从而提高作业的并行性和性能。需要根据具体的业务场景和数据倾斜情况，灵活选择分区方式和分散算法。

4.4　特定场景优化

4.4.1　大表连接小表

1. 什么是大表连接小表

在数据处理过程中，需要将一个包含大量数据的表（大表）与一个相对较小的表（小表）进行连接（Join）操作。

在实际应用中，大表通常包含海量的数据记录，可能包含数亿甚至数十亿条记录，小表通常包含的数据量相对较小，可能只有数千到数百万条记录。

具体如何界定大表和小表，可参考下面几个因素。

❑ 数据量比例：一般情况下，大表与小表的数据量比例应该是相对较大的。如果小表的数据量仅占整体数据的 5%或更少，而大表占剩余 95%或更多，那么可以将大表定

义为大表，小表定义为小表。

❑ 记录数差异：根据记录数的差异来判断大小表也是一种常见的方法。如果大表的记录数是小表的数倍或更多，可以将具有较多记录数的表定义为大表。

❑ 存储空间占用：考虑表在磁盘上的存储空间占用情况。如果一个表占据了相对较大的存储空间，而另一个表占据的存储空间相对较小，则可以将占用较大存储空间的表定义为大表。

大表连接小表的目的是通过连接操作，将两个表中的相关数据进行关联和合并，以便进行更全面的数据分析和处理。通过将大表和小表进行连接，可以获得更丰富的信息和更准确的结果。

连接操作通常基于两个表之间的关联键（Join key），将具有相同关联键的记录进行匹配和合并。连接操作可以使用不同的连接类型，如内连接、左连接、右连接和全外连接，根据需求选择适当的连接方式。

2. 大表连接小表的常规做法

在 Spark 中，当需要将一个大表与一个小表进行连接操作时，可以使用广播变量（Broadcast）来优化性能。广播变量将小表的数据复制到每个 Executor 节点上，减少了网络传输开销，提高了计算效率。

以下代码演示了如何使用广播变量进行大表和小表的连接。

```
1   import org.apache.spark.sql.SparkSession
2   import org.apache.spark.sql.functions.broadcast
3
4   // 创建 SparkSession
5   val spark = SparkSession.builder()
6     .appName("Broadcast Join Example")
7     .getOrCreate()
8
9   // 读取大表和小表数据
10  val largeTable = spark.read.format("csv")
11    .option("header", "true")
12    .load("path/to/large_table.csv")
13
14  val smallTable = spark.read.format("csv")
15    .option("header", "true")
16    .load("path/to/small_table.csv")
17
18  // 将小表数据广播到所有 Executor 节点上
19  val broadcastSmallTable = broadcast(smallTable)
20
21  // 执行连接操作
22  val result = largeTable.join(broadcastSmallTable, Seq("join_key"), "inner")
23
24  // 展示连接结果
25  result.show()
26
27  // 关闭 SparkSession
28  spark.stop()
```

🔈注意：使用广播变量进行连接，适用于小表与大表的连接操作，可以减少网络传输，提高 Spark 作业的运行性能。如果小表的容量超过了可用内存，那么使用广播变量可能会导致内存溢出。

3．大表连接小表的特殊处理方法

上面介绍的是常规的方法，下面介绍一些特殊场景处理方法。

1）分布式缓存

分布式缓存（Distributed Cache）是将小表数据缓存到每个任务节点的本地文件系统或内存中，以便在任务执行期间可以快速访问。可以使用 Spark 的 SparkContext.addFile 函数将小表文件添加到分布式缓存中，并在任务中使用 SparkFiles.get 函数获取缓存文件的路径。

```
1    val smallTablePath = "path/to/small_table"
2    spark.sparkContext.addFile(smallTablePath)
```

在任务中可以通过 SparkFiles.get 函数获取缓存文件的路径，然后读取小表数据进行关联操作。

2）分区剪枝

分区剪枝根据业务需求和数据分布情况，选择只加载和处理与小表相关的分区数据，避免处理不必要的大表分区数据，从而减少关联操作的数据量。

```
1    // 选择只加载与小表相关的分区数据
2    val filteredLargeTable = largeTable.filter($"join_key".isin(smallTableKeys))
```

3）布隆过滤器

对大表和小表分别构建布隆过滤器，可以快速过滤掉不可能匹配的记录，从而减少关联操作的数据量。

```
1    // 构建布隆过滤器
2    val bloomFilter = smallTable.select("join_key").rdd.map(_.getString(0)).
     collect()
3    // 使用布隆过滤器过滤大表数据
4    val filteredLargeTable = largeTable.filter($"join_key".isin(bloomFilter))
```

4）强制 Hash

当使用强制 Hash 连接时，Spark SQL 会将小表按照关联键进行哈希分区，并构建一个哈希表，用于快速查找和关联相关数据。每个分片都会存储一部分小表的数据和对应的哈希索引。

如果某个分片的数据量太大，无法完全加载到内存中，就会导致内存不足或内存溢出，影响查询的性能和结果的正确性。

因此，要保证每个分片都能放入内存中，通常需要满足以下条件：

❑ 小表的总数据量适中：小表的总数据量不应过大，以确保每个分片的数据量相对较小。

❑ 内存资源充足：系统具有足够的可用内存，能够容纳小表的每个分片。

❑ 分片数量适当：根据实际情况设置小表的分片数量，使每个分片的数据量适中且能够放入内存。

假设有两张表：orders 和 users，其中，orders 是大表，包含订单信息，而 users 是小表，包含用户信息。目标是根据用户 ID 关联这两张表，并计算每个用户的订单总金额。

在这个例子中，假设 users 表的数据分布是均匀的，但 orders 表的数据倾斜严重，其中有一小部分用户的订单数据量远远超过其他用户。现在希望使用强制 Hash 的方式解决数据倾斜的问题。

首先，创建 orders 和 users 这两张表并插入一些示例数据，代码如下：

```
1    -- 创建 orders 表
2    CREATE TABLE orders (
3      order_id INT,
4      user_id INT,
5      amount DECIMAL(10, 2)
6    );
7
8    -- 创建 users 表
9    CREATE TABLE users (
10     user_id INT,
11     name VARCHAR(50)
12   );
13
14   -- 插入示例数据
15   INSERT INTO orders VALUES (1, 1, 100.00);
16   INSERT INTO orders VALUES (2, 2, 200.00);
17   -- 省略更多 orders 表的数据
18   …
19   INSERT INTO users VALUES (1, 'User 1');
20   INSERT INTO users VALUES (2, 'User 2');
21   -- 省略更多 users 表的数据
22   …
```

其次，使用以下 SQL 查询进行关联操作，并使用强制 Hash 方式解决数据倾斜问题：

```
1    SELECT users.name, SUM(orders.amount) AS total_amount
2    FROM orders
3    JOIN users
4    ON orders.user_id = users.user_id
5    GROUP BY users.name
6    -- 强制使用 Hash 连接
7    HINT /*+ SHUFFLE_HASH(orders) */
```

上述查询中使用了 SHUFFLE_HASH 提示，强制 Spark SQL 使用 Hash 连接（Shuffle Hash Join），把 orders 表按照 user_id 进行哈希分区，使相同 user_id 的订单分布在多个分区中，从而减少数据倾斜的影响。

4.4.2 大表连接大表

大表连接大表是指在数据处理中，将两个具有大规模数据量的表进行连接操作。这种情况下，通常涉及的数据量非常庞大，需要考虑性能和资源的优化。

与大表连接小表的模式类似，大表连接大表也需要采取一些优化策略来提高连接操作的效率和性能。

以下是一些优化策略。

1）数据压缩和编码

对大表进行数据压缩和编码，以减少存储空间和数据传输的开销。可以使用压缩算法和数据编码技术来降低数据的存储空间，并在连接时进行解压缩和解码。

假设有两个大表，分别是 orders 表和 customers 表。orders 表包含订单信息，customers

表包含客户信息。希望连接这两个表，查询每个订单对应的客户名称。为了减少存储空间和数据传输开销，可以对这两个表进行数据压缩和编码操作。

下面的 SQL 查询语句演示了如何对大表进行数据压缩和编码，并进行连接操作，代码如下：

```
1    -- 创建 orders 表，并使用压缩算法进行数据压缩
2    CREATE TABLE orders (
3      order_id INT,
4      customer_id INT,
5      order_date DATE,
6      order_amount FLOAT
7    )
8    STORED AS ORC -- 使用 ORC 文件格式
9    TBLPROPERTIES ('orc.compress'='ZLIB'); -- 使用 ZLIB 压缩算法
10
11   -- 创建 customers 表，并使用压缩算法进行数据压缩
12   CREATE TABLE customers (
13     customer_id INT,
14     customer_name STRING,
15     customer_address STRING
16   )
17   STORED AS ORC -- 使用 ORC 文件格式
18   TBLPROPERTIES ('orc.compress'='ZLIB'); -- 使用 ZLIB 压缩算法
19
20   -- 加载数据到 orders 表和 customers 表（省略数据加载的步骤）
21
22   -- 查询每个订单对应的客户名称
23   SELECT o.order_id, c.customer_name
24   FROM orders o
25   JOIN customers c ON o.customer_id = c.customer_id;
```

在上述示例中，使用 ORC 文件格式存储表，并通过设置 orc.compress 属性为 ZLIB，使用 ZLIB 压缩算法对表中的数据进行压缩，减少存储空间的占用。

在执行连接操作时，查询语句会自动进行解压缩和解码操作，以获取原始数据并进行连接。这样可以在减少存储空间的同时，避免对查询结果产生影响。

🔔注意：选择合适的压缩算法和数据编码技术需要考虑数据类型、查询性能和资源消耗等因素。不同的压缩算法和编码技术可能适用于不同的数据特点和查询需求。因此，具体的选择应根据实际情况进行评估和测试。

2）数据分区和分片

数据分区和分片是指用户需要根据两张表的尺寸大小区分出外表和内表，然后在内表上添加过滤条件来对大表进行水平分区或分片，把内表划分为更小的子集。接着把外表依次与这些子集做关联，得到部分计算结果，最后用 Union 方法把所有的结果合并到一起，得到完整的结果。

下面举例说明在不同场景中如何运用数据分区和分片。

第一种：数据分布均匀的情况

假设有两个大表 A 和 B，它们的尺寸都很大，需要进行 Join 操作来得到最终的计算结果。可以采用数据分片的方法来优化这个过程。

（1）需要确定哪个表是内表，哪个是外表。一般情况下，选择尺寸较小的表作为内表，

尺寸较大的表作为外表。然后在内表上人为地添加过滤条件，将内表划分为多个不重复的完整子集。这样可以将原本复杂的 Join 操作拆解为多个简单的 Join 操作。

（2）让外表依次与这些子集进行关联操作，得到部分计算结果。可以通过在 Spark SQL 中编写多个 Join 语句实现这个操作。

（3）将所有结果使用 Union 操作进行合并，得到最终的完整计算结果。可以使用 Spark SQL 的 Union 操作将多个关联计算的结果合并。

下面是一个伪代码示例，演示了如何使用分而治之的思想解决 Spark SQL 中大表连接大表的过程。

```
1    import org.apache.spark.sql.functions._
2    import org.apache.spark.sql.SparkSession
3
4    // 创建 SparkSession
5    val spark = SparkSession.builder()
6      .appName("Join Optimization")
7      .getOrCreate()
8
9    // 选择内表和外表
10   val (innerTable, outerTable) = if (A.count() < B.count()) {
11     (A, B)
12   } else {
13     (B, A)
14   }
15
16   // 划分内表为多个子集
17   val subsets = splitInnerTable(innerTable)
18
19   // 定义 UDF 用于过滤条件
20   val filterConditionUDF = udf((...args) => ...filterConditionLogic...)
21
22   // 逐个关联子集和外表
23   val results = subsets.map { subset =>
24     val result = innerTable
25       .join(outerTable, subset("join_column") === outerTable("join_column"))
26       .where(filterConditionUDF(subset("column1"), subset("column2"), ...))
27
28     result
29   }
30
31   // 合并部分结果
32   val finalResult = results.reduce(_ union _)
33
34   finalResult.show()
35
```

在这个示例中。首先，根据内表和外表的大小选择哪个表作为内表，哪个表作为外表。然后，利用自定义的 splitInnerTable 函数将内表划分为多个子集。接下来，使用 Spark SQL 的 Join 函数将每个子集与外表进行关联，使用 where 函数添加过滤条件。最后，通过 reduce 和 union 操作将所有结果合并为最终结果。

🔊注意：代码中的 filterConditionUDF 是一个用户定义函数，用于实现具体的过滤条件逻辑，需要根据实际的业务需求和数据结构来定义和实现这个函数。

第二种：数据倾斜的情况。

这种情况相对来说比较复杂，将在 4.4.7 小节的案例中进行详细介绍。

4.4.3　窗口函数优化

1．拆分复杂的窗口函数

假设有一个表 orders，其包含的字段有：order_id、customer_id、order_date 和 order_amount。

原始的复杂窗口函数的执行逻辑是计算每个顾客在过去 30 天内的累计订单金额和平均订单金额，并按照顾客和订单日期进行分组。

原始的 SQL 语句如下：

```
1   SELECT
2       customer_id,
3       order_date,
4       SUM(order_amount) OVER (PARTITION BY customer_id ORDER BY order_date
        ROWS BETWEEN 30 PRECEDING AND CURRENT ROW) AS total_order_amount,
5       AVG(order_amount) OVER (PARTITION BY customer_id ORDER BY order_date
        ROWS BETWEEN 30 PRECEDING AND CURRENT ROW) AS avg_order_amount
6   FROM
7       orders
```

上述 SQL 语句中的窗口函数涉及滑动窗口，计算每个顾客在过去 30 天内的累计订单金额和平均订单金额。这个窗口函数的执行逻辑比较复杂且计算量较大。

下面是优化后的窗口函数的执行逻辑。

首先，拆分窗口函数的执行逻辑为两步：

（1）计算每个顾客在过去 30 天内的累计订单金额，SQL 语句如下：

```
1   SELECT
2       customer_id,
3       order_date,
4       SUM(order_amount) OVER (PARTITION BY customer_id ORDER BY order_date
        ROWS BETWEEN 30 PRECEDING AND CURRENT ROW) AS total_order_amount
5   FROM
6       orders
```

（2）计算每个顾客在过去 30 天内的平均订单金额，SQL 语句如下：

```
1   SELECT
2       customer_id,
3       order_date,
4       AVG(total_order_amount) OVER (PARTITION BY customer_id ORDER BY
        order_date ROWS BETWEEN 30 PRECEDING AND CURRENT ROW) AS avg_order_amount
5   FROM
6       (
7           SELECT
8               customer_id,
9               order_date,
10              SUM(order_amount) OVER (PARTITION BY customer_id ORDER BY
                order_date ROWS BETWEEN 30 PRECEDING AND CURRENT ROW) AS
                total_order_amount
11          FROM
12              orders
13      ) subquery
```

在优化后的 SQL 语句中，首先执行第（1）步，计算每个顾客在过去 30 天内的累计订单金额，然后将其结果作为子查询，并在子查询中执行第（2）步，计算每个顾客在过去 30 天内的平均订单金额。通过拆分复杂的窗口函数的执行逻辑为多个简单的窗口计算步骤，可以降低计算复杂度，减少数据重复扫描，从而提高查询性能。

🔎注意：优化后的 SQL 语句可能会引入额外的数据扫描和计算，因此需要根据实际情况进行性能测试和优化，以找到最佳的执行方法。

2. 避免使用重叠的窗口

假设有一个表 sales，其包含的字段有：order_id、customer_id、order_date 和 order_amount。
原始的窗口函数的执行逻辑是计算每个顾客在过去 7 天内的销售总额和过去 14 天内的销售总额，并按照顾客和订单日期进行分组。
原始的 SQL 语句如下：

```
1   SELECT
2       customer_id,
3       order_date,
4       SUM(order_amount) OVER (PARTITION BY customer_id ORDER BY order_date
        ROWS BETWEEN 7 PRECEDING AND CURRENT ROW) AS sales_7_days,
5       SUM(order_amount) OVER (PARTITION BY customer_id ORDER BY order_date
        ROWS BETWEEN 14 PRECEDING AND CURRENT ROW) AS sales_14_days
6   FROM
7       sales
```

上述 SQL 语句中的窗口函数涉及重叠的窗口定义，即在计算过去 7 天内的销售总额时，也会重复计算过去 14 天内的销售总额，导致重复进行数据扫描和计算。
下面是优化后避免使用重叠窗口的 SQL 语句。
首先分别计算过去 7 天和过去 14 天的销售总额，并使用子查询进行连接操作。

```
1   SELECT
2       s1.customer_id,
3       s1.order_date,
4       s1.sales_7_days,
5       s2.sales_14_days
6   FROM
7       (
8           SELECT
9               customer_id,
10              order_date,
11              SUM(order_amount) OVER (PARTITION BY customer_id ORDER BY
                order_date ROWS BETWEEN 7 PRECEDING AND CURRENT ROW) AS
                sales_7_days
12          FROM
13              sales
14      ) s1
15  JOIN
16      (
17          SELECT
18              customer_id,
19              order_date,
20              SUM(order_amount) OVER (PARTITION BY customer_id ORDER BY
                order_date ROWS BETWEEN 14 PRECEDING AND CURRENT ROW) AS
                sales_14_days
21          FROM
```

```
22            sales
23      ) s2
24  ON
25      s1.customer_id = s2.customer_id
26      AND s1.order_date = s2.order_date
```

在优化后的 SQL 中，分别使用两个子查询计算过去 7 天和过去 14 天的销售总额，然后通过内连接将两个子查询的结果进行关联，获取最终的结果。

3．使用窗口范围优化窗口函数的性能

假设有一个表 orders，其包含的字段有：order_id、customer_id、order_date 和 order_amount。

原始的窗口函数的执行逻辑是计算每个顾客在过去 30 天内的订单数量，并按照顾客和订单日期进行分组。

原始的 SQL 语句如下：

```
1   SELECT
2       customer_id,
3       order_date,
4       COUNT(*) OVER (PARTITION BY customer_id ORDER BY order_date RANGE
        BETWEEN INTERVAL '30' DAY PRECEDING AND CURRENT ROW) AS order_
        count_30_days
5   FROM
6       orders
```

在上述 SQL 语句中，窗口函数使用了范围窗口定义，即在计算过去 30 天内的订单数量时，按照订单日期的物理偏移量来确定窗口范围。但是这种方式在处理大数据集时可能会导致性能下降，因为窗口的范围可能包含大量的数据。

下面是使用窗口行数优化窗口函数性能的 SQL 语句：

```
1   SELECT
2       customer_id,
3       order_date,
4       COUNT(*) OVER (
5           PARTITION BY customer_id
6           ORDER BY order_date
7           ROWS BETWEEN UNBOUNDED PRECEDING AND CURRENT ROW
8           EXCLUDE CURRENT ROW
9       ) AS order_count_30_days
10  FROM
11      orders
12  WHERE
13      order_date >= CURRENT_DATE - INTERVAL '30' DAY
```

在优化后的 SQL 语句中，使用窗口行数而不是范围来定义窗口，同时结合 WHERE 子句限制数据的日期范围，可以有效提高窗口函数的性能。

在优化后的 SQL 中，使用 ROWS BETWEEN UNBOUNDED PRECEDING AND CURRENT ROW EXCLUDE CURRENT ROW 来定义窗口，表示从窗口的起始位置（第一行）到当前行（不包括当前行）的所有行。通过限制 WHERE 子句中的 order_date 在过去 30 天内的数据，可以进一步缩减窗口的范围，减少窗口函数的计算量。

📑说明：通过使用窗口行数和适当的数据筛选，可以优化窗口函数的性能，减少不必要的计算量和数据扫描，需要根据具体的业务需求和数据特点进行调整和优化。

4. 窗口函数缓存

假设有一个表 orders，其包含的字段有：order_id、customer_id、order_date 和 order_amount。原始的窗口函数的执行逻辑是计算每个顾客的累计订单金额，并按照顾客进行分组。

原始的 SQL 语句如下：

```
1   SELECT
2       customer_id,
3       order_date,
4       SUM(order_amount) OVER (PARTITION BY customer_id ORDER BY order_date)
        AS cumulative_order_amount
5   FROM
6       orders
```

在上述 SQL 语句中，窗口函数使用累计求和逻辑，对每个顾客计算其截至当前订单日期的累计订单金额。但是当数据量较大时，这种窗口函数可能会导致查询性能下降，因为每次查询都需要计算之前所有的订单金额。

下面是优化后使用窗口函数缓存的 SQL 语句：

```
1   WITH cached_orders AS (
2       SELECT
3           customer_id,
4           order_date,
5           SUM(order_amount) OVER (PARTITION BY customer_id ORDER BY order_
            date ROWS BETWEEN UNBOUNDED PRECEDING AND CURRENT ROW) AS
            cumulative_order_amount
6       FROM
7           orders
8   )
9   SELECT
10      customer_id,
11      order_date,
12      cumulative_order_amount
13  FROM
14      cached_orders
```

优化后的 SQL 中使用了一个子查询（CTE）来缓存窗口函数的结果。在子查询中，先计算出所有顾客的累计订单金额，并将结果存储在 cached_orders 中，然后在主查询中直接从缓存的结果中查询需要的数据，避免了重复计算窗口函数。

> 注意：通过使用窗口函数的缓存功能，可以显著提高频繁使用的窗口函数的查询性能，尤其是在处理大数据集的情况。但需要注意的是，缓存的结果可能会占用一定的内存空间，因此在使用窗口函数缓存时需要根据实际情况评估内存消耗和性能收益。

4.4.4 复杂逻辑和函数调用优化

1. 减少UDF的调用

假设有一个包含用户信息的表和一个包含订单信息的表，想要查询每个用户的总订单金额，并且希望减少 UDF（User-Defined Function）的调用次数来优化查询性能。

首先，创建用户信息表（users）和订单信息表（orders）：

```
1   CREATE TABLE users (
2     user_id INT,
3     name STRING
4   );
5
6   CREATE TABLE orders (
7     order_id INT,
8     user_id INT,
9     amount DECIMAL(10, 2)
10  );
```

原始的查询语句如下，使用了一个 UDF 来计算每个用户的总订单金额：

```
1   SELECT u.user_id, u.name, calculate_total_amount(u.user_id) AS total_amount
2   FROM users u
3   JOIN orders o ON u.user_id = o.user_id
4   GROUP BY u.user_id, u.name;
```

为了减少 UDF 的调用次数，可以改写查询语句，使用内联视图和内置的聚合函数来实现：

```
1   SELECT u.user_id, u.name, SUM(o.amount) AS total_amount
2   FROM users u
3   JOIN orders o ON u.user_id = o.user_id
4   GROUP BY u.user_id, u.name;
```

通过使用内置的 SUM 函数，避免了每个用户调用 UDF 计算总订单金额，而是直接在查询计划中进行聚合计算。这样可以减少 UDF 的调用次数，提高查询性能。

2．避免使用非确定性函数

假设有一个包含用户信息的表，想要查询用户的注册日期，并且希望避免使用非确定性函数来提高查询性能。

首先，创建用户信息表（users）：

```
1   CREATE TABLE users (
2     user_id INT,
3     name STRING,
4     register_date DATE
5   );
```

原始的查询语句如下，使用了非确定性函数 CURRENT_DATE 来获取当前日期与注册日期的差值：

```
1   SELECT user_id, name, DATEDIFF(CURRENT_DATE(), register_date) AS
    days_since_registration
2   FROM users;
```

为了避免使用非确定性函数，可以预先计算当前日期，并将其与注册日期进行差值计算：

```
1   SELECT user_id, name, DATEDIFF(CAST("2023-05-23" AS DATE), register_date)
    AS days_since_registration
2   FROM users;
```

在上面的查询语句中，将当前日期直接硬编码为固定的日期，而不是使用非确定性函数 CURRENT_DATE，这样可以在查询执行之前就确定日期差值，避免调用非确定性函数，提高了查询性能。

3. 尽可能使用内置函数

假设有一个包含用户信息的表，想要查询用户的注册日期，并且希望尽可能使用内置函数来提高查询性能。

首先，创建用户信息表（users）：

```
1   CREATE TABLE users (
2     user_id INT,
3     name STRING,
4     register_date DATE
5   );
```

原始的查询语句如下，使用了自定义函数 calculate_days_since_registration 来计算注册日期距离当前日期的天数：

```
1   SELECT user_id, name, calculate_days_since_registration(register_date)
    AS days_since_registration
2   FROM users;
```

为了尽可能使用内置函数，可以使用内置函数 datediff 来计算日期差值，而不是自定义函数：

```
1   SELECT user_id, name, datediff(CURRENT_DATE(), register_date) AS
    days_since_registration
2   FROM users;
```

在上面的查询中，使用了 Spark SQL 内置函数 datediff 计算注册日期与当前日期的天数差值，避免调用自定义函数，提高了查询性能。

> 说明：在 Spark SQL 中，内置函数提供了丰富的功能，如日期函数、字符串函数和数值函数等，使用这些内置函数可以避免自定义函数产生的开销，并且通常能够获得更好的效果。

4.4.5 多表关联查询优化

1. 合理的连接顺序

以下通过三个表关联查询进行说明，见表 4-3 至表 4-5。

表 4-3 users

ID	Name	Age
1	xiaozhang	25
2	xiaowang	30
3	xiaoxie	28

表 4-4 orders

ID	Amount	Date
1	100	2022-01-01
2	200	2022-02-01
3	150	2022-03-01

表 4-5　locations

ID	City
1	Beij
2	Shanghai
3	Hefei

现在要查询用户的订单信息及他们所在的城市，可以使用以下 SQL 语句进行关联查询：

```
1    SELECT u.id, u.name, o.amount, o.date, l.city
2    FROM users u
3    JOIN orders o ON u.id = o.id
4    JOIN locations l ON u.id = l.id
```

在这个查询场景中，合理的连接顺序是先连接小表（locations），再连接中等大小的表（orders），最后连接大表（users），这样可以尽可能减少中间结果集的大小，提高查询效率。

```
1    SELECT users.name, orders.amount, locations.city
2    FROM locations
3    JOIN orders ON locations.id = orders.location_id
4    JOIN users ON orders.user_id = users.id;
```

📄说明：通过调整连接顺序，可以尽可能减小中间结果集的大小，减少数据传输和计算的开销，提高查询效率。在实际场景中，根据表的大小和关联条件，选择合理的连接顺序可以有效优化查询性能。具体的查询优化策略可能因数据量、数据分布、硬件配置等因素而不同，需要根据实际情况进行评估和测试。

2．合适的连接类型

在数据关联查询中，选择合适的连接类型对查询性能至关重要。

以下是常见的连接类型及其适用场景：

❑ 内连接（INNER JOIN）：返回两个表中满足连接条件的匹配行，适用于需要获取两个表中交集部分的情况。

❑ 左连接（LEFT JOIN）：返回左表中的所有行和右表中满足连接条件的匹配行，适用于需要获取左表全部数据和与之相关联的右表数据的情况。

❑ 右连接（RIGHT JOIN）：返回右表中的所有行和左表中满足连接条件的匹配行，适用于需要获取右表全部数据和与之相关联的左表数据的情况。

❑ 全外连接（FULL OUTER JOIN）：返回左表和右表中的所有行，如果没有匹配行，则用 NULL 填充，适用于需要获取两个表的全部数据并进行关联的情况。

❑ 交叉连接（CROSS JOIN）：返回两个表的笛卡尔积，即所有可能的组合，适用于需要获取两个表的所有可能组合的情况。

内连接是最常用和推荐的连接类型，因为它只返回满足连接条件的匹配行，减少了数据量和结果集的大小。如果只需要获取两个表中的交集数据，则内连接是最合适的选择。

左连接和右连接适用于需要保留左表或右表的所有数据，并与另一张表进行关联的场景。根据具体查询需求和数据模型，可以选择左连接或右连接确保所需数据的完整性。

全外连接在某些情况下可能会导致性能下降，因为它返回两个表的所有行，结果集可能非常大。因此，在使用全外连接之前，应确保理解查询需求，并确认确实需要获取两个表的全部数据。

交叉连接是一种非常强大但有潜在危险的连接类型，因为它返回两个表的笛卡尔积，结果集可能非常庞大。通常情况下，应该避免使用交叉连接，除非确实需要获取所有可能的组合。

4.4.6 宽表查询优化

在宽表查询场景中，有大量的列参与查询操作，这可能会导致查询性能下降。为了优化宽表查询，可以考虑以下几个方面。

1）选择性投影

选择性投影是只选择需要的列进行查询，而不是选择所有列，这样可以减少数据传输和处理的开销，提高查询性能。在 SELECT 语句中明确指定需要的列，避免使用通配符(*)。

```
1    -- 选择性投影示例
2    SELECT column1, column2, column3
3    FROM wide_table
4    WHERE condition;
```

2）列裁剪

如果宽表中的某些列对查询没有贡献，可以考虑将其裁剪掉。通过裁剪不必要的列，可以减少数据量和存储空间的占用，进一步提高查询性能。

```
1    -- 列裁剪示例
2    ALTER TABLE wide_table DROP COLUMN column_to_drop;
```

3）数据压缩

对宽表的数据进行压缩，减少存储空间的占用和数据传输的开销。使用合适的数据压缩算法可以在不影响查询性能的前提下减少存储和传输成本。

4）数据分区

根据查询的访问模式和过滤条件，将宽表进行合理的数据分区，将相关数据放在一起，减少 I/O 操作和数据传输的开销。可以根据时间范围和地理位置等因素进行数据分区。

5）列存储

对宽表使用列存储的方式进行存储，可以提高查询性能。列存储可以减少不必要的 I/O 操作，只加载需要的列数据，提高数据读取效率。

6）缓存数据

对于频繁查询的宽表，可以将查询结果缓存起来，避免每次查询都重新计算。通过缓存，可以显著提高查询的响应速度。

4.4.7 使用两阶段 Shuffle 解决倾斜大表关联案例

这个实例相对来说步骤比较多，下面先对一些概念进行说明。

1. 如何实现表的数据拆分与合并

这里演示将两个表分别拆分，然后进行合并，结果是一致的，见表 4-6 和表 4-7。

表 4-6　数据 1

id	value
1	A
2	B
3	C
4	D
5	E
2	B
3	C

表 4-7　数据 2

id	value
1	a
2	b
3	c
3	c
4	d
5	e
5	e
6	f

（1）内关联（表 4-6 和表 4-7 按照 ID 关联，输出所有匹配的记录），见表 4-8。

表 4-8　内关联

A.id	A.value	B.id	B.value
1	A	1	a
2	B	2	b
2	B	2	b
3	C	3	c
3	C	3	c
4	D	4	d
5	E	5	e
5	E	5	e
3	C	3	c
3	C	3	c

（2）拆分表 4-6，结果见表 4-9 和表 4-10。

表 4-9　拆分表 4-6 的倾斜表（记录数大于 1）

ID	Value
2	B
2	B
3	C
3	C

表 4-10　拆分表 4-6 的均匀表（记录数为 1）

ID	Value
1	A
4	D
5	E

（3）拆分表 4-7，结果见表 4-11 和表 4-12。

表 4-11　拆分表 4-7 的倾斜表（记录数大于 1）

ID	Value
3	c
3	c
5	e
5	e

表 4-12　拆分表 4-7 的均匀表（记录数为 1）

ID	Value
1	a
2	b
4	d
6	f

（4）将拆分倾斜的表 4-9 与表 4-10 进行连接操作。

拆分倾斜的表 4-9 与倾斜的表 4-10 进行连接操作的结果见表 4-13。

表 4-13　拆分倾斜的表

A.ID	A.Value	B.ID	B.Value
3	C	3	c
3	C	3	c
3	C	3	c
3	C	3	c

（5）拆分倾斜的表 4-9 与均匀的表 4-12 进行连接操作。

拆分倾斜的表 4-9 与均匀的表 4-12 进行连接操作的结果，见表 4-14。

表 4-14　拆分倾斜的表与均匀的表连接操作的结果

A.ID	A.Value	B.ID	B.Value
2	B	2	b
2	B	2	b

（6）拆分均匀的表 4-10 与倾斜的表 4-11 进行连接操作，结果如表 4-15 所示。

表 4-15　拆分均匀的表 4-10 与倾斜的表 4-11 进行连接操作的结果

A.ID	A.Value	B.ID	B.Value
5	E	5	e
5	E	5	e

（7）拆分均匀的表 4-10 与均匀的表 4-12 进行连接操作，结果见表 4-16。

表 4-16　拆分均匀的表 4-10 与均匀的表 4-12 进行连接操作的结果

A.ID	A.Value	B.ID	B.Value
1	A	1	a
4	D	4	d

（8）将 4 个表数据进行 union all 操作，结果见表 4-17。

表 4-17　最终的数据集合（连接结果的union all操作）

A.ID	A.Value	B.ID	B.Value
1	A	1	a
2	B	2	b
2	B	2	b
3	C	3	c
3	C	3	c
4	D	4	d
5	E	5	e
5	E	5	e
3	C	3	c
3	C	3	c

可以观察到，拆分后的结果与拆分前进行连接操作的结果完全相同。

根据上述结果可以得出以下结论：

通过将表进行拆分和优化后，拆分后的倾斜表和均匀表分别与对应的倾斜表和均匀表进行连接，最后通过 union 合并结果，得到的完整数据集与直接对拆分前的表进行连接操作的结果一致。这是为后续的分阶段连接做准备。

但是很多情况并不适用这种拆分合并方法，如单表倾斜。这种情况下，首先是找出倾斜表的 Join keys，然后在非倾斜表中也按照这个 Join keys 进行匹配。这样两个表被拆分的倾斜的 keys 是一样的。接下来进行连接操作的时候只需要连接两次。一次是倾斜表和倾斜表进行连接；另一次是分布均匀表和分布均匀表进行连接。之所以可以只连接两次，是因为筛选出来的倾斜 keys 是一样的，另一个表中不包含对应的 keys，就算进行的连接操作也是空的。最后对两个表连接的结果进行 union 合并就可以得到完整的数据集。

2．什么是两阶段Shuffle

这里的两个阶段是指两个表连接的过程分为两阶段。

1）第一阶段

假设其中一个表是表 4-18 随机添加后缀，一般建议按照 Executor 的总数添加，假设是 N，N 为 3，那么可以把表 4-18 的 Key 加上 1～3 的随机后缀，见表 4-18。

表 4-18　原始数据

ID	Value
2	B

续表

ID	Value
2	B
3	C
3	C

添加随机后缀可能是这样的，见表 4-19。

表 4-19　添加随机后缀

ID	Value
2_1	B
2_3	B
3_1	C
3_2	C

注意：上面的 ID 是 Key，并且后面的数字 1~3 是随机的。

另一个表需要进行复制，复制的份数是 N-1，这里就是 2 份。需要关联的表见表 4-20。

表 4-20　关联的表数据

ID	Value
3	c
3	c
5	e
5	e

复制以后表 4-20 的数据见表 4-21。

表 4-21　复制后的数据

ID	Value
3	c
3	c
5	e
5	e
3	c
3	c
5	e
5	e
3	c
3	c
5	e
5	e

对复制以后表 4-21 的数据添加 1~N 的后缀，这里是 1~3。为什么需要打上后缀呢？因为，如果不打上后缀，就没有办法和前面随机添加的后缀进行匹配，对应份数的数据每个数字添加一个后缀，这样就可以满足随机生成的任意一个数据都有一个数据与之对应。最后，

复制并且添加后缀的数据见表 4-22。

表 4-22　复制并添加后缀的数据

ID	Value
3_1	c
3_1	c
5_1	e
5_1	e
3_2	c
3_2	c
5_2	e
5_2	e
3_3	c
3_3	c
5_3	e
5_3	e

这样数据就实现打散了，然后就可以将表 4-18 和表 4-20 进行 Shuffle Join 操作了，得到连接以后的数据。这个时候第一个阶段的工作就完成了。

2）第二阶段

由于第一个阶段得到的数据不是真实的数据，数据的 key 后面都是有后缀的，所以这个阶段是去掉后面的后缀，再对去掉后缀的数据再次进行 Shuffle 操作。

3．如何实现随机前缀

使用内置函数和字符串操作来生成和拼接随机前缀。下面是一个使用 Spark SQL 的示例代码：

```
1    -- 生成随机数字前缀的 SQL 语句
2    SELECT CONCAT(FLOOR(RAND() * 10), FLOOR(RAND() * 10)) AS random_prefix;
3
4    -- 使用随机数字前缀生成新字符串的 SQL 语句
5    SELECT CONCAT(CONCAT( FLOOR(RAND() * 10)), original_string) AS new_string
6    FROM your_table;
```

在以上代码中，第一个 SQL 语句使用 RAND 函数生成两个 0～9 的随机数，并使用 CONCAT 函数将它们拼接成随机数字前缀。

第二个 SQL 语句使用 RAND 函数生成一个 0～9 的随机数，并将其拼接到 original_string 字段之前，生成带有随机数字前缀的新字符串。

4．举例

下面举一个例子。

假设有两个表，即产品表（products）和订单表（sales），每个订单可以包含多个产品。

产品表（products）包含以下字段：

❑ productId：产品 ID。

❑ price：产品单价。

订单表（sales）包含以下字段：

❑ orderId：订单 ID。

❑ productId：产品 ID。

❑ quantity：产品数量。

在这个场景中，想要根据订单表中的产品 ID 和数量，计算每个订单的总销售额。首先，通过 INNER JOIN 将订单表（sales）和产品表（products）连接起来，连接条件为订单表中的产品 ID 与产品表中的产品 ID 相等。然后，使用 SUM 函数计算每个订单中各个产品的销售额，并通过 GROUP BY 子句按照订单 ID 进行分组，获取每个订单的总销售额。

可以通过以下 SQL 语句计算每个订单的总销售额：

```
1    import org.apache.spark.sql.SparkSession
2
3    // 创建 SparkSession
4    val spark = SparkSession.builder()
5      .appName("Order Revenue Calculation")
6      .master("local")
7      .getOrCreate()
8
9    // 读取产品表数据
10   val productsDF = spark.read.format("csv")
11     .option("header", "true")
12     .load("path/to/products.csv")
13
14   // 读取订单表数据
15   val salesDF = spark.read.format("csv")
16     .option("header", "true")
17     .load("path/to/sales.csv")
18
19   // 注册临时表
20   productsDF.createOrReplaceTempView("products")
21   salesDF.createOrReplaceTempView("sales")
22
23   // 执行 SQL 查询
24   val resultDF = spark.sql("""
25     SELECT SUM(p.price * s.quantity) AS revenue, s.orderId
26     FROM sales AS s
27     INNER JOIN products AS p ON s.productId = p.productId
28     GROUP BY s.orderId
29   """)
30
31   // 显示结果
32   resultDF.show()
```

下面针对上面的代码进行两阶段 Shuffle 优化。

（1）首先计算两个表连接倾斜的 keys。

```
1    // 执行 SQL 查询获取倾斜的 keys
2    val skewedKeysDF = spark.sql("""
3      SELECT s.productId, COUNT(*) AS count
4      FROM sales AS s
5      INNER JOIN products AS p ON s.productId = p.productId
6      GROUP BY s.productId
7      HAVING COUNT(*) >= 5
8    """)
```

（2）将涉及的两个表进行拆分，其中，一个表包含倾斜的 keys，一个表不包含。

```
1
```

```
2    // 获取倾斜的 keys 和不倾斜的 keys
3    val skewedKeys = skewedKeysDF.select("productId").collect().
     map(_.getString(0)).toList
4    val skewedKeysBroadcast = spark.sparkContext.broadcast(skewedKeys)
5
6    // 拆分 productsDF 表
7    val skewedProductsDF: DataFrame = productsDF.filter(col("productId").
     isin(skewedKeysBroadcast.value: _*))
8    val nonSkewedProductsDF: DataFrame = productsDF.filter(!col("productId").
     isin(skewedKeysBroadcast.value: _*))
9
10   // 拆分 salesDF 表
11   val skewedSalesDF: DataFrame = salesDF.filter(col("productId").
     isin(skewedKeysBroadcast.value: _*))
12   val nonSkewedSalesDF: DataFrame = salesDF.filter(!col("productId").
     isin(skewedKeysBroadcast.value: _*))
13
```

（3）将不倾斜的表进行连接，也就是分布均匀的表，并将 Shuffle Sort Merge Join（洗牌排序合并连接）转化为 Shuffle Hash Join（洗牌哈希连接）。

```
1    // 将 nonSkewedSalesDF 和 nonSkewedProductsDF 进行连接，并计算每个订单的总销售额
2    val nonSkewedJoinedDF = nonSkewedSalesDF.join(
3    nonSkewedProductsDF.hint("SHUFFLE_HASH"),
4    nonSkewedSalesDF("productId") === nonSkewedProductsDF("productId"),
5    "inner"
6    ).groupBy(nonSkewedSalesDF("orderId"))
7    .agg(sum(nonSkewedSalesDF("salesAmount")).alias("orderTotalSales"))
```

在上述代码中，使用连接方法将 nonSkewedSalesDF 和 nonSkewedProductsDF 进行 Join 操作，并在 nonSkewedProductsDF 表上使用 hint("SHUFFLE_HASH")指定使用 Shuffle Hash Join。这样就能确保在 Join 操作中使用 Shuffle Hash Join 算法。

（4）对两个倾斜的表进行 Join 操作，这里使用两阶段 Shuffle。第一阶段是对订单表随机添加前缀，相对应的需要对产品表进行复制，这样才能保证添加随机前缀的表能够匹配。上面的代码被修改为：

```
1    // 添加随机数字前缀到 skewedSalesDF 的 productId
2    val skewedSalesDFWithPrefix = skewedSalesDF.withColumn("prefixedProductId",
     concat(lit(rand(1, 5).cast("int")), lit("_"), col("productId")))
3
4    // 复制 skewedProductsDF 数据并添加前缀
5    val n = 5 // 复制的份数
6    var multipliedProductsDF = skewedProductsDF
7    for (i <- 1 until n) {
8    val prefix = lit(s"${n - i}_")
9    multipliedProductsDF = multipliedProductsDF.unionAll(skewedProductsDF.
     withColumn("prefixedProductId", concat(prefix, col("productId"))))
10   }
```

（5）统计每个 prefixedProductId 的总销售额，这个是加了前缀的，因此数据已经不再倾斜了。

```
1    // 使用 SHUFFLE_HASH 进行 Join 操作，并计算每个 prefixedProductId 的总销售额
2    val joinedDF = skewedSalesDFWithPrefix.join(
3    multipliedProductsDF.hint("SHUFFLE_HASH"),
4    skewedSalesDFWithPrefix("prefixedProductId") === multipliedProductsDF
     ("prefixedProductId"),
5    "inner"
6    ).groupBy(skewedSalesDFWithPrefix("prefixedProductId"))
```

```
7    .agg(sum(skewedSalesDFWithPrefix("salesAmount")).alias("totalSales
     Amount"))
```

（6）上面得到是第一阶段的计算结果，基于第一阶段的结果可以开始执行第二阶段的计算。首先是去掉前缀，代码如下：

```
1    import org.apache.spark.sql.functions.substring
2
3    // 去掉前缀
4    val cleanedJoinedDF = joinedDF.withColumn("productId", substring
     (col("prefixedProductId"), 3, 100))
5    .drop("prefixedProductId")
```

在上述代码中，使用 substring 函数将 prefixedProductId 的前缀去掉，并将结果保存在 cleanedJoinedDF 中。通过指定起始位置和长度来截取字符串，起始位置为 3，长度为 100，以确保移除了前缀。然后，移除 prefixedProductId 列，只保留 productId 列。最后，显示去掉前缀后的结果。

说明：如果开始保留了 productId 列，也可以不用去掉，直接使用这个列就可以。

（7）计算倾斜数据的每个订单的总销售额。

```
1    // 计算每个订单的总销售额
2    val skewedJoinedDF = cleanedJoinedDF.groupBy("productId")
3    .agg(sum("totalSalesAmount").alias("orderTotalSales"))
```

（8）将倾斜的数据与不倾斜的数据进行 union 操作，这样就得到了全部数据。

```
1    nonSkewedJoinedDF union skewedJoinedDF
```

第 5 章　Spark 性能优化案例分析

本章将深入探讨 Spark 性能优化的实际案例。通过具体的案例分析，可以了解到在不同场景下，如何识别并解决 Spark 应用程序中的性能瓶颈。

5.1　基于 Spark 的短视频推荐系统性能优化

本节将重点关注基于 Spark 的短视频推荐系统的性能优化问题。通过实际场景中的数据集和应用程序，探讨如何通过优化 Spark 的配置和代码等方面，提升短视频推荐系统的性能和效率。

5.1.1　短视频推荐系统概述

短视频推荐系统是一种利用机器学习和推荐算法来向用户提供个性化视频推荐的系统。它基于用户的兴趣和行为数据，分析用户的喜好和偏好，从海量的视频库中挑选出最相关和吸引人的视频内容，给用户提供个性化、丰富多样的观看体验。

国内有几个比较知名的短视频产品，它们通过创新的内容和技术吸引了大量用户。就拿抖音来说吧，抖音是由字节跳动推出的一款短视频分享平台。它利用独特的算法和人工智能技术，为用户推荐个性化的短视频内容。抖音在用户交互、特效滤镜和音乐选择等方面提供了丰富的功能，成为国内受欢迎的短视频平台之一。微视是腾讯推出的一款短视频应用。它利用腾讯在人工智能和大数据领域的技术优势，为用户推荐个性化的短视频。微视注重用户互动和社交分享，用户可以通过微视与朋友互动，评论和分享短视频内容。

📑 说明：这些产品在短视频领域取得了较大的成功，它们通过不断创新和优化推荐算法，为用户提供了丰富多样的短视频内容，满足了用户的个性化需求，并在用户群体中获得了广泛的认可。同时，这些平台也面临着内容审核、用户隐私保护等挑战，需要在技术和管理方面不断进步和完善。

短视频推荐系统通常包括以下几个主要组件。

1. 数据收集和处理

短视频推荐系统需要收集和处理用户的行为数据，如观看历史、点赞和评论等，以及视频的属性信息，如标签、分类等，这些数据将被用于后续的分析和建模。以下是关于数据收集和处理的介绍。

- 数据收集：短视频推荐系统需要收集各种数据来了解用户的兴趣、行为和偏好。这些数据包括用户的观看记录、点赞和评论、分享行为等。数据可以从多个渠道进行收集，包括用户注册时的信息、应用内部的行为追踪、社交媒体平台的数据等。

- 数据存储：收集到的数据需要进行有效的存储和管理。常见的方式是使用数据库或分布式存储系统，如关系型数据库（如 MySQL）、NoSQL 数据库（如 MongoDB）、对象存储系统 S3（Simple Storage Service）和 OBS（Open Broadcaster Software）、Hadoop 分布式文件系统（HDFS）等。存储系统需要支持大规模的数据存储和快速的数据访问。

- 数据清洗和预处理：原始的数据通常包含噪声和不完整的信息，需要进行数据清洗和预处理。这包括去除重复数据、处理缺失值和纠正错误数据等。预处理还可以包括对数据进行标准化、归一化或特征提取，以便后续的分析和建模使用。

- 特征工程：在短视频推荐系统中，特征工程是一个重要的步骤。它涉及从原始数据中提取有意义的特征，用于描述用户和视频的属性。特征包括用户的年龄、性别、地理位置，以及视频的类型、时长、标签等。特征工程的目标是提取能够反映用户和视频相关性的特征，以便后续的推荐算法使用。

- 数据分析和建模：通过对收集和预处理的数据进行分析和建模，揭示用户的兴趣和行为模式。常见的分析方法包括统计分析、机器学习和深度学习等。这些方法可以用于构建用户画像、推荐模型和个性化推荐算法，从而提供针对用户的精准推荐。

- 数据隐私和安全：在处理用户数据时，数据隐私和安全是非常重要的因素。短视频推荐系统需要确保用户数据的保密性和完整性，采取适当的安全措施来防止数据泄露和滥用。

2. 用户建模

通过分析用户的行为数据和个人信息，使用协同过滤、内容-based 推荐、深度学习等技术建立用户的兴趣模型。以下是关于用户建模的介绍。

- 用户画像：对用户的基本属性和特征进行描述和总结的模型，包括用户的年龄、性别、地理位置、职业、兴趣爱好等信息。通过用户画像，可以对用户进行群体划分，从而更好地满足不同用户的需求。

- 用户行为建模：对用户在短视频平台上的行为进行建模和分析。这些行为包括用户的观看历史、点赞、评论、分享、收藏等。通过分析用户的行为模式，可以了解用户的偏好和兴趣，并预测其未来的行为。

- 用户兴趣模型：通过用户的行为数据、观看历史和交互信息来捕捉用户的兴趣特征，对用户的兴趣和偏好进行建模。常见的方法包括协同过滤、内容过滤和深度学习等技术，通过分析用户与视频之间的关系，推断用户可能感兴趣的内容。

- 用户需求预测：基于用户的历史行为和兴趣模型，预测用户的需求和喜好。通过建立预测模型，可以根据用户的行为特征，推测用户可能感兴趣的视频内容，并进行相应的个性化推荐。

- 用户反馈和评估：是用户建模过程中的重要环节。通过收集用户的反馈和评价，可以验证和改进用户建模的准确性和效果。用户的反馈包括用户的喜好标记、评分和评论等信息，用于优化推荐算法和模型。

3．内容建模

对视频内容进行特征提取和建模，了解视频的属性和特点。可以使用文本挖掘、图像处理和视频内容分析等技术来提取视频的特征。以下是关于内容建模的一般概述：

- 视频特征提取：是内容建模的关键步骤之一。通过对视频的视觉、音频和文本等元素进行分析和处理，提取出表示视频内容的特征向量。常用的技术包括图像处理、音频处理、自然语言处理等，通过这些技术可以提取出视频的色彩、构图、音频节奏和文字描述等特征。

- 内容相似度计算：是衡量视频之间相似程度的方法。通过比较视频特征向量之间的距离或相似性度量，来确定视频之间的相似度。常见的相似度计算方法包括余弦相似度、欧氏距离、基于图像标签的相似度等。

- 内容关联性分析：根据视频之间的关系和共现模式，推断视频之间的关联性。通过分析用户观看历史、视频标签、视频分类等信息，来判断视频之间的相关性。例如，用户经常观看某一类别的视频，那么可以推测用户对该类别的其他视频也可能感兴趣。

- 内容标签和分类：是对视频进行标记和分类的过程。通过给视频打上标签和分类，可以更好地描述和组织视频内容，从而便于推荐系统对视频进行匹配和推荐。标签和分类可以基于视频的主题、情感、风格和时长等维度进行定义。

- 内容多样性和新颖性：内容建模也需要考虑内容的多样性和新颖性。多样性表示推荐系统需要提供各种类型和风格的视频内容，以满足不同用户的需求。新颖性表示推荐系统应该推荐用户之前未曾接触过的、新颖的视频，以拓展用户的兴趣领域。

- 其现模式是指两个或更多项目在一定上下文（如用户观看历史）中同时出现的模式。这个模式通常用于关联规则学习或推荐系统，用于发现项目之间的关联性。

4．推荐算法

根据用户和视频的特征，使用推荐算法计算视频的相关度和吸引力。通过分析用户的兴趣和行为数据，结合视频内容的特征和关联性来预测用户的喜好，并向用户推荐相关的视频内容。以下是几种常见的推荐算法。

- 协同过滤算法：是一种基于用户行为的推荐算法。它通过分析用户的历史行为数据，如观看记录、评分等，找出与目标用户行为相似的其他用户，然后根据这些相似用户的行为，推荐给目标用户可能感兴趣的视频。协同过滤算法可以分为基于用户的协同过滤和基于物品的协同过滤两种。

- 内容-based 推荐算法：根据用户的兴趣和视频内容的特征进行推荐。它首先对视频内容进行建模，然后根据用户的兴趣和偏好，匹配与用户兴趣相似的视频内容并推荐给用户。内容-based 推荐算法主要利用视频的特征向量和用户的兴趣模型进行推荐。

- 混合推荐算法：将多种推荐算法进行组合，综合利用它们的优势和特点，提供更准确和个性化的推荐结果。例如，可以结合协同过滤算法和内容-based 算法，通过综合考虑用户行为和视频内容特征进行推荐。

❑ 基于深度学习的推荐算法：近年来，深度学习在推荐系统中的应用逐渐增多。基于深度学习的推荐算法可以利用神经网络模型对用户行为和视频内容进行建模，从而实现更精准的推荐。常见的深度学习模型包括多层感知器（MLP）、卷积神经网络（CNN）、循环神经网络（RNN）等。

❑ 上下文-aware 推荐算法：考虑用户和视频推荐过程中的上下文信息，如时间、地点和设备等因素，根据上下文信息对推荐结果进行调整，以更好地满足用户的需求。例如，在特定时间段推荐热门视频，在特定地点推荐本地化的视频内容等。

5. 排序和个性化

根据计算得到的视频相关度和用户兴趣模型，对视频进行排序和个性化推荐。可使用排序算法、多臂老虎机和多目标优化等技术来决定最终推荐的视频顺序和内容。下面对排序和个性化进行简要说明。

❑ 排序：在推荐系统中对候选视频进行排序，以确定最终推荐给用户的顺序。排序算法根据一系列的特征和指标，如视频的热度、用户反馈、相似度等，将候选视频按照一定的优先级进行排序，以提供用户最感兴趣和高质量的视频推荐。常见的排序算法包括基于内容质量、用户反馈和时效性等的排序策略。

❑ 个性化：根据用户的兴趣和特征，提供与其偏好相匹配的个性化推荐结果。个性化推荐算法根据用户的历史行为数据、兴趣模型等信息，结合视频的特征和相关性，预测用户的喜好，并为用户推荐最符合其个性化需求的视频内容。个性化推荐能够提高用户的满意度和参与度，增强用户对短视频平台的黏性。

在排序和个性化过程中，需要综合考虑以下几个方面：

通过分析用户的行为数据和个人特征，建立用户兴趣模型，对用户的兴趣和偏好进行准确的建模和表示。

对视频进行特征提取和内容建模，以捕捉视频的关键信息，如主题、情感、风格等，从而匹配用户的兴趣和偏好。

选择合适的排序算法，根据多个因素进行综合排序，包括视频质量、用户反馈、时效性等指标，以确保推荐结果的质量和吸引力。

不断更新用户的兴趣模型和视频内容模型，根据实时的用户行为和反馈数据，及时调整推荐策略，提供个性化、实时的推荐结果。

6. 实时推荐和反馈

短视频推荐系统通常需要实时地响应用户的请求，并根据用户的反馈进行实时调整和优化。可以使用在线学习、A/B 测试等技术来实现实时推荐和反馈机制。下面对实时推荐和反馈进行简要说明。

❑ 实时推荐：根据用户当前的行为和上下文信息，及时更新和调整推荐结果。短视频推荐系统通过实时监测用户的浏览、点赞、评论和分享等行为，结合实时的上下文信息（如时间、地理位置、设备类型等），快速响应并提供实时推荐结果。这样可以更好地满足用户的兴趣和需求，增加用户的参与度和互动性。

❑ 实时反馈：根据用户的行为和反馈，及时获取用户对推荐结果的反馈信息。短视频推荐系统通过用户的互动行为（如点赞、评论、分享、收藏等）和用户反馈（如喜欢、不喜欢、举报等），收集用户对推荐结果的评价和意见。这些实时反馈信息可以用于优化推荐算法、改进推荐结果，并对用户进行更精细的个性化推荐。

　在实时推荐和反馈过程中，需要考虑以下几个方面：

❑ 实时数据处理：对用户的行为数据和上下文信息进行实时处理和分析，以获取最新的用户兴趣和推荐需求。

❑ 实时推荐算法：选择高效的实时推荐算法，能够在短时间内生成准确的推荐结果，并考虑用户的实时行为和上下文信息。

❑ 实时反馈处理：及时处理用户的反馈信息，对用户的意见和评价进行分类和分析，以便进行推荐结果的优化和改进。

❑ 推荐结果更新：根据实时数据和反馈信息，及时更新推荐结果，确保用户获取到最新、个性化的推荐内容。

❑ 实时性能优化：针对实时推荐和反馈的高并发、低延迟需求，进行系统性能的优化和优化，保证系统能够快速响应和处理大量的实时请求。

5.1.2　将 Spark 作为短视频推荐系统的计算框架

Spark 在短视频推荐系统中可以作为一个强大的计算框架，用于处理和分析大规模的数据，并支持实时和批处理任务。以下是 Spark 在短视频推荐系统中的一些应用场景和功能。

1．数据处理和预处理

Spark 可以用于处理和清洗短视频推荐系统中的原始数据，包括用户行为数据和视频内容数据等。通过 Spark 的强大的数据处理和转换功能，可以对数据进行清洗、过滤和转换等操作，以便用于后续的推荐算法训练和分析。

以下是数据处理和预处理的一些关键步骤。

（1）数据清洗和去重：原始数据中可能存在错误、缺失或重复的记录，需要进行数据清洗和去重操作，包括处理缺失值、纠正错误数据、删除重复记录等，以确保数据的准确性和完整性。

（2）数据转换和格式化：根据短视频推荐系统的需求，需要进行数据转换和格式化，使其符合系统的数据模型和规范。这可能涉及将数据从不同的源格式转换为统一的格式，如将数据从日志文件中解析为结构化数据，或将数据从数据库中提取为特定格式的数据集。

（3）特征提取和生成：特征是推荐算法的重要输入，需要从原始数据中提取或生成有意义的特征。对于短视频推荐系统，可以提取用户的行为特征（如观看历史、点赞、分享等）、视频的内容特征（如标签、分类、描述等）以及上下文特征（如时间、地理位置、设备信息等），以构建丰富的特征表示。

（4）数据标准化和归一化：在特征工程阶段，常常需要对特征进行标准化和归一化，以消除不同特征之间的尺度差异。这有助于提高模型训练的收敛速度和结果的准确性。

（5）数据采样和分割：在处理大规模数据时，可以采用数据采样和分割技术降低计算复杂度，加快模型训练速度。例如，可以进行随机采样或分层采样来获取有代表性的数据子集，或将数据集划分为训练集、验证集和测试集，用于模型的训练、优化和评估。

（6）数据集成和合并：短视频推荐系统中通常涉及多个数据源和数据类型，需要将它们进行集成和合并，以构建完整的数据集。这可能涉及数据的连接、合并和关联操作，以及处理来自不同数据源的冲突和重叠。

（7）数据压缩和存储：为了节省存储空间，提高数据读取性能，可以对数据进行压缩和存储优化。可以使用压缩算法、分区存储、索引技术等缩减数据的存储需求，提高数据的读取效率。

2．特征工程

在短视频推荐系统中，特征工程是非常重要的一步，用于提取用户和视频的特征，以供推荐算法使用。Spark 提供了丰富的特征转换和提取工具，如特征编码、特征标准化和特征选择等，可以帮助短视频推荐系统构建有效的特征。

3．推荐算法训练

Spark 提供了机器学习和推荐算法库，如 MLlib 和 Spark Recommender，可以用于训练和构建短视频推荐模型。通过 Spark 的分布式计算能力和优化的算法，可以高效地训练和优化推荐模型，并且支持常见的推荐算法，如协同过滤、内容推荐、深度学习推荐等。

4．实时推荐和个性化推荐

Spark Streaming 是 Spark 的实时处理框架，可以用于实时推荐和个性化推荐任务。通过 Spark Streaming 的流式处理能力，可以实时处理用户的行为数据、上下文信息，并进行实时的推荐计算和推荐结果更新，以提供实时和个性化的推荐体验。

实时推荐和个性化推荐的关键步骤包括：

（1）实时数据收集：通过实时流式处理技术，收集用户的观看行为、点击、点赞和评论等实时数据。这些数据可以通过消息队列、日志收集工具等实时数据源进行收集和传输。

（2）实时特征提取：针对实时数据，提取相应的特征用于推荐模型。这些特征包括用户的实时行为特征、上下文特征和时序特征等。特征提取可以结合 Spark Streaming 和 Spark SQL 等技术进行实现。

（3）实时推荐计算：利用实时收集的数据和提取的特征，通过推荐算法进行实时推荐计算，包括基于协同过滤、内容推荐、深度学习等算法的实时推荐计算。Spark 的机器学习库（MLlib）提供了一系列常用的机器学习算法，可用于实时推荐计算。

（4）实时推荐结果更新：根据实时计算的推荐结果，及时更新推荐列表或推荐模块，以提供实时的个性化推荐。这可以通过将推荐结果存储在缓存系统中，如 Redis、Memcached 等，并实时更新用户界面或推荐模块来实现。

（5）实时反馈和评估：收集用户对实时推荐结果的反馈，如点击率、观看时长和用户行为等，并进行实时评估和反馈循环。实时反馈和评估可以用于优化实时推荐算法和模型，提高推荐效果和用户满意度。

5. 批处理和离线计算

Spark 的批处理功能非常强大，可以用于离线的推荐计算和批量数据处理。短视频推荐系统可以利用 Spark 的批处理能力，在大规模数据集上进行离线推荐计算、模型评估和优化等任务，以提升推荐效果和系统的性能。以下是批处理和离线计算的主要应用和流程：

（1）数据清洗和预处理：对采集到的大规模数据进行清洗、去重和格式转换等预处理操作，确保数据的准确性和一致性。

（2）特征提取和转换：从原始数据中提取有意义的特征并进行特征转换和编码，以供后续的模型训练和推荐计算使用。

（3）模型训练和评估：利用批处理技术，在离线环境下对推荐模型进行训练和优化。这可能涉及基于机器学习的推荐算法和深度学习模型等。通过离线计算，可以处理大规模的训练数据集，进行模型参数优化、交叉验证等评估和优化。

（4）推荐计算和生成推荐列表：基于训练好的模型，对离线数据进行推荐计算，生成离线推荐列表。这些推荐列表可以存储在数据库或文件系统中，供在线推荐系统使用。

（5）模型更新和增量计算：利用批处理技术，定期对推荐模型进行更新和增量计算，以适应数据和用户的变化。这可以通过增量训练、模型迁移学习等方法实现。

（6）离线评估和推荐质量分析：通过离线计算，可以进行推荐质量的评估和分析。比如计算推荐的准确率、召回率、覆盖率等指标，帮助优化推荐算法和参数配置。

6. 分布式计算和扩展性

Spark 是一个分布式计算框架，可以在集群环境中进行计算，并实现任务的并行化和扩展性。对于短视频推荐系统来说，有大量的数据和复杂的计算任务，Spark 的分布式计算能力可以帮助系统处理海量数据和高并发请求，提供快速和可扩展的计算能力。

总之，Spark 作为一个强大的计算框架，在短视频推荐系统中具有广泛的应用。它可以处理大规模的数据、支持实时和批处理任务，提供丰富的机器学习和推荐算法库，以及分布式计算和扩展性能力，为短视频推荐系统的建设和优化提供强大的工具和支持。

5.1.3　客户端 Push 业务

客户端 Push 是指推荐系统向客户端（移动端应用、网页等）发送推送通知，向用户展示个性化推荐内容或通知用户相关的信息。这种方式可以帮助推荐系统实时、主动地与用户进行互动，并提供个性化的推荐体验。

客户端 Push 业务通常涉及以下流程：

（1）用户订阅。用户在客户端进行订阅操作，选择接收特定类型或主题的推送通知。例如，用户可以订阅某个频道的新视频推荐或特定话题的相关内容推送。

（2）推送下发。推荐系统根据用户的订阅设置和个性化推荐算法，生成推荐内容或通知，并将其下发到对应的用户设备。推送下发通常基于用户的兴趣、行为历史、上下文等信息进行个性化计算和筛选。

（3）客户端展示。用户设备接收到推送通知后，客户端应用会在用户界面上展示推送内容，以吸引用户的注意并促使用户进行交互。推送通知以通知栏消息、弹窗、图标角标等形式呈现。

（4）用户交互。用户点击推送通知，可以查看详细内容，进行相关操作或跳转到应用的特定页面。用户的交互行为会被记录下来，并用于推荐系统的反馈和优化。

（5）上报与反馈。客户端应用将用户的推送展示、点击和反馈等行为上报给推荐系统，这些数据可以用于改进推荐算法、调整推送策略和推荐模型。

> 说明：客户端 Push 业务的目标是提供用户个性化、即时的推荐内容，增强用户的参与度和黏性，同时帮助推荐系统不断优化推荐策略和模型。通过不断迭代和优化推送算法、推送策略，推荐系统可以实现更精准、有针对性的推送，提高用户的满意度和使用体验。

以下是一些客户端 Push 业务相关的表及其说明。

- 用户行为表（User Behavior Table）：记录用户在客户端的行为数据，如浏览记录、点击记录、收藏记录等。该表用于构建用户的兴趣模型和个性化推荐计算。
- 用户表（User Table）：存储用户的基本信息和标识，如用户 ID 和设备 ID 等。该表用于标识用户，并与用户行为表进行关联。
- 推荐请求表（Recommendation Request Table）：存储客户端发送的推送请求数据，包括用户标识、设备信息、位置信息和时间戳等。该表用于记录用户的推送需求，并与用户行为表关联以提供个性化推荐。
- 推荐结果表（Recommendation Result Table）：存储推荐系统计算得到的推荐结果数据，包括推荐内容、推荐分数、相关元数据等。该表用于保存推荐结果，并返回给客户端进行展示。
- 推荐反馈表（Recommendation Feedback Table）：记录用户对推荐结果的反馈信息，如点击、收藏和分享等。该表用于收集用户的反馈数据，以优化推荐算法和模型。
- 推荐模型表（Recommendation Model Table）：存储推荐系统所使用的模型参数和特征数据，用于个性化推荐计算。该表包括模型参数、特征向量、模型版本等信息。

5.1.4 Model_Server 大宽表

Model_Server 大宽表是将客户端 Push 业务提到的 6 个表中的数据进行合并而成的一个大表。它是一个综合性的表格，包含多个维度的数据信息。该大宽表的作用是为推荐系统的模型服务器提供数据支持。模型服务器是推荐系统中负责实时推荐计算和推荐结果生成的组件，它需要使用多种数据来进行推荐模型的计算和预测。

通过将这些数据合并到一个表中，可以简化模型服务器的数据访问和查询操作，提高数据的读取效率和计算性能。模型服务器可以直接从 Model_Server 大宽表中获取所需的数据，无须频繁地访问和查询多个表格，从而加快推荐模型的计算速度。

同时，Model_Server 大宽表也便于数据的管理和维护。由于数据已经合并在一张表中，所以可以更方便地进行数据清洗、数据分析和数据治理等工作，降低数据管理的复杂性。

下面介绍 Model_Server 大宽表的形成。

📑**说明：** 为了获取更详细的信息，这里面关联一个额外的表——全量 Push 内容池表，这个表记录的是所有可分发视频内容的信息。

推荐结果表和推荐反馈表是所有表的根源，因为这两个表中的数据是最有效的数据，最能反映用户信息和推荐效果。

当生成大宽表时，首先需要做的就是合并这两个表，形成大宽表的底表，也就是连接的第一个表。生成的表的名称暂且命名为推荐结果与反馈表（Recommendation Result And Feedback Table）。

用户表有一个关联字段是用户 ID。通过这个字段和推荐结果与反馈表进行关联。

推荐模型表有两个关联字段，一个是用户 ID，另外一个是视频 ID。通过这个字段和推荐结果与反馈表进行关联。

全量 Push 内容池表有一个关联字段是视频 ID，通过这个字段和推荐结果与反馈表进行关联。

推荐请求表有两个关联字段，一个是视频 ID，另一个是用户 ID，通过这两个字段和推荐结果与反馈表进行关联。

用户行为表有两个关联字段，一个是视频 ID；另一个是用户 ID。

最终，这个大宽表是通过上述各表 ETL（Extraction、Transformation、Loading，提取、转换、加载）之后的数据按照关联字段进行关联形成的。这些表的数据量相对比较大，会出现各种性能瓶颈，在后续内容中将会介绍相应的解决方案。

5.1.5　推荐请求表 ETL 的优化

1．ETL任务概述

📑**说明：** 下面给出的代码实例都是经过实际简化的，参数也是以部分资源参数为例进行说明，实际的业务和参数要比本例复杂，需要根据自己的实际业务场景进行调整。

本例的任务是读取日志并生成推荐请求表。

（1）数据处理代码如下：

```
1   import org.apache.spark.sql.{SparkSession, DataFrame}
2   import org.apache.spark.sql.functions._
3
4   // 创建 SparkSession
5   val spark = SparkSession.builder()
6     .appName(s"${this.getClass.getSimpleName}")
7     .enableHiveSupport()
8     .getOrCreate()
9
10  // 从日志文件中读取数据并生成 DataFrame
11  val logData = spark.sparkContext.textFile("日志文件路径")
12
13  // 定义推荐请求表的模式
14  val recommendationRequestSchema = StructType(Seq(
15    StructField("user_id", StringType, nullable = false),
```

```
16     StructField("video_id", StringType, nullable = false),
17     // 其他字段的模式定义
18     ...
19  ))
20
21  // 解析日志文件并生成 DataFrame
22  val recommendationRequestDF = spark.createDataFrame(
23    logData.mapPartitions(itr => {
24      itr.flatMap(line => RecommendationRequestTable.parseLog(line))
25    }),
26    recommendationRequestSchema
27  )
28
29  // 添加当日小时分区列
30  val recommendationRequestTable = recommendationRequestDF.withColumn
    ("hour_partition", date_format($"timestamp", "yyyy-MM-dd HH"))
31
32  // 将推荐请求表写入 Hive 表中，按照当日小时分区
33  recommendationRequestTable.write.partitionBy("hour_partition").
    mode("append").saveAsTable("推荐请求表")
34
35  // 显示推荐请求表数据
36  recommendationRequestTable.show()
```

（2）数据源文件的大小是 2TB，文件总个数是 2 万个。

（3）任务配置参数如下：

```
1    --conf spark.executor.cores=1
2    --conf spark.executor.memory=6G
3    --conf spark.executor.instances=100
```

2．优化过程

接下来针对上面的代码和配置参数进行逐步优化。

（1）获取 SparkSession 代码。

SparkSession 是所有 Spark 任务都需要获取的，在实际开发中对于多次使用的代码需要进行封装。优化后的代码如下：

```
1    import org.apache.spark.sql.SparkSession
2
3    def getOrCreateSparkSession(appName: String): SparkSession = {
4      SparkSession.builder()
5        .appName(appName)
6        .enableHiveSupport()
7        .getOrCreate()
8    }
9
10   val spark = getOrCreateSparkSession("MyApp")
```

（2）压缩编码器。

好的压缩方式和编码方式对提升读写性能有很大的帮助，也节省了存储空间。通常情况下可以添加以下参数：

❑ parquet.strings.signed-min-max.enabled：该参数用于启用 Parquet 文件中字符串类型的有符号最小-最大优化。当将该参数设置为 true 时，Parquet 读取器将使用有符号的最小-最大值编码字符串列，可以提高查询性能。

❑ spark.sql.parquet.compression.codec：该参数用于指定 Parquet 文件的压缩编解码器。本例使用的是 Snappy 压缩编解码器，它可以提供较高的压缩比和读取性能。

优化后的代码如下：

```
1    import org.apache.spark.sql.SparkSession
2
3    def getOrCreateSparkSession(appName: String): SparkSession = {
4    SparkSession.builder()
5    .appName(appName)
6    .config("parquet.strings.signed-min-max.enabled", "true")
7    .config("spark.sql.parquet.compression.codec", "snappy")
8    .enableHiveSupport()
9    .getOrCreate()
10   }
11
12   val spark = getOrCreateSparkSession("MyApp")
```

📣注意：默认的格式就是上述这种方式，可以对其进行修改，也可以根据业务需要修改为适合具体业务场景的方式。

（3）容错处理。

优化前的从日志文件读取数据并生成 DataFrame 的过程没有做容错处理，这个过程很可能会导致任务直接失败，而且没有按照自己的方式对出现的错误进行处理。优化后的代码如下：

```
1    import scala.util.{Try, Success, Failure}
2
3    // 从日志文件中读取数据并生成 DataFrame
4    val logData = Try(spark.sparkContext.textFile("日志文件路径")) match {
5      case Success(data) => data
6      case Failure(ex) =>
7        println(s"Failed to read log data: ${ex.getMessage}")
8        spark.sparkContext.emptyRDD[String]
9    }
10
11   val recommendationRequestTable = logData
12     .mapPartitions(itr => {
13       itr.flatMap(line => RecommendationRequestTable.parseLog(line))
14     })
15     .toDF("user_id", "video_id", "...")
16
17   // 显示推荐请求表数据
18   recommendationRequestTable.show()
```

（4）优化写入模式。

代码中的写入模式是 mode("append")，也就是 append 方式，这种写入方式会出现一个问题，当任务失败重试的时候，如果之前写入的数据是错误的或者已经写入不完整的数据，就需要删除老的数据，这给任务重试带来很多麻烦。可以对任务的模式做一些调整，调整覆盖的方式（Overwrite），在这种模式下进行任务重试时会覆盖之前的数据。如果数据很重要，在进行操作前需要对数据进行备份操作。

优化后的代码如下：

```
1    // 检查待写入数据分区是否存在数据
2    val existingPartitions = spark.sql("SHOW PARTITIONS 推荐请求表").collect().
```

```
     map(.getString(0))
3    val partitionsToWrite = recommendationRequestTable.select("hour_partition").
     distinct().collect().map(.getString(0))
4
5    // 获取需要写入的在分区中已存在的分区
6    val partitionsWithExistingData = partitionsToWrite.filter
     (existingPartitions.contains)
7
8    // 将已存在数据的分区写入历史分区
9    partitionsWithExistingData.foreach(partition => {
10   spark.sql(s"INSERT OVERWRITE TABLE 历史分区表 PARTITION(hour_partition=
     '$partition') SELECT * FROM 推荐请求表 WHERE hour_partition='$partition'")
11   })
12
13   // 将推荐请求表按小时分区写入 Hive 表中，使用 Overwrite 模式
14   recommendationRequestTable.write.partitionBy("hour_partition").mode
     ("overwrite").saveAsTable("推荐请求表")
```

（5）优化分区。

从优化前的代码中可以看出，表的分区是按照小时划分的，但是在实际场景中，用户查询数据以天为分区的情况比较多。如果按照小时分区办法的话，查询以天为分区的数据依然没有问题，但是在数据扫描阶段，可能需要扫描的数据量就比较多了。这里建议进行分区拆分，也就是天级分区加上小时分区。优化后的代码如下：

```
1    // 添加当日天级和小时级的分区列
2    val recommendationRequestTable = recommendationRequestDF.withColumn
     ("day_partition", date_format($"timestamp", "yyyy-MM-dd"))
3    .withColumn("hour_partition", date_format($"timestamp", "HH"))
```

（6）优化非法数据。

从优化前的代码中可以看出，数据是原封不动地进入表中，在实际业务场景中很多数据是不完整的，或者是使用不了的，因此建议过滤这部分数据，也可以对这部分数据单独保存和分析。优化后的代码如下：

```
1    import org.apache.spark.sql.functions._
2
3    // 过滤 user_id 为空或者 video_id 为空的数据
4    val filteredData = recommendationRequestTable.filter(col("user_id").
     isNull || col("video_id").isNull)
5
6    // 将过滤后的数据写入推荐请求表非法数据表对应的分区中
7    filteredData.write.partitionBy("day_partition", "hour_partition").
     mode("overwrite").saveAsTable("推荐请求表非法数据表")
8
9    // 将过滤后的数据正常写入
10   val validData = recommendationRequestTable.filter(col("user_id").
     isNotNull && col("video_id").isNotNull)
11   validData.write.partitionBy("day_partition", "hour_partition").mode
     ("overwrite").saveAsTable("推荐请求表")
```

（7）优化并行度。

从优化前的业务介绍中可以看出，数据的文件个数比较多。Spark 在处理过程中会给每个文件建立一个分区，也就是对应一个 Task 处理，这样导致最终会有很多小任务和很多分区，对任务的性能造成极大的影响，也会对使用数据的业务造成很大的困扰。如果重新设定读取，可以使用 coalesce 方法或者 repartition 方法。coalesce 方法用于减少分区数并且不引起 Shuffle

操作，而 repartition 方法用于增加分区数并且会引起 Shuffle 操作。在选择使用哪个操作时，可以根据具体的需求和性能来决定。如果需要减少分区数，尽量避免数据洗牌的开销，可以使用 coalesce 方法；如果需要增加分区数或者进行数据的重新平衡，可以使用 repartition 方法。这里是很多分区缩小为更少的分区，因此建议使用 coalesce 方法。

优化后的代码如下：

```
1    val logData = spark.sparkContext.textFile("日志文件路径").coalesce(104)
```

注意：具体分区是多少，需要根据自己的数据和环境进行计算。

（8）优化配置参数 Driver。

这里没有配置 Driver 的参数，默认值是 1GB，通过分析可知，任务的并行度不是很大，也没有大的广播变量，这里的值可以设置为 512MB。优化配置如下：

```
1    --conf spark.driver.memory=512M
```

（9）优化配置参数的内存占比。

以上代码中没有用户自定义数据且并行度也不高，总体上用户数据使用的很少。Spark 默认对这个内存分配的比例是 40%（参数值为 0.04），这个比例非常高，因此可以优化这个值为 0.80。优化后的参数如下：

```
1    --conf spark.memory.fraction=0.80
```

这一个简单的参数配置就优化了 20% 的内存，很大程度上解决了内存浪费的问题。

（10）优化配置参数的 Executor 固定内存。

在 Spark 代码中每个 Executor 的固定内存是 300MB，如果使用 Executor 越多，就会浪费更多的内存，因此在代码中可以适当降低 Executor 的个数。本例中的配置方式需要很多的资源。在本例中，每个 Executor 中只有一个核，在集群许可的情况下可以多设置几个，但是也不能太多，否则有可能导致任务长时间分配不到资源。通常可以设置为 8 个，这样就是 8 个核共享 300MB，8 个核总计可以节省 2100MB 的资源，这个数据还是比较可观的。

在保持总资源不变的情况下，可以优化 spark.executor.instances=100/8=12.5，这个值不可以有小数，因此优化后的值设置为 12。优化后的参数如下：

```
1    --conf spark.executor.cores=8
2    --conf spark.executor.instances=12
```

（11）优化配置参数的 Executor 内存。

Executor 的具体设置参数需要结合公式进行计算。公式演算如下：

```
1    （Executor 内存-固定内存）*内存系数=单个 Task 内存*核数
2    Executor 内存=单个 Task 内存*核数/内存系数+固定内存
```

在上面的公式中，除了单个 Task 内存，其他参数之前已经确定，因此计算出 Task 内存，Executor 的内存也就确定了。

在实际运算中，Task 的大小取决于实际的计算数据大小，一般是通过原始总数据大小除以实际的 Task 总数得到每个处理的数据。但是这个值是不准确的，实际数据比这个数据大，因为存储在磁盘的数据是编码压缩的，所以解码解压缩后数据会膨胀。具体膨胀系数根据数据特点是不一样的。此外，数据执行不同的算法，使用的内存也不一样，如不同的排序算法使用的内存资源就不一样。可以根据计算方式以及数据编码压缩方式进行计算，但可能不是很准确。一种比较准确的方式是抽样部分数据经过实际的计算操作后进行测定。本例实际测定的大小是 2GB。最终，Executor 内存大小=2048×8÷0.8+300=20780MB。优化后的参数如下：

```
1    --conf spark.executor.cores=8
2    --conf spark.executor.memory=20780M
3    --conf spark.executor.instances=12
```

通过配置参数可以看出，给出的单个 Executor 内存是比较大的，如果集群内存资源不是很大，则很有可能申请不到资源。一般建议缩小单个 Executor 的核数，从而同步减少内存。可以按照上述公式将核数减少到 6 或者更小，这样单个 Executor 需要的资源就减少了。例如，将核数设置成 5，代入公式计算，2048×5÷0.8+300=13100MB。对应的实例个数就是 20，保证实例总数是 100 个。最后优化后的代码如下：

```
1    --conf spark.executor.cores=5
2    --conf spark.executor.memory=13100M
3    --conf spark.executor.instances=20
```

5.1.6　Model_Server 大宽表的优化

1．ETL任务概述

📑说明：本小节给出的代码和参数都是经过实际过程简化的，参数是以部分资源参数为例进行说明，实际的业务和参数比本小节的例子复杂，需要根据自己的实际业务场景进行调整。

大宽表已经在 5.1.4 节介绍过，这里主要说明实际的优化过程和需要优化的代码。整个宽表涉及的业务表和表的存储空间如表 5-1 所示。

表 5-1　表名称与数据大小

名　　称	表　　名	存 储 空 间
用户行为表	user_behavior	200GB
用户表	user	140GB
推荐请求表	recommendation_request	2TB
推荐结果表	recommendation_result	50GB
推荐反馈表	recommendation_feedback	50GB
推荐模型表	recommendation_model	400GB
视频内容表	video_item	2.5GB

首先将推荐结果表和推荐反馈表合并为一个表，合并后的表名称为 recommendation_result_feedback。

然后将合并的表作为底表和其他表进行连接操作。最终的执行代码如下：

```
1    recommendation_result_feedback
2      .join(recommendation_request, Seq("user_id", "video_id"), "left")
3      .join(user, Seq("user_id"), "left")
4      .join(video_item, Seq("video_id"), "left")
```

```
5    .join(recommendation_model, Seq("user_id", "video_id"), "left")
6    .join(user_behavior, Seq("user_id", "video_id"), "left")
7    .repartition(filePartitions.toInt)
8    .write
9    .mode(SaveMode.Overwrite)
10   .parquet("替换为实际的地址")
```

2. 优化过程

接下来针对上面的代码进行逐步优化。

（1）优化重分区。

在上述合并大宽表的代码中使用了 repartition（重新分区）来减小分区数，这在实际操作中会导致大量的计算资源消耗，特别是在处理大数据的时候尤为明显。repartition 操作会引发 Shuffle 操作，从而带来大量的资源浪费。解决方法是使用 coalesce 方法，它可以达到同样的缩小分区的效果，但是不会触发 Shuffle 操作。最好的方式是在数据的源头操作，将数据源控制在合理的分区内，这样后续的操作会沿用之前数据的分区个数，最后将数据插入表中时不需要再改变数据分区个数，从而避免不必要的操作。

（2）优化连接顺序。

上述合并大宽表代码中的底表 recommendation_result_feedback 是两个表合并而来，因此其大小是两个表的存储空间之和，也就是 100GB。首先使用 recommendation_request（2TB）这个表进行 Join 操作，关联的字段是 user_id 和 video_id。这一步的问题是，首先使用了一个很大的表，要知道这个表进行 Join 操作以后得到的下一次 Join 操作的底表数据就非常大了，这个数据在后续的每次操作中都会在集群中进行处理，浪费很多资源。接着再看后面的 Join 操作，Join 操作的表是用户表（140GB），数据量不是很大，但是关联的字段只有一个 user_id。这样的操作会造成头部用户的数据量很大都跑到一个 Task 中，很容易造成数据倾斜。然后得到的底表再连接视频内容表，关联的字段也只有一个 video_id。假设上一步计算没有数据倾斜，这一步的头部视频的量非常大，有的可能达到一个亿的记录数量，如此大的数量都在一个 Task 中计算，对 Task 的压力很大，Task 往往不堪重负而出现内存溢出。随后连接的是推荐模型表（400GB），最后连接的是用户行为表（200GB），这个表的数据量很小应该放在最前面。

下面基于上述问题对表连接顺序加以调整。首先进行关联的表应该是最小的表，本例中是视频内容表 video_item（2.5GB），接着是第二小的表，也就是用户表 user（140GB），这 3 个表连接完后整体数据还是比较小的。然后连接用户行为表 user_behavior（200GB），数据依然不是很大。随后连接推荐模型表 recommendation_model（400GB），关联字段是 user_id 和 video_id，虽然数据相对之前几个表大一点，但是考虑两个关联字段，因此发生倾斜的可能性比较小。最后是连接推荐请求表 recommendation_request（2TB），这一步也是关联两个字段，虽然上一步得到的底表数据比较大，这一步需要关联表数据也很大，但是根据数据关联信息可以看出，数据都是均匀地分布到每一个 Task 中，一般不会发生数据倾斜。优化后的代码如下：

```
1    recommendation_result_feedback
2    .join(video_item, Seq("video_id"), "left")
3    .join(user, Seq("user_id"), "left")
4    .join(user_behavior, Seq("user_id", "video_id"), "left")
```

```
5        .join(recommendation_model, Seq("user_id", "video_id"), "left")
6        .join(recommendation_request, Seq("user_id", "video_id"), "left")
7        .coalesce(filePartitions.toInt)
8        .write
9        .mode(SaveMode.Overwrite)
10       .parquet("替换为实际的地址")
```

5.1.7 案例总结

1. 单表优化总结

对于读取数据源生成单表的优化，可以参考以下优化措施，一定程度上可以提高读取数据源生成单表的性能和效率，减少资源消耗，并更好地适应实际业务需求。需要根据具体场景和数据特点进行调整和优化，以达到最佳的性能和资源利用效果。

❑ 封装 SparkSession：对于多次使用的 SparkSession 代码可以进行封装，以便重复使用，减少冗余代码。

❑ 使用合适的压缩编解码器：选择合适的压缩方式和编解码方式可以提高读写性能并节省存储空间。例如，启用 Parquet 文件中字符串类型的有符号最小-最大优化，使用适当的压缩编解码器。

❑ 容错处理：在从数据源读取数据并生成 DataFrame 的过程中进行容错处理。考虑到任务可能失败的情况，可以添加容错机制并对错误进行处理，如打印错误信息并使用空 RDD 代替读取的数据。

❑ 写入模式选择：根据实际需求和任务特点选择合适的写入模式。如果任务重试时需要删除之前的数据，可以选择覆盖模式（Overwrite）而不是追加模式（Append），并在操作前备份重要的数据。

❑ 优化分区策略：根据实际业务场景和查询需求，优化表的分区策略。考虑将分区按照天级别和小时级别进行拆分，以便更好地支持查询操作。

❑ 处理非法数据：对于可能存在非法或无效数据的情况，建议对数据进行过滤或单独保存分析。可以根据业务规则过滤出合法数据和非法数据，并将它们分别写入不同的表或分区中。

❑ 调整并行度：根据实际情况调整读取数据的并行度，避免过多的小任务和分区，提高任务的性能。可以使用 coalesce 或 repartition 调整分区数，减少或增加分区。

❑ 配置 Driver 参数：根据任务的需求，适当调整 Driver 的配置参数。例如，降低 Driver 内存占用，将其值设为适当的大小。

❑ 配置内存占比：根据任务的并行度和数据使用情况，调整内存占比的配置参数。可以适当增加内存占比，避免内存浪费。

❑ 配置 Executor 内存：根据任务的计算需求和资源限制，计算合适的 Executor 内存空间。考虑单个 Task 的内存需求，使用公式计算 Executor 的内存并进行配置。

2. 多表连接优化总结

对于多表连接的优化，可以参考以下优化措施，一定程度上可以提高多表连接的性能和效率，减少资源消耗，更好地适应实际业务需求。需要根据具体场景、数据分布和资源配置情况进行调整和优化，以达到最佳的资源利用效果。

- ❑ 数据倾斜处理：如果在多表连接过程中存在数据倾斜的情况，即某个或某些键的数据量远大于其他键，可以采取数据倾斜处理措施。例如，使用 Spark 的 repartition、coalesce 或 broadcast 操作重新分区或广播数据，使数据分布更加均匀，避免某个 Executor 负载过重。

- ❑ 合适的连接类型：根据数据量、数据分布和连接条件选择合适的连接类型，如 Inner Join、Left Join、Right Join 或 Full Outer Join，可以减少不必要的数据复制和计算量。

- ❑ 表尺寸估计：在进行多表连接之前，尽量准确地估计每个表的大小，这样可以帮助 Spark 优化器做出更好的决策，选择合适的连接算法和执行计划。

- ❑ 分区对齐：如果多个表已经根据相同的键进行了分区，可以将它们的分区对齐，以减少数据的移动和网络传输。这样做可以最大程度地利用 Spark 的 Shuffle 过程，提高连接性能。

- ❑ 布隆过滤器：如果有大量的连接操作，并且表比较大，可以考虑使用布隆过滤器过滤掉不可能连接的键，从而减少连接操作的数据量。

- ❑ 广播小表：如果有一个表很小，可以将其广播到所有的 Executor 上，避免数据传输和网络开销。这种情况适用于在连接过程中与大表进行关联的小表。

- ❑ 预聚合和优化连接条件：如果可能的话，可以在连接操作之前进行预聚合，减少连接操作的数据量。此外，可以优化连接条件的顺序，将过滤操作尽早放在连接操作之前，以减少数据的传输和计算量。

5.2　基于 Spark 的航空数据分析系统性能优化

本节将通过一个基于 Spark 的航空数据分析系统性能优化案例，探讨优化一个完整项目的主要步骤和核心要点，以提高项目的整体性能。

假设正在开发一个基于 Spark 的航空数据分析系统，旨在对大规模航空数据集进行处理和分析。然而，随着数据量的增加，系统性能开始下降，处理时间变得更长。为了解决这个问题，需要进行性能优化。

5.2.1　系统概述

1. 系统的架构和组件

基于 Spark 的航空数据分析系统采用分布式计算架构，利用 Spark 的弹性分布式数据集（RDD）和 Spark SQL 等功能来处理大规模的航空数据集。以下是该系统的一般架构和关键组件的简要说明：

- ❑ Spark 集群：航空数据分析系统在一个由多个计算节点组成的 Spark 集群上运行。每个节点都有计算和存储能力，集群中的节点通过网络连接进行通信和数据交换。

❑ 数据存储：系统可能使用不同类型的数据存储技术来存储航空数据，如分布式文件系统（如 Hadoop HDFS）或列式数据库（如 Apache Parquet）等。这些存储系统旨在提供高容量和高吞吐量的数据存储能力。

❑ 数据读取和写入模块：数据读取模块用于从源数据集中获取航空数据，可以支持多种数据源，如 CSV 文件、数据库或实时数据流。数据写入模块用于将处理后的结果数据写入目标存储或输出设备。

❑ Spark 核心：是整个系统的关键组件，提供分布式计算和数据处理的功能。它包括 Spark 的核心引擎、RDD（弹性分布式数据集）抽象和任务调度器等。Spark 核心通过在集群上并行执行任务实现高性能的数据处理和分析。

❑ Spark SQL：是 Spark 的一个模块，用于处理结构化数据和执行 SQL 查询。它提供了类似于传统关系型数据库的 SQL 语言接口，并支持将 SQL 查询与 Spark 的分布式计算能力相结合，从而实现高效的数据分析和查询功能。

❑ 数据处理模块：系统中的数据处理模块负责执行各种数据处理操作，如数据清洗、转换、聚合和计算。这些模块通常使用 Spark 的高级 API（如 DataFrame 和 DataSet）或基于 SQL 的操作来实现。

❑ 可视化和报告模块：为了方便用户理解和分析航空数据，系统包括一个可视化和报告模块。该模块可用于生成图表、报告和可视化图形，帮助用户更直观地理解数据分析结果。

2. 数据流程和处理步骤

在基于 Spark 的航空数据分析系统中，数据流程涉及数据的读取、转换和分析过程。以下是这些步骤的简要描述。

（1）数据读取：首先，系统从不同的数据源读取航空数据。数据源包括航空公司的数据库、实时数据流、存储在分布式文件系统中的文件（如 CSV、JSON 或 Parquet 格式）等。Spark 提供了许多 API 和连接器可以方便地从各种数据源读取数据。

（2）数据转换和清洗：读取的原始数据需要进行转换和清洗，以便于后续的分析。这些转换和清洗操作包括数据格式转换、字段选择、重命名、缺失值处理、异常值检测和去重等。Spark 的 DataFrame 和 Dataset API 提供了丰富的转换和清洗函数来支持这些操作。

（3）数据分析和处理：一旦数据被转换和清洗，系统可以执行各种数据分析和处理操作。这些操作包括统计分析、聚合计算、机器学习算法、图分析等。Spark 提供了强大的分布式计算功能，可以在整个数据集上并行执行这些操作，提高系统性能和处理能力。

（4）数据存储和输出：经过数据分析和处理后，系统将结果数据存储到目标存储或输出设备中，供后续的查询、可视化或报告使用。目标存储可以是分布式文件系统、数据库、数据仓库或其他分析平台。Spark 提供了多种输出格式和连接器，便于将结果数据写入不同的存储系统。

（5）可视化和报告：系统通过可视化和报告模块将结果数据转化为易于理解和交互的图表、报告或可视化图形。这些可视化和报告可以帮助用户更好地理解数据分析结果，探索数据的关联性和趋势，并支持更深入的决策和洞察。

5.2.2　性能评估与瓶颈分析

1. 使用合适的性能评估方法测量系统的性能

在基于 Spark 的航空数据分析系统中，使用合适的性能评估方法可以帮助用户测量系统的性能，并找出潜在的瓶颈问题。以下是一些常见的性能评估方法，可以应用于航空数据分析系统。

❑ 响应时间评估：测量系统对用户请求的响应时间。可以记录每个查询或操作的开始时间和结束时间，计算它们之间的时间差作为响应时间，确定系统在处理不同类型查询时的性能表现。

❑ 吞吐量评估：测量系统在单位时间内处理的请求或操作数量。通过记录系统处理的请求数量，并计算其在特定时间间隔内的平均值，可以评估系统的吞吐量，确定系统在高负载情况下的处理能力。

❑ 资源利用率评估：测量系统中各个资源的利用率，如 CPU 利用率、内存利用率、磁盘 I/O 利用率等。通过监控和分析资源的使用情况，可以确定系统中可能存在的资源瓶颈，并采取相应的优化措施。

❑ 并行性评估：评估系统中并行处理的效率和性能。可以通过监视并行任务的启动时间、执行时间和完成时间等指标来衡量系统的并行性能，确定系统在利用并行计算能力方面的潜在问题。

在航空数据分析系统中，性能评估方法可以结合具体的业务场景和用户需求进行定制化。例如，可以根据航空数据分析系统的功能模块，对特定的查询类型、数据处理操作或业务流程进行性能评估。同时，可以结合实际的数据集和负载情况进行测试，以便更准确地评估系统的性能。

2. 分析数据量与系统性能之间的关系，确定性能瓶颈

在优化基于 Spark 的航空数据分析系统的性能时，了解数据量与系统性能之间的关系至关重要。以下步骤可以帮助用户确定性能瓶颈所在。

（1）增加数据量：逐步增加系统处理的数据量，并观察系统的性能变化。可以通过增加数据集的大小或记录数量，模拟系统处理更大规模数据的情况。

（2）监测性能指标：在不同数据量情况下监测系统的性能指标，如响应时间、吞吐量、资源利用率等，记录这些指标的变化情况。

（3）性能曲线分析：绘制性能指标与数据量之间的关系曲线，观察曲线的趋势和变化情况，确定系统在不同数据量情况下的性能表现。

（4）确定性能瓶颈：根据性能曲线和指标变化趋势，确定系统的性能瓶颈所在。性能瓶颈可能出现在 CPU 利用率达到极限、内存不足、网络带宽瓶颈等方面。

（5）进一步分析：一旦确定性能瓶颈所在，即进一步分析其原因。可以使用 Spark 的性能分析工具（如 Spark 监控界面、Spark 事件日志等）来查看任务的执行情况、数据倾斜情况、数据传输和网络延迟等。

（6）优化策略：基于性能瓶颈的分析结果，制定相应的优化策略，包括调整任务并行度、增加集群资源、优化数据分区、使用缓存和持久化等。

5.2.3 数据分区与存储优化

1. 选择合适的数据分区策略，将数据划分为更小的分区，提高并行处理能力

在基于 Spark 的航空数据分析系统中，选择合适的数据分区策略可以将数据划分为更小的分区，从而提高系统的并行处理能力和性能。

针对航空数据分析系统的业务特点，可以考虑以下几种数据分区策略：

❑ 按航空公司或航空路线分区：将数据按照航空公司或航空路线进行分区，将同一航空公司或航空路线的数据划分到同一分区中。这样可以使相关的数据在同一分区中处理，减少跨分区的数据传输和处理开销。

❑ 按时间范围分区：将数据按照时间范围进行分区，如按天、周或月分区。这样可以将同一时间范围内的数据划分到同一分区中，便于进行时间相关的分析和查询操作。

❑ 按空间范围分区：对于涉及空间位置信息的航空数据，可以根据经纬度或地理区域进行分区。将相邻或重叠的空间区域的数据划分到同一分区，有利于进行空间相关的分析和查询。

❑ 哈希分区：将数据的键值进行哈希计算，并根据哈希值将数据分配到不同的分区。这种分区策略可以使数据在各个分区上平衡地分布，提高并行处理的效率。

2. 考虑使用数据压缩和编码技术减少数据存储空间和I/O开销

在基于 Spark 的航空数据分析系统中，考虑使用数据压缩和编码技术可以有效减少数据的存储空间和 I/O 开销，从而提升系统的性能和效率。

航空数据通常具有大量的冗余信息和重复值，而使用数据压缩和编码技术可以去除这些冗余，缩减数据集的存储空间。以下是一些常见的数据压缩和编码技术，可以应用于航空数据分析系统中。

❑ 压缩算法：采用压缩算法对数据进行压缩，常见的压缩算法包括 Gzip、Snappy 和 LZO 等。这些压缩算法可以在保持数据完整性的同时，显著减小数据的存储空间，降低磁盘 I/O 开销和网络传输开销。

❑ 列式存储：将数据按列存储而不是按行存储，可以利用列之间的数据重复性和局部性，进一步提高对数据的压缩效率。列式存储能够减少不必要的数据读取和解析，提高查询性能和数据访问效率。

❑ 字典编码：对于具有较多重复值的字段，可以使用字典编码技术。该技术将重复值映射为字典中的唯一标识符，只需存储字典和标识符序列，从而缩减了数据的存储空间。

❑ 压缩索引：为加速数据访问和查询，在适当的字段上建立压缩索引。压缩索引可以减小索引的存储空间，并提高索引的查询效率。

3. 优化内存和磁盘存储，使用适当的缓存机制提高数据读取速度

在基于 Spark 的航空数据分析系统中，优化内存和磁盘存储以及使用适当的缓存机制可以显著提高数据的读取速度和系统的性能。

以下是一些优化策略和缓存机制，可以应用于航空数据分析系统中。

- ❑ 内存存储：通过增加集群节点的内存容量，将更多的数据加载到内存中进行处理。内存存储可以大大提高数据的读取速度，因为内存的访问速度远高于磁盘。可以使用 Spark 的内存管理机制，如调整内存分配比例和使用内存序列化等技术来优化内存存储。
- ❑ 磁盘存储优化：对于无法完全加载到内存的大型数据集，可以采用磁盘存储方案。优化磁盘存储的方法包括使用高性能的磁盘驱动器（如固态磁盘），采用适当的数据压缩技术减小数据大小，以及调整磁盘读写缓冲区的大小和策略。
- ❑ 数据缓存机制：对于经常被访问的热点数据集，可以使用 Spark 的缓存机制将数据存储在内存中，以提高后续的读取速度。通过将经常使用的数据集缓存在内存中，可以避免重复的磁盘读取操作，提升数据的访问速度。在航空数据分析系统中，可以根据具体业务需求和数据访问模式，选择适当的数据缓存策略。
- ❑ 数据预热机制：在系统启动时或数据集更新之前，可以通过预热机制将一部分数据加载到缓存中。这样可以在用户查询或分析时避免冷启动产生的开销，直接从缓存中读取数据，提高响应速度和用户体验。

5.2.4　任务调度与资源管理

1. 配置合适的任务调度器，确保任务在集群上均匀分布

在基于 Spark 的航空数据分析系统中，任务调度和资源管理是关键的优化点。为了确保任务在集群上均匀分布，需要配置合适的任务调度器。

首先，可以考虑使用 Spark 的默认任务调度器，即基于 FIFO（先进先出）策略的调度器。这个调度器会按照任务提交的顺序进行调度，确保任务的顺序执行。对于航空数据分析系统，这种调度器通常是一个合理的选择，因为任务之间可能存在依赖关系，需要按照一定的顺序执行。

另外，可以考虑使用基于优先级的任务调度器，如 Fair Scheduler 或 Capacity Scheduler。这些调度器可以根据任务的优先级和资源需求进行调度，从而更加灵活地管理集群资源。在航空数据分析系统中，如果有不同优先级的任务或者对资源需求有较高的任务，可以使用这些调度器来进行更精细的资源管理和调度。

此外，还可以配置任务调度器的资源分配策略，如设置每个任务的 CPU 和内存资源配额。通过合理的资源配额设置，可以确保任务在集群中得到适当的资源分配，避免出现资源浪费或者资源不足的情况。

2．优化任务调度策略，考虑任务的依赖关系和数据局部性

在基于 Spark 的航空数据分析系统中，优化任务调度策略是提高系统性能的关键。任务的依赖关系和数据局部性是两个重要方面，可以考虑在任务调度过程中加以优化。

首先，对于存在依赖关系的任务，可以使用 Spark 的任务依赖性图（DAG）来描述任务之间的依赖关系，并通过合理的调度策略来执行这些任务。如果存在多个具有依赖性的任务，可以使用 Spark 的 DAG 调度器，它会根据任务的依赖关系进行智能调度，提高任务的执行效率。

其次，考虑数据局部性对任务调度的影响。在航空数据分析系统中，可能存在大量的数据操作和计算情况，而这些操作和计算往往集中在特定的数据分区上。为了充分利用数据的局部性，可以采用数据本地性优先的调度策略，将任务调度到数据所在的节点上执行，减少数据的远程传输开销，提高任务的执行速度。在 Spark 中，可以使用数据本地性级别（Locality Level）来指定任务的调度策略，如 PROCESS_LOCAL、NODE_LOCAL 等级别。

另外，还可以考虑使用数据倾斜处理技术来解决数据倾斜问题对任务调度的影响。在航空数据分析系统中，可能存在某些数据分区的数据量明显较大，导致任务调度不均衡的情况。针对这种情况，可以采用数据重分布的技术，将数据重新分配到不同的节点上，实现负载均衡的任务调度。

3．优化集群资源管理器的配置，确保资源的合理分配和利用

在基于 Spark 的航空数据分析系统中，优化集群资源管理器的配置是为了确保资源的合理分配和利用，从而提高系统性能和任务的执行效率。

首先，需要合理配置集群资源的分配。根据航空数据分析系统的业务需求和任务的资源需求，可以设置适当的资源配额和优先级。例如，对于需要较多内存的任务，可以给它们配置更多的内存资源，保证它们能够正常运行。而对于不同类型的任务，可以根据其重要性和优先级，设置不同的资源配额，确保关键任务能够得到足够的资源。

其次，可以考虑调整集群资源管理器的调度策略。Spark 支持不同的资源管理器，如 YARN、Mesos 和 Kubernetes 等，针对航空数据分析系统的特点，可以根据任务的性质和资源需求，选择合适的资源管理器，并进行相关配置。例如，如果系统需要较高的资源隔离性和调度灵活性，可以选择 YARN，并通过配置调度队列、资源限制等实现对资源的精细控制。

此外，还可以考虑资源的动态分配和弹性扩展。航空数据分析系统的负载可能会有周期性或不确定性的波动，因此可以配置资源管理器，实现动态的资源分配。通过监控系统负载和资源利用情况，及时进行资源的动态调整和扩展，适应系统的需求变化，提高资源的利用率和系统的整体性能。

5.2.5　数据预处理与转换优化

1．实施数据清洗和过滤操作，去除无效或错误的数据

在基于 Spark 的航空数据分析系统中，数据预处理与转换优化是提高系统性能的关键步

骤之一。通过实施数据清洗和过滤操作，可以去除无效或错误的数据，从而提高数据质量和分析结果的准确性。

在航空数据分析系统中，数据来源广泛且复杂，可能包含各种格式的数据和潜在的错误或缺失值。因此，在数据预处理阶段，需要进行数据清洗和过滤操作，以保证数据的一致性和可用性。具体而言，可以采取以下措施来优化数据预处理过程。

- ❑ 数据清洗：识别和处理缺失值、异常值和重复值。航空数据可能存在缺失的字段、异常的数值或重复的记录，这些数据会影响分析结果的准确性。通过使用 Spark 提供的函数和相关操作，可以筛选出缺失值、异常值，并删除重复的记录，从而清洗数据集。
- ❑ 数据过滤：根据特定的业务需求，过滤不符合要求的数据。在航空数据分析系统中，可能需要根据日期、地点和航班状态等条件来过滤数据。通过使用 Spark 的过滤操作，可以快速筛选出符合条件的数据，提高数据集的质量和分析效果。
- ❑ 错误处理：处理无效或错误的数据，如修复格式错误、转换数据类型等。在航空数据中可能存在格式不一致、数据类型错误等问题，这些问题会导致后续分析过程中出现错误或异常。通过使用 Spark 提供的函数和转换操作，可以进行数据类型转换、修复格式错误等处理，确保数据的一致性和正确性。

2. 优化数据格式转换和压缩算法，减少数据传输和存储成本

在基于 Spark 的航空数据分析系统中，数据预处理与转换优化的一个重要方面是优化数据格式转换和压缩算法，以减少数据传输和存储成本。航空数据通常存在不同的格式和结构，而在分布式计算环境中，数据传输和存储是耗时且资源消耗较大的操作。因此，通过优化数据格式转换和使用有效的压缩算法，可以显著提高系统性能和资源利用效率。

在航空数据分析系统中，可以考虑使用以下方法优化数据格式转换和压缩算法。

- ❑ 数据格式转换：根据系统的需求和使用场景，选择适当的数据格式进行存储和传输。例如，可以使用 Parquet、ORC 或 Avro 等列式存储格式，这些格式具有高效的压缩和列式存储特性，能够减少存储空间，提高读取性能。通过将数据转换为更紧凑和高效的格式，可以减少存储需求并提高数据的读取速度。
- ❑ 数据压缩：采用合适的压缩算法对数据进行压缩，可以减少数据传输和存储的成本。Spark 提供了多种压缩算法的支持，如 Snappy、Gzip 和 LZO 等，根据数据的特点和压缩比要求，选择适当的压缩算法进行数据压缩。压缩后的数据可以减少磁盘存储空间，并且在数据传输过程中减少网络带宽的占用。
- ❑ 数据分区和压缩策略：对数据分区和压缩策略的优化，可以进一步减少数据传输和存储成本。根据数据的特点和分析需求，可以将数据分区为更小的单元，并应用压缩算法进行分区压缩。这样可以提高数据的局部性和访问效率，并减少不必要的数据传输。

3. 考虑合适的数据采样和分区策略，提高处理效率

在基于 Spark 的航空数据分析系统中，数据预处理与转换优化的一个重要方面是考虑合适的数据采样和分区策略，以提高处理效率。航空数据通常具有大量的记录和维度，而在大

规模数据集上执行分析任务可能会导致计算和存储资源的浪费。因此，通过采用适当的数据采样和分区策略，可以有效地减少数据量，提高处理效率，同时又保留了数据集的代表性。

在航空数据分析系统中，可以考虑使用以下方法优化数据采样和分区策略。

- ❑ 数据采样：根据分析任务的要求和目标，采用合适的数据采样方法来选择代表性的数据子集。例如，可以使用随机采样、均匀采样或分层采样等方法，确保采样数据能够准确反映整体数据集的特征。通过采样得到的数据子集可以更快地进行分析和测试，从而提高处理效率。
- ❑ 数据分区：根据数据的特点和处理需求，采用合适的数据分区策略将数据划分为更小的分区。分区可以根据航空数据的关键属性进行划分，如航空公司、航班号、时间窗口等。通过数据分区，可以提高并行处理的能力，使得 Spark 集群能够同时处理多个分区的数据，从而加快处理速度。
- ❑ 数据倾斜处理：在进行数据分区时，需要注意处理数据倾斜问题。数据倾斜是指某些数据分区中的数据量远远超过其他分区，导致计算不均衡，性能下降。为了处理数据倾斜问题，可以采用数据重分布技术，将数据重新分配到更多的分区中，从而均匀分布计算负载。另外，使用聚合键将具有相同键值的数据分组在一起，可以减少数据倾斜对性能的影响。

5.2.6　查询优化与性能优化

1．使用Spark SQL优化技巧

在基于 Spark 的航空数据分析系统中，查询优化是提高系统性能的重要一环。通过使用 Spark SQL 优化技巧，可以有效地改进查询的执行速度和资源利用效率，从而提升系统的整体性能。

首先，合理的查询计划是查询优化的关键。Spark SQL 使用 Catalyst 优化器生成查询计划，该优化器可以根据查询的语义和数据统计信息生成最优的执行计划。在航空数据分析系统中，可以根据具体的查询需求，使用合适的查询语句、操作符和函数，以及适当的数据过滤和聚合，来构建优化的查询计划。例如，通过选择合适的 Join 操作的顺序和 Join 算法，以及使用合适的窗口函数和分区操作，来优化查询的执行效率。

其次，索引的使用也对查询性能有重要影响。在航空数据分析系统中，根据具体的查询需求和数据特征，可以选择合适的字段作为索引，加快查询速度。例如，可以为常用的查询字段如航班号、航空公司、出发地和目的地等创建索引。索引可以加速数据的查找和匹配过程，减少查询的扫描量，从而提高查询的性能。

除了查询计划和索引的优化之外，还可以考虑其他 Spark SQL 的优化技巧，如列式存储、数据压缩和谓词下推等。这些技巧可以帮助用户更好地利用 Spark SQL 的优化能力，提高查询的执行效率和系统的整体性能。

2．处理数据倾斜问题

在基于 Spark 的航空数据分析系统中，处理数据倾斜问题是关键的性能优化任务之一。

数据倾斜是指在数据分布中某些特定键值的数据量远远超过其他键值，导致任务执行时间不均衡，资源利用不充分。

针对数据倾斜问题，可以采用多种技术来解决。一种常见的方法是数据重分布，即将数据重新分区，使每个分区中的数据量更加均衡。在航空数据分析系统中，可以根据航空数据的特征属性，如航班号、航空公司、出发地、目的地等进行数据的重新分区，确保每个分区中的数据量相对均衡。这样可以减少某些键值的数据量过大而导致性能瓶颈。

另一种常用的方法是使用聚合键（Aggregation Key）。通过合理选择聚合键，将具有相似特征或数据分布的键值聚合在一起，可以降低数据倾斜的影响。在航空数据分析系统中，可以根据业务需求选择合适的聚合键，如按照航空公司进行聚合，将具有相同航空公司的数据聚合在一起进行处理，这样可以减少数据倾斜问题，提高任务的并行度和整体性能。

3．利用数据缓存和预热机制，提高重复查询的性能

在基于 Spark 的航空数据分析系统中，经常会有一些重复性查询，即相同的查询会被频繁执行。为了提高系统的性能，可以利用数据缓存和预热机制来优化重复查询的执行效率。

数据缓存是将查询的结果存储在内存或磁盘中，以便后续查询可以直接从缓存中获取结果，避免重复的计算过程。对于航空数据分析系统中的常见查询，可以将查询结果缓存起来，以减少对底层数据的访问和计算开销。缓存机制可以通过 Spark 的缓存操作来实现，可以选择将结果缓存到内存中或者持久化到磁盘中，具体取决于系统的资源和查询的特性。

此外，预热机制是指在系统启动或查询执行之前，提前加载和计算一部分数据，以减少查询的延迟和响应时间。在航空数据分析系统中，可以根据业务需求和查询模式，选择预先加载和计算一些常用的数据集或指标，以供后续查询使用。预热机制可以通过定时任务或触发器来触发预加载操作，确保系统在高峰期能够快速响应查询请求。

5.2.7　并行计算与调度优化

1．调整并行度设置和优化任务的并行计算模型

在基于 Spark 的航空数据分析系统中，调整并行度设置和优化任务的并行计算模型是提高系统性能的重要步骤。通过合理配置并行度和优化任务的并行计算模型，可以充分利用集群资源，提高计算效率和吞吐量。

首先，调整并行度设置。并行度是指同时执行的任务数量，其可以通过配置 Spark 的参数来控制。在航空数据分析系统中，可以根据数据量、集群规模和任务复杂度等因素调整并行度的设置。如果数据量较大或者任务计算复杂度较高，可以增加并行度，使系统能够同时处理更多的任务，提高计算速度。但同时要考虑集群资源的限制，避免过度并行导致资源竞争，性能下降。

其次，优化任务的并行计算模型。在航空数据分析系统中，可能存在一些可以并行执行的任务或操作，如数据转换、特征提取和聚合计算等。针对这些任务，可以通过优化并行计算模型来提高系统性能。例如，使用并行的算法或数据结构，合理划分任务的阶段和子任务，充分利用 Spark 的并行计算能力。同时，考虑任务之间的依赖关系，尽量减少任务之间的等

待时间，提高整体的并行度和计算效率。

2. 提高数据局部性和数据本地性，减少数据传输开销

在基于 Spark 的航空数据分析系统中，数据的传输开销往往是影响性能的一个重要因素。为了减少数据传输开销，可以采取相应措施来提高数据局部性和数据本地性，使计算节点能够更高效地访问和处理本地的数据。

首先，通过合理的数据分区策略来提高数据局部性。数据分区是将数据划分为更小的片段，并将这些片段分布到不同的计算节点上进行并行处理。在航空数据分析系统中，可以根据数据的特性和访问模式，选择合适的分区策略，将相关的数据分布到同一个节点上，减少跨节点的数据传输。例如，可以根据航班号、日期范围或地理位置等因素进行分区，使得相关的数据存储在同一个节点上，提高数据的局部性。

其次，利用数据本地性来减少数据传输开销。数据本地性是指将计算任务调度到存储有相应数据的节点上执行，避免将数据传输到远程节点进行计算。在航空数据分析系统中，可以通过调整任务的调度策略和位置感知调度机制，将任务调度到存储有相关数据的节点上执行。这样可以减少数据的传输开销，提高计算的效率。此外，还可以考虑将热点数据缓存到内存中，使得热点数据能够更快地被访问和处理，进一步提高数据本地性和系统性能。

5.2.8 监控与优化策略

1. 使用合适的监控指标和工具来监控系统的性能

在优化基于 Spark 的航空数据分析系统的性能时，使用合适的监控指标和工具对系统进行实时监控是至关重要的。通过监控系统的性能指标，可以及时发现潜在的问题和瓶颈，并采取相应的优化策略，确保系统在高效运行状态下提供准确可靠的分析结果。

首先，选择合适的性能指标来监控系统。在航空数据分析系统中，常见的性能指标包括任务执行时间、资源利用率、内存使用情况、磁盘 I/O 速度等。通过监控这些指标，可以了解系统的整体性能表现和资源利用情况，发现潜在的性能问题。

其次，选用适当的监控工具来收集和分析性能数据。Spark 提供了一些内置的监控工具，如 Spark 监控器和 Spark 历史服务器等，可以用于实时监控和分析系统的运行情况。此外，还可以结合其他第三方监控工具，如 Ganglia 和 Prometheus 等，进行更全面的系统监控和性能分析。

在使用监控工具时，需要设定合适的阈值和警报机制。当系统性能超过或低于设定的阈值时，可以及时触发警报，通知管理员进行相应的优化和优化操作。这样可以及时应对潜在的性能问题，避免系统崩溃或性能下降。

2. 分析资源利用率和性能指标，及时发现问题并进行优化

在优化基于 Spark 的航空数据分析系统的性能时，对系统的资源利用率和性能指标进行分析是非常重要的。通过分析这些指标，可以及时发现系统中存在的问题，并采取相应的优化措施来提高系统的性能。

　　首先，关注系统的资源利用率。资源包括 CPU、内存、磁盘和网络等，在航空数据分析系统中，这些资源的合理利用将会影响系统的性能。通过监控和分析资源利用率，可以发现资源是否被充分利用，是否存在资源瓶颈或浪费的情况。例如，高 CPU 利用率意味着需要进行任务并行度的调整，而高内存利用率暗示数据分区或缓存机制需要优化。根据资源利用率的分析结果，可以针对性地进行系统优化，提高资源的利用效率，从而提升系统的性能。

　　其次，关注系统的性能指标。性能指标包括任务执行时间、数据传输速度和响应时间等，这些指标直接影响航空数据分析系统的性能和用户体验。通过监控和分析这些指标，可以了解系统的整体性能表现，并发现潜在的性能问题。例如，任务执行时间过长可能需要优化查询计划或数据分区策略，而高延迟的响应时间可能提示需要调整资源分配或并行度设置。通过对性能指标的分析，可以及时发现问题，并采取相应的优化策略，提升系统的性能和响应速度。

3. 采用有效的问题定位和优化策略，优化系统的瓶颈部分

　　在优化基于 Spark 的航空数据分析系统的性能时，采用有效的问题定位和优化策略是至关重要的。通过准确定位系统的瓶颈部分，并采取相应的优化措施，可以显著提升系统的性能和效率。

　　首先，针对航空数据分析系统的业务特点，识别系统的瓶颈部分。航空数据分析系统可能面临诸如数据量过大、复杂查询和数据倾斜等挑战。通过分析系统的工作流程和业务需求，确定可能影响系统性能的瓶颈，如数据加载阶段、数据转换操作、聚合计算等。准确识别瓶颈部分是进一步优化的基础。

　　其次，采用合适的问题定位方法深入分析瓶颈。可以使用 Spark 的性能分析工具，如 Spark 监控器、Spark 事件日志等收集系统的执行信息和事件记录。通过分析这些数据，可以确定产生瓶颈的具体原因，如数据倾斜、资源不足或调度问题等。在定位问题时，还可以使用 Spark 提供的诊断工具和日志，如 Spark 优化器、任务执行计划等，深入理解系统执行过程中产生的性能瓶颈。

　　最后，根据问题定位的结果，采取相应的优化策略来优化系统的瓶颈部分，包括调整任务并行度、优化数据分区、重新设计查询计划、使用合适的缓存机制等。根据具体情况，可以采取多种策略的组合，实现系统性能的整体提升。

　　通过以上优化步骤，能够显著提升基于 Spark 的航空数据分析系统的性能，使其能够高效地处理大规模的航空数据集，并提供快速准确的分析结果。通过优化系统架构和组件、优化数据流程和处理步骤、选择合适的数据分区和存储策略、优化任务调度与资源管理、优化数据预处理和数据转换、进行查询优化和性能优化，以及实施有效的监控与优化策略，能够全面提升系统的性能。

　　优化后的系统能够更好地利用集群资源，提高并行处理能力，减少数据存储空间和 I/O 开销，提高数据读取速度，并通过合理的任务调度和资源管理，确保任务在集群上均匀分布。此外，还可以采用数据压缩和转换算法来减少存储和传输成本，优化数据采样和分区策略来提高处理效率。

　　在查询优化和性能优化方面，利用 Spark SQL 优化技巧，合理规划查询计划和使用索引，处理数据倾斜问题，使用数据缓存和预热机制提高重复查询的性能，并调整并行度设置和优

化任务的并行计算模型，提高数据局部性，减少数据传输开销。

数据局部性主要用于描述程序访问数据的模式。在 Spark 等分布式计算框架中，数据局部性原则用来优化任务和数据之间的物理位置关系，以减少数据传输的开销，提高计算效率。

通过使用合适的监控指标和工具来监控系统的性能，并分析资源利用率和性能指标，能够及时发现问题并进行优化。采用有效的问题定位和优化策略，优化系统瓶颈，进一步提升系统的性能。

通过以上优化步骤，基于 Spark 的航空数据分析系统将能够以更高的效率和性能处理航空数据，为用户提供准确、快速的分析结果为航空领域的决策制定和业务运营提供强大的支持，同时也为未来的业务扩展提供可靠的基础。

第 6 章　不同场景的 Spark 性能优化

Spark 是一个强大的分布式计算框架，广泛应用于大规模数据处理和分析任务。在使用 Spark 进行数据处理和分析时，性能优化是提高任务执行效率的关键。本章将讨论在不同的场景下进行 Spark 性能优化的策略和技巧。

6.1　批处理模式的优化策略

在大规模数据处理中，批处理是一种常见的数据处理模式。本节将讨论在批处理场景下进行性能优化的策略和技巧。

6.1.1　数据倾斜优化之预聚合

在大规模数据处理中，数据倾斜是一个常见且具有挑战性的问题。当数据在 Spark 集群的分区中分布不均匀时，就会出现数据倾斜。这会导致某些任务比其他任务更加耗时，从而降低整个作业的执行效率。为了解决数据倾斜问题，可以采取以下策略。

1. 预聚合简介

预聚合（Pre-aggregation）是一种常用的优化策略，用于在数据处理中减少计算量，从而提高任务的性能。该策略特别适用于处理有数据倾斜问题的场景。

在数据倾斜的场景中，通常某些键值对的值特别大，导致在执行聚合操作时出现性能瓶颈。为了解决这个问题，预聚合策略可以在聚合操作之前对键值对进行部分聚合，从而减少后续的计算量和数据传输。

预聚合策略的执行原理如下：

（1）数据分区：原始数据首先会被分散到不同的分区中，这样可以确保具有相同键的数据在同一个分区内。

（2）本地聚合：在每个分区内部，针对具有相同键的数据，可以进行本地聚合操作。本地聚合将相同键的值进行合并，从而减少了数据量和计算量。

（3）分区间聚合：在每个分区完成本地聚合后，将聚合结果合并到一个全局的键值对 RDD 中。这个合并过程可以使用 reduceByKey 或 aggregateByKey 等聚合函数来实现。

2. reduceByKey函数的原理

原理上，reduceByKey 函数会对具有相同键的值进行聚合，并将结果生成一个新的键值对 RDD。它会在每个分区内部对相同键的值进行本地聚合，然后再将聚合结果合并到一个全局的键值对 RDD 中，减少了全局聚合时的数据量，从而提高性能。

reduceByKey 函数的实现过程如下：

（1）根据键对数据进行分区，确保具有相同键的数据在同一个分区内。

（2）在每个分区内部，对具有相同键的值进行本地聚合。应用用户提供的聚合函数来合并这些值，从而得到每个键的局部聚合结果。

（3）在每个分区内完成本地聚合后，将所有分区的聚合结果进行合并。这个过程是通过全局聚合具有相同键的结果实现的。

（4）reduceByKey 函数会生成一个新的键值对 RDD，其中每个键与全局聚合的结果对应。

通过对键值对进行预聚合，reduceByKey 函数可以减少在全局聚合阶段产生的数据倾斜现象。因为预聚合将具有相同键的值在每个分区内进行合并，将聚合结果压缩为一个较小的规模，从而减轻了后续全局聚合阶段的负担。这样可以提高作业的性能并降低数据倾斜带来的影响。

3. 演示预聚合过程

下面通过一个简单的示例来演示预聚合的过程。

假设有一个包含销售数据的键值对 RDD，其中，键表示产品类型，值表示销售额，需要计算每个产品类型的总销售额。然而，由于数据倾斜，某些产品类型的销售额特别大，导致在执行全局聚合时出现性能瓶颈。

原始数据如下：

```
1    ("Product A", 1000)
2    ("Product B", 500)
3    ("Product A", 2000)
4    ("Product C", 800)
5    ("Product A", 1500)
6    ("Product B", 7000)
7    ("Product C", 1200)
8    ("Product C", 3000)
```

在没有预聚合的情况下，直接使用 reduceByKey 函数进行全局聚合：

```
1    val salesRDD: RDD[(String, Int)] = ... // 假设有一个包含销售数据的键值对 RDD
2    val aggregatedRDD: RDD[(String, Int)] = salesRDD
3      .reduceByKey((x, y) => x + y)
4    aggregatedRDD.collect().foreach(println)
```

执行结果是在全局聚合时，数据倾斜的产品类型（如"Product B"）的值需要在不同的分区之间进行大量的数据传输和计算，导致性能下降。

为了解决这个问题，可以使用预聚合策略。在预聚合之前，可以先在每个分区内对相同键的值进行本地聚合。这样，每个分区都会得到一个局部聚合结果。

预聚合过程如下：

```
1    分区 1:
2    ("Product A", 1000) -> ("Product A", 3000)
3    ("Product A", 2000)
4    ("Product B", 500)  -> ("Product B", 500)
5
6    分区 2:
```

```
7    ("Product C", 800) -> ("Product C", 800)
8    ("Product A", 1500)-> ("Product A", 1500)
9
10   分区 3:
11   ("Product B", 7000) -> ("Product B", 7000)
12   ("Product C", 1200) -> ("Product C", 4200)
```

然后将这些局部聚合结果合并到一个全局的键值对 RDD 中：

```
1    ("Product A", 4500)
2    ("Product B", 7500)
3    ("Product C", 5000)
```

最后可以对这个全局聚合结果进行进一步的操作或分析。

除了使用 reduceByKey 等聚合函数进行预聚合之外，还有可以在代码中应用预聚合进行优化。

4. 使用累加器进行局部聚合

Spark 提供了累加器 Accumulator 机制，可以在分布式计算中进行全局聚合。可以创建自定义的累加器，然后在任务执行过程中将值累加到累加器中。通过使用累加器，在数据处理过程中可以进行预聚合操作，并将聚合结果传递给驱动程序。

假设有一个包含整数的 RDD，想要计算其中的正数和负数的个数，并使用累加器进行全局聚合，代码如下：

```
1    import org.apache.spark.{SparkConf, SparkContext}
2
3    // 创建 SparkContext
4    val conf = new SparkConf().setAppName("AccumulatorExample").setMaster
     ("local")
5    val sc = new SparkContext(conf)
6
7    // 创建一个累加器统计正数个数
8    val positiveCountAccumulator = sc.longAccumulator
     ("PositiveCountAccumulator")
9    // 创建一个累加器统计负数个数
10   val negativeCountAccumulator = sc.longAccumulator
     ("NegativeCountAccumulator")
11
12   // 原始数据 RDD
13   val numbersRDD = sc.parallelize(Seq(-1, 2, -3, 4, -5, 6, -7, 8, -9, 10))
14
15   // 使用累加器进行全局聚合
16   numbersRDD.foreach { number =>
17     if (number > 0) {
18       positiveCountAccumulator.add(1)            // 正数累加器加 1
19     } else if (number < 0) {
20       negativeCountAccumulator.add(1)            // 负数累加器加 1
21     }
22   }
23
24   // 打印累加器的结果
25   println(s"Positive Count: ${positiveCountAccumulator.value}")
26   println(s"Negative Count: ${negativeCountAccumulator.value}")
27
```

```
28  // 关闭 SparkContext
29  sc.stop()
30
```

在这个示例中首先创建了两个累加器，其中，positiveCountAccumulator 用于统计正数个数，negativeCountAccumulator 用于统计负数个数。

然后使用 foreach 函数遍历 RDD 中的每个元素，并根据元素的值增加相应的累加器。

5. 在代码中进行部分聚合

有一些情况下，可以通过在分区级别进行部分聚合来减少全局聚合的计算量。例如，可以使用 mapPartitions 函数在每个分区上执行局部聚合，并将聚合结果作为键值对返回。然后可以使用全局聚合算子（如 reduceByKey 函数）对这些局部聚合结果进行最终的合并。

```
1   import org.apache.spark.sql.SparkSession
2
3   // 创建 SparkSession
4   val spark = SparkSession.builder()
5     .appName("PartialAggregationExample")
6     .master("local")
7     .getOrCreate()
8
9   // 原始数据 RDD
10  val numbersRDD = spark.sparkContext.parallelize(Seq(1, 2, 3, 4, 5, 6, 7,
    8, 9, 10))
11
12  // 将数据分成两个分区
13  val partitionedRDD = numbersRDD.repartition(2)
14
15  // 在每个分区上进行部分聚合
16  val partialAggregationRDD = partitionedRDD.mapPartitions { numbers =>
17    var sum = 0
18    numbers.foreach { number =>
19      sum += number
20    }
21    Iterator(sum)
22  }
23
24  // 对部分聚合结果进行全局聚合
25  val finalResult = partialAggregationRDD.reduce(_ + _)
26
27  // 打印最终结果
28  println(s"Final Result: $finalResult")
29
30  // 关闭 SparkSession
31  spark.stop()
32
```

在这个示例中，首先将原始数据 RDD（这里是包含 1 到 10 的整数）分成两个分区，通过 repartition 函数实现。然后使用 mapPartitions 函数对每个分区进行部分聚合，在每个分区中，计算该分区的整数之和。

接下来，使用 reduce 函数对所有分区的部分聚合结果进行全局聚合，得到最终的结果。

☐注意：在实际应用中，部分聚合的方式可能因具体场景而异。上述示例仅为演示部分聚合的应用，在实际应用中需要根据数据的特点和计算需求选择合适的部分聚合逻辑。

6.1.2　数据倾斜优化之键值对重分区

1. 键值对重分区

数据倾斜经常发生在具有大量相同键值的情况下，而这些键值可能被分配到同一个分区中。通过将数据按照不同的键值重新分区，可以使数据更均匀地分布在整个集群中。在 Spark 中，可以使用 repartition 或 coalesce 函数进行重分区，以便将数据均匀地分布在多个分区中。

键值对重分区是一种 Spark 中的操作，用于重新分配键值对 RDD 的分区，以便更有效地进行并行计算。通过键值对重分区，可以改变 RDD 的数据分布，使相同键的数据被发送到同一个分区，从而提高计算效率。

在 Spark 中，可以使用 partitionBy 函数对键值对 RDD 进行重分区。partitionBy 函数操作需要一个分区器（Partitioner）作为参数，用于指定分区策略。

如下的例子演示了如何使用键值对重分区，代码如下：

```
1   import org.apache.spark.sql.SparkSession
2
3   // 创建 SparkSession
4   val spark = SparkSession.builder()
5     .appName("Key-Value Pair Redistribution Example")
6     .master("local")
7     .getOrCreate()
8
9   // 原始的键值对 RDD
10  val dataRDD = spark.sparkContext.parallelize(Seq(
11    ("A", 1), ("B", 2), ("C", 3), ("D", 4), ("E", 5)
12  ))
13
14  // 使用哈希分区器对键值对 RDD 进行重分区
15  val partitionedRDD = dataRDD.partitionBy(new org.apache.spark.
    HashPartitioner(2))
16
17  // 打印重分区后的分区数和每个分区的数据
18  partitionedRDD.glom().foreach { partition =>
19    println(s"Partition: ${partition.toList}")
20  }
21
22  // 关闭 SparkSession
23  spark.stop()
```

在这个示例中，首先创建了一个原始的键值对 RDD，其中包含 5 个键值对。

然后使用 partitionBy 函数对键值对 RDD 进行重分区。这里使用了 HashPartitioner 作为分区器，将 RDD 划分为 2 个分区。

最后使用 glom 函数将每个分区的数据收集到 Driver 程序中并打印出来。通过 glom 函数可以看到重分区后的 RDD 的分区情况及每个分区中的数据。

请注意，在实际应用中，可以根据数据的特点和需求选择合适的分区器，如 HashPartitioner、RangePartitioner 等，或者自定义分区器来满足具体的分布需求。

2．自定义分区器

下面演示如何自定义分区器来满足具体的分布需求，代码如下：

```
1   import org.apache.spark.sql.SparkSession
2
3   // 自定义分区器，根据键的首字母进行分区
4   class FirstLetterPartitioner(numPartitions: Int) extends org.apache.
    spark.Partitioner {
5     override def numPartitions: Int = numPartitions
6
7     override def getPartition(key: Any): Int = {
8       // 获取键的首字母并转换为小写
9       val letter = key.toString.charAt(0).toLower
10      letter.toInt % numPartitions        // 根据首字母的 ASCII 码对分区数取模
11    }
12  }
13
14  // 创建 SparkSession
15  val spark = SparkSession.builder()
16    .appName("Custom Partitioner Example")
17    .master("local")
18    .getOrCreate()
19
20  // 原始的键值对 RDD
21  val dataRDD = spark.sparkContext.parallelize(Seq(
22    ("Apple", 1), ("Banana", 2), ("Cherry", 3), ("Durian", 4), ("Elderberry", 5)
23  ))
24
25  // 使用自定义分区器对键值对 RDD 进行重分区
26  val partitionedRDD = dataRDD.partitionBy(new FirstLetterPartitioner(3))
27
28  // 打印重分区后的分区数和每个分区的数据
29  partitionedRDD.glom().foreach { partition =>
30    println(s"Partition: ${partition.toList}")
31  }
32
33  // 关闭 SparkSession
34  spark.stop()
35
```

在这个示例中首先定义了一个名为 FirstLetterPartitioner 的自定义分区器，它根据键的首字母进行分区。分区数由构造函数中的参数指定。然后创建了一个原始的键值对 RDD，其中包含 5 个键值对。

接着使用自定义分区器 FirstLetterPartitioner 对键值对 RDD 进行重分区，设置分区数为 3。最后使用 glom 函数将每个分区的数据收集到 Driver 程序中并打印出来。

在自定义分区器的 getPartition 函数中，根据键的首字母的 ASCII 码对分区数取模来确定键值对应的分区。

6.1.3　数据倾斜优化之调整分区数量

1．增加分区数量

如果在数据倾斜的情况下，仍然无法通过键值对重分区来解决问题，那么可以尝试增加

分区的数量，将数据更细粒度地分散在不同的计算节点上，从而减轻数据倾斜带来的压力。可以使用 repartition 或 coalesce 函数来增加分区的数量。

在 Spark 中，可以通过以下步骤来增加分区数量来优化数据倾斜。

使用 repartition 函数可以增加 RDD 的分区数量，并重新分配数据到新的分区。该操作会触发数据混洗，因此在处理大规模数据时需要谨慎使用，代码如下：

```
1   val repartitionedRDD = dataRDD.repartition(newNumPartitions)
```

使用 coalesce 函数也可以增加 RDD 的分区数量，但与 repartition 函数不同，coalesce 函数不会触发数据混洗，而是尽可能地合并现有的分区。这意味着在使用 coalesce 函数时，增加分区数量可能会导致数据分布不均匀，因此需要根据具体情况进行权衡，代码如下：

```
1   val coalescedRDD = dataRDD.coalesce(newNumPartitions)
```

🔔注意：通过增加分区数量，可以将数据更均匀地分布在更多的分区上，减轻数据倾斜的问题，提高作业的并行度和性能。但需要注意的是，增加分区数量可能会增加数据的存储和计算开销，因此需要根据具体场景和资源情况来选择合适的分区数量。

2. 其他算子增加分区数量

除了使用 repartition 和 coalesce 函数来增加分区数量之外，还有一些方法也可以增加分区数量。以下是一些常用的方法：

❑ 使用 repartitionByRange 函数：该函数是在 Spark 3.0 及以上版本中引入的新方法，它可以根据键的范围进行分区，并且支持增加分区数量。该操作会根据键的范围将数据均匀地分布到多个分区中，从而提高数据的均衡性，代码如下：

```
1   val repartitionedRDD = dataRDD.repartitionByRange(newNumPartitions,
    keyExtractor)
```

其中，keyExtractor 是一个函数，用于从键值对中提取键的值，以便根据键的范围进行分区。

使用 repartitionAndSortWithinPartitions 函数可以同时进行重分区和分区内排序。通过指定新的分区数量，并在每个分区内进行排序，可以实现数据的均衡分布和排序，代码如下：

```
1   val repartitionedSortedRDD = dataRDD.repartitionAndSortWithin
    Partitions(newNumPartitions)
```

repartitionAndSortWithinPartitions 函数会对每个分区内的数据进行排序，并将数据重新分布到新的分区。

3. 使用自定义分区器

如果对数据的分布有更精确的控制需求，可以使用自定义分区器来增加分区数量。通过实现 org.apache.spark.Partitioner 接口，并根据具体的分区逻辑进行分区，可以自定义分区器来满足特定的分布需求。

```
1   class CustomPartitioner(numPartitions: Int) extends org.apache.spark.
    Partitioner {
2     override def numPartitions: Int = numPartitions
3
4     override def getPartition(key: Any): Int = {
```

```
5        // 自定义分区逻辑
6      }
7    }
8
9    val partitionedRDD = dataRDD.partitionBy(new CustomPartitioner
     (newNumPartitions))
```

6.1.4 数据倾斜优化之广播变量

广播变量（Broadcast Variables）是在 Spark 中用于优化数据倾斜问题的一种技术。当处理数据倾斜问题时，某些任务可能会频繁地访问同一个较大的共享变量，而这会导致网络传输和计算效率低下。广播变量允许将共享变量以只读的方式高效地广播到所有工作节点上，以减少网络传输，从而提高任务的性能。

以下示例演示了如何使用广播变量来优化 Spark 的数据倾斜问题，代码如下：

```
1    import org.apache.spark.sql.SparkSession
2
3    // 创建 SparkSession
4    val spark = SparkSession.builder()
5      .appName("Broadcast Variables Example")
6      .master("local")
7      .getOrCreate()
8
9    // 创建一个需要广播的共享变量
10   val sharedData = Array(("A", 1), ("B", 2), ("C", 3))
11   val broadcastData = spark.sparkContext.broadcast(sharedData)
12
13   // 原始的键值对 RDD
14   val dataRDD = spark.sparkContext.parallelize(Seq(
15     ("A", 10), ("B", 20), ("C", 30), ("D", 40), ("E", 50)
16   ))
17
18   // 使用广播变量来优化数据倾斜
19   val resultRDD = dataRDD.map { case (key, value) =>
20     val sharedValue = broadcastData.value.find(_._1 == key).map(_._2).
       getOrElse(0)
21     (key, value + sharedValue)
22   }
23
24   // 打印计算结果
25   resultRDD.collect().foreach(println)
26
27   // 关闭 SparkSession
28   spark.stop()
29
```

在这个示例中，首先创建了一个需要广播的共享变量 sharedData，它是一个包含键值对的数组。然后使用 sparkContext.broadcast 函数将共享变量广播到所有工作节点上。

接下来创建了一个原始的键值对 RDD dataRDD，其中包含 5 个键值对。在 map 函数中，使用广播变量 broadcastData 获取每个键对应的共享值。通过调用 value 属性来访问广播变量的值，然后使用 find 函数在共享变量中查找匹配的键，并返回对应的共享值。如果找不到匹配的键，则使用 getOrElse 函数设置默认值为 0。最后，将键值对的值与共享值相加并返回结果。

通过使用广播变量，共享变量只需要在启动时传输一次，然后在每个工作节点上以只读方式访问，减少了网络传输开销，并提高了计算效率，从而优化了数据倾斜问题。

🔔注意：广播变量适用于共享的只读数据，不适用于需要频繁更新的数据。在使用广播变量时，需要根据具体的业务需求和数据特点进行调整。

6.1.5　数据倾斜优化之动态调整分区大小

动态调整分区大小是解决 Spark 数据倾斜问题的一种方法。根据数据分布情况和计算负载，动态调整分区大小，可以使数据更均匀地分布在不同的分区，从而提高作业的并行性和性能。

以下示例演示了如何通过动态调整分区大小来解决 Spark 数据倾斜问题，代码如下：

```
1   import org.apache.spark.sql.SparkSession
2
3   // 创建 SparkSession
4   val spark = SparkSession.builder()
5     .appName("Dynamic Partition Sizing Example")
6     .master("local")
7     .getOrCreate()
8
9   // 原始的键值对 RDD
10  val dataRDD = spark.sparkContext.parallelize(Seq(
11    ("A", 10), ("B", 20), ("C", 30), ("D", 40), ("E", 50)
12  ))
13
14  // 统计每个键的数据量
15  val counts = dataRDD.countByKey()
16
17  // 获取最大数据量和最小数据量
18  val maxCount = counts.values.max
19  val minCount = counts.values.min
20
21  // 计算动态调整的分区数
22  val numPartitions = (maxCount.toDouble / minCount.toDouble).ceil.toInt
23
24  // 使用动态调整的分区数重新对 RDD 分区
25  val resizedRDD = dataRDD.repartition(numPartitions)
26
27  // 执行相应的计算操作
28  ...
29
30  // 关闭 SparkSession
31  spark.stop()
32
```

首先，创建一个原始的键值对 RDD dataRDD，其中包含 5 个键值对。

其次，使用 countByKey 函数统计每个键的数据量，然后找到最大数据量和最小数据量，并计算动态调整的分区数。通过将最大数据量除以最小数据量并向上取整，得到一个动态调整的分区数。

最后，使用动态调整的分区数，通过 repartition 函数根据新的分区数将数据重新分配到不同的分区，实现更均匀的数据分布。

📑说明：在实际场景中，需要根据具体的业务需求和数据特点进行调整和优化。动态调整分
区大小是一种灵活的方法，可以根据数据的分布和计算的负载情况进行动态优化，
从而解决 Spark 数据倾斜问题。

6.1.6　数据倾斜优化之使用 Map Join 方法

Map Join 是一种常用的处理 Spark 数据倾斜问题的方法。它的原理是：对于一个参与连
接的较小的数据集（通常是引起数据倾斜的数据集），可以将其转换为一个广播变量，然后在
每个节点上使用 map 操作进行连接，从而减少网络传输开销，提高作业性能。

下面的示例演示了如何使用 Map Join 处理 Spark 数据倾斜问题，代码如下：

```
1   import org.apache.spark.sql.SparkSession
2
3   // 创建 SparkSession
4   val spark = SparkSession.builder()
5    .appName("Map Join Example")
6    .master("local")
7    .getOrCreate()
8
9   // 原始的两个键值对 RDD
10  val bigDataRDD = spark.sparkContext.parallelize(Seq(
11    ("A", 10), ("B", 20), ("C", 30), ("D", 40), ("E", 50)
12  ))
13  val smallDataRDD = spark.sparkContext.parallelize(Seq(
14    ("A", "Apple"), ("B", "Banana"), ("C", "Cherry")
15  ))
16
17  // 将小数据集转换为广播变量
18  val smallDataBroadcast = spark.sparkContext.broadcast(smallDataRDD.
    collectAsMap())
19
20  // 对大数据集进行 Map join 操作
21  val resultRDD = bigDataRDD.map { case (key, value) =>
22    val smallValue = smallDataBroadcast.value.get(key)
23    (key, (value, smallValue))
24  }
25
26  // 打印计算结果
27  resultRDD.collect().foreach(println)
28
29  // 关闭 SparkSession
30  spark.stop()
```

在这个示例中，有两个原始的键值对 RDD：bigDataRDD 和 smallDataRDD。其中，
bigDataRDD 是一个较大的数据集，smallDataRDD 是一个较小的数据集，可能是导致数据倾
斜的数据集。

首先，将较小的数据集 smallDataRDD 使用 collectAsMap 函数收集为一个 Map，并通过
broadcast 函数将其转换为一个广播变量 smallDataBroadcast。

然后，对较大的数据集 bigDataRDD 使用 map 函数进行 Map Join 操作。在每个节点上，
通过访问广播变量 smallDataBroadcast 的值，可以从中获取与当前键匹配的小数据集的值。
最后，将结果组合为一个键值对，其中键保持不变，值是由较大数据集的值和较小数据集的

值组合而成。

使用 Map Join，避免了通过网络传输较小数据集进行 Join 操作，而是将较小数据集以广播变量的形式在每个节点上进行本地访问，从而减少了网络开销，提高了性能。

📄 说明：Map Join 这种方法和 6.1.4 小节的广播变量的优化原理其实是一样的，需要注意的是，Map Join 适用于较小的数据集和较大的数据集进行 Join 操作。如果两个数据集都很大，则不适合使用 Map Join 方法。在实际场景中，需要根据数据大小、计算需求和资源限制选择合适的 Join 方法处理数据倾斜问题。

6.1.7　数据倾斜优化之随机前缀和扩容 RDD

通过为参与连接的较大数据集添加随机前缀，并对较小的数据集进行扩容，使数据均匀分布，可以减少数据倾斜产生的影响。

（1）原始数据集：假设有两个原始的键值对 RDD，其中一个 RDD 是较大的数据集，可能导致数据倾斜，另一个 RDD 是较小的数据集。希望将它们进行 Join 操作。

（2）添加随机前缀：对于较大的数据集，可以为其每个键添加一个随机前缀。这可以通过使用 map 函数和生成随机数的方式来实现。这样，每个键具有不同的前缀，从而打破了原始数据集中键的分布模式。

（3）扩容 RDD：对较小数据集进行操作，通过扩容 n-1 倍数，从而使数据份数和添加的随机前缀的最大值相等。然后对每个键添加 1 到 n 的前缀，这样就得到了扩容后的 RDD。

（4）进行 Join 操作：有一个添加了随机前缀的较大数据集和一个扩容处理的较小的数据集。可以使用常规的 Join 操作（如 join 或 cogroup 函数）对它们进行连接。较大的数据集经过添加随机前缀，数据会均匀地分布在不同的分区，减少了数据倾斜的发生。

假设有两个键值对 RDD：bigDataRDD 和 smallDataRDD，希望对它们进行 Join 操作来处理数据倾斜问题，代码如下：

```scala
import org.apache.spark.sql.SparkSession
import scala.util.Random

// 创建 SparkSession
val spark = SparkSession.builder()
  .appName("Random Prefix and Repartition Example")
  .master("local")
  .getOrCreate()

// 原始的两个键值对 RDD
val bigDataRDD = spark.sparkContext.parallelize(Seq(
  ("A", 10), ("B", 20), ("C", 30), ("D", 40), ("E", 50)
))
val smallDataRDD = spark.sparkContext.parallelize(Seq(
  ("A", "Apple"), ("B", "Banana"), ("C", "Cherry")
))

// 为较大数据集添加随机前缀
val randomPrefixRDD = bigDataRDD.map { case (key, value) =>
  val randomPrefix = Random.nextInt(10)
  (randomPrefix.toString + "_" + key, value)
```

```
23    }
24
25    // 扩容较小数据集
26    val expandedRDD = smallDataRDD.flatMap { case (key, value) =>
27      (0 to 9).map(i => (i + "_" + key, value))
28    }
29
30    // 进行 Join 操作
31    val resultRDD = expandedRDD.join(randomPrefixRDD)
32
33    // 打印计算结果
34    resultRDD.collect().foreach(println)
35
36    // 关闭 SparkSession
37    spark.stop()
38
```

在这个示例中，首先创建了两个原始的键值对 RDD：bigDataRDD 和 smallDataRDD。其中，bigDataRDD 是较大的数据集，可能会导致数据倾斜，而 smallDataRDD 是较小的数据集。

接下来对较大的数据集进行处理。首先使用 map 函数为每个键添加一个随机前缀，这里使用了 Random.nextInt(10) 来生成一个 0～9 的随机数作为前缀。然后使用 flatMap 函数将较小的数据集的每个键复制 10 次，并添加 0～9 的数字前缀，以扩大小数据集的大小，从而匹配添加随机前缀的大表。

最后，使用常规的 Join 函数操作将扩容后的较小数据集 expandedRDD 和较大数据集 randomPrefixRDD 进行 Join 操作。

通过随机前缀和扩容 RDD 进行连接处理，能够改变较大数据集中键的分布模式，从而使数据均匀地分布，减轻了数据倾斜问题带来的影响，从而得到更加平衡的连接结果，提高了作业的性能。

6.1.8　数据倾斜优化之采样倾斜 key

1. 采样倾斜key

采样倾斜 key 的原理是通过采样倾斜的 key 来获取倾斜的程度，并将数据倾斜的表和另一个表按照倾斜的 key 进行分拆，再分别进行 Join 操作，最后合并结果。

具体来说，采样倾斜的 key 可以帮助确定倾斜的程度，进而决定如何进行分拆和处理。通过将倾斜的数据拆分为多个部分，可以将倾斜的压力分散到多个任务中，提高并行处理的能力。同时，根据倾斜 key 进行 Join 操作可以确保倾斜数据能够匹配到正确的对应数据，从而得到正确的结果。

下面是采样倾斜 key 过程的详细说明。

（1）采样倾斜的 key。

针对数据倾斜的表，通过采样算法选择一部分倾斜的 key 作为样本。采样样本的目的是确定倾斜的 key 和倾斜程度。

（2）分拆数据倾斜的表。

根据采样得到的倾斜 key，对数据倾斜的表进行分拆。分拆的策略是根据是否包含倾斜

key 来进行拆分，将包含倾斜 key 的数据和不包含倾斜 key 的数据分开。

分拆后的两个子表分别为倾斜表（包含倾斜 key 的数据）和非倾斜表（不包含倾斜 key 的数据）。

（3）分拆另一个表。

根据倾斜表的倾斜 key，将另一个表也进行相同的分拆操作。这样可以确保倾斜表和另一个表的分拆方式一致。

（4）进行 Join 操作。

对倾斜表和另一个表中包含倾斜 key 的数据进行 Join 操作，使它们匹配。

同时，对倾斜表和另一个表中不包含倾斜 key 的数据进行 Join 操作，将它们匹配起来。

（5）合并结果。

将两次分拆的 Join 结果进行 union 操作，合并为最终的结果。

2. 案例演示

假设有两个表，一个是订单表（order_table），另一个是商品表（product_table）。在实际情况中，订单表中的某些商品可能会出现数据倾斜，即某个商品的订单数量远远超过其他商品。

以下是使用采样倾斜 key 并分拆 Join 操作处理数据倾斜的示例代码：

```
1    // 1. 采样倾斜 key
     // 采样 10%的数据作为倾斜 key 的样本
2    val skewedKeys = order_table.sample(false, 0.1)
3
4    // 2. 分拆数据倾斜的表
5    val skewedOrders = order_table.filter(row => skewedKeys.contains
     (row.productId))
6    val nonSkewedOrders = order_table.filter(row => !skewedKeys.contains
     (row.productId))
7
8    // 3. 分拆另一个表
9    val skewedProducts = product_table.filter(row => skewedKeys.contains
     (row.productId))
10   val nonSkewedProducts = product_table.filter(row => !skewedKeys.contains
     (row.productId))
11
12   // 4. 进行 Join 操作
13   val skewedJoinResult = skewedOrders.join(skewedProducts, "productId")
14   val nonSkewedJoinResult = nonSkewedOrders.join(nonSkewedProducts, "productId")
15
16   // 5. 合并结果
17   val finalResult = skewedJoinResult.union(nonSkewedJoinResult)
18
```

在上述示例中，首先采样订单表的 10%数据作为倾斜 key 的样本。然后根据这些倾斜 key 将订单表进行分拆，分为倾斜订单表（skewedOrders）和非倾斜订单表（nonSkewedOrders）。同时，根据倾斜 key 将商品表也进行相同的分拆，得到倾斜商品表（skewedProducts）和非倾斜商品表（nonSkewedProducts）。

接下来对倾斜订单表和倾斜商品表进行 Join 操作，将它们匹配起来，得到倾斜商品表。同时，对非倾斜订单表和非倾斜商品表进行 Join 操作，得到非倾斜商品表。

最后，将倾斜商品表和非倾斜商品表进行 union 操作，合并为最终的结果 finalResult。

通过这种方式，可以将倾斜 key 的处理任务分散到多个任务中，避免了单个任务的负载过重，提高了作业的并行度和性能。

📝说明：这种方法也有一些限制和注意事项。采样得到的倾斜 key 需要能够代表整个数据集的倾斜情况，如果采样不准确或者倾斜的程度变化较大，可能会导致结果不理想。此外，分拆和连接的过程可能会增加额外的计算开销和通信开销，需要根据具体情况来权衡。

6.1.9 数据倾斜优化之过滤特定数据

1. 过滤非法数据

通过过滤特定数据处理数据倾斜的原理是将包含非法数据的键筛选出来，并将其从数据集中移除。这样可以减少非法数据对计算任务的影响，提高任务的整体性能。

以下示例演示了如何通过过滤特定数据来处理数据倾斜问题，代码如下：

```
1    // 定义过滤函数，判断数据是否为非法数据
2    def isIllegalData(data: (String, Int)): Boolean = {
3      // 进行非法数据的判断逻辑，根据实际情况编写
4      // 如果返回true，表示数据为非法数据，需要过滤；如果返回false，表示数据合法，不
         需要过滤
5      // 假设非法数据的键以 "illegal_" 开头
6      data._1.startsWith("illegal_")
7    }
8
9    // 过滤非法数据
10   val filteredData = dataRDD.filter(record => !isIllegalData(record))
11
12   // 处理非倾斜数据
13   val nonSkewedData = filteredData
14     // 进行常规的处理操作
15
16   // 合并结果
17   val resultRDD = nonSkewedData
18
```

在上述示例中，定义了一个过滤函数 isIllegalData，用于判断数据是否为非法数据。根据实际情况编写判断逻辑，例如判断键是否以特定前缀开头或满足某些特定条件。然后，使用 filter 操作将非法数据过滤出去，得到过滤后的数据集 filteredData。接下来，可以对非倾斜数据进行常规的处理操作，得到最终的结果数据集 resultRDD。

通过过滤特定数据，可以排除非法数据对数据倾斜产生的影响，提高数据处理的效率和准确性，这是处理数据倾斜的一种有效方法。

2. 过滤不重要的倾斜key

当处理数据倾斜时，除了过滤非法数据外，有时还可以通过过滤不重要的倾斜键来减轻数据倾斜产生的影响。不重要的倾斜键是指在计算结果中占比较小或对最终结果影响较

小的键。

以下示例演示了通过过滤不重要的倾斜键处理数据倾斜问题的过程，代码如下：

```
1    // 定义过滤函数，判断是否为不重要的倾斜键
2    def isUnimportantSkewedKey(key: String): Boolean = {
3      // 根据实际情况编写判断逻辑，判断键是否为不重要的倾斜键
4      // 如果返回 true，表示键不重要，需要过滤；如果返回 false，表示键重要，不需要过滤
5      // 假设键以 "unimportant_" 开头的为不重要的倾斜键
6      key.startsWith("unimportant_")
7    }
8
9    // 过滤不重要的倾斜键
10   val filteredData = dataRDD.filter(record => !isUnimportantSkewedKey
     (record._1))
11
12   // 处理倾斜数据
13   val skewedData = filteredData
14     // 进行特殊处理，例如采用前面提到的随机前缀和扩容 RDD 进行连接等方式处理倾斜
15
16   // 处理非倾斜数据
17   val nonSkewedData = filteredData
18     // 进行常规的处理操作
19
20   // 合并结果
21   val resultRDD = skewedData.union(nonSkewedData)
```

首先，定义了一个过滤函数 isUnimportantSkewedKey，用于判断是否为不重要的倾斜键。根据实际情况编写判断逻辑，如判断键的出现频率、占比等指标，如果不重要则返回 true，表示需要过滤。接着，使用 filter 操作将不重要的倾斜键过滤出去，得到过滤后的数据集 filteredData。

其次，根据具体情况，对倾斜数据和非倾斜数据进行不同的处理。倾斜数据可以采用前面提到的各种方法进行特殊处理，如使用随机前缀和扩容 RDD 进行连接操作，而非倾斜数据则可以进行常规的处理操作。

最后，将处理后的倾斜数据和非倾斜数据进行合并，得到最终的结果数据集 resultRDD。如果过滤出来的倾斜数据确实没有用，直接丢弃即可。

6.1.10　数据倾斜优化之组合策略

组合策略是组合多个处理数据倾斜的方法，可以进一步提高对 Spark 数据倾斜的处理效果。以下示例演示了如何将几个处理数据倾斜的方法组合到一个任务中，代码如下：

```
1    // 采样倾斜键并分拆数据
     // 采样倾斜键
2    val sampledKeys = skewedData.sample(false, 0.1, 42).keys.collect()
3    val skewedKeys = sampledKeys.filter(isSkewedKey)      // 过滤出真正的倾斜键
4    val nonSkewedKeys = sampledKeys.filter(!isSkewedKey) // 过滤出非倾斜键
5
6    val skewedRDD = skewedData.filter(record => skewedKeys.contains
     (record._1))                                    // 过滤出倾斜数据
7    val nonSkewedRDD = skewedData.filter(record => nonSkewedKeys.contains
     (record._1))                                    // 过滤出非倾斜数据
```

```
 8
 9    // 处理倾斜数据
10    val processedSkewedRDD = skewedRDD
11      // 对倾斜键进行处理
12      .map(record => (processSkewedKey(record._1), record._2))
13      .reduceByKey(_ + _)                         // 聚合倾斜键数据
14
15    // 处理非倾斜数据
16    val processedNonSkewedRDD = nonSkewedRDD
17      // 对非倾斜键进行处理
18      .map(record => (processNonSkewedKey(record._1), record._2))
19      .reduceByKey(_ + _)                         // 聚合非倾斜键数据
20
11    // 合并结果
22    val resultRDD = processedSkewedRDD.union(processedNonSkewedRDD)
23
```

首先，进行采样操作，获取倾斜键的样本。接着根据采样得到的倾斜键将数据进行分拆，得到倾斜数据和非倾斜数据。

其次，分别对倾斜数据和非倾斜数据应用不同的处理方法。对于倾斜数据，使用 processSkewedKey 函数对倾斜键进行处理，如使用随机前缀、扩容 RDD 等方法。而对于非倾斜数据，使用 processNonSkewedKey 函数进行处理，可以是常规的处理操作。

最后，将处理后的倾斜数据和非倾斜数据进行合并，得到最终的结果数据集 resultRDD。

通过组合多个处理数据倾斜的方法，可以针对不同类型的数据采取不同的处理方法，提高了数据处理的整体效率和准确性。

🔲注意：示例中的 processSkewedKey 和 processNonSkewedKey 函数需要根据实际情况进行编写，具体的处理方法根据业务需求来确定。另外，4.4.7 小节介绍的案例就是一个很好的组合策略解决数据倾斜的办法。

6.1.11　基于内存的 Shuffle 操作优化

基于内存的 Shuffle（In-Memory Shuffle）是一种优化策略，它可以显著提高 Shuffle 操作的性能。通过将 Shuffle 数据存储在内存中而不是磁盘上，减少了磁盘 I/O 的开销，从而加快了 Shuffle 的速度。

传统的 Shuffle 操作需要将数据写入磁盘，然后在下一个阶段再从磁盘读取数据然后进行处理。这会引入大量的磁盘读写操作，限制了数据处理任务的整体性能。而基于内存的 Shuffle 通过在内存中存储 Shuffle 数据，避免了磁盘 I/O 的开销，极大地提高了 Shuffle 操作的效率。

在基于内存的 Shuffle 中，当一个 Shuffle Map 任务完成后，它会将 Shuffle 数据直接写入 Executor 节点的内存数据结构（称为 Shuffle 内存缓冲区）中。然后，Reducer 任务可以直接从内存中的缓冲区中获取数据，而不需要进行磁盘读取操作。这样可以避免磁盘 I/O 带来的延迟，并且在内存中进行数据传输的速度更快。

为了使用基于内存的 Shuffle，需要配置 spark.shuffle.manager 参数为 sort，以启用 Sort-Based Shuffle 机制，并且将 spark.shuffle.memoryFraction 参数设置为较大的值，以分配更

多的内存给 Shuffle 操作。可以通过合理的调整 spark.shuffle.memoryFraction 参数来平衡内存使用和其他任务的需求。

😊注意：基于内存的 Shuffle 适用于内存充足的情况，因为 Shuffle 数据存储在内存中会占用大量的内存空间。如果内存不足，可能会导致内存溢出或者性能下降。因此，在使用基于内存的 Shuffle 时，需要仔细评估可用的内存资源，并适当调整相关参数。

总之，基于内存的 Shuffle 是一种优化策略，通过将 Shuffle 数据存储在内存中而不是磁盘上，减少了磁盘 I/O 的开销，从而提高了 Shuffle 操作的效率。通过合理配置相关参数，可以充分利用可用的内存资源，加快大规模数据处理任务的执行速度。

6.1.12　基于 Sort 的 Shuffle 操作优化

基于 Sort 的 Shuffle（Sort-Based Shuffle）是一种在 Spark 中常用的 Shuffle 优化策略，它使用排序算法来减少磁盘 I/O，提高 Shuffle 操作的效率。

在传统的 Shuffle 操作中，Map 任务将数据写入磁盘的中间文件，然后 Reducer 任务从这些文件中读取数据进行聚合和计算。这种方式会涉及大量的磁盘读写操作，对性能产生较大的影响。

而基于 Sort 的 Shuffle 则采用了一种更高效的方式来处理 Shuffle 过程。它通过对 Map 任务输出的数据进行局部排序和合并，减少写入磁盘的中间数据量，从而降低磁盘 I/O 的开销。

具体而言，基于 Sort 的 Shuffle 的流程如下：

（1）Map 任务将数据按照指定的分区规则划分为若干个分区，并对每个分区进行局部排序。

（2）排序后的数据被写入磁盘的中间文件，但每个 Reducer 任务只需要读取属于自己分区的数据，不需要读取其他分区的数据。

（3）Reducer 任务从磁盘中读取属于自己分区的数据，并进行最终的聚合和计算。

基于 Sort 的 Shuffle 的优势如下：

❑　减少了磁盘 I/O：通过局部排序和合并，大大减少了写入磁盘和读取磁盘的数据量，从而降低了磁盘 I/O 的开销，提高了任务的整体性能。

❑　减少了网络传输：由于每个 Reducer 任务只需要读取属于自己分区的数据，因此可以减少节点间的数据传输量，减轻了网络负载。

在 Spark 中，默认使用基于 Sort 的 Shuffle 机制。此外，Spark 还提供了一些参数和配置项，可以对基于 Sort 的 Shuffle 进行进一步的优化和优化。例如，可以通过调整 spark.shuffle.sort.bypassMergeThreshold 参数来控制是否绕过排序步骤，根据数据量的大小决定是否进行排序操作。

总之，基于 Sort 的 Shuffle 是一种常用的 Shuffle 优化策略，在 Shuffle 过程中通过局部排序和合并减少磁盘 I/O，从而提高了 Shuffle 操作的效率。在大规模数据处理任务中，合理使用基于 Sort 的 Shuffle 可以显著提升 Spark 应用的性能。

6.1.13　基于压缩和序列化的 Shuffle 操作优化

压缩和序列化是优化 Shuffle 操作的重要策略之一。通过使用压缩和序列化技术，可以减少数据传输的开销，提高 Shuffle 操作的效率和性能。

1. 压缩

在 Shuffle 操作的过程中，数据传输通常是一个性能瓶颈。通过使用压缩算法可以减少数据传输量，从而减少网络传输的开销。Spark 提供了多种压缩算法可以选择，包括 Snappy、LZ4 和 Gzip 等。可以通过配置 spark.shuffle.compress 参数来启用压缩，默认情况下为关闭状态。启用压缩后，Shuffle 数据会在传输过程中进行压缩和解压缩操作，以减少数据传输的数量。

2. 序列化

Shuffle 操作涉及数据的传输和存储，数据的序列化和反序列化过程会占用一定的时间和资源。选择高效的序列化机制可以减少序列化和反序列化的开销。在 Spark 中，默认的序列化机制是 Java 的 Object Serialization（Java 序列化），但它的性能较低。更常用的选择是使用 Kryo 序列化器，它是一个高效、快速的二进制序列化框架，可以显著减少数据的序列化大小和序列化/反序列化的时间。通过配置 spark.serializer 参数为 org.apache.spark.serializer.KryoSerializer，可以启用 Kryo 序列化器。

压缩和序列化的优化策略可以同时应用于 Shuffle 的 Map 端和 Reduce 端，以减少数据传输和存储的开销。

注意：在选择压缩和序列化策略时，需要权衡压缩比率、压缩和解压缩的开销，以及序列化和反序列化的性能。不同的压缩算法和序列化器适用于不同的数据类型和场景，需要根据实际情况进行评估和选择。

总之，通过使用压缩和序列化技术可以减少 Shuffle 操作的数据传输量和存储开销，提高性能。通过配置合适的压缩算法和选择高效的序列化机制，可以在 Shuffle 操作的过程中减少网络传输、磁盘 I/O 和 CPU 开销，从而加快大规模数据处理任务的执行速度。

6.1.14　基于增量式的 Shuffle 操作优化

增量式 Shuffle 是一种 Shuffle 操作的优化策略，旨在减少 Shuffle 过程中的数据移动和存储开销，提高 Shuffle 的效率和性能。

传统的 Shuffle 操作通常需要将所有 Map 任务的输出数据写入磁盘文件，然后进行数据的排序、合并和传输给 Reducer 任务。这种方式对于大规模数据集来说，可能会产生大量的磁盘 I/O 和网络传输，导致在 Shuffle 操作过程中产生性能瓶颈。

增量式 Shuffle 则尝试通过减少数据移动和存储来优化 Shuffle 操作。其核心思想是将 Shuffle 过程划分为多个阶段，在每个阶段中只处理部分数据，以减少数据的移动和存储量。

具体而言，增量式 Shuffle 策略包含以下步骤：

（1）预聚合（Pre-aggregation）：在 Map 任务阶段，对部分数据进行预聚合操作。这样可以减少需要传输和存储的数据量，以及后续阶段的计算开销。

（2）局部 Shuffle（Local Shuffle）：在 Map 任务结束后，将预聚合的数据传输给 Reducer 任务所在节点的内存，进行局部 Shuffle。这个阶段可以在内存中进行，减少了磁盘 I/O 的开销。

（3）最终 Shuffle（Final Shuffle）：在局部 Shuffle 结束后，将各个 Reducer 任务所需的数据进行传输和排序，然后传递给相应的 Reducer 任务进行最终的聚合和计算。

通过增量式 Shuffle，可以在 Map 任务和 Reducer 任务之间减少数据的移动和存储量。预聚合和局部 Shuffle 阶段可以减少磁盘 I/O 和网络传输的开销，提高 Shuffle 操作的效率。

注意：增量式 Shuffle 需要根据具体的应用场景和数据特点来设计和实现。它可能会引入一些额外的开销，如预聚合的逻辑和数据管理的处理。因此，在使用增量式 Shuffle 时需要评估性能优势和实现复杂度。

总之，增量式 Shuffle 是一种优化 Shuffle 操作的策略，通过减少数据移动和存储开销来提高 Shuffle 的效率。通过预聚合、局部 Shuffle 和最终 Shuffle 的阶段化处理，可以降低磁盘 I/O 和网络传输的开销，加快大规模数据处理任务的执行速度。

6.2　流式处理场景的优化策略

在流式处理中，数据以连续的方式到达，并且需要实时处理和响应。Apache Spark 提供了强大的流处理功能，通过结合 Spark Streaming 和 Structured Streaming，可以处理实时数据流。在处理大规模数据流时，需要考虑一些优化策略来提高 Spark 流处理任务的处理速度和应对大规模数据的能力。

6.2.1　批处理间隔优化

在流式处理中，批处理间隔是指将实时数据流切分成一批批小数据块进行处理的时间间隔。优化批处理间隔可以在延迟和吞吐量之间进行权衡，以满足应用程序的实时性需求和处理能力。

流式处理可以以不同的批处理间隔方式运行，可以根据应用程序的需求选择合适的间隔。较小的批处理间隔可以提供更低的延迟，但可能会导致更多的处理开销。较大的批处理间隔可以降低处理开销，但会增加延迟。因此，需要根据应用程序的实时性需求和处理能力选择适当的批处理间隔。

以下是优化批处理间隔需要考虑的因素。

❑ 实时性需求：首先要考虑应用程序的实时性需求。如果应用程序需要快速响应和低延迟，则较小的批处理间隔是合适的选择。这意味着更频繁地触发处理操作，使数据更快地被处理和输出。但是，较小的批处理间隔可能会增加处理开销。

❑ 处理能力：考虑集群的处理能力和资源情况。较小的批处理间隔会增加处理开销，因为需要更频繁地启动和停止任务。如果集群的处理能力有限，较小的批处理间隔可能会导致任务堆积和延迟增加。在这种情况下，可以选择适当的批处理间隔来平衡 Spark 流处理任务的实时处理速度和集群处理数据的能力。

❑ 数据量：考虑实时数据流的数据量和速率。较大的数据量可能需要较长的批处理间隔，以降低处理开销，减少任务启动和停止的频率。较小的数据量可以使用较小的批处理间隔，以实现更低的延迟。

❑ 系统负载：监控系统负载情况，包括 CPU、内存和网络使用情况等。根据系统负载情况，调整批处理间隔，可以避免过度占用资源，保持系统的稳定性。

对于 Spark Streaming 应用程序，可以通过设置 spark.streaming.batchDuration 参数来调整批处理间隔。该参数定义了每个批处理的时间间隔，以毫秒（ms）为单位。较小的值表示较小的批处理间隔和较高的处理开销。较大的值表示较大的批处理间隔和较低的处理开销。

下面是一个使用 Spark Streaming 的 Scala 示例，展示了如何设置和优化批处理间隔，代码如下：

```scala
import org.apache.spark.SparkConf
import org.apache.spark.streaming.{Seconds, StreamingContext}

// 创建 Spark 配置
val conf = new SparkConf().setAppName("StreamingExample")
// 创建 StreamingContext，设置批处理间隔为 5s
val ssc = new StreamingContext(conf, Seconds(5))

// 设置日志级别为 WARN 或 ERROR，以减少输出信息
ssc.sparkContext.setLogLevel("WARN")

// 创建 DStream，从 TCP Socket 接收数据
val lines = ssc.socketTextStream("localhost", 9999)

// 在 DStream 上进行一些操作，这里只是简单地打印每行文本
lines.foreachRDD { rdd =>
  rdd.foreach(println)
}

// 启动流式处理
ssc.start()
ssc.awaitTermination()
```

在上述示例中，StreamingContext 被创建并设置批处理间隔为 5s（Seconds(5)）。可以根据需要调整这个值来优化批处理间隔。

🔔注意：上述示例只展示了批处理间隔的设置和基本操作，在实际应用程序中可能需要进行更复杂的数据处理。

6.2.2　状态管理优化

在流式处理中，状态管理是一项关键任务，因为它涉及在不同批处理之间维护和更新状

态信息。为了优化状态管理，可以考虑以下策略：

❑ 使用内存存储：将状态信息存储在内存中而不是磁盘上，可以大大提高读写速度。Spark 提供了多种内存存储选项，如使用 MemoryAndDisk 或 Memory 模式。可以在 StreamingContext 中通过 sparkContext.conf.set("spark.streaming.stateStore.providerClass", "org.apache.spark.streaming.state.HDFSBackedStateStoreProvider")设置内存存储状态。

❑ 合并状态更新：当多个批处理间隔内的状态更新操作重叠时，可以使用 updateStateByKey 或 mapWithState 等操作将它们合并，减少写入和读取状态的次数。这样可以避免不必要的状态读写操作，提高操作效率。

❑ 定期清理过期的状态信息：为了减少存储开销，需要定期清理过期的状态信息。可以使用 Spark 的过期数据管理机制来处理过期状态，例如使用 mapWithState 的 timeout 参数或使用 StateSpec.function 的过期时间戳。

❑ 分区管理：在状态管理中，分区的数量和分配对性能和可伸缩性至关重要。通过调整分区的数量，可以平衡状态管理的负载并提高并行处理能力。可以使用 repartition 或 coalesce 操作来增加或减少分区的数量，根据数据规模和集群资源进行调整。

❑ 持久化和检查点：在状态管理中使用检查点和持久化机制是很重要的。通过定期将状态信息写入如 HDFS 或数据库进行持久化存储，可以确保在应用程序失败或重启后能够恢复状态。使用检查点机制可以定期保存应用程序的元数据和状态信息，以便在故障发生时能够快速恢复。

❑ 状态大小控制：要注意控制状态的大小，特别是在处理大规模数据流时。过大的状态会增加内存和存储开销，并可能导致性能下降。可以考虑使用状态清理策略，例如只保留最新的状态或按时间窗口进行状态维护。

❑ 状态大小指 Spark Streaming 中的状态数据的数量。状态数据是在 Spark 流处理任务中用于记录和处理的中间数据。当处理的数据流规模较大时，状态数据可能会变得很大，需要更多的内存和存储资源。因此，控制状态数据的大小非常重要。

通过结合上述策略，可以优化流式处理中的状态管理，提高应用的处理性能和可伸缩性。需要根据具体的应用程序需求和资源限制来选择适合的优化策略。

6.2.3　窗口操作优化

在流式处理中，窗口操作用于处理一定时间范围内的数据。优化窗口操作可以提高性能和灵活性。以下是一些窗口操作优化的策略。

❑ 时间窗口的长度选择：选择合适的窗口大小是优化窗口操作的关键。较小的窗口可以提供更低的延迟，但会增加处理方面的开销。较大的窗口可以减少处理开销，但会增加延迟。需要根据应用程序的实时性需求和处理能力选择适当的窗口大小。可以通过调整时间窗口的长度来平衡延迟和处理方面的开销。

❑ 滑动间隔调整：滑动窗口操作允许在指定时间间隔内处理数据。调整滑动间隔可以对性能产生影响。较小的滑动间隔可以提供更频繁的处理操作，但会增加处理开销。较大的滑动间隔可以降低处理开销，但会增加延迟。可以根据应用程序的需求和处理能力来选择适当的滑动间隔。

❑ 增量聚合：在某些情况下，可以使用增量聚合来优化窗口操作。增量聚合是指在数据流到达时，仅更新聚合结果，而不是重新计算整个窗口的聚合。可以通过使用带有 reduceByKeyAndWindow、reduceByKey、updateStateByKey 等算子操作来实现。增量聚合可以减少计算量，提高性能。

❑ 窗口分区和并行度：窗口操作涉及对数据进行分组和聚合。通过调整窗口的分区和并行度，可以提高处理能力和吞吐量。可以使用 repartition、partitionBy 等操作来增加分区数量。但要注意，过度分区可能会增加通信开销，因此需要根据集群资源和数据规模来平衡分区和并行度的设置。

❑ 窗口排序策略：窗口操作通常需要对数据进行排序，以保证正确的结果。根据应用程序的需求，可以选择不同的窗口排序策略。Spark 提供了多种排序策略，如时间戳排序、哈希排序等。根据数据特征和性能需求，选择合适的窗口排序策略。

❑ 冷启动处理：在窗口操作中可能会遇到冷启动问题，即在窗口开始时没有足够的数据来填满窗口。可以通过设置适当的默认值或使用历史数据来处理冷启动问题，这样可以避免因冷启动而导致计算错误或延迟增加。

根据具体的应用程序需求和数据特征，结合上述策略来优化窗口操作，可以提高流处理应用的性能和处理策略的灵活性，并满足实时数据处理的需求。请注意，窗口操作的优化需要根据实际情况进行实验和优化，以获得最佳的效果。

6.3　机器学习场景的优化策略

在机器学习场景中，优化是实现准确和高效模型的关键，其中涉及数据预处理、特征工程、模型选择、超参数优化和模型部署等多个方面。本节主要介绍机器学习场景中的一些优化策略。

6.3.1　模型训练优化

在机器学习中，模型训练是一个关键环节，它决定模型的准确性和泛化能力。以下是一些优化模型训练的策略。

❑ 数据预处理和特征工程：在进行模型训练之前，对数据进行预处理和特征工程可以显著提升模型的性能。这包括数据清洗、特征缩放、特征选择和特征变换等操作。通过选择合适的特征和准备干净的数据，可以减少噪声和冗余信息，提高模型的训练效果。

❑ 批量训练和小批量训练：在大规模数据集上进行训练时，批量训练（batch training）和小批量训练（mini-batch training）是常见的策略。批量训练使用整个数据集来更新模型参数，而小批量训练使用随机抽样的一小部分数据来更新参数。小批量训练可以在保持一定范围内的训练误差的同时，减少计算开销和内存消耗。

❑ 学习率调整：学习率是优化算法中的重要参数，它控制参数更新的步长。通过调整学习率，可以影响模型的收敛速度和稳定性。常见的学习率调整策略包括学习率衰减、动态调整和自适应学习率等。选择合适的学习率策略可以加速模型的训练过程，提高收敛性能。

❑ 正则化和正则化参数优化：正则化是控制模型复杂度的一种方法，它有助于防止过拟合。通过在损失函数中引入正则化项，可以约束模型参数的大小和分布状况。正则化参数的选择对模型性能和泛化能力至关重要。通过交叉验证和调参技巧，可以选择合适的正则化参数，避免过拟合和欠拟合问题。

❑ 提前停止：在模型训练过程中，通过监控验证集的性能指标如损失函数或其他评估指标的变化情况，可以判断模型是否开始过拟合。当模型性能在验证集上不再提升时，可以提前停止训练，避免继续训练导致过拟合。

❑ 并行计算：对于大规模数据集和复杂的模型，利用并行计算能力可以加速模型训练。使用分布式计算框架（如 Spark）或 GPU 加速等技术，可以将计算任务分布在多个计算节点上，提高训练速度和效率。

❑ 模型初始化策略：模型参数的初始化对于模型的训练效果有重要影响。合适的参数初始化可以加速模型收敛，提升训练效果。常见的初始化策略包括随机初始化、Xavier 初始化和 He 初始化等。选择适当的初始化策略可以减少训练时间，提升模型的性能。

通过综合运用上述优化策略，可以提高模型的训练效率、收敛速度和泛化能力。但是，需要根据具体问题和数据特征进行实验和调整，从而找到最适合的优化策略。同时，需要持续监控和评估模型的性能，随着数据的变化和业务需求进行优化和调整。

6.3.2　特征工程优化

特征工程是机器学习中非常重要的一环，它的优化可以对模型的性能产生重大影响。以下是一些特征工程优化的策略。

❑ 特征选择：选择合适的特征对于模型的性能至关重要。通过特征选择技术，如相关性分析、方差分析、特征重要性评估等，可以筛选出对目标变量有较高预测能力的特征，从而避免选择冗余特征或对模型没有贡献的特征，减少了计算维度和开销。

❑ 特征变换和组合：对原始特征进行变换和组合，可以提取更有信息量的特征。常见的特征变换包括数值型特征的标准化、归一化和对数变换等，以及类别型特征的独热编码、标签编码等。此外，可以通过特征交叉、多项式特征扩展等方式生成新的特征，以捕捉特征之间的交互关系。

❑ 缺失值处理：缺失值是在真实数据中常见的问题。合理处理缺失值可以避免对模型性能产生负面影响。常见的缺失值处理方法包括删除缺失值、填充缺失值（如均值、中位数和众数等），以及使用特殊值或指示变量表示缺失。

❑ 特征重要性评估：通过评估特征的重要性，可以进一步优化特征工程。可以使用基于模型的方法（如随机森林和梯度提升树等）或基于统计指标（如方差、互信息和相关性等）来衡量特征的重要性。根据特征的重要性评估结果，可以选择保留、调整或删除特征，提高模型的性能。

❑ 自动化特征工程：利用自动化特征工程的工具和技术，可以加快执行特征工程的步骤。例如，使用特征选择算法、特征生成算法和特征交叉算法等，自动发现和构建适用于模型的特征，提高特征工程的准确性。

通过综合运用上述特征工程优化策略，可以提高模型的泛化能力，减少过拟合风险，提升模型的性能和可解释性。在实际应用中，需要根据具体问题和数据特征进行实验和调整，找到最适合的优化策略。

第 7 章　Spark 集成其他技术的
性能优化

本章将探讨如何通过优化 Spark 与其他技术组件的集成，来提升系统的整体性能。Spark 作为一个分布式计算框架，可以与许多技术组件（如 Hadoop、Kafka 和 Flink 等）集成，从而构建强大的数据处理和分析应用的程序。然而，这种集成可能会产生性能瓶颈，需要采取一些措施来优化系统的性能。

7.1　Spark 与 Hadoop 整合优化

Spark 与 Hadoop 是两个常见的大数据处理框架，它们可以很好地集成在一起，从而进行高效的数据处理和分析。但是它们之间存在差异性，因此优化 Spark 与 Hadoop 的集成是提升系统性能的关键。

7.1.1　数据读写优化

1. 并行度设置

在 Spark 中，可以通过调整并行度参数来充分利用 HDFS 的并行读取能力。例如，可以使用 spark.default.parallelism 设置并行度，以确保任务能够以最佳的并行方式从 HDFS 中读取数据。根据数据量和集群资源，合理设置并行度，可以避免资源浪费和性能瓶颈的产生。

2. 数据压缩和编码

数据压缩和编码是优化数据存储和传输的重要手段。在 Spark 与 HDFS 整合中，可以利用数据压缩和编码来减少存储空间，降低网络传输开销，提高数据读取和处理的效率。以下是关于数据压缩和编码的优化介绍。

1）压缩格式

Hadoop 和 Spark 支持多种数据压缩格式，如 Snappy、Gzip、LZO 和 Deflate 等。选择合适的压缩格式需要综合考虑压缩比、压缩和解压缩的速度，以及对内存和 CPU 资源的消耗。不同的压缩格式适用于不同的数据类型和计算场景。

❑ Snappy：具有较快的压缩和解压缩速度，适合需要高性能压缩和进行快速数据访问的场景。

❑ Gzip：具有较高的压缩比，适合对数据大小敏感，可以承受一定压缩和解压缩开销的场景。

❑ LZO：具有较高的压缩比和较快的解压缩速度，适合大数据集的压缩和进行快速数据访问的场景。

2）压缩编解码器

Spark 和 Hadoop 提供了压缩编解码器接口，可以自定义压缩算法。通过实现自定义的压缩编解码器，可以根据特定需求进行优化，如特定数据类型的压缩、领域知识的利用等。

3）压缩参数配置

Spark 和 Hadoop 提供了一些相关的压缩参数配置，可以对压缩行为进行调整。例如：在 Spark 中，可以使用 spark.io.compression.codec 配置参数设置默认的压缩编解码器；在 Hadoop 中，可以使用 mapreduce.map.output.compress 和 mapreduce.output.fileoutputformat.compress 等配置参数设置压缩行为。

4）编码格式

除了压缩，还可以考虑使用更高效的编码格式来进一步优化数据存储和传输方式。例如，Parquet 和 ORC 是两种常用的列式存储文件格式，它们采用列式存储和编码技术，可以提供更高的压缩比和更快的数据读取速度。

❑ Parquet：支持多种压缩编解码器（如 Snappy、Gzip、LZO）和列式存储，适合分析场景和复杂的数据结构。

❑ ORC：支持多种压缩编解码器（如 Snappy、Zlib）和列式存储，适合高性能分析和大规模数据的处理。

📑说明：选择合适的编码格式，需要考虑数据特点、计算需求、存储和传输的效率等因素。

通过合理选择和配置数据压缩及编码方式，可以在 Spark 与 HDFS 整合中实现更高的存储效率、网络传输效率和数据处理效率。但需要注意，压缩和编码也会增加一定的计算开销，因此需要权衡压缩比和计算成本，选择适当的方案。根据实际场景和需求，进行性能测试和优化，从中找到最佳的数据压缩和编码策略。

7.1.2 数据存储优化

1. 避免小文件问题

在 Spark 与 HDFS 整合中，避免小文件问题是一项重要的优化措施。过多的小文件会导致以下问题：

❑ 元数据开销：每个文件在 HDFS 上都有相应的元数据记录，包括文件名、权限和块位置等信息。当存在大量小文件时，会增加元数据的存储和管理开销，导致性能下降。

❑ 磁盘空间浪费：每个文件都占用 HDFS 的最小存储单元（通常是一个块），即使文件大小很小，也会占用一个完整的块空间，这会导致磁盘空间的浪费。

❑ 数据读取效率低下：小文件数量多，会导致大量的小任务被创建，增加任务调度和管理方面的开销。同时，每个任务读取的数据量较小，无法充分利用 HDFS 的并行读取能力，降低了数据读取的效率。

为了避免小文件问题，可以采取以下策略：

❑ 合并小文件：将多个小文件合并成较大的文件，减少文件数量和元数据的开销。可以使用 Hadoop 提供的工具，如 hadoop fs -getmerge 命令，将多个小文件合并到一个文件中。

❑ 分区存储：根据数据的特性，将数据进行合理的分区存储如可以根据日期、地区等维度进行分区，减少小文件的产生。

❑ 批量处理：将小文件收集到一起，进行批量处理。通过将小文件合并成大文件，然后批量处理，可以降低任务调度和管理方面的开销，提高任务的整体处理效率。

❑ 数据归档：对于不经常访问的小文件，可以进行数据归档，将其存储到较慢的存储介质中，如归档存储或对象存储。这样可以释放磁盘空间，同时保留数据的长期保存和访问能力。

通过采取上述措施，可以有效解决小文件问题，降低元数据开销，减少磁盘空间浪费，并提高数据读取和处理的效率。根据实际情况，结合业务需求和数据特点，选择合适的策略进行优化。

2. 块大小匹配

块大小匹配是指将 Spark 的数据切片大小与 HDFS 的块大小进行合理匹配，以实现最佳的数据并行处理能力。将数据切片的大小设置为合适的值，可以优化数据的读取和处理过程，减少任务调度和管理方面的开销，提高数据处理的整体性能。

在 Spark 中，默认情况下，数据切片的大小由输入数据的分区数决定。每个分区对应一个切片，每个切片由一组连续的数据块组成。而 HDFS 中的数据块大小通常是固定的，默认为 128MB。因此，为了实现块大小的匹配，可以考虑以下几点：

❑ 调整输入数据的分区数：Spark 的数据切片大小与输入数据的分区数密切相关。通过调整分区数，可以控制切片的大小。如果切片过小，会增加任务调度和管理方面的开销；如果切片过大，会导致单个任务处理数据量过大，影响并行处理能力。因此，应根据数据的大小和计算的复杂度，选择合适的分区数，以控制切片的大小。

❑ 设置合适的切片大小：除了调整分区数之外，还可以直接设置切片的大小。在 Spark 中，可以使用 spark.sql.files.maxPartitionBytes 或 spark.default.parallelism 等参数来控制切片的大小。根据数据的大小和计算需求，选择合适的切片大小，与 HDFS 的块大小进行匹配。

❑ 考虑数据倾斜问题：在调整切片大小时，还需要考虑数据倾斜的情况。如果数据存在不均匀分布的情况，部分切片的数据量远大于其他切片，则会导致任务执行时间不均衡。可以通过采样、数据预处理、数据重分区等方式来解决数据倾斜问题，以保证切片的均匀性和任务的并行性。

💡注意：块大小匹配并不是绝对要求，而是一种优化策略。在实际应用中，还需要考虑其他因素，如集群资源、数据规模和计算复杂度等。通过实验和性能测试，根据具体的场景和需求，选择合适的切片大小和分区数，使数据处理性能和资源利用率达到最佳状态。

7.2　Spark 与 Kafka 整合优化

本节重点讨论如何进行 Spark 与 Kafka 的整合优化。Spark 与 Kafka 的整合是常见的实时数据处理方案，对其进行优化可以提高数据处理效率。

7.2.1　数据读写优化

1．并行读取和处理

并行读取和处理是优化 Spark 与 Kafka 整合的重要策略之一。通过并行处理数据，可以提高处理速度和吞吐量。下面是一些实现并行读取和处理的方法。

- ❑ 多个消费者线程：Spark 可以创建多个消费者线程来并行读取和处理 Kafka 中的数据。通过将多个消费者线程分配到不同的 Executor 上，可以同时从多个 Kafka 分区读取数据，并且并行地处理这些数据。可以通过配置 Spark Streaming 的消费者线程数来控制并行读取的数量。
- ❑ 多个 Spark 任务：除了创建多个消费者线程外，还可以使用多个 Spark 任务来实现并行读取和处理。通过将不同的 Kafka 分区分配给不同的 Spark 任务，每个任务负责处理自己分配的分区数据，从而实现并行处理。可以使用 Spark 集群管理工具，如 YARN 或 Mesos 来管理多个 Spark 任务的调度和执行。
- ❑ 数据本地化：在并行读取和处理数据时，尽量将数据与计算放在相同的节点上，以减少数据传输的开销。可以使用 Kafka 的分区副本策略，将数据分布在不同的节点上，并通过 Spark 的数据本地化策略，将任务分配到存有相应数据副本的节点上进行处理。这样可以提高数据读取的效率和并行处理的能力。

🔔注意：并行读取和处理需要根据具体的应用场景和需求，选择合适的参数配置和策略。同时，需要根据集群资源和数据规模进行性能测试，从中找到最佳的并行性能配置方案。

2．分区和并行度

分区和并行度是优化 Spark 与 Kafka 整合性能的关键概念，它们对于实现高效的数据处理和并行计算至关重要。

在 Spark 与 Kafka 整合中，分区是指将数据划分成多个逻辑片段，每个分区包含一部分数据。而并行度则是指同时执行的任务或操作的数量，也可以理解为并发处理的程度。

下面是关于分区和并行度的一些重要考虑因素。

- Kafka 分区：Kafka 的主题通常被分为多个分区，每个分区包含一部分数据。Kafka 的分区是实现并行读取的基础，因为每个 Spark 任务可以独立地读取一个或多个 Kafka 分区中的数据。
- Spark 分区：Spark 对数据的处理和计算是以分区为单位进行的。一个任务或一个 Executor 处理一个分区中的数据。分区的数量通常由输入数据的大小和 Spark 的并行度决定。
- 分区与并行度匹配：为了实现高效的并行处理，应该将 Spark 的分区数与 Kafka 的分区数以及集群资源进行匹配。Spark 的分区数应该大于或等于 Kafka 的分区数，这样每个 Spark 任务可以处理一个或多个 Kafka 分区的数据。过多的分区可能会导致任务间的负载不均衡，而过少的分区则可能无法充分利用集群资源。
- 动态分区调整：在实际场景中，数据的分布可能会发生变化。为了适应数据分布的变化情况，可以采用动态分区调整策略，即根据数据的特征和实时情况，动态调整 Spark 的分区数。例如，可以使用 repartition 或 coalesce 等函数来调整分区数量，以便更好地适应数据的分布。
- 分区与数据倾斜：在数据倾斜情况下，某些分区可能会包含比其他分区更多的数据。这可能会导致负载不均衡和性能下降。在处理数据倾斜时，可以采用分区重分布、数据预处理和聚合操作优化等策略来解决负载不均衡的问题。
- 并行度的调整：除了分区数外，还可以通过调整 Spark 的任务数量、Executor 数量和 Executor 的核心数来调整并行度。适当增加并行度，可以提高数据的整体处理速度和吞吐量，但同时也需要考虑集群资源的限制和任务间的负载平衡。

注意：通过合理地配置分区和并行度，可以充分利用集群资源，提高 Spark 与 Kafka 整合的处理性能和吞吐量。但需要注意的是，最佳的分区和并行度配置需要根据具体的应用场景和数据特征进行实验和性能优化，以获得最佳的效果。

7.2.2　数据处理优化

1. 批量消费

批量消费是一种优化策略，用于提高 Spark 与 Kafka 整合的性能。它可以减少与 Kafka 的交互次数，提高数据读取的效率。下面是一些关于批量消费的优化建议。

- 批量拉取数据：默认情况下，Spark Streaming 使用的是逐条消费的方式从 Kafka 中读取数据。为了实现批量消费，可以调整参数，使其能够批量拉取数据。例如，可以通过设置 spark.streaming.kafka.maxRatePerPartition 参数来限制每个分区的最大数据拉取速率，从而实现批量拉取。
- 批量处理数据：在处理从 Kafka 读取的数据时，尽量使用批量的操作而不是逐条处理。可以利用 Spark 的转换操作（如 map、filter 和 reduce 等）对一批数据进行批量处理，以减少数据处理的开销。
- 批量提交偏移量：在使用 Spark Streaming 消费 Kafka 数据时，要定期提交偏移量。为了实现批量提交方式，可以根据需求设置合适的提交频率，而不是每处理一条数据就立即提交偏移量。通过批量提交偏移量方式，可以减少与 Kafka 的交互次数，提高数据处理性能。

❑ 批量缓存数据：对于需要跨多个操作或转换的数据，可以将数据进行缓存，减少重复计算和数据读取操作。通过使用 Spark 的 persist 或 cache 函数，可以将数据缓存在内存中，提高后续操作的性能。

❑ 调整批处理间隔：Spark Streaming 的批处理间隔决定数据处理的延迟和吞吐量。通过调整批处理间隔，可以在实时性和处理性能之间达到平衡。较大的批处理间隔可以减少与 Kafka 的交互次数，提高数据处理的效率。

需要根据具体的场景和需求来选择适当的批量消费策略。通过批量拉取数据、批量处理数据、批量提交偏移量和批量缓存数据等优化手段，可以提高 Spark 与 Kafka 整合的处理性能。

2. 消费者组管理

消费者组管理是在 Spark 与 Kafka 整合中性能优化和实现可靠数据处理的重要方面。消费者组是一组消费者（Kafka 中接收和处理消息的实体）的集合，共同消费 Kafka 主题中的消息。以下是一些关于消费者组管理的优化建议。

❑ 平衡分区分配：Kafka 将主题分成多个分区，而消费者组中的消费者负责消费其中的分区。为了实现负载均衡和最大化吞吐量，应确保分区在消费者组中均匀分配。Spark 提供了自动分区分配的功能，但在大规模部署中，可能需要手动调整消费者组的分区分配策略，以达到更好的负载均衡。

❑ 消费者组偏移量管理：消费者组中的每个消费者都会跟踪自己的偏移量（Offset）。偏移量表示消费者在主题分区中的读取位置。良好的偏移量管理可以确保数据的一致性和可靠性。可以选择将偏移量存储在外部存储系统（如 ZooKeeper 或 Kafka 自身的__consumer_offsets 主题）中，以便消费者由于发生故障机器停止运行又重启时，可以从最后一次正确处理消息的位置（偏移量）处继续接收和处理消息，而不会遗漏消息或重复处理消息，以确保数据的一致性和可靠性。

❑ 动态消费者扩展和缩减：根据流量的变化和负载情况，动态地扩展或缩减消费者组中的消费者数量，这样可以根据实际需求调整消费者组的规模，提高处理消息的速度，从而在单位时间内能够处理更多的消息。

❑ 消费者组重平衡：在消费者组中增加或减少消费者时，可能需要进行消费者组的重平衡。重平衡会重新分配分区，确保每个消费者负责相等数量的分区。Spark 会自动处理重平衡，但要确保 Spark 的配置和参数的设置是合理的，从而最大程度地减少重平衡的开销和产生的影响。

❑ 处理消费者组失败：当消费者组中的消费者重启失败或无法正常工作时，应该及时处理故障，以确保数据的连续性和可靠性。可以使用监控和告警系统来监视消费者的机器状况，并采取相应的故障恢复措施，如重启失败的消费者或替换发生故障的消费者。

📑说明：消费者组管理是确保 Spark 与 Kafka 整合顺利运行的关键因素之一。通过平衡分区分配、偏移量管理、动态扩展和缩减消费者、重平衡和故障处理等策略，可以提高

Spark 与 Kafka 集成运行系统的整体性能和可靠性，确保消费者组能够有效地处理 Kafka 中的消息。

3. 容错和恢复

容错和恢复是在 Spark 与 Kafka 整合中确保可靠性和故障处理的重要方面。下面是一些关于容错和恢复的优化建议。

1）容错机制

❑ 偏移量管理：确保消费者组正确管理和提交偏移量，以避免数据重复消费或丢失。使用可靠的存储系统（如 ZooKeeper 或 Kafka 的内置偏移量存储）来存储偏移量，并在消费者失败或重启后能够恢复正确的偏移量。

❑ 容错重试：在处理数据时，当出现故障或错误时，可以实施容错重试机制。例如，可以设置重试次数和重试间隔，确保失败的操作能够在一定的重试次数内成功完成。

❑ 异常处理：对于可能出现的异常情况，编写健壮的异常处理代码，并记录异常日志。这样可以及时发现和排查问题并采取相应的恢复措施。

2）故障恢复

❑ 消费者组重平衡：当消费者失败或新增消费者时，Spark 会自动进行消费者组的重平衡，重新分配分区。确保 Spark 的配置和参数设置的合理性，可以最大程度地减少重平衡的开销和产生的影响。

❑ 消费者失败恢复：在消费者失败或重启后，确保消费者的读取位置（偏移量）能够恢复到正常的状态，并重新开始消费数据。可以利用偏移量存储机制来记录和恢复消费者的偏移量信息，确保数据的连续性和一致性。

❑ 故障告警和监控：建立监控和告警系统，监测 Spark 与 Kafka 整合的运行状况，及时发现故障和异常情况，并触发相应的告警机制，以便及时采取恢复措施。

3）数据可靠性

❑ 写入数据的可靠性：确保从 Spark 向 Kafka 写入数据时的可靠性，可以使用 Kafka 的生产者配置来设置数据的可靠性级别，如 ACK 机制等。选择合适的配置级别，保证数据的完整性和可靠性。

❑ 备份和冗余：考虑对数据进行备份和冗余存储，以便在发生故障或数据丢失时进行恢复。可以使用 Kafka 的副本机制来保证数据的冗余存储，确保数据的高可靠性。

通过实施适当的容错和恢复策略，可以保证 Spark 与 Kafka 整合的可靠性和稳定性。具体包括正确管理和提交偏移量、实施容错机制和异常处理、故障恢复和重平衡，以及建立监控和告警系统等措施。

7.3　Spark 与 Elasticsearch 的整合优化

Elasticsearch 是一个流行的开源搜索和分析引擎，而 Spark 是一个强大的分布式计算框架，将它们整合在一起可以进行高性能的数据处理和分析。以下介绍一些优化策略和最佳实践，可以提高 Spark 与 Elasticsearch 整合的性能和效率。

7.3.1　数据写入和索引优化

1．使用Elasticsearch-Hadoop连接器

使用 Elasticsearch-Hadoop 连接器是将 Spark 与 Elasticsearch 整合的一种常见方式。该连接器提供了高效的数据读取和写入接口，使得 Spark 可以与 Elasticsearch 集群进行快速的数据交互。下面是使用 Elasticsearch-Hadoop 连接器的一般步骤。

（1）添加 Elasticsearch-Hadoop 依赖。

在 Spark 项目的构建配置文件（如 build.sbt）中添加 Elasticsearch-Hadoop 的依赖项。可以通过 Maven 或 Gradle 等构建工具进行依赖管理，确保项目中包含所需的 Elasticsearch-Hadoop 库。

（2）创建 SparkSession 或 SparkContext。

在 Spark 应用程序中创建 SparkSession 或 SparkContext 对象，以便与 Spark 集群建立连接并执行操作。

（3）配置 Elasticsearch 连接。

在 Spark 应用程序中，通过设置相关的配置参数来配置与 Elasticsearch 的连接。可以设置 Elasticsearch 集群的地址、索引名称和索引类型等信息。这些配置参数可以通过 SparkConf 对象或 SparkSession 的配置方法进行设置。

（4）读取数据。

使用 Elasticsearch-Hadoop 连接器的 API，通过 Spark 从 Elasticsearch 中读取数据。可以使用 DataFrame 或 RDD 等 Spark 的数据结构来表示读取的数据，指定读取的索引、查询条件和字段选择等，并调用相应的 API 方法进行数据读取操作。

（5）写入数据。

使用 Elasticsearch-Hadoop 连接器的 API，通过 Spark 将数据写入 Elasticsearch。可以使用 DataFrame、RDD 或 DataSet 等 Spark 的数据结构来表示要写入的数据，指定写入的索引、索引类型和写入模式等，并调用相应的 API 方法进行数据写入操作。

（6）执行 Spark 作业。

定义完读取或写入的操作后，通过调用 Spark 的执行方法（如 DataFrame 的 action 操作或 RDD 的转换操作）来执行作业。Spark 根据定义的操作逻辑，将数据从 Elasticsearch 读取到 Spark 中进行处理，或将 Spark 中的数据写入 Elasticsearch。

📑说明：使用 Elasticsearch-Hadoop 连接器可以实现高效的数据读写操作，并利用 Elasticsearch 的分布式存储和查询功能。根据具体的应用场景和需求，可以使用连接器提供的各种 API 方法进行数据操作，还可以结合 Spark 的强大计算能力进行数据处理和分析。

2．数据分区和路由

在将数据写入 Elasticsearch 时，使用适当的数据分区和路由策略可以提高数据写入的性能。Spark 可以根据数据的键或其他属性进行数据分区，将数据路由到对应的 Elasticsearch

分片上。这样可以实现并行写入操作，充分利用集群的计算资源，提高数据写入的效率和并发性。

3．利用索引和映射

在使用 Elasticsearch-Hadoop 连接器与 Spark 整合时，利用索引和映射可以优化数据写入和查询的性能。以下是一些关于索引和映射优化的建议。

1）确定正确的索引名称和类型

在将数据写入 Elasticsearch 之前，确保为数据定义了正确的索引名称和类型。索引名称应该清晰地描述数据的内容，便于管理和查询。索引类型可以根据数据的结构和查询需求来定义，例如可以根据数据的业务类型或数据模型来划分不同的索引类型。

2）定义适当的字段映射

为每个字段定义适当的数据类型和分析器。正确的数据类型能够提高查询性能，减少存储空间的占用。例如，对于文本字段，可以使用 keyword 类型进行精确匹配，或使用 text 类型进行全文搜索。另外，通过指定合适的分析器，可以对文本字段进行分词和标准化处理，以便更好地支持搜索和聚合操作。

3）显式地定义字段的索引选项

对于索引的字段，可以显式地定义索引选项来控制其在索引中的行为。例如，可以设置某些字段为不索引、仅索引或索引并存储。通过精确地指定字段的索引选项，可以减少存储需求，提高查询性能。

4）控制字段的存储设置

对于不需要在搜索结果中返回的字段，可以将其存储设置为 false，这样可以减少存储空间的占用，并提高查询性能。但需要注意的是，如果需要在聚合操作中使用这些字段，就需要将其存储设置为 true。

5）动态映射设置

Elasticsearch 提供了动态映射功能，可以自动检测和映射新字段。然而，对于已知的字段，最好在索引创建之前显式地定义字段的映射，以确保映射的准确性和一致性。

6）更新映射

在数据模型发生变化时，可以通过更新映射来适应新的字段或字段类型。通过更新映射，可以确保数据的一致性和查询的准确性。但是更新映射可能会涉及数据重建或索引重建的过程，需要根据具体情况进行权衡和规划。

说明：通过合理地利用索引和映射，可以提高数据写入的性能和存储效率，并优化查询的速度和准确性。根据具体的数据结构和查询需求，可以灵活调整索引和映射的设置，以满足应用的功能要求。

7.3.2　数据查询和性能优化

1．利用缓存和滚动查询

利用缓存和滚动查询是在 Spark 与 Elasticsearch 整合时优化查询性能的重要策略。下面是关于如何利用缓存和滚动查询的建议。

1）利用 Elasticsearch 的查询缓存

Elasticsearch 提供了查询缓存机制，可以缓存频繁查询的结果，避免重复计算的开销。在 Spark 中，可以利用 Elasticsearch-Hadoop 连接器的 API 设置查询缓存的相关参数，以启用和配置查询缓存。通过合理地设置缓存策略，可以提高查询的响应速度和性能。

2）设置 Spark 的缓存机制

在 Spark 中，可以使用缓存机制来缓存查询结果，避免重复计算和 I/O 操作。将查询结果缓存在内存中，下次使用相同查询时可以直接从缓存中获取结果，提高了查询的速度。可以使用 Spark 的 persist 函数或 cache 函数将数据缓存到内存或磁盘中。

3）使用滚动查询

当需要处理大量数据时，一次性将所有数据加载到内存中可能会导致内存不足或性能下降。为了避免这种情况发生，可以使用滚动查询（Scroll）机制来分批获取数据。滚动查询允许按批次迭代地检索数据，每次获取一部分数据进行处理，然后继续获取下一批数据，直到完成查询操作。通过合理设置滚动查询的参数，可以平衡内存占用和查询性能。

4）控制查询的返回字段

在进行查询时，可以通过设置返回字段的过滤器，仅返回需要的字段，避免返回大量不必要的数据，以减少网络传输的开销，提高查询的效率和性能。

5）利用分片和副本

Elasticsearch 使用分片和副本机制来实现数据的分布式存储和冗余备份。在进行查询时，可以利用分片和副本并行地处理查询操作，提高查询的并发性和响应速度。可以通过合理地设置分片和副本的数量，以及指定查询的路由策略，充分利用集群的计算资源。

📄说明：通过合理地利用缓存和滚动查询，可以优化 Spark 与 Elasticsearch 整合的查询性能和效率。通过缓存查询结果和数据，可以减少重复计算和 I/O 开销；通过滚动查询来分批获取数据，可以避免一次性加载大量数据；通过控制查询的返回字段，可以减少网络传输的开销；利用分片和副本可以并行处理查询操作。这些策略可以提高查询的速度，减少资源消耗，并提升查询性能。

2. 搜索优化和查询重写

在 Spark 与 Elasticsearch 整合的过程中，可以采用搜索优化和查询重写的技术来提高查询性能和准确性。以下是关于搜索优化和查询重写的一些建议。

1）查询重写

查询重写是指对用户发起的查询进行重写或优化，可以改善查询的执行计划，提升查询性能。可以通过以下方式进行查询重写。

❑ 布尔查询优化：将多个布尔查询合并为单个复合查询，减少查询的次数和开销。

❑ 范围查询优化：将范围查询进行合并或分解，减少查询的范围，提高查询效率。

❑ 倒排索引优化：通过逆向索引的相关技术（如倒排索引合并、位图压缩等）对查询进行优化，减少倒排索引的大小和查询的执行时间。

❑ 查询预处理：对查询进行预处理和解析，优化查询语法和结构，提高查询的执行效率。

2）使用合适的查询类型和 API

Elasticsearch 提供了多种查询类型和 API，如全文搜索查询、聚合查询和过滤查询等。根据具体的查询需求，选择合适的查询类型和 API 进行查询操作。不同类型的查询具有不同的性能特点和适用场景，正确选择和使用查询类型，可以提高查询的效率和准确性。

3）优化索引和字段

在进行搜索优化时，可以对索引和字段进行优化，提高查询的性能。一些优化策略包括：

❑ 使用合适的分析器和分词器，确保数据的准确性和一致性。

❑ 确定索引的字段是否需要被索引或存储，减少存储空间的占用。

❑ 对经常使用的字段进行字段缓存，加快查询速度。

❑ 合理设置字段的数据类型和映射，减少存储空间，提高查询性能。

4）索引刷新和优化

Elasticsearch 会定期刷新和优化索引来提高查询性能。可以设置合适的刷新间隔和优化策略，以适应具体的查询需求和性能要求。较小的刷新间隔可以提高查询的实时性，但会增加 I/O 和 CPU 的开销；较大的刷新间隔可以减少开销，但会牺牲实时性。

综上所述，使用 Elasticsearch-Hadoop 连接器、数据分区和路由、利用索引和映射，以及利用缓存和滚动查询等优化策略，可以提高 Spark 与 Elasticsearch 整合的性能和效率。在数据写入方面，通过批量写入和合理的数据分区可以提高写入的吞吐量和并发性。在数据查询方面，利用索引和映射以及缓存和滚动查询，可以提高查询的性能和响应时间。

第 8 章　Spark 性能优化实践

本章主要介绍一些实用的技巧和策略，帮助开发人员更好地利用 Spark 的功能，提高应用程序的执行效率。

8.1　Spark 应用程序开发建议

本节介绍一些编码和设计方面的建议，帮助开发人员编写高效、可维护和可扩展的 Spark 应用程序。

8.1.1　代码规范

在 Spark 应用程序的开发中，遵循一致的代码规范是非常重要的。良好的代码规范可以提高代码的可读性、可维护性和可扩展性，同时还可以减少潜在的错误和调试时间。下面是 Spark 应用程序开发和代码规范的一些建议。

1）使用有意义的变量和函数命名

为变量、函数和类选择清晰、有意义的名称，便于其他人阅读和理解代码。避免使用过于简单或者过于复杂的命名方式。

2）注释代码

对于复杂或者关键的代码段，可以添加适当的注释，解释代码的用途和实现细节。注释可以帮助其他开发人员快速理解代码，并且在后续的维护中提供指导作用。

3）格式化代码

保持代码的一致缩进和格式化风格，可以增加代码的可读性。使用空格或者制表符进行缩进，根据约定选择适当的代码风格。

4）避免使用硬编码的常量

在 Spark 应用程序开发中，避免使用硬编码。应该将常量定义为变量或者配置参数，以便后续的修改和维护。可以使用常量的名称来增加代码的可读性，以减少错误。示例代码如下：

```
1    import org.apache.spark.sql.SparkSession
2
3    object Constants {
4      val SparkVersion = "2.3"                  // 将 Spark 版本定义为常量
5      val InputPath = "/path/to/input"          // 将输入路径定义为常量
6      val OutputPath = "/path/to/output"        // 将输出路径定义为常量
```

```
7      val MaxIterations = 10                        // 将最大迭代次数定义为常量
8    }
9
10   object SparkApplication {
11     def main(args: Array[String]): Unit = {
12       val spark = SparkSession.builder()
13         .appName("Spark Application")
14         .master("local[*]")
15         .getOrCreate()
16
17       import spark.implicits._
18
         // 使用常量作为输入路径
19       val inputData = spark.read.csv(Constants.InputPath)
20
         // 在应用程序中使用常量进行计算和处理
21
22       val result = inputData.filter($"age"> 18).groupBy($"gender").count()
23
24       result.write.csv(Constants.OutputPath)     // 使用常量作为输出路径
25
26       spark.stop()
27     }
28   }
```

在这个示例中，将 Spark 版本、输入路径、输出路径和最大迭代次数定义为常量。通过使用常量，可以轻松地修改这些值，而不需要在代码的多个地方进行硬编码的更改。这样做不仅提高了代码的可读性，而且维护和修改代码更加方便。

5）使用恰当的数据结构和集合操作

根据需要选择合适的数据结构和集合操作。使用合适的数据结构可以提高代码的性能和可读性，同时避免不必要的内存开销。

下面的示例展示了如何使用适当的数据结构和集合操作，代码如下：

```
1    import org.apache.spark.sql.SparkSession
2
3    object SparkApplication {
4      def main(args: Array[String]): Unit = {
5        val spark = SparkSession.builder()
6          .appName("Spark Application")
7          .master("local[*]")
8          .getOrCreate()
9
10       import spark.implicits._
11
12       val data = Seq(("Alice", 25), ("Bob", 30), ("Charlie", 35))
13
         // 使用 Seq 创建 DataFrame
14
15       val df = data.toDF("name", "age")
16
         // 使用 DataFrame 进行过滤和转换操作
17
18       val filteredDF = df.filter($"age"> 30)
19       val transformedDF = filteredDF.withColumn("ageGroup", when($"age"< 40,
         "Young").otherwise("Old"))
20
         // 使用 DataFrame API 进行聚合操作
21
22       val resultDF = transformedDF.groupBy("ageGroup").count()
23
24       resultDF.show()
```

```
25
26      spark.stop()
27  }
28 }
```

本例中使用了合适的数据结构和集合操作来处理数据。首先，使用 Seq 创建了一个包含姓名和年龄的数据集。其次，将数据集转换为 DataFrame，并使用 DataFrame API 进行过滤、转换和聚合操作。

注意，本例使用了 DataFrame API 中的函数和操作符（如 filter、withColumn 和 groupBy），这些操作提供了高效的数据处理和转换功能。通过使用 DataFrame API，可以利用 Spark 的优化执行引擎提升性能。

此外，本例还使用了适当的数据结构来存储和操作数据。例如，使用元组（Seq）来表示每个记录，然后将其转换为 DataFrame。选择适当的数据结构可以提高代码的可读性，简化数据操作。

6）避免使用全局变量

尽量避免使用全局变量，以减少代码之间的依赖和副作用。使用局部变量和函数参数来传递数据。

7）异常处理

在合适的位置捕获和处理异常，以避免程序崩溃或者产生未处理的异常。可以根据需要选择合适的异常处理策略，如记录日志或者优雅地处理异常情况。

8）代码复用

将可重复使用的代码封装为函数或者类，以便在不同的地方复用，避免代码冗余，提高代码的可维护性和可扩展性。

9）单元测试

编写单元测试来验证代码的正确性和功能性。单元测试可以帮助捕获潜在的问题，并确保代码在后续的修改中仍然能正常工作。

10）使用版本控制

使用版本控制系统（如 Git）来管理代码的版本和变更历史。版本控制可以帮助团队协作，跟踪代码的变更，并在需要时进行回滚或者合并。

📋说明：遵循这些代码规范，可以提高 Spark 应用程序的开发效率和质量，同时使代码更易于维护和扩展。记住，代码规范是一个团队的共同约定，团队成员应该共同遵守并持续改进代码质量。

8.1.2　数据分析

数据分析是 Spark 应用程序开发中的关键环节。合理、有效地进行数据分析，可以帮助用户从大规模数据中提取有价值的信息，为业务决策和问题解决提供支持。以下是 Spark 应用程序开发中进行数据分析的经验总结。

1）数据理解和预处理

在进行数据分析之前，首先需要对数据进行全面的理解和预处理。了解数据的结构、特征和质量，处理缺失值、异常值和重复值等数据问题，确保数据的准确性和完整性。

2）数据采样和抽样

对于大规模数据集，可以使用采样和抽样技术快速获取代表性样本，并在样本上进行分析和测试。这样可以节省计算资源，加快数据分析的速度。

以下是关于数据采样和抽样的经验总结。

- ❑ 随机采样：是最常见的数据采样方法之一。它通过随机选择数据集中的一部分样本来构建代表性的样本集。在 Spark 中，可以使用 sample 函数进行随机采样。例如，dataset.sample(false, 0.1)将从数据集中随机选择 10%的样本。

- ❑ 分层采样：是在数据集中按照不同的层级进行采样的方法。这种方法可以确保每个层级在采样中都有适当的代表性。在 Spark 中，可以使用 sampleBy 函数进行分层采样。例如，dataset.sampleBy("category", Map("A" -> 0.5, "B" -> 0.2))将按照"category"列的值进行分层采样，其中，类别"A"的样本采样比例为 50%，类别"B"的样本采样比例为 20%。

- ❑ 系统 atic 采样：通过按照固定间隔选择数据集中的样本来构建样本集。这种方法可以在保持数据具有代表性的同时，降低采样的复杂度。在 Spark 中，可以使用 sample 函数的 fraction 和 withReplacement 参数进行 systematic 采样。例如，dataset.sample(false, 0.1, seed = 123)将按照 10%的采样比例对数据集进行 systematic 采样。

- ❑ Stratified 采样：是在数据集中按照类别进行采样的方法。它可以保证每个类别在采样样本中都有适当的代表性。在 Spark 中，可以使用 stratifiedSample 函数进行 stratified 采样。例如，dataset.stratifiedSample(false, Map("category" -> 0.1), seed = 123)将按照"category"列的值进行 stratified 采样，其中，每个类别的样本采样比例为 10%。

- ❑ 重复采样：是从数据集中可以多次选择相同样本的方法。这种方法在需要进行统计分析或模型训练时很有用，可以增加样本的数量。在 Spark 中，可以使用 sample 函数的 withReplacement 参数进行重复采样。例如，dataset.sample(true, 0.5, seed = 123)将对数据集进行 50%的重复采样。

3）使用合适的数据结构

根据数据的特点和需求分析，选择 DataFrame、Dataset 和 RDD 等合适的数据结构，并充分利用 Spark 提供的高级数据操作函数和函数库，提高数据分析的效率和性能。

4）利用缓存和持久化

对于需要多次使用的数据集，可以使用 Spark 的缓存和持久化机制，将数据存储在内存或磁盘中，以加快后续的数据访问和计算速度。

5）并行化和分布式处理

利用 Spark 的并行化和分布式处理能力，对数据进行并行计算和分布式处理，以提高数据分析的速度和扩展性。合理设置分区和并行度，利用集群资源充分发挥 Spark 的性能优势。

6）使用高级分析和机器学习算法

利用 Spark 提供的高级分析和机器学习算法，如统计分析、聚类、分类和回归等，进行更深入的数据分析和建模，选择合适的算法和模型，并进行参数优化和性能优化。

7）数据可视化和报告

将数据分析的结果以可视化图表或报告的形式呈现，以便更直观地传达分析结果。利用 Spark 的可视化工具或集成的第三方工具，如 Matplotlib 和 Tableau 等，创建有吸引力和易于理解的数据可视化。

8）监控和优化

在进行数据分析时，定期监控应用程序的性能和资源使用情况。根据监控结果，进行性能优化，包括调整数据分区、调整内存和执行配置等，最大化提升数据分析的效率和准确性。

📖 **说明：** 通过遵循这些经验总结，更好地利用 Spark 的功能和优势，高效地进行数据分析，并从数据中获得有价值的洞察和决策支持。同时，不断学习和探索新的数据分析技术和工具，了解数据领域的最新动态。

8.1.3 数据处理

数据处理是 Spark 应用程序开发的一个关键环节，它涉及数据的读取、转换、清洗和存储等操作。良好的数据处理实践可以提高 Spark 应用程序的性能和可维护性。以下是一些关于数据处理的经验总结。

1）数据读取和写入

选择合适的数据读取和写入方式可以提高数据处理的效率和灵活性。在 Spark 中，可以使用 Spark SQL 提供的 API 来读取和写入各种数据源，如文本文件、CSV 文件、JSON 文件和 Parquet 文件等。选择合适的数据格式和数据压缩方式可以减小数据存储的开销，并提高数据读取和写入的速度。

2）数据转换和清洗

在进行数据处理之前，通常需要对数据进行转换和清洗操作，确保数据的准确性和一致性。使用 Spark 提供的数据转换操作（如 map、filter、groupBy 等）和函数库（如 String、Date、Math 等）可以方便地进行数据处理。同时，处理缺失值、异常值和重复值等数据问题，可以提高数据的质量和可靠性。

3）数据分区和分桶

合理设置数据分区和分桶，可以提高数据处理的并行度和性能。根据数据的特点和处理需求，选择合适的分区策略，有利于均匀分布数据，提高数据的访问效率。使用分桶技术可以将相似的数据分配到同一个桶中，有利于后续的数据操作和查询。

4）数据压缩和序列化

对于大规模的数据集，采用合适的数据压缩方式可以减小数据的存储空间并提高数据处理的效率。Spark 支持多种数据压缩格式，如 Snappy、Gzip 和 LZO 等。此外，选择合适的数据序列化方式（如 Kryo、Avro 和 Parquet 等）可以提高数据的传输速度和存储效率。

5）内存管理和缓存

合理管理 Spark 应用程序的内存资源，可以提高数据处理的效率。设置合适的内存分配比例（如 executor 内存、存储内存等），可以充分利用内存资源。对于频繁访问的数据集，可以使用 Spark 的缓存机制将数据存储在内存中，加快后续的数据访问速度。

6）数据存储和持久化

选择合适的数据存储方式可以满足不同的数据处理需求和成本需求。Spark 支持多种数据存储方式，如 HDFS、Amazon S3 和 Apache Cassandra 等，根据数据的访问模式和数据量，选择适当的数据存储格式（如 Parquet、ORC 等）和数据分区策略，可以提高数据的存储效率和查询性能。

遵循以上经验总结，可以提高 Spark 应用程序的数据处理能力和性能。

8.2　Spark 应用程序优化建议

本节主要介绍一些优化技巧和策略，帮助开发人员充分利用 Spark 的并行计算能力和资源，提高应用程序的执行效率。

8.2.1　数据压缩

数据压缩是 Spark 应用程序优化中的一个重要环节，可以减小数据的存储空间，降低磁盘 I/O 和网络传输的开销，提高数据处理的处理效率。以下是一些关于数据压缩的经验总结。

1）选择合适的压缩格式

Spark 支持多种数据压缩格式，如 Snappy、Gzip、LZO、Bzip2 等，不同的压缩格式具有不同的压缩率和压缩速度。选择合适的压缩格式需要综合考虑压缩率和解压速度，以及对存储空间和数据处理效率的需求。

2）压缩冷数据

对于数据中的冷数据（即不经常访问的数据），可以考虑将其压缩以节省存储空间。冷数据可以通过分析数据的访问模式和频率来确定。将冷数据压缩后，可以释放存储空间并减小磁盘 I/O 的开销。

3）避免重复压缩

在数据处理过程中，避免对已经压缩的数据进行重复压缩。重复压缩会增加 CPU 的计算开销，降低数据处理的效率。如果数据已经采用了有效的压缩格式，可以跳过压缩步骤，直接进行后续的数据处理操作。

4）压缩并行度和配置

在进行数据压缩时，可以考虑增加压缩的并行度以提高压缩速度和效率。通过增加并行度，可以充分利用集群中的多个节点和多个 CPU 核心进行并行压缩操作。同时，可以根据集群的规模和资源配置，调整压缩算法的配置参数，获得最佳的压缩效果。

5）数据压缩与序列化

将数据进行压缩的同时，可以结合数据的序列化操作，进一步提高数据的传输效率和存储效率。Spark 提供了多种数据序列化方式，如 Kryo 和 Avro 等，选择合适的序列化方式可以减小数据的序列化大小，并减少压缩和解压缩产生的开销。

⚠️注意：通过合理的数据压缩策略，可以减小数据存储的开销，并提高数据处理的效率和性能。但需要注意的是，在数据压缩过程中会增加 CPU 的计算开销，因此需要根据具体的场景和资源配置进行调整。

8.2.2　合理使用缓存

缓存是 Spark 应用程序优化中的一个重要策略，可以显著提高数据的访问速度和计算性能。Spark 提供了内存缓存机制，允许将数据集或计算结果存储在内存中，供后续重复访问和计算使用。以下是一些关于使用缓存的经验总结。

1）选择合适的数据集进行缓存

在选择要缓存的数据集时，需要考虑数据集的大小、访问频率和计算复杂度等因素。通常，对于频繁被访问的中间数据集或计算结果，可以考虑将其缓存到内存中，以避免重复计算和增加 I/O 开销。

2）合理设置缓存级别

Spark 提供了不同的缓存级别，包括内存缓存、磁盘缓存和序列化缓存等。根据数据集的大小和内存资源的可用性，选择合适的缓存级别可以提升缓存的效果。内存缓存可以提供最快的访问速度，但需要足够的内存空间。

3）避免频繁缓存和过度缓存

频繁地对数据集进行缓存和释放会增加额外的开销，并且会导致内存不足的问题。因此，需要根据具体的应用场景和数据处理流程，选择适当的时机和粒度进行缓存操作，同时，避免过度缓存不常访问的数据集，以避免浪费内存资源。

下面的例子展示了如何避免频繁缓存和过度缓存。

频繁缓存示例：

```
1    val data = spark.read.parquet("data.parquet")
2
3    // 错误示例：频繁对数据集进行缓存
4    for (i <- 1 to 10) {
5      val processedData = processData(data)        // 对数据集进行处理
6      processedData.cache()                        // 缓存处理后的数据集
7      // 进行后续操作
8      ...
9    }
```

在上述示例中，数据集在每次循环迭代时都被缓存，这会导致频繁的缓存操作，增加了额外的开销。正确的做法是只在循环之前缓存一次，而不是在每次迭代中重复缓存。

过度缓存示例：

```
1    val data = spark.read.parquet("data.parquet")
2
3    // 错误示例：过度缓存不常访问的数据集
4    val processedData = processData(data)          // 对数据集进行处理
5    processedData.cache()                          // 过度缓存处理后的数据集
6    // 后续操作
7    ...
8
9    val result = processedData.filter(...)         // 对缓存的数据集进行进一步操作
```

在上述示例中，处理后的数据集被缓存，但后续只使用了该数据集的一小部分进行进一步操作。如果数据集很大，过度缓存会占用大量的内存资源，而且对于只使用一小部分数据的操作来说，缓存并不是必须的。正确的做法是只缓存需要频繁访问的数据或在计算复杂度高的操作之前进行缓存。

4）考虑缓存数据的持久化

默认情况下，Spark 的缓存机制只将数据存储在内存中，并不进行持久化。如果需要在应用程序运行结束后仍然保留缓存的数据，可以选择将数据持久化到磁盘或外部存储系统，以便后续的使用或分享。

5）监控和管理缓存

在使用缓存时，需要监控缓存的命中率和内存使用情况。Spark 提供了相关的监控工具和 API，可以查看缓存的使用情况并进行相应的调整。如果发现缓存的命中率较低或内存不足的情况，可以考虑优化缓存策略或增加集群资源。

📖说明：合理使用缓存，可以显著提高 Spark 应用程序的数据访问速度和计算性能，特别是对于频繁访问的数据集或计算结果来说，效果更明显，但需要根据实际情况进行权衡和调整，避免过度使用缓存或缓存不必要的数据。

8.2.3　Shuffle 操作

Shuffle 操作是 Spark 应用程序中常见的开销较高的操作之一，对 Shuffle 操作进行优化，可以显著提升 Spark 应用程序的性能。Shuffle 操作主要涉及数据的重新分区和数据的重排序，通常在数据的洗牌、分组、聚合等操作中发生。以下是一些关于 Shuffle 操作的经验总结。

1）减少 Shuffle 数据量

Shuffle 操作涉及数据的网络传输和磁盘 I/O，因此减少 Shuffle 数据量是提升性能的关键。可以通过以下方法来减少 Shuffle 数据量：

- ❏ 使用更精确的过滤条件和预聚合操作，减少参与 Shuffle 的数据量。
- ❏ 在 Shuffle 操作之前进行数据过滤和筛选，减少不必要的数据参与 Shuffle。

2）合理设置分区数

Shuffle 操作涉及数据的重新分区，分区数的设置会影响 Shuffle 的性能。过少的分区数可能会导致数据倾斜和负载不均衡，而过多的分区数则会增加 Shuffle 的开销。可以根据数据量、集群资源和任务需求，合理设置分区数，平衡数据分布和计算负载。

3）使用合适的数据结构和算法

选择合适的数据结构和算法可以降低 Shuffle 操作的复杂度和开销。例如，使用合适的分区键、合并操作和聚合操作，可以减少 Shuffle 过程中的数据移动和排序操作。

4）避免连续的 Shuffle 操作

多个连续的 Shuffle 操作会增加数据的洗牌和传输开销，降低 Spark 程序运行的性能。如果可能的话，尽量将多个 Shuffle 操作合并为一个，或者通过缓存中间结果来避免不必要的 Shuffle 操作。

下面的示例展示了如何避免连续的 Shuffle 操作，代码如下：

```
1    val data = spark.read.parquet("data.parquet")
2
3    // 错误示例：连续的 Shuffle 操作
```

```
4     // 第一个 Shuffle 操作
5     val shuffledData = data.groupBy("key").agg(sum("value"))
6     val finalResult = shuffledData.filter($"value"> 100).groupBy("key").
7     count()                                      // 第二个 Shuffle 操作
```

在上述示例中，连续进行了两个 Shuffle 操作。首先，通过 groupBy 和 agg 操作对数据进行分组和聚合，这会触发第一个 Shuffle 操作。其次，对聚合后的结果进行过滤和再分组操作，触发了第二个 Shuffle 操作。这样连续的 Shuffle 操作会增加数据的洗牌和传输开销，降低 Spark 程序的运行性能。

为了避免连续的 Shuffle 操作，可以尝试将多个 Shuffle 操作合并为一个操作，或者通过缓存中间结果来避免不必要的 Shuffle 操作。以下是改进的示例：

```
1     val data = spark.read.parquet("data.parquet")
2
3     // 改进示例：避免连续的 Shuffle 操作
4     // 执行单个 Shuffle 操作
5     val intermediateResult = data.groupBy("key").agg(sum("value"))
6
7     val finalResult = intermediateResult.filter($"value"> 100).groupBy
      ("key").count()                            // 对缓存的结果进一步操作
```

在改进的示例中，首先，对数据进行分组和聚合操作，得到中间结果 intermediateResult，这只触发了一个 Shuffle 操作。其次，对中间结果进行过滤和再分组操作，不需要再次触发 Shuffle 操作，因为中间结果已经被缓存起来了。

5）监控和优化 Shuffle 操作

使用 Spark 提供的监控工具和 API，可以监控 Shuffle 操作的性能指标，如 Shuffle 读写数据量、Shuffle 的执行时间等。根据监控结果，调整数据处理逻辑、分区数或资源配置，可以优化 Shuffle 操作的性能。

8.3 Spark 集群管理的优化建议

本节主要介绍管理 Spark 集群的优化建议，以确保集群的高可用性和高性能，保障集群高效率地运行。

8.3.1 资源管理

资源管理是指在 Spark 集群中有效地分配和管理计算资源，以确保应用程序能够高效地利用集群资源并提供最佳的性能。

在 Spark 中，资源管理通常由集群管理器（如 Apache Mesos、Kubernetes、Apache YARN 或 Standalone 模式）来处理。下面是一些关于资源管理的经验总结。

1）配置资源分配

根据应用程序的需求，合理配置资源分配，包括指定每个任务（或执行器）的内存限制、CPU 核心数、并发任务数等参数。根据任务的性质和计算需求，调整资源分配的比例，充分利用集群资源，避免资源浪费。

2）动态资源分配

启用动态资源分配功能，根据应用程序的实际需求，动态调整资源的分配。动态资源分配可以根据任务的负载情况自动调整执行器的数量，并根据需要为任务分配更多资源或释放资源。

3）任务优先级

为不同的任务设置适当的优先级。通过为重要任务分配更多的资源，并确保其优先处理，可以提高关键任务的处理性能和响应性。

4）资源隔离

在共享集群环境中，确保任务之间的资源隔离，防止某个任务占用过多的资源导致其他任务性能下降。可以使用资源管理器提供的资源隔离机制（如容器化）或者通过配置 Spark 属性进行资源隔离。

5）监控和优化

定期监控集群资源的使用情况和应用程序的性能指标。根据监控数据进行优化，对资源分配进行优化，识别和解决性能瓶颈问题。

6）预留资源

在共享集群中，可以预留一部分资源供系统和其他紧急任务使用，以确保集群的稳定性和可靠性。

📑 说明：以上是在 Spark 集群管理中资源管理的一些经验总结。通过合理配置资源分配，启用动态资源分配，设置任务优先级，实现资源隔离、监控和优化以及预留资源，可以提高 Spark 应用程序的性能和集群的利用率。

8.3.2　任务调度

任务调度是指在 Spark 集群中有效地安排和管理任务的执行顺序和资源分配，以优化应用程序的性能和集群的资源利用率。

以下是一些关于任务调度的经验总结。

1）调度模式选择

根据应用程序的性质和需求选择合适的调度模式。Spark 提供了多种调度模式，如 FIFO（先进先出）、Fair（公平调度）和 Deadline（按照截止时间调度）等。根据应用程序的特点选择合适的调度模式，可以满足任务执行的优先级、资源分配的公平性和任务的截止时间等需求。

2）任务顺序优化

根据任务之间的依赖关系，优化任务的执行顺序。通过了解任务之间的依赖关系，可以重新安排任务的执行顺序，将相互依赖的任务放在一起执行，减少任务的等待时间和数据传输开销。

3）数据本地性

尽量将任务分配给与数据最接近的节点执行，使数据具有本地性。Spark 可以根据数据的分布情况和节点的可用性，选择将任务调度到数据所在节点或附近的节点上执行，以减少数据的传输开销。

4）任务并行度

合理设置任务的并行度，充分利用集群资源并提高应用程序的吞吐量。根据集群的规模和资源情况，调整任务的并行度，使任务能够充分利用可用的计算资源，避免资源浪费。

5）监控和优化

定期监控任务的执行情况和性能指标，识别和解决潜在的性能瓶颈问题。通过监控数据进行优化，如调整任务的优先级、并行度和资源分配，可以提高任务的执行效率和应用程序的整体性能。

6）弹性调度

在动态环境中，根据集群资源的变化和任务的需求，实现弹性的任务调度。通过动态调整任务分配和资源分配，使任务能够适应不同的负载和资源利用情况，从而提高集群对负载变化的响应能力和效率。

🗐 说明：以上是在 Spark 集群管理中任务调度的一些经验总结。通过选择合适的调度模式，优化任务顺序，提高数据本地性，合理设置任务的并行度，以及监控和优化任务的执行，可以优化任务调度，提高 Spark 应用程序的性能和集群的利用率。

8.3.3　故障处理

故障处理是指在 Spark 集群中及时检测和处理故障，以保持应用程序的稳定性和可靠性。以下是一些关于故障处理的经验总结。

1）监控和告警

建立有效的监控系统，及时监控集群的运行状态和资源使用情况。通过设置合适的监控指标和阈值，实时监测集群的健康状况，并配置告警机制，当集群运行发生异常情况时，及时通知管理员或运维团队。

2）容错机制

Spark 提供了容错机制，如任务的重新执行和数据的恢复等。合理配置容错机制的参数，使 Spark 能够在节点故障或任务失败时自动进行故障恢复，保证应用程序的连续运行。

3）任务重试和回退策略

针对任务失败的情况，设定适当的任务重试策略。可以配置任务的最大重试次数和重试间隔，确保任务能够在失败后自动重新执行，避免因单个任务的失败而导致整个应用程序中断。

4）日志和错误处理

合理记录和管理应用程序的日志信息，包括错误日志和调试日志，及时收集和分析日志信息，定位和解决故障根源。可以使用 Spark 的日志记录功能，以及集成日志分析工具，实现高效的日志管理和错误处理机制。

5）预案和紧急处理

制定应对紧急情况的预案并进行演练和测试，包括如何应对严重的故障、节点宕机、网络中断等情况，并建立相应的应急处理流程和沟通机制，以便在故障发生时能够快速响应和解决问题。

6）问题追踪和改进

建立问题追踪系统，记录和跟踪集群中的故障和问题。对于频繁发生的故障或问题进行深入分析，并采取相应的改进措施，以提升集群的稳定性和可靠性。

> **说明：** 通过建立有效的监控系统，配置容错机制，设定任务重试策略，记录和管理日志信息，制定应急处理预案，并进行问题追踪和改进，可以有效地处理故障，保障 Spark 应用程序的稳定运行。及时发现和解决故障，提高故障处理的效率，是 Spark 集群管理非常重要的一环。

结　束　语

在本书的最后，我想向您致以最诚挚的感谢和最衷心的祝福。感谢您选择阅读《Spark性能优化实战》这本书，希望本书对您在大数据处理领域的学习和工作有所帮助。

大数据处理在当今的技术领域占据着重要的地位，而 Spark 作为一种强大的大数据处理框架，为相关技术人员提供了许多优秀的工具和功能。然而，随着数据规模的不断增长和复杂性的提升，面临着越来越大的性能优化挑战。优化 Spark 应用程序的性能不仅可以提高数据处理效率，而且可以降低成本，节省时间并提升用户体验。

通过本书，笔者希望您能对 Spark 性能优化有了全面的了解，并掌握了一系列实用的技巧和策略。本书从性能优化的基础知识开始，逐步介绍了应用程序性能优化、任务执行过程优化和 Spark SQL 性能优化等方面的内容。笔者尽力将复杂的概念和技术用通俗易懂的语言和易于理解的方式呈现，讲解时结合实例和案例，让您能够更好地理解和应用所学的知识。

当然，性能优化并非一蹴而就的过程。每个应用程序和场景都有其特点，需要结合实际情况进行有针对性的优化。因此，在您阅读本书的过程中，笔者建议您积极动手实践，在实际项目中应用所学知识。只有通过大量的实践和实际经验的积累，您才能真正掌握 Spark 性能优化的技能，并在实际工作中取得卓越的成果。

同时，感谢在写作本书过程中给予笔者支持和帮助的人！感谢笔者的团队！他们的专业指导和建议使得本书更加完善。感谢所有提供案例和经验分享的同行！他们的贡献使得本书的内容更加丰富。最重要的是，感谢您，亲爱的读者，是您的支持和信任让我坚持写作下去，笔者希望本书对您有所帮助。

最后，笔者衷心地希望您通过阅读本书，能够获得丰富的知识和实践经验，成为优秀的大数据处理专家。无论是在工作中，还是在个人成长的道路上，持续学习和不断探索都是至关重要的。让我们共同致力于推动大数据技术的发展，为构建更智能、更高效的数据驱动世界做出贡献。

再次感谢您的选择和支持！祝愿您在未来的大数据之旅中取得辉煌的成就！